五金城

海河立交桥

奥林匹克花园

新安花苑

科技大厦鸟瞰

科技大厦特写

科技大厦俯视

3ds Max & VRay
室外建筑表现
职场密码

唐鹏 徐静◎编著

清华大学出版社
北京

内 容 简 介

本书是介绍建筑动画完整流程的系统化实例类图书。全书共分为 10 章，包括入门篇、进阶篇、案例综合篇三大部分，涉及建筑动画的建模、灯光渲染、后期合成剪辑等各个方面，适合不同层次的读者阅读。本书涵盖了从建筑动画的基础知识到高级技术等内容，并详细介绍了建筑动画的外挂程序插件和影视方面的高端软件，是目前市面上介绍建筑动画较全面的书籍之一。

本书完全从实际出发，所介绍的制作方法都是作者多年来工作经验的积累和总结，注重实战性。

本书适用于对建筑动画感兴趣的不同层次的读者，更适合即将踏入建筑动画行业的人员，可以说这是一本实战性极强的工作参考手册。

图书在版编目(CIP)数据

3ds Max & VRay 室外建筑表现职场密码/唐鹏，徐静编著. --北京：清华大学出版社，2013
ISBN 978-7-302-33299-2

Ⅰ. ①3…　Ⅱ. ①唐…　②徐…　Ⅲ. ①室外装饰—建筑设计—计算机辅助设计—图形软件　Ⅳ. ①TU238-39

中国版本图书馆 CIP 数据核字(2013)第 168812 号

责任编辑：郑期彤
装帧设计：杨玉兰
责任校对：李玉萍
责任印制：刘海龙

出版发行：清华大学出版社
网　　址：http://www.tup.com.cn，http://www.wqbook.com
地　　址：北京清华大学学研大厦 A 座　　**邮　　编**：100084
社 总 机：010-62770175　　**邮　　购**：010-62786544
投稿与读者服务：010-62776969，c-service@tup.tsinghua.edu.cn
质 量 反 馈：010-62772015，zhiliang@tup.tsinghua.edu.cn
课 件 下 载：http://www.tup.com.cn,010-62791865
印 装 者：清华大学印刷厂
经　　销：全国新华书店
开　　本：185mm×260mm　**印　张**：22.75　**彩　插**：3　**字　　数**：556 千字
附 DVD1 张
版　　次：2013 年 10 月第 1 版　　**印　　次**：2013 年 10 月第1 次印刷
印　　数：1～3000
定　　价：48.00 元

产品编号：040127-01

前　　言

策划编写这本书寄于我多年的愿望，希望把知识和积累的经验与更多的人分享。我觉得分享是一种快乐，在多年一线制作后我投身于职业教育，深深感到教育的重要性。看到很多的有志青年投身到这个行业中来，共同为中国的动画发展尽一份力量，感到由衷的高兴。

但如何使初学者迅速掌握这项技能却是摆在我们面前的一项难题。

我从事影视制作行业多年，一个偶然的机会得以进入建筑表现行业，建筑动画深深吸引了我，它不仅结合了我熟悉的影视行业，而且让我了解了曾经陌生的建筑表现行业，使我的职业生涯有了一个崭新的开始。回想刚开始时的不适应到后来的驾轻就熟，走过了一个艰苦而漫长的过程。

在从事建筑动画制作多年的工作中，本人耳熏目染了从简单的建筑摄像机浏览动画到现在真正意义上的建筑动画的发展过程。现在的建筑动画更像一部电影表现片，从前期的交流策划、定稿、制作到最后的发布表现是一个完整而周密的系统。它融合了影视和建筑以及环境规划等多个方面，是一个多领域交叉融合的产物。

有鉴于此，我组织策划编写了本书，希望更多的人来了解建筑表现动画的制作流程。

如果此书能对希望从事这个行业的人有所帮助，我们将不胜荣幸。

本书适合于各个层次的读者，在内容上力求细致，充分照顾初中级读者。本书力求做到图文并茂，以图解的形式诠释其中的技术知识，使读者一目了然。

本书附带一张 DVD 光盘，其中包含了书中部分软件和文件的素材源文件。光盘中的软件及案例仅用于学习交流，不能用于商业用途并对外传播，违者必究。如需使用书中提及的软件，请读者自行购买正式的商业版本。

参与本书编写或为本书写作提供了帮助的还有我的学生：邵凯、任斌、董第华、梁邵南、王世勇等，在此表示感谢。

感谢我的家人，一直以来对我所从事工作的默默支持，没有你们的支持，我真不知道未来会怎样。

由于笔者水平有限，书中难免出现错误和不足之处，请广大读者批评指正，如有疑问请加 QQ(346116324)或到论坛图书服务专区与笔者交流。

编　者

目　　录

第一部分　建筑动画入门篇

第二部分　建筑动画进阶篇

第一部分

建筑动画入门篇

第 1 章　建筑动画概述

1.1　建筑动画在实际领域中的应用

1.1.1　建筑动画的发展和制作要求

随着国内房地产业的不断发展，人们欣赏水平的不断提高，房地产开发商在楼盘推广方面不再仅局限于楼书、报纸、宣传单、展会等相对传统的推广方式，建筑动画以其多变的视野、强力的视觉冲击在宣传领域占据了越来越重要的位置，因此，掌握 CG 虚拟现实技术来为未来服务已成为广告传播业主流发展的趋势。

1.1.2　创建建筑动画的硬件要求

创建建筑动画需要的硬件设备要高于建筑表现效果图，场景幅面较大，需要的外挂插件很多。为了能保证基本运转，其正常配置基本如下。

- CPU：酷睿 2.0 以上。
- RAM：4GB。
- 显卡：独立显卡 1GB。

1.1.3　建筑动画的制作程序和外挂插件的介绍

1. AutoCAD

AutoCAD 是 Autodesk 公司设计的一款计算机辅助设计软件，被广泛地用于建筑和工业设计领域。建筑主体的立面图、平面图、剖面图都可以应用 AutoCAD 进行制作。可以把 AutoCAD 中制作的图，经过调整和删减再导入 3ds Max 中来建模。AutoCAD 2012 启动界面如图 1-1 所示，工作界面如图 1-2 所示。

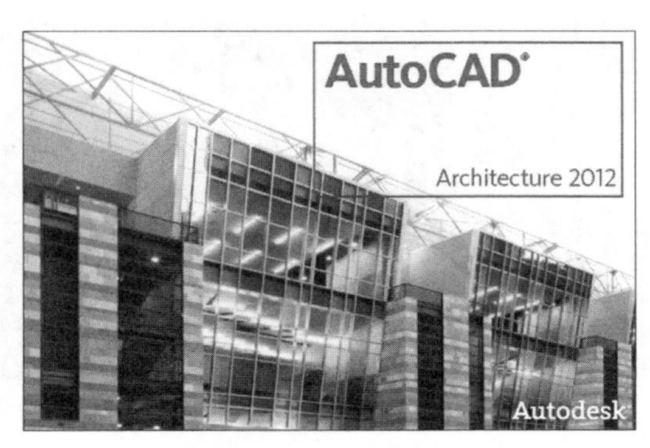

图 1-1　AutoCAD 启动界面

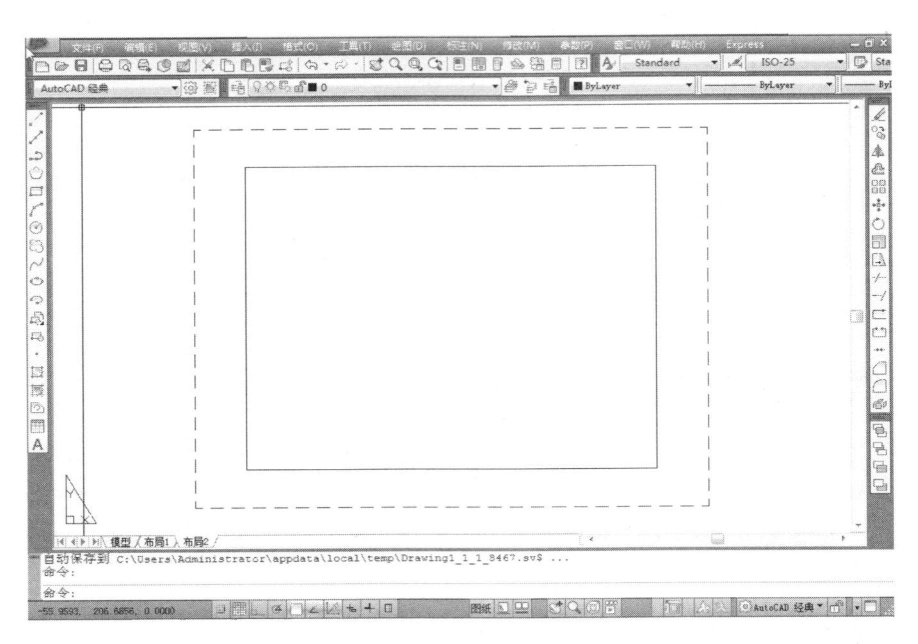

图 1-2　AutoCAD 工作界面

2. 3ds Max

3ds Max 是 Autodesk 公司出品的一款功能强大的三维软件，在建筑和游戏领域应用广泛。在建筑动画领域，3ds Max 通常用于建模和渲染动画。3ds Max 2012 启动界面如图 1-3 所示，工作界面如图 1-4 所示。

图 1-3　3ds Max 启动界面

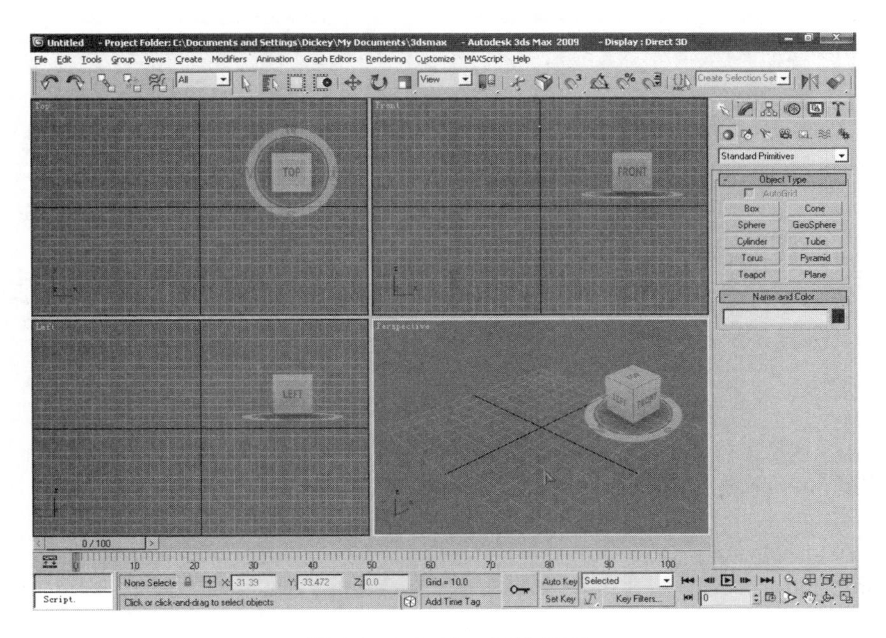

图 1-4　3ds Max 工作界面

3. Photoshop

Photoshop 是 Adobe 公司推出的强大的平面制作软件，用于调整图片特效，其工作界面如图 1-5 所示。

图 1-5　Photoshop 工作界面

4. After Effects

After Effects 是 Adobe 公司推出的一款影视后期处理软件，在影视制作领域有相当广泛的应用，被业内称为动态的 Photoshop，在建筑动画中主要用于制作后期合成的特效部分。After Effects 启动界面如图 1-6 所示。

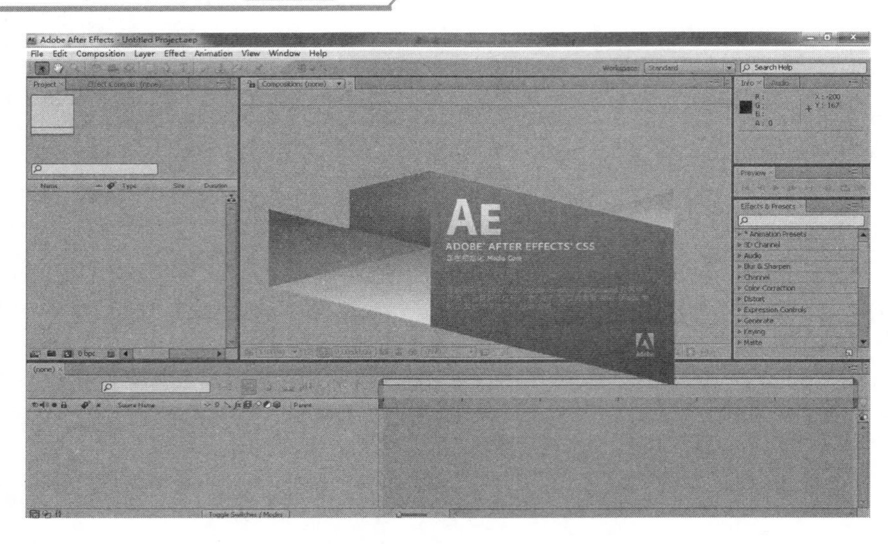

图 1-6　After Effects 启动界面

5. Combustion

基于 PC 或苹果平台的 Combustion 软件是为视觉特效创建而设计的一整套尖端工具，包含矢量绘画、粒子、视频效果处理、轨迹动画以及 3D 效果合成 5 大工具模块。该软件提供了大量强大且独特的工具，包括动态图片、三维合成、颜色校正、图像稳定、矢量绘制和旋转、文字特效、短格式编辑、Flash 输出等功能；提供了运动图形和合成艺术的创建能力，及交互性界面的改进；增强了其绘画工具与 3ds Max 软件的交互操作功能；并可以通过 Cleaner 编码记录软件使其与 Flint、Flame、Inferno、Fire 和 Smoke 同时工作。该软件目前的最新版本为 Combustion 2008，其工作界面如图 1-7 所示。

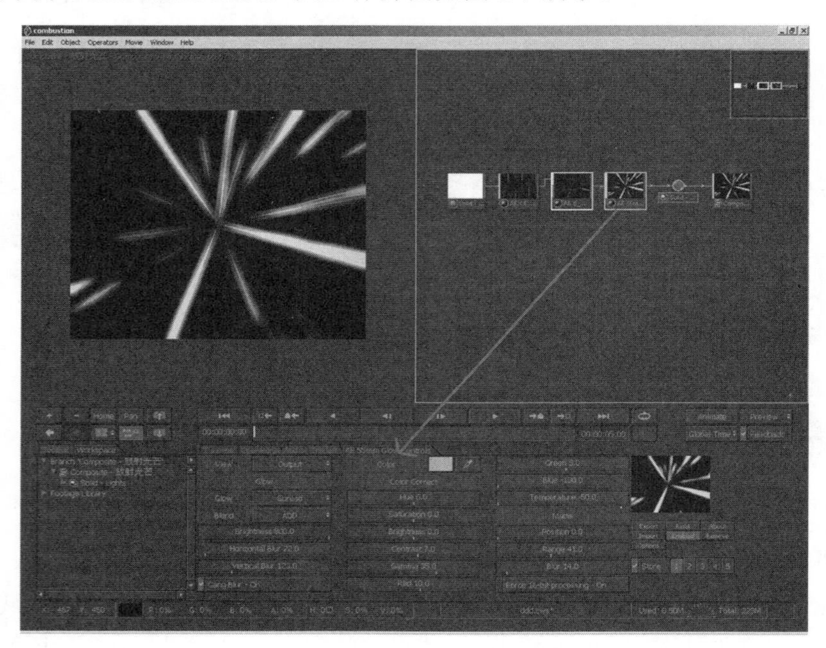

图 1-7　Combustion 工作界面

6. Vegas

Vegas 是索尼公司出品的非线性剪辑软件，具有速度快、稳定、功能强大、操作简便等优点。Vegas 近年来发展飞速，对影像、声音、动画、图像等素材都能进行很好的处理。其工作界面如图 1-8 所示。

图 1-8　Vegas 工作界面

7. EDIUS

EDIUS 是康恩普视公司出品的一款影视剪辑软件，与 Vegas 属于一类软件。其操作简便、功能强大，因而被广泛应用于影视制作行业。EDIUS 工作界面如图 1-9 所示。

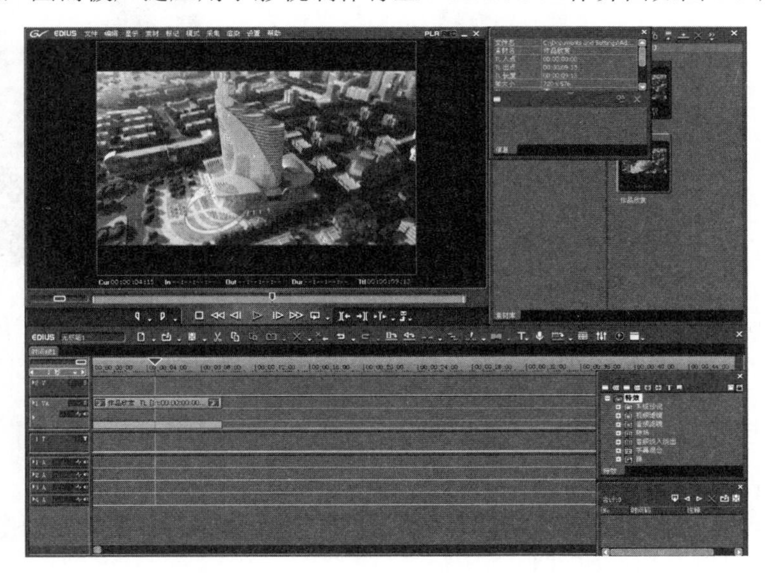

图 1-9　EDIUS 启动界面

8. Illusion 幻影粒子系统

Illusion 是一款粒子模拟软件，内置了很多粒子库效果，可以轻松地模拟风、火、电等自然效果。其启动界面如图 1-10 所示，工作界面如图 1-11 所示。

图 1-10　Illusion 启动界面

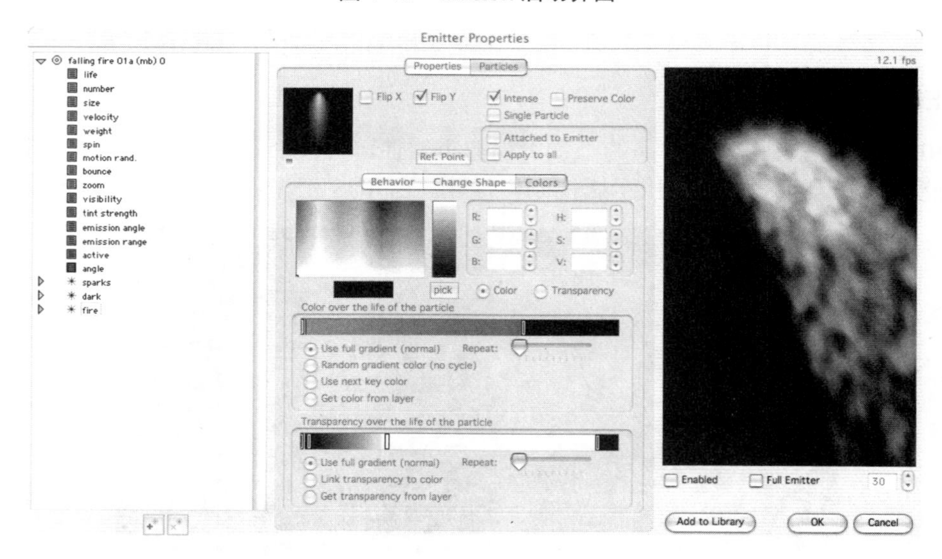

图 1-11　Illusion 工作界面

9. 常用外挂插件

1) Speed Tree

Speed Tree 插件是 Digimation 公司开发的一套三维树木及其他植物的制作系统，软件自带多种树木库。其安装界面如图 1-12 所示。

2) RPC

RPC 插件是 Arch Soft 公司独创的一套全息三维模型插件，可以有效地减少场景中多边形模型的面数，从而加快大场景的渲染速度。其工作界面如图 1-13 所示。

图 1-12　Speed Tree 安装界面

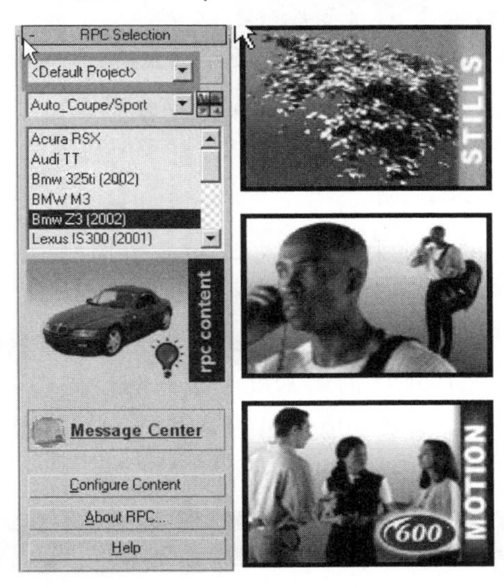

图 1-13　RPC 工作界面

3) Forest Pro

Forest Pro 插件常用来制作树林或人群，特别是在制作远景的树林方面有着不错的效果。其启动界面如图 1-14 所示。

图 1-14　Forest 启动界面

4) V-Ray

V-Ray 是 Chaosgroup 公司开发的一款以 3ds Max 为操作平台，能产生全局光照效果的渲染插件，其启动界面如图 1-15 所示。

图 1-15　V-Ray 启动界面

1.1.4　建筑动画的分类

电脑建筑动画是以影片的形式来展现建筑，按建筑物的功能和表现性质不同，建筑动画可分为公共建筑类、地产住宅类、城市和景观规划类。

- 公共建筑类：其制作手法简洁，重在表现建筑的空间结构和理念。
- 地产住宅类：主要是房地产商用来展示销售的楼盘，以此吸引投资者。这类动画以突出人文环境为主，需要创造一定的氛围，充分体现居住的舒适环境，如图 1-16 所示。

图 1-16　地产住宅类建筑动画

- 城市景观规划类：用来表现城市设计的手法和理念。整体环境规划主要表现整体全景，大多以鸟瞰为主，对自然环境的制作要求相对较高，如图 1-17 和图 1-18 所示。

图 1-17　城市规划类建筑动画(1)

图 1-18　城市规划类建筑动画(2)

1.2　建筑动画的制作流程

一部优秀的建筑动画需要团队的协调配合。这个团队中的人员要各司其职，互相配合。一个团队由策划、导演、制作总监、模型师、渲染动画师、后期特效合成剪辑师等人员组成。协调好他们之间的工作是做出一部优秀作品的关键。

1.2.1 项目策划阶段

(1) 充分了解客户需求，制定策划文案，确认制作创意。

(2) 根据项目资料确定影片表现风格。

(3) 制作分镜头脚本。

1.2.2 模型制作阶段

(1) 模型组：按规范进行模型的制作。

(2) 渲染组：根据脚本进行灯光、摄像机走位和辅助动画的研究。

(3) 后期组：根据项目风格设计片头，转场并挑选与项目相匹配的音乐。

1.2.3 渲染制作阶段

确保渲染镜头按期完成，并保证镜头渲染质量，及时交付给后期人员做最后的合成剪辑处理。

1.2.4 成片阶段

(1) 合成所有分镜头最终渲染的图片序列，进行校色、特效和剪辑。

(2) 完成配音和配乐，并最终输出成片。

(3) 根据客户的要求进行光盘的刻录。

(4) 最终交付客户。

以上过程需要紧密配合，环环相扣，忽视任何一个环节都会对最后的影片造成影响

1.3 建筑动画制作过程中应注意的要点

(1) 前期导入 CAD 图纸时应尽量删减，保持基本轮廓即可，这主要是为了减少导入 3ds Max 中的文件量。

(2) 要给材质球命名，命名规则如：组员名+项目名称+模型号+物体名称。

(3) 尽量删减看不见的面，以减少软件的工作量。

(4) 避免模型之间搭接处重面，以免渲染破面。

(5) 不可见的立面可以封闭，以免透光影响渲染。

(6) 场景中尽量不要过多使用 RPC 素材，以免渲染崩溃。

(7) 最终渲染时要使用图片动画序列的输出格式。

(8) 尽量多作备份文件，以免意外死机。

第2章　建筑动画建模基础知识

2.1　认识 3ds Max

2.1.1　3ds Max 界面

首先来认识一下 3ds Max 的工作界面，如图 2-1 所示。

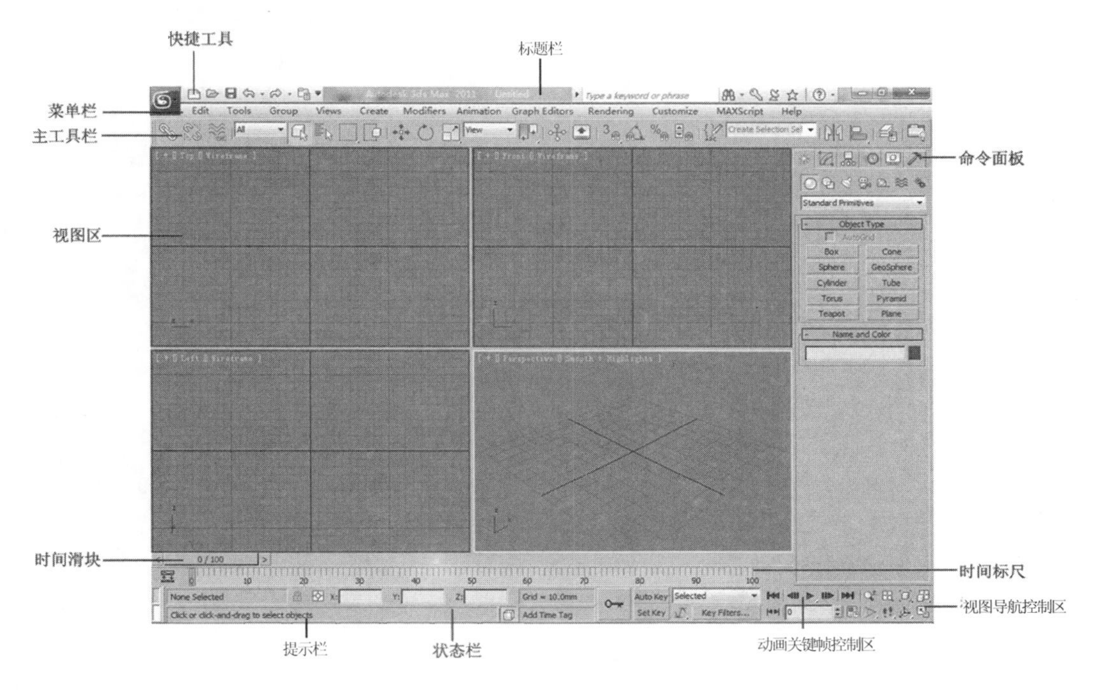

图 2-1　3ds Max 工作界面

- 标题栏：显示软件的名称及版本号和当前文件名。
- 菜单栏：显示软件相关下拉菜单项。
- 主工具栏(标签栏)：以图标的形式显示一些常用操作。
- 视图区：3D 的编辑区域。
- 命令面板：分为 6 个面板，“创建”面板主要用于建立物体；“修改”面板用于改变物体的参数或形状；“层次”面板用于修改物体的轴心点以及进行 IK 反向动力学设置；“运动”面板是物体的动画控制器的参数面板；“显示”面板用于控制物体的显示、隐藏和冻结等；“程序”面板中包括 3D 的一些辅助程序，可应用在各个方面。

- 时间滑块：用于录制动画和播放动画。
- 时间标尺：用于显示关键帧。
- 状态栏：在时间标尺下方，用于显示当前物体的绝对坐标或相对坐标。
- 提示栏：在时间标尺下方，用于显示当前工具的提示信息。
- 动画关键帧控制区：配合时间滑块来录制动画和播放动画。
- 视图导航控制区：以图标的形式显示对视图的操作。

2.1.2 物体的显示方式

在每个视图的左上角都有一个标签注明视图的名称，在视图标签上右击，可以弹出视图快捷菜单，通过菜单中的命令可以调整场景中物体的显示方式，如图 2-2 所示。

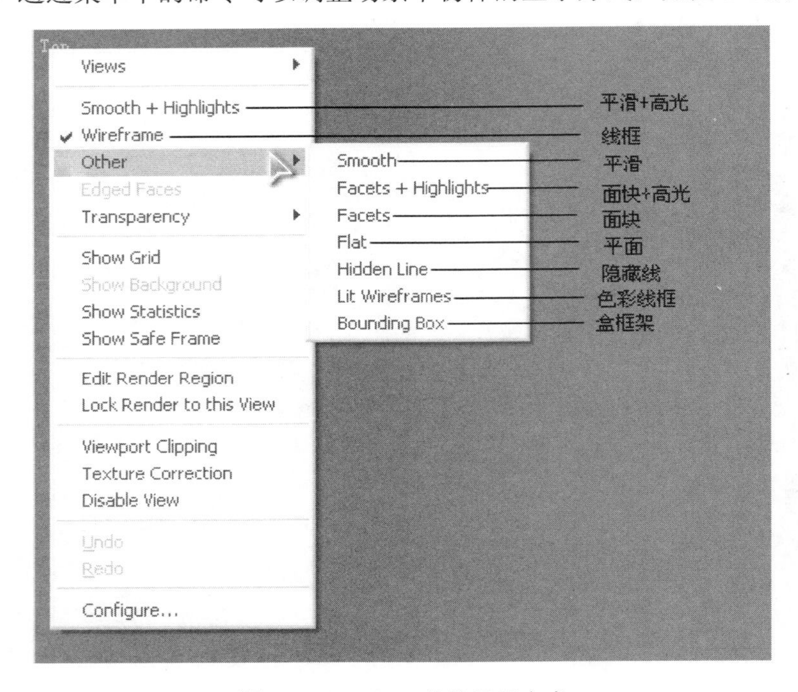

图 2-2　3ds Max 物体显示方式

2.1.3 3ds Max 的视图布局

视图区是 3ds Max 中最大的工作区域，所有的制作都将在这个区域中完成，因此视图区越大，越有利于我们的制作。

在 3ds Max 中，默认方式是以四视图来显示的，分别为 Top(顶视图)、Front(前视图)、Left(左视图)、Perspective(透视图)，前三个视图常用于完成模型的创建和调整，透视图则用来观察模型的立体效果，如图 2-3 所示。

视图布局是可以改变的。在视图标签上右击，在弹出的视图快捷菜单中选择 Configure (更改设定)命令，会弹出 Viewport Configuration(视图设定)对话框，切换到 Layout(布局)选项卡，在其中选择一种合适的排布方式后单击 OK 按钮即可完成设置，如图 2-4 所示。

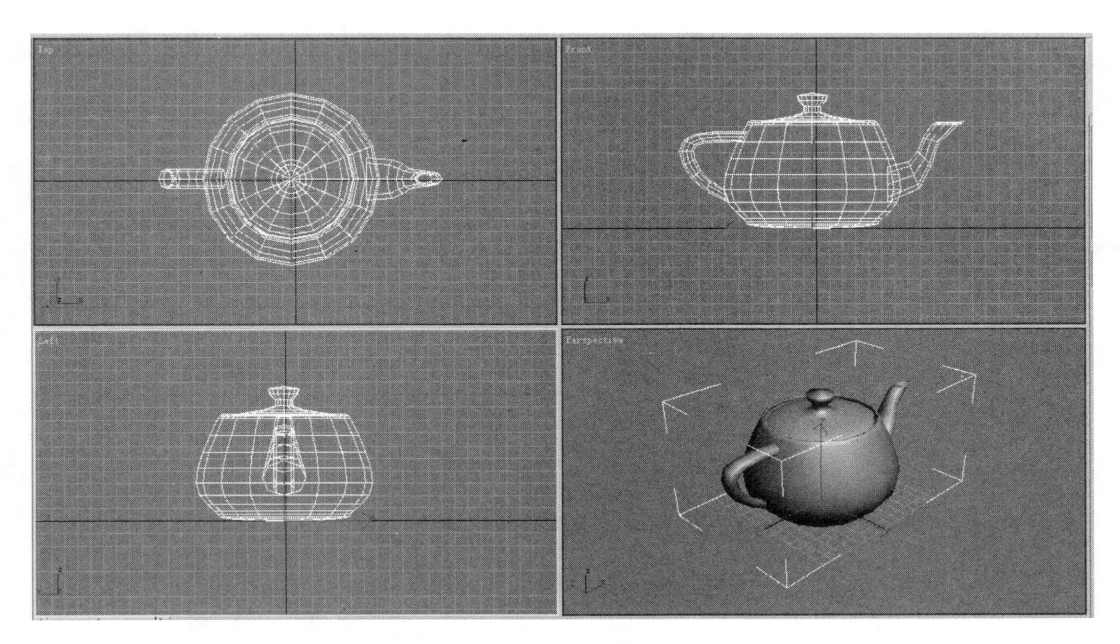

图 2-3　3ds Max 工作区四视图布局

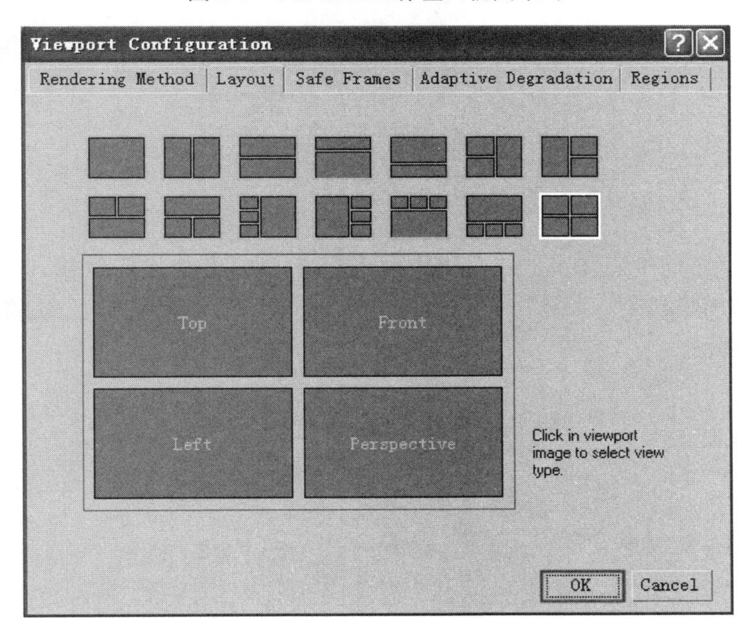

图 2-4　Viewport Configuration 对话框

2.1.4　3ds Max 的视图设置

如果要改变视图，可以在视图标签上右击，然后在弹出的视图快捷菜单中选择 Views(视图)命令的子命令至所需的视图，就可以完成视图的切换了，如图 2-5 所示。

使用快捷键也可以切换当前视图，首先选择要改变的视图(被选中的视图为黄色框)，然后在键盘上按相应的快捷键即可。系统默认情况下，按 T 键为 Top 顶视图，按 B 键为 Bottom

底视图，按 F 键为 Front 前视图，按 L 键为 Left 左视图，按 P 键为 Perspective 透视图，按 C 键为 Camera 摄像机视图。

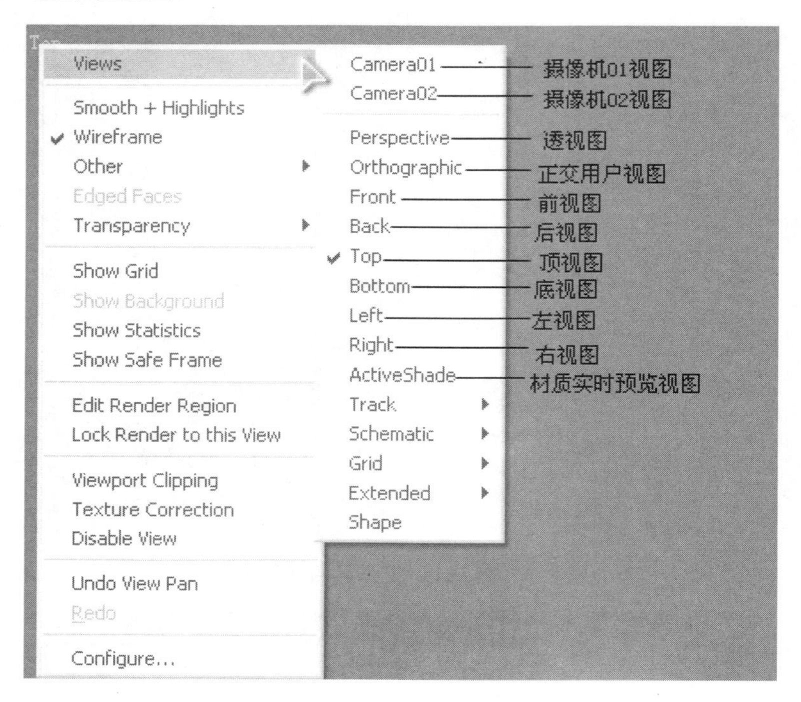

图 2-5　3ds Max 视图设置

2.1.5　3ds Max 的视图导航控制区

随着激活视图的不同，视图导航控制区所显示的内容也会有所不同。

激活顶视图、底视图、前视图、后视图、左视图、右视图以及用户视图时，视图导航控制区如图 2-6 所示。

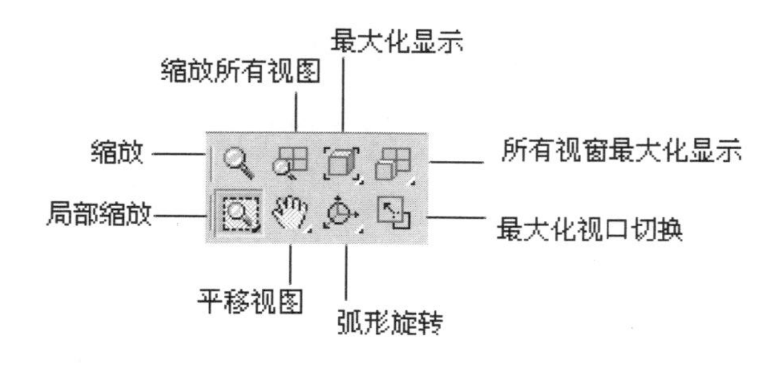

图 2-6　3ds Max 视图导航控制区一

- “缩放”按钮：单击该按钮，将鼠标指向任意视图，按住鼠标左键不放并上下拖动可拉近和拖远视图，只适用于当前视图。
- “缩放所有视图”按钮：与“缩放”按钮的作用基本相同，但可对 4 个视图同时进行缩放。
- “最大化显示”按钮：将视景中所有对象以最大化方式在当前激活的视图中显示，

此按钮还可以缩放某个被选择的视图中的对象，便于对单个物体的编辑。

- “所有视图最大化显示”按钮：和“最大化显示”按钮的功能基本相同，将所有物体的对象以最大化的方式显示在视图中，该命令对透视图不起作用。
- “局部缩放”按钮：在当前视图中缩放所选择的部分视图，也可对视图进行区域放大。在视图中框选，被框选对象将在视图中以全屏方式显示，快捷键为 Ctrl+W，该命令对透视图不起作用。
- “平移视图”按钮：单击该按钮，将鼠标指针移到任意视图中，鼠标指针将会变成手形，按下鼠标左键并拖动可在不改变缩放比例的情况下移动视图。
- “弧形旋转”按钮：单击该按钮，当前视图中会出现一个黄色旋转方向指示圈，在当前视图的任何地方按住鼠标左键不放并拖动，可以以第一个创建物体的中心为中心旋转，快捷键为 Ctrl+R。此项操作主要用于透视图的角度调节，在其他视图中应用此项操作会将当前视图转换成 User 用户视图。
- “最大化视图切换”按钮：用于将当前视图最小化或最大化。单击该按钮，当前视图会最大化显示，再次单击又恢复原状，快捷键为 Alt+W。

激活透视图时，视图导航控制区如图 2-7 所示。

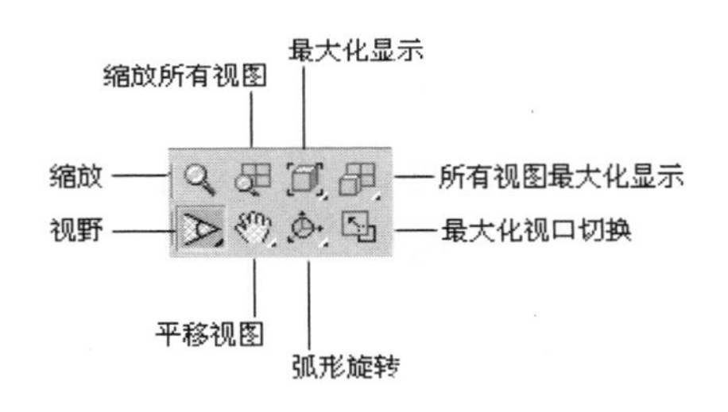

图 2-7　3ds Max 视图导航控制区二

“视野”按钮：单击该按钮后，用鼠标在透视图中上下拖动，视图中的视角和视景会发生改变。

激活摄像机视图时，视图导航控制区如图 2-8 所示。

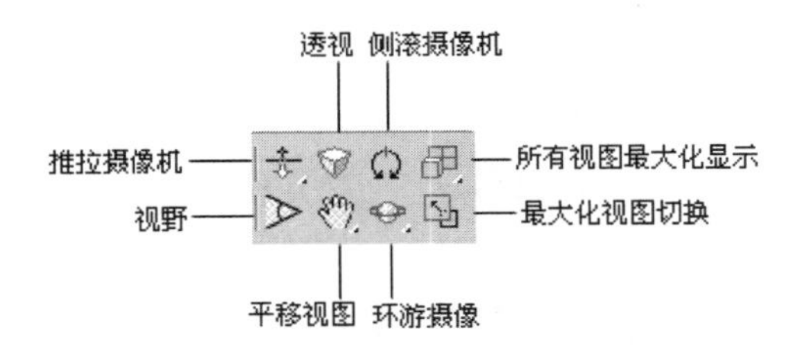

图 2-8　3ds Max 视图导航控制区三

- “推拉摄像机”按钮：只沿视线移动摄像机的出发点，同时保证出发点与目标点的连线发生变化，也可以说只改变出发点的位置而目标点的位置不变。
- “透视”按钮：单击该按钮可以改变摄像机 FOV 镜头值，配合 Ctrl 键可以改变其变化的幅度。
- “侧滚摄像机”按钮：单击该按钮可以沿着视平面的方向旋转摄像机的视角。
- “环游摄像机”按钮：用于固定摄像机的目标点，旋转摄像机对其进行观测。单击“环游摄像机”按钮中的下拉箭头可将其切换为“摇移摄像机”按钮，此按钮还可转动摄像机，即固定摄像机出发点，并对目标点进行旋转观测。

2.1.6 3ds Max 的主工具栏

3ds Max 的基本操作主要集中在主工具栏，主工具栏中的相应按钮如图 2-9 所示。

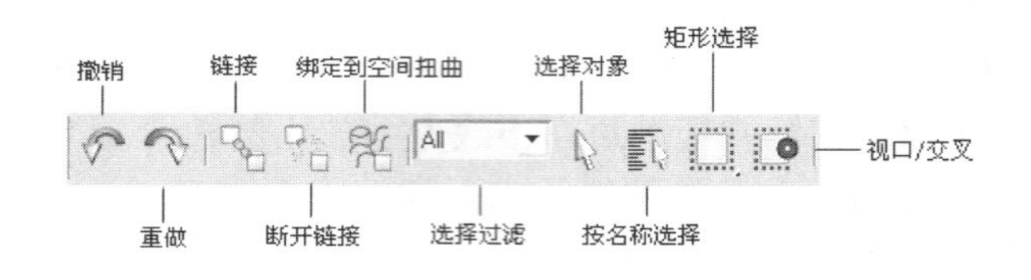

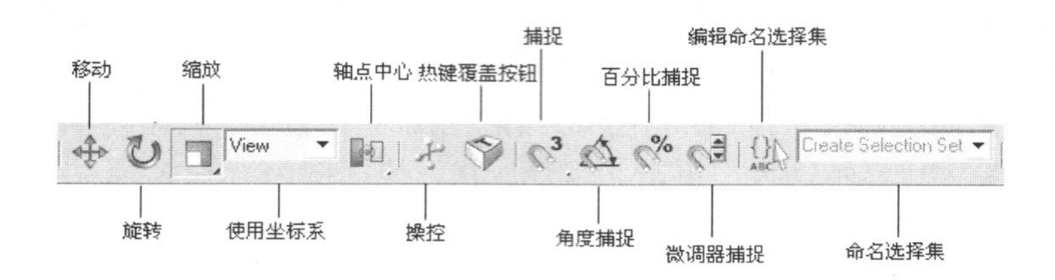

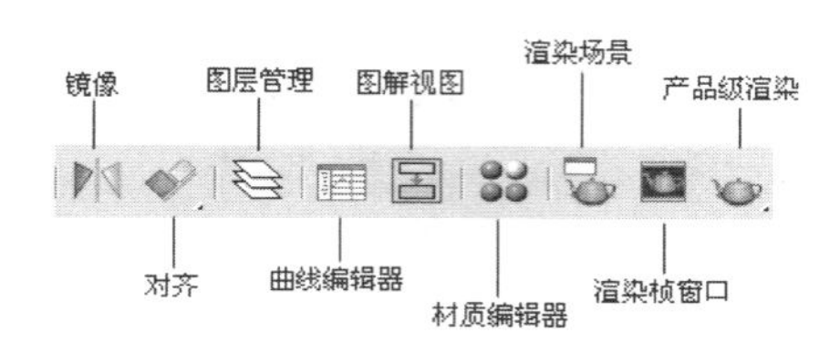

图 2-9 3ds Max 主工具栏

2.2 CAD 图纸建模

2.2.1 在 AutoCAD 中工作

(1) 修正字体样式。用 AutoCAD 将委托方提供的 CAD 文件打开，如存在文字字体的差异，则会弹出“指定字体给样式”对话框，在“大字体”列表框中选择 gbcbig.shx 字体后单击“确定”按钮，如图 2-10 所示。

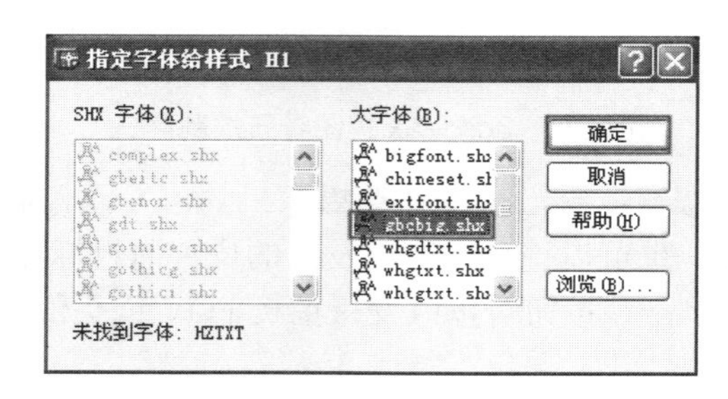

图 2-10 “指定字体给样式”对话框

(2) CAD 文件修整。委托方提供的 CAD 文件中往往会出现一些尺寸标注、材质物体文字说明、材质填充或建筑设计单位说明等，这些备注对于建模并没有什么作用，但进入 3ds Max 后它们往往会占据很多的资源，因此就需要对这些备注进行修整。

选择不需要的成分后，在视图左上角的图层显示区会呈现出其所在图层，展开图层列表，在前方的灯泡图标上单击，将对应图层隐藏，如图 2-11 所示，再在弹出的 AutoCAD 对话框中单击“确认”按钮，如图 2-12 所示。依此方法将文件中所有无用图层隐藏。

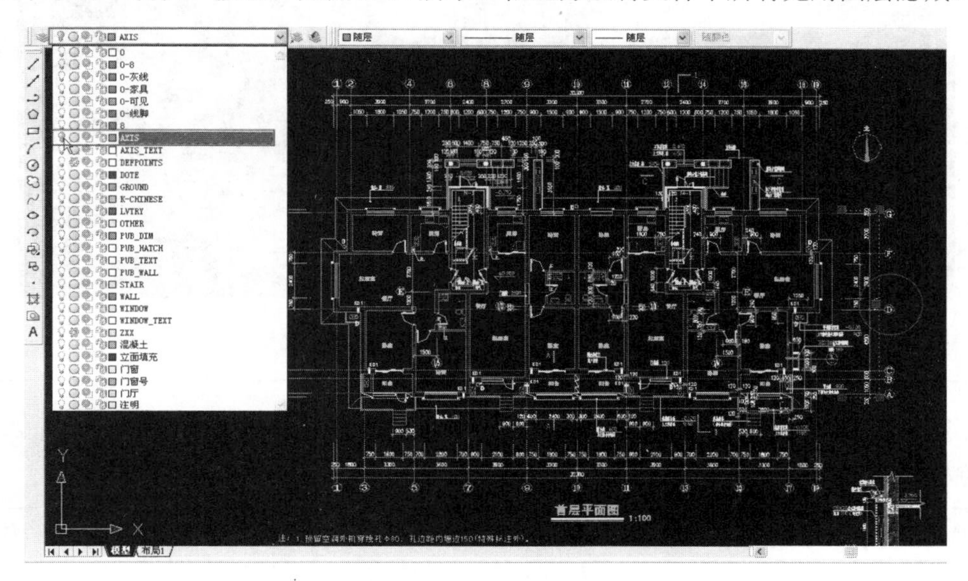

图 2-11　隐藏 CAD 图层

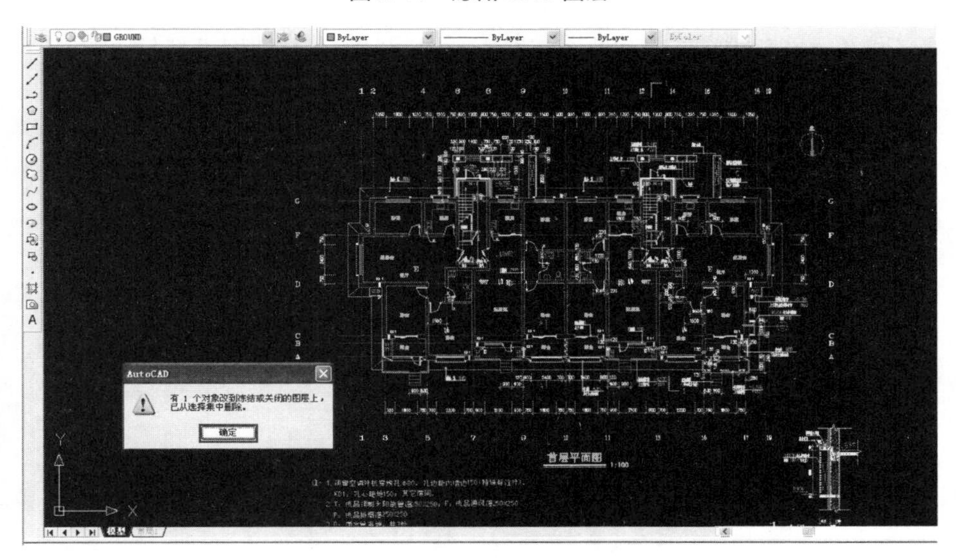

图 2-12　确认图层隐藏

如果隐藏一个图层的同时，有建模需要的元素也被隐藏了，那么就要再次单击图层前方的灯泡图标，将图层重新显示，然后框选不需要的部分，按 Delete 键删除。

进行上述操作后，即对 CAD 文件进行了处理，结果如图 2-13 所示。

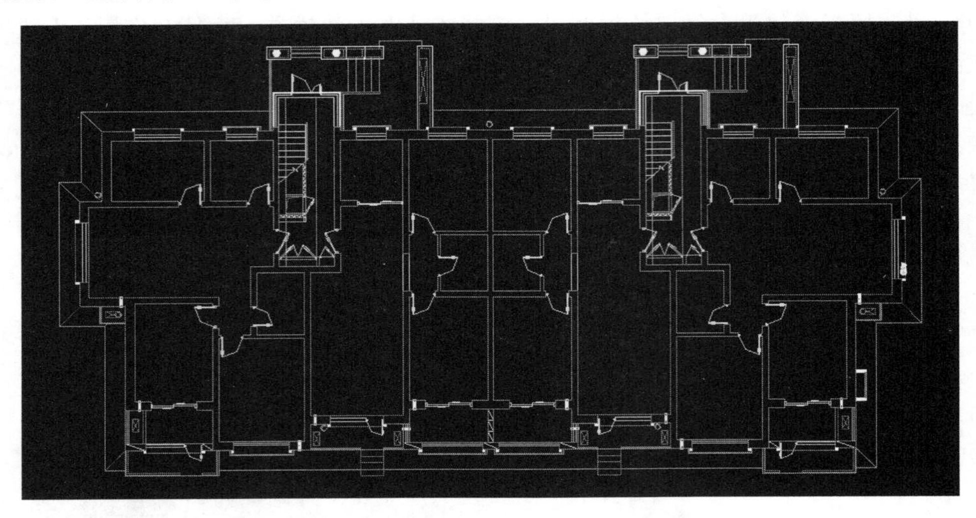

图 2-13　处理后的 CAD 文件

注意

对 CAD 文件进行处理后，如想保存文件，需另存一个新文件，不能覆盖委托方提供的原始 CAD 文件。

(3) 写块输出。框选首层平面所有的线形，输入 W 写块命令，如图 2-14 所示。按 Enter 键后会弹出“写块”对话框，设置文件保存路径后单击“确定”按钮确认写块，如图 2-15 所示，所框选的线形会被作为一个新的 CAD 文件保存在设置的文件路径上。

以同样的方法分别对每层的平面图、前后立面图及左右立面图进行写块输出。

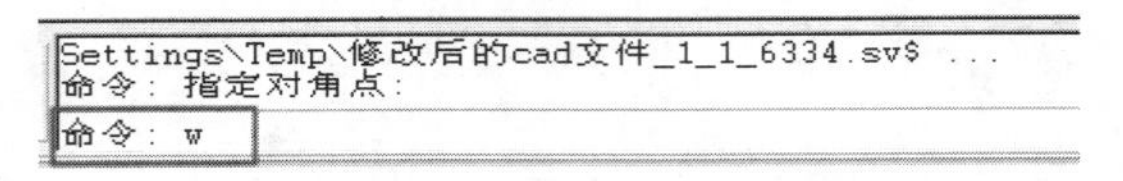

图 2-14　输入写块命令

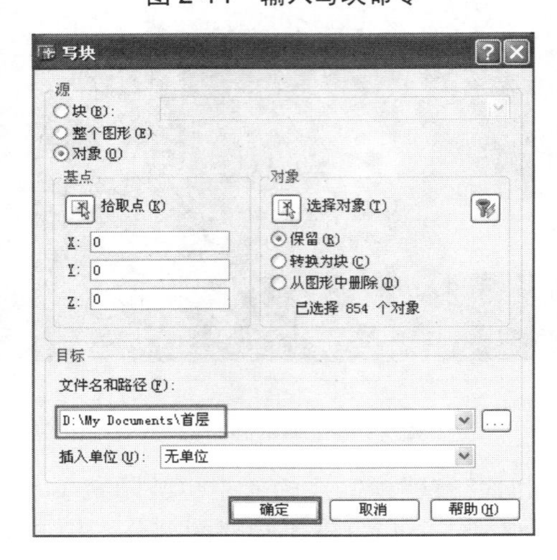

图 2-15　“写块”对话框

2.2.2　在 3ds Max 中导入 AutoCAD 文件，搭建场景

(1) 设置单位。在 AutoCAD 软件工作环境中，是以 Millimeter(毫米)来计算单位的，为了使 3ds Max 的单位与 CAD 相统一，在首次打开 3ds Max 软件后都要先统一单位。

选择 Customize(设置)→Unit Setup(单位设置)命令，弹出 Units Setup(单位设置)对话框，如图 2-16 所示。单击 System Unit Setup(系统单位设置)按钮，在弹出的 System Unit Setup(系统单位设置)对话框中将系统单位设置为 Millimeters(毫米)，单击 OK 按钮确认，如图 2-17 所示。

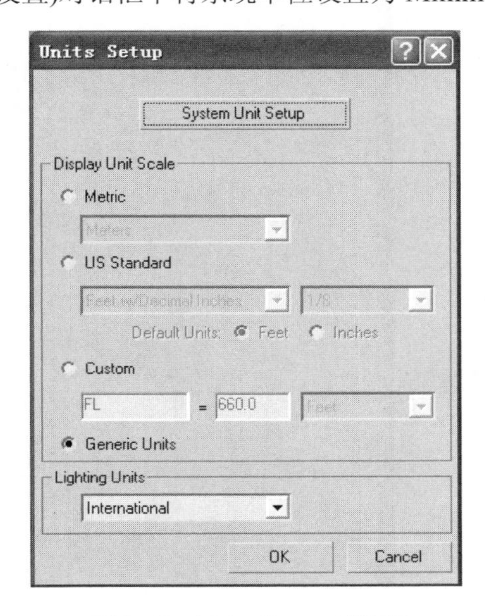

图 2-16　Units Setup 对话框

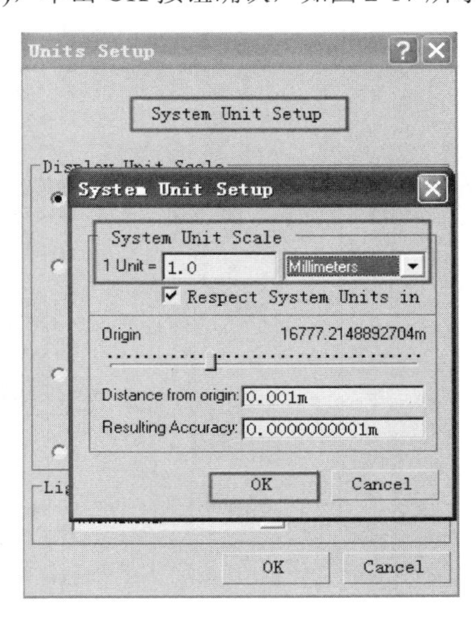

图 2-17　System Units Setup 对话框

回到 Units Setup 对话框，选中 Display Unit Scale(显示单位)选项组中的 Metric(公制)单选按钮，并在其下拉列表框中选择 Millimeters(毫米)选项，单击 OK 按钮确认，如图 2-18 所示。

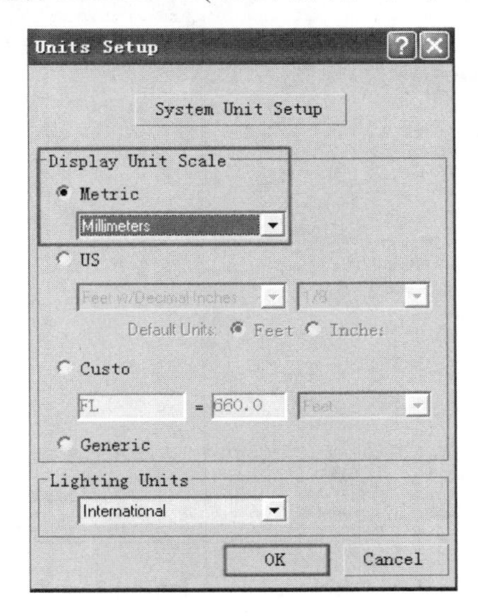

图 2-18　显示单位设置

(2) 文件导入。选择 File(文件)→Import(导入)命令，如图 2-19 所示。在弹出的 Select File to Import(选择文件导入)对话框的“文件类型”下拉列表框中选择*.DWG、*.DXF 格式，找到 2.2.1 节写出的块文件，选择第一层的 CAD 文件块，单击“打开”按钮将第一层的 CAD 块导入，如图 2-20 所示。

图 2-19　选择 Import 命令

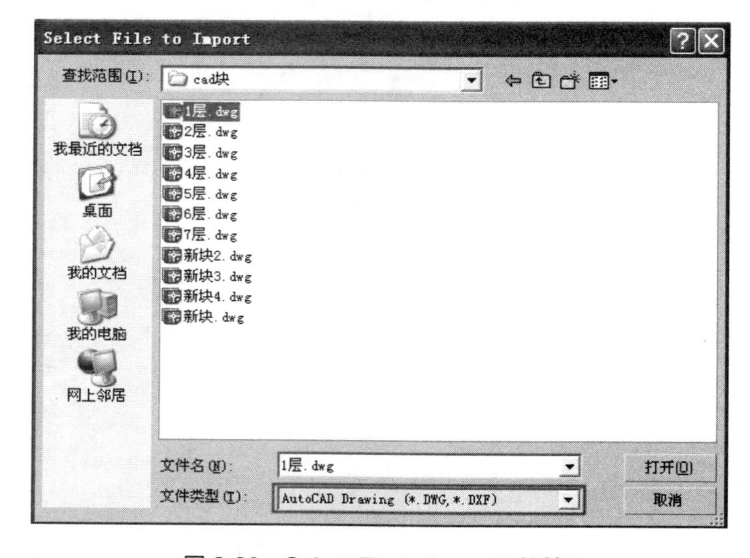

图 2-20　Select File to Import 对话框

弹出 AutoCAD DWG/DXF Import Options(AutoCAD DWG/DXF 导入选择设置)对话框，切换到 Layers(层)选项卡，选中 Select form list(从列表中选择)单选按钮，然后单击 OK 按钮确认导入，如图 2-21 所示。导入结果如图 2-22 所示。

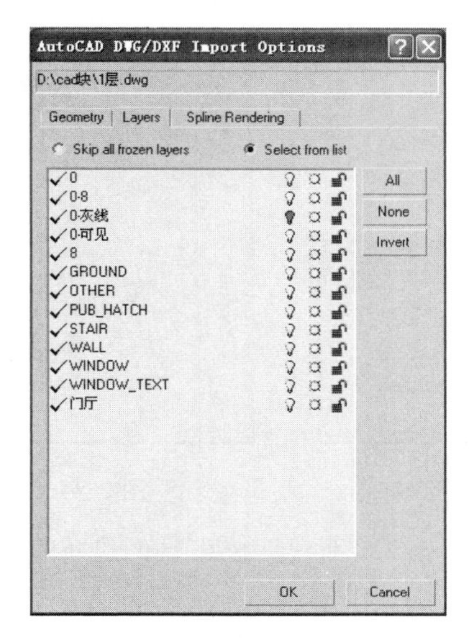

图 2-21　AutoCAD DWG/DXF Import Options 对话框

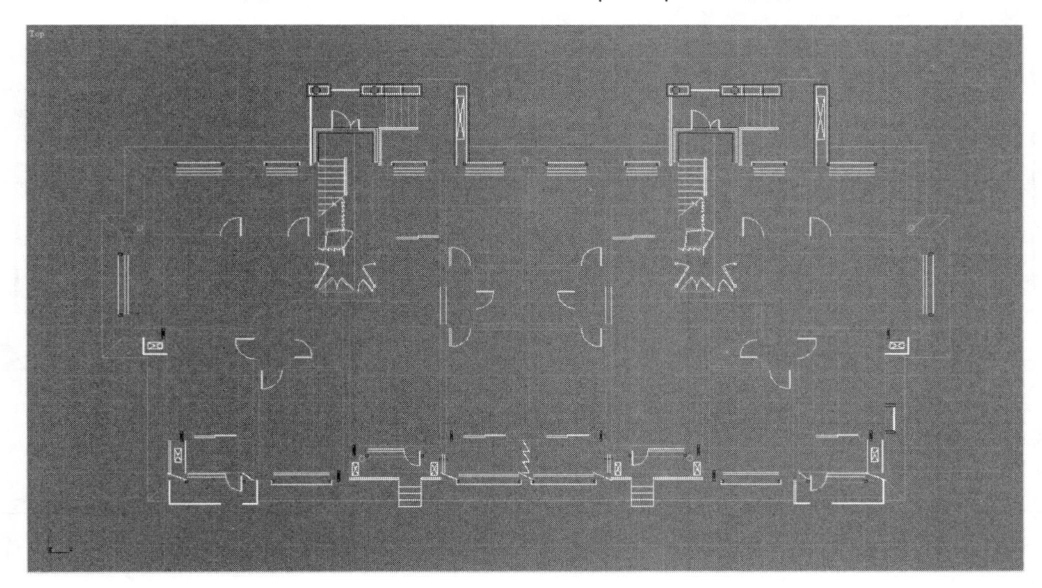

图 2-22　导入 3ds Max 的 CAD 文件块

(3) 将 CAD 文件成组。框选导入的 CAD 线形，选择 Group(群组)→Group(成组)命令，将导入的 CAD 线形组成一个组，方便以后选择。

(4) 给 CAD 文件归零。选择 CAD 文件，右击主菜单栏中的“移动”按钮，在弹出的 Move Transform Type-In(移动变换坐标)对话框中将 Absolute:World(绝对世界坐标)选项组中的 X、Y、Z 值设为零，如图 2-23 所示。

(5) 统一图层。为了在后面建模的过程中方便对 CAD 文件进行管理，需要对其图层进行统一。

选择 CAD 文件，单击主工具栏中的“图层管理”按钮，打开“图层管理”对话框，如图 2-24 所示。

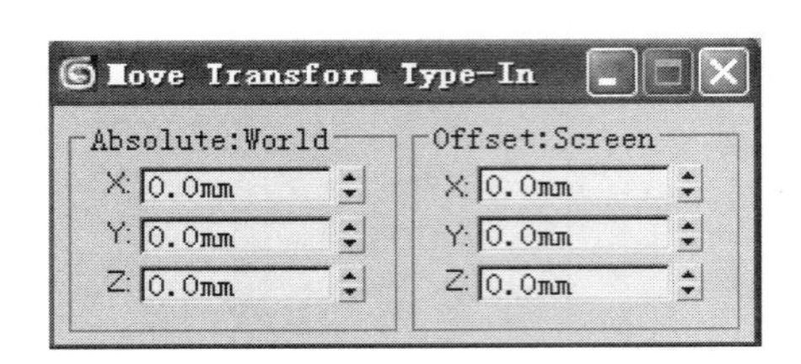

图 2-23　绝对世界坐标归零

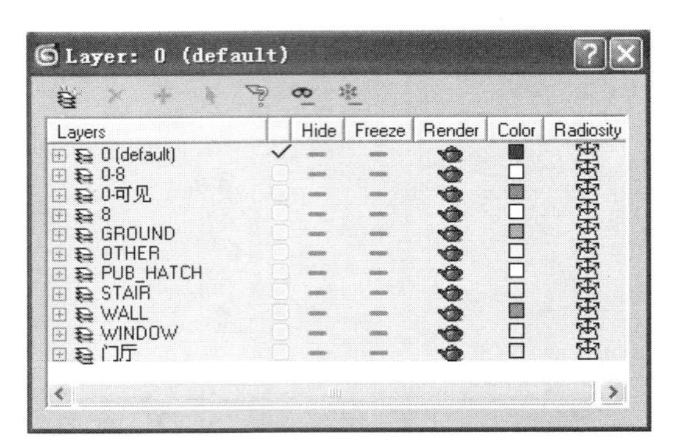

图 2-24　“图层管理”对话框

在“图层管理”对话框中单击“新建”按钮创建新的图层，并对新建图层进行重命名，起一个方便以后查找的名字，如图 2-25 所示。

选择原有的空图层，单击“删除”按钮将空图层删除，如图 2-26 所示。

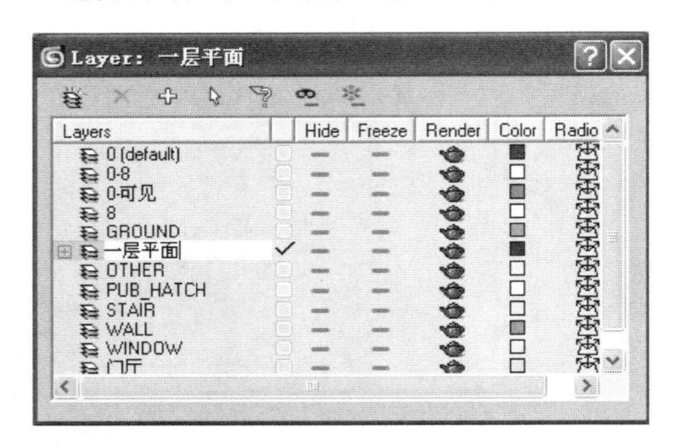

图 2-25　创建新图层

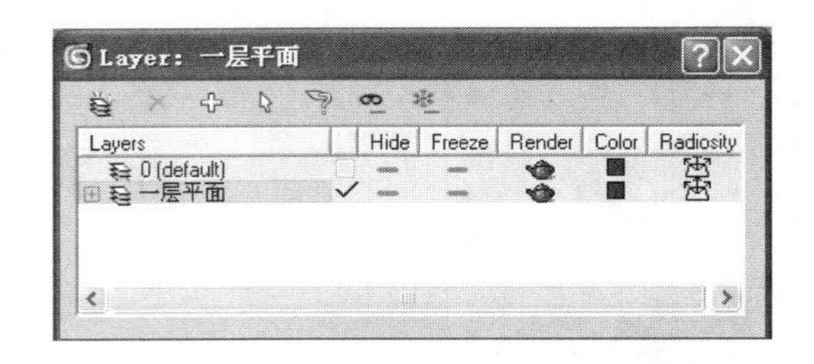

图 2-26　删除空白图层

注意

0(default)图层为默认图层，不能删除。

用同样方法将其他所有 CAD 平面图导入到 3ds Max 中，只进行成组、统一图层操作，而不进行归零操作，如图 2-27 所示。

(6) 对齐图层。需要将其他楼层的平面图与一层平面图对齐，一层的平面图已经归零了，而每个平面图组的中心位置并不一定完全相同，因此后面的楼层不要再进行归零，而是要与一层平面进行对齐。

单击主工具栏中的“2.5 维捕捉”按钮，在二层平面图上找一个明显的每层楼位置都应该一致的点(最好是楼层的内部结构点)，按下鼠标左键同时移动鼠标，到一层平面图的相应位置时释放鼠标，依次将所有平面图对位，对位后的平面图如图 2-28 所示。

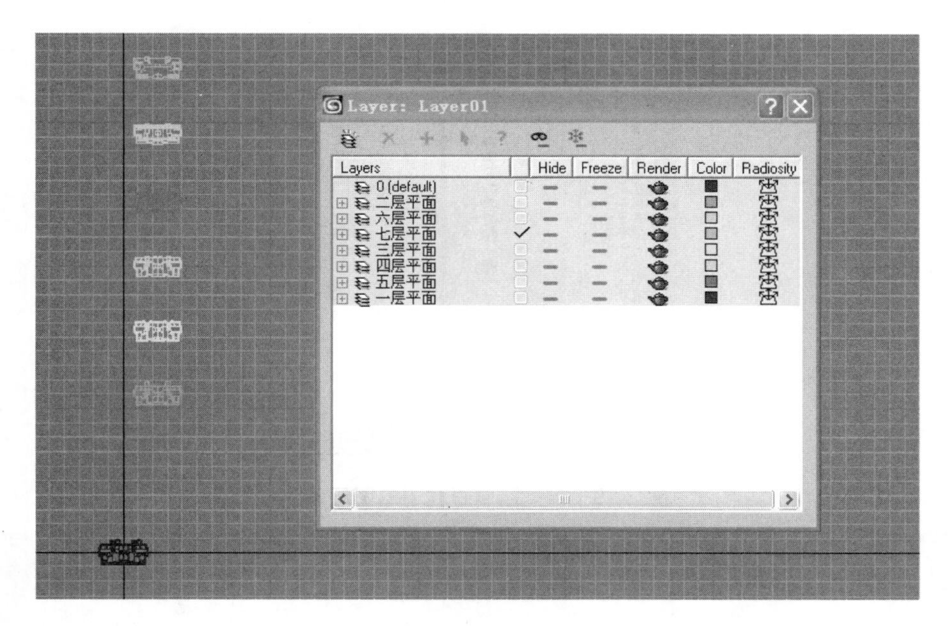

图 2-27　处理后的图层

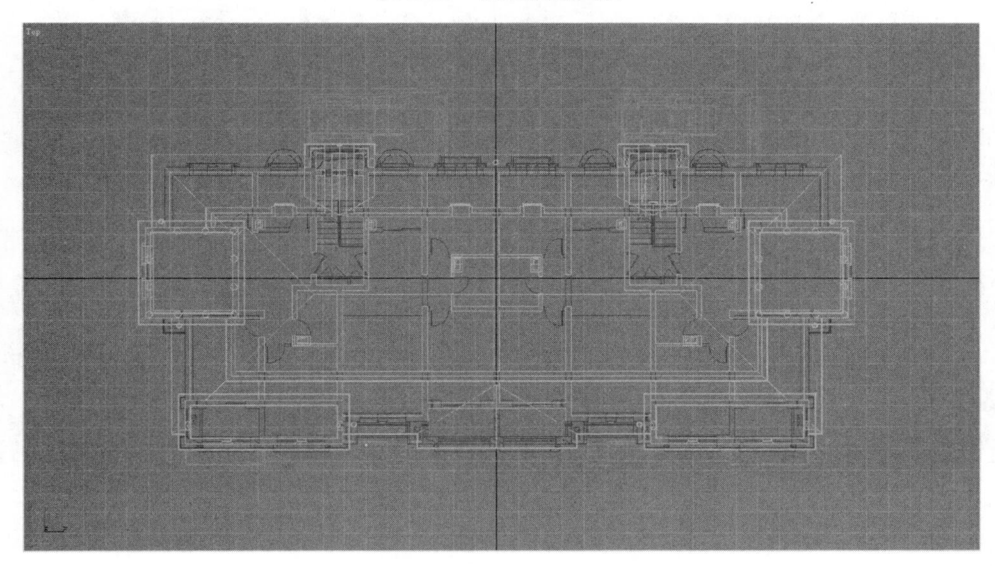

图 2-28　对位后的平面图

(7) 图层管理。再次打开“图层管理”对话框，单击 Freeze(冻结)按钮，当其图标下出现短横线时，表示已将图层冻结。当图层对位完毕无误后，将所有 CAD 图层冻结，以保证其不会再移位。

单击 Hide(隐藏)按钮，当其图标下出现短横线时，图层隐藏。保留要绘制模型部分的一层平面、正立面、侧立面，将其他不必要的层隐藏，如图 2-29 所示。

(8) 立面图对位。以同样方法导入 4 个立面图，旋转使其与平面图呈 90° 夹角，并摆放到与平面图相对应的位置，对位后的立面图如图 2-30 所示。

图 2-29　模型绘制过程中的图层管理

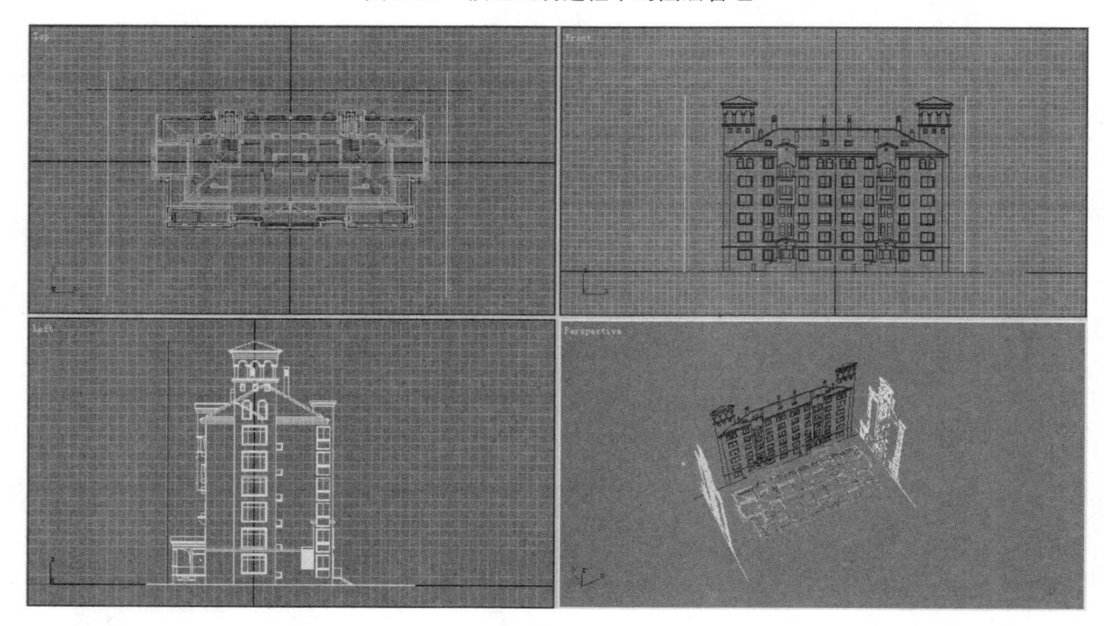

图 2-30　对位后的立面图

注意

根据绘制的需要，在“图层管理”对话框中对图层进行显示、隐藏的设置。保证在绘制任何一部分模型时都显示且只显示这一部分的平面、正立面、侧立面。

(9) 设置冻结物体颜色。通过“图层管理”对话框对物体进行冻结后，显示冻结物体颜色，而默认的冻结物体颜色比较浅，不易看清，这就需要我们对冻结物体颜色重新进行设置。

选择 Customize(设置)→Customize User Interface(自定义用户界面)命令，弹出 Customize User Interface 对话框，切换到 Colors(颜色)选项卡，设置 Elements(元素)为 Geometry(几何体)，在其下面的列表框中选择 Freeze(冻结物体)选项，然后单击 Colors(颜色)后面的颜色框，调节颜色为深灰色，如图 2-31 所示。关闭对话框后的效果如图 2-32 所示。

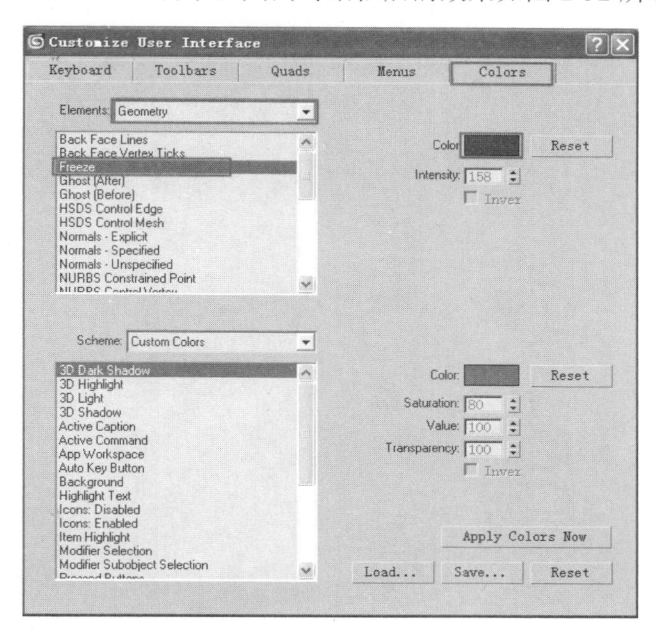

图 2-31　设置冻结物体颜色

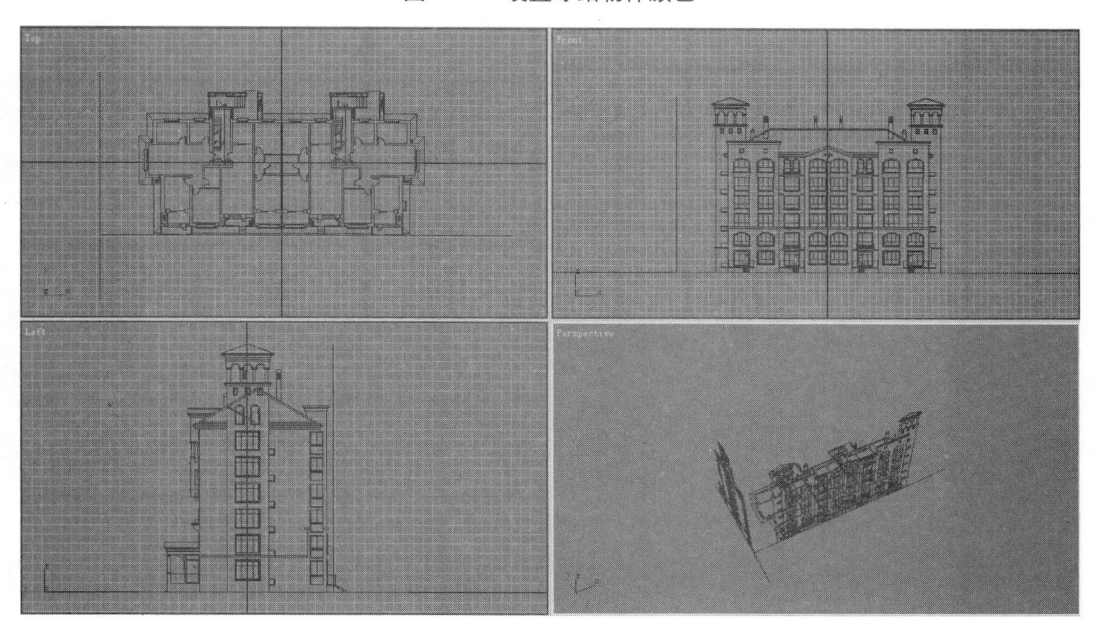

图 2-32　设置冻结物体颜色后的工作区

第二部分

建筑动画进阶篇

第 3 章　场景模型与材质灯光的创建

3.1　场景沙盘模型

场景沙盘模型是主体建筑的基础，沙盘模型的好坏直接关系到动画的最终效果。在这里选择如图 3-1 所示的酒店场景沙盘进行讲解。

图 3-1　酒店场景沙盘

观察效果图会发现场景主体由草坪、便道和行车道等组成，如加些配景会使其在视觉上和功能上更加丰富。下面从大面积的铺装和绿地开始创建模型。

3.1.1　创建地形模型

(1) 创建公路模型。导入配套光盘中的场景沙盘模型 CAD 图(位置：光盘\CH3\3.1 章节\沙盘模型\整理后的 cad 块.dwg)，并在 CAD 图上右击，在弹出的快捷菜单中选择 Freeze Selection(冻结选择的物体)命令，再依次单击“创建面板”按钮、“创建几何体”按钮和 Plane(面片)按钮，在顶视图区创建一个大于 CAD 图范围的片，接着展开 Parameters(参数)卷展栏，将 Length Segs(长段数)和 Width Segs(宽段数)的数值均设为 1，如图 3-2 所示。

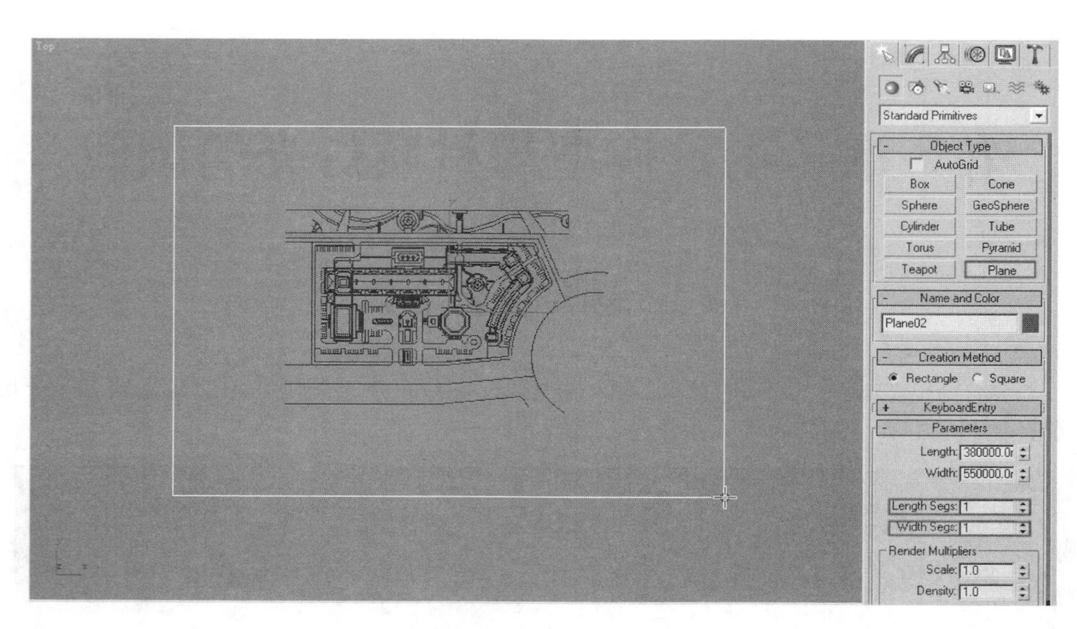

图 3-2　创建公路面片

(2) 创建绿地模型。仔细观察 CAD 图和效果图找出有绿地覆盖的区域，首先用线绘制该区域轮廓。

依次单击“创建面板”按钮和“二维创建”按钮，取消选中 Start New Shape(开始新的线性)选项。单击“2.5 维捕捉”按钮，利用 Line(线)工具、Arc(圆弧)工具绘制出绿地区域的轮廓，如图 3-3 所示。

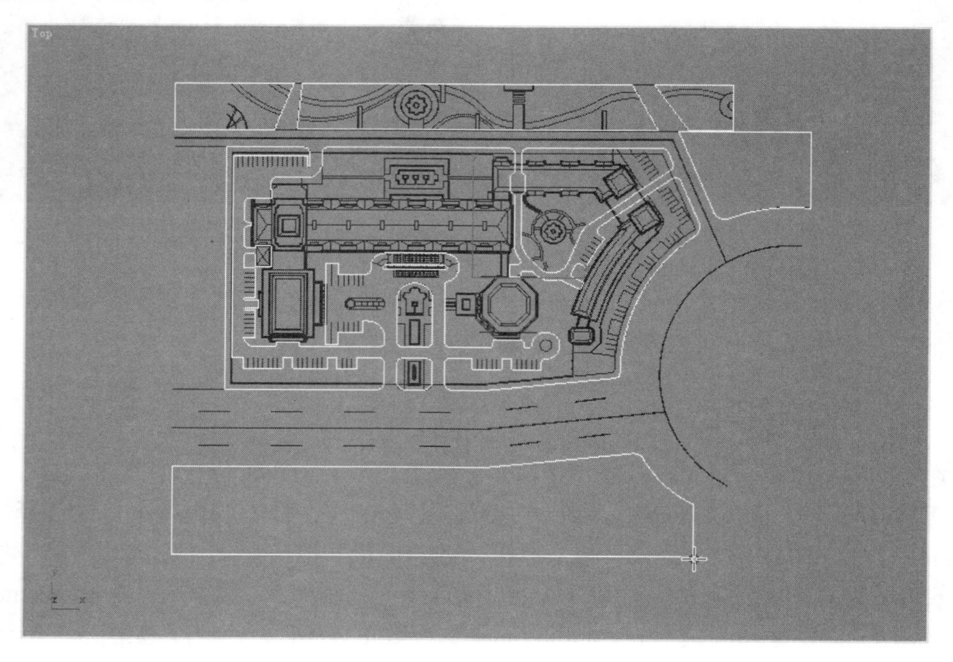

图 3-3　绘制绿地区域轮廓

知识点

① Line 工具可用于在视图中创建线。创建两点间直线的方法为：找到预设起点位置快速单击，移动指针找到预设终点位置再次快速单击。

② Arc 工具可用于在视图中创建圆弧。创建圆弧的方法为：分别在预设为圆弧的起点和终点位置单击，然后用指针画出圆弧的弧度，再次单击确认。

③ “二维创建”面板上有一个 Start New Shape(开始新的线性)选项，默认为选中状态，每次绘制产生新的线形。如果取消选中此选项，则用此面板中任意工具创建出的二维线形都将被认为与当前选择的线形成为一个物体，不单独划分。

④ 捕捉用于以已有场景的标准创建新的物体，单击“2.5 维捕捉”按钮可捕捉空间模型绘制平面，右击“2.5 维捕捉”按钮，会弹出 Grid and Snap Setting(栅格和捕捉设置)对话框，在 Snaps(捕捉)选项卡中选中 Vertex(点)复选框，在 Options(权限)选项卡中选中 Snap to frozen objects(捕捉到冻结物体)复选框，便可对冻结物体点实施捕捉，如图 3-4 和图 3-5 所示。

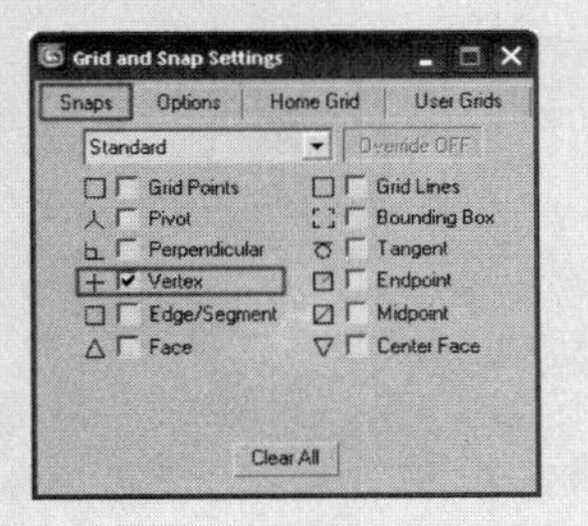

图 3-4　设置捕捉点

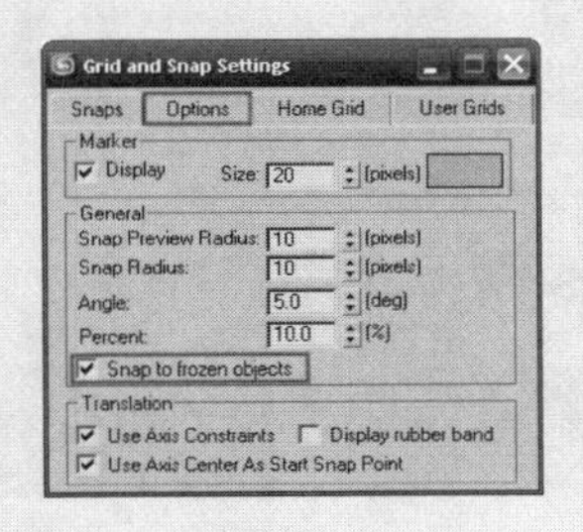

图 3-5　设置捕捉冻结物体

由于取消选中 Start New Shape(开始新的线性)选项，因此绘制的所有线形被自动合并到一起，但所有的交接点并不会自动焊接，需要手动进行。右键单击绘制好的线，在弹出的快捷菜单中选择 convert to Editable Spline(转换为可编辑线)命令。单击“修改面板”按钮，进入 Editable Spline(可编辑线)的 Vertex(点)子级别，框选所有创建轮廓时变换工具产生的交接点(Line 与 Arc 或 Arc 与 Arc 等)，单击 Weld(焊接)按钮对交接点进行焊接，如图 3-6 所示。

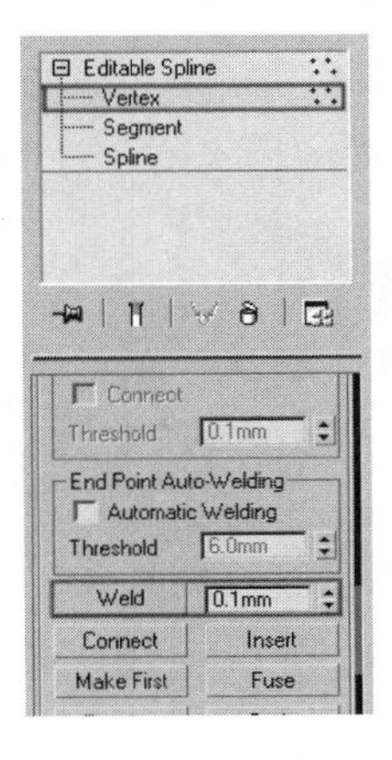

图 3-6　对 vertex 子级别进行焊接

提示

必须检查所有交接点都被焊接，否则在后面的操作中会出现破面现象。

单击“修改面板”按钮，打开 Modifier List(修改器列表)下拉列表，添加 Extrude(挤压)修改器，在 Parameters(参数)卷展栏中设置 Amount(数值)为 5，此参数代表挤压出的绿地的高度(这个高度是为了使绿地能高于开始创建的公路，从而被渲染)，最终效果如图 3-7 所示。

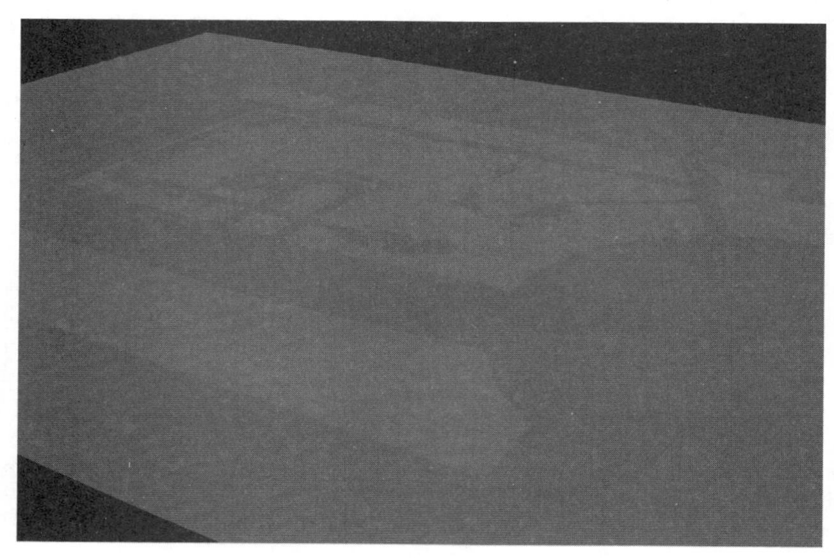

图 3-7　绿地最终效果

(3) 创建园路、便道、铺装和停车位模型。分别用和创建绿地模型相同的方法及步骤创建园路、便道、铺装和停车位模型，最终效果如图 3-8 所示。

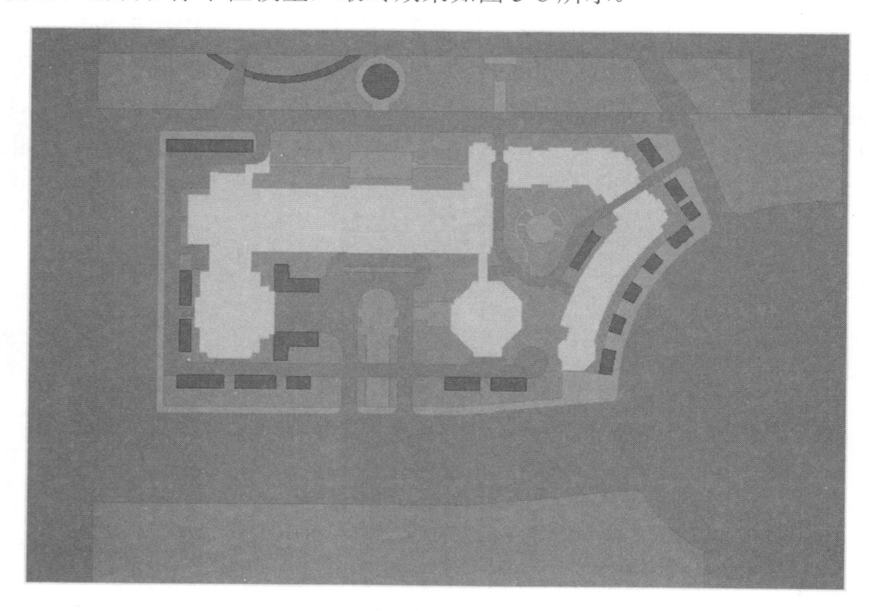

图 3-8　创建园路、便道、铺装和停车位后的最终效果

注意

其中有些模型是建立在绿地模型之上的，所以在设置 Extrude(挤压)修改器的 Amount(数值)参数时应使其值大于绿地的数值，使之显示在绿地平面之上。

3.1.2　创建道路便道边缘

(1) 选择要创建便道边缘的地形并按快捷键 Ctrl+V 进行复制，在弹出的 Clone Options(复制权限)对话框的 Object(物体)选项组中选中 Copy(复制)单选按钮，打开“修改”面板，选择 Extrude(挤压)修改器，单击下方的垃圾桶图标，将 Extrude(挤压)修改器删除，如图 3-9 所示。

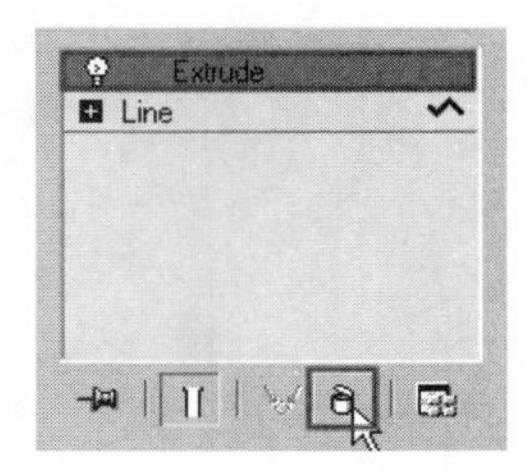

图 3-9　删除 Extrude 修改器

(2) 分析行人可能行走的路径，得知红色箭头指出部分为出入口，无边缘，所以应将此部分删除，如图 3-10 所示。

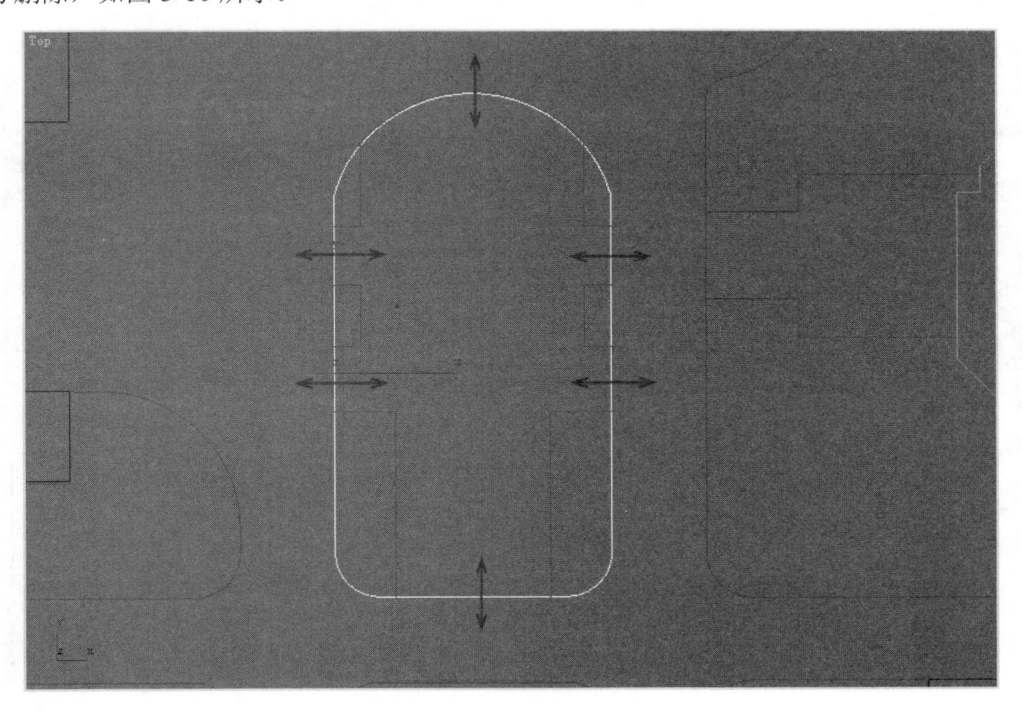

图 3-10　便道删除区域

(3) 进入 Vertex(点)子级别，单击 Refine(优化)按钮在要删除部分的端点加点，使要删除部分单独成段，如图 3-11 所示。然后进入 Segment(段)子级别，选择要删除的段，按 Delete 键删除。

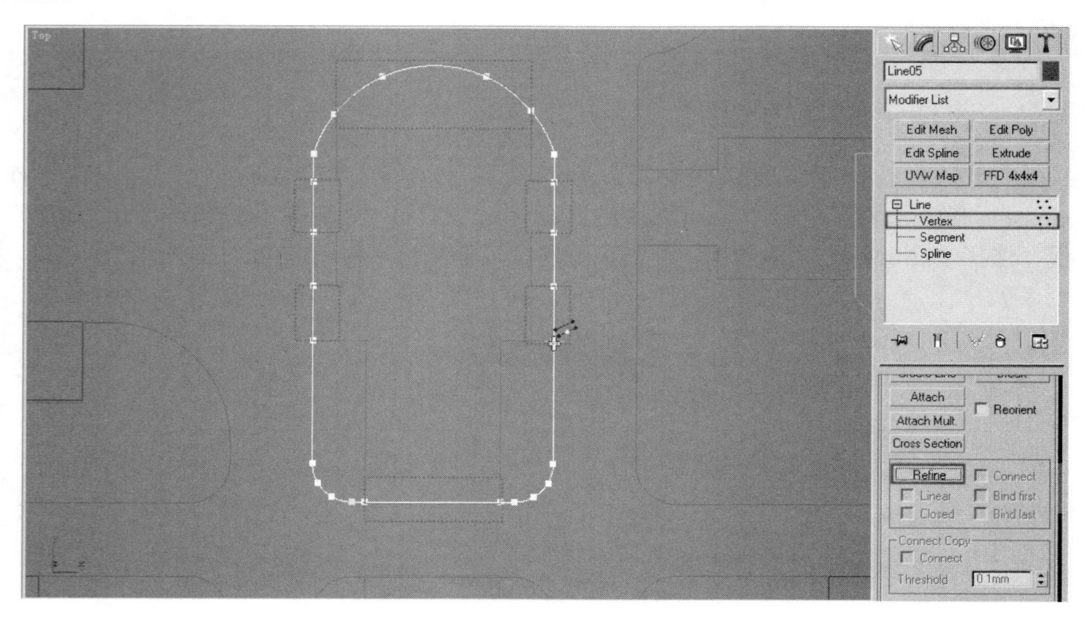

图 3-11 添加点

(4) 进入 Spline(曲线)子级别选择余下的曲线，单击 Outline(扩边)按钮进行扩边，如图 3-12 所示。添加 Extrude(挤压)修改器，在 Parameters(参数)卷展栏中调节 Amount(数值)的值挤压出边缘的高度。便道最终效果如图 3-13 所示。

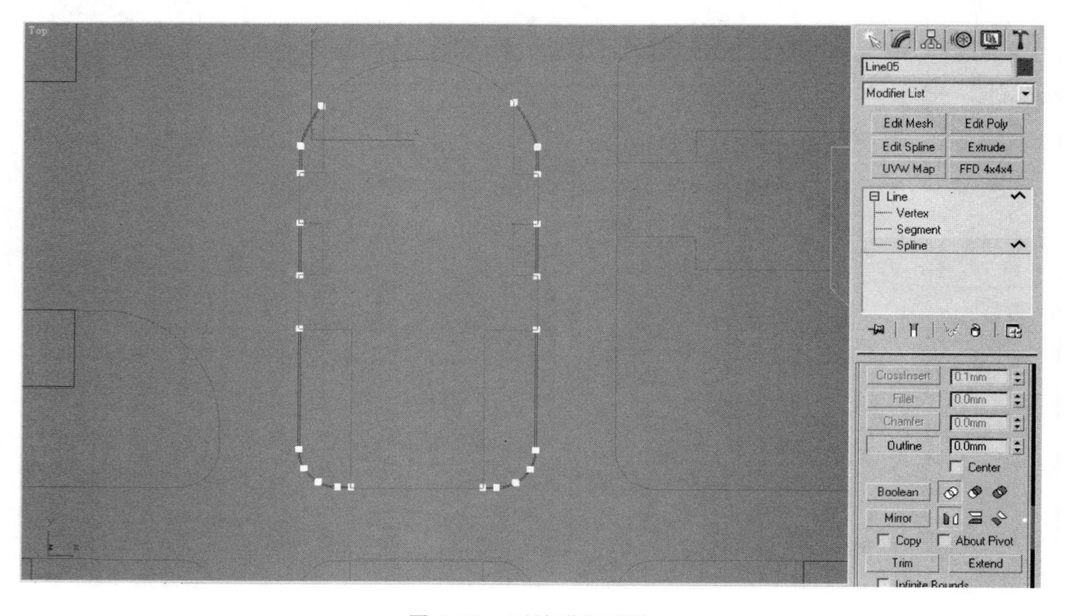

图 3-12 对线进行扩边

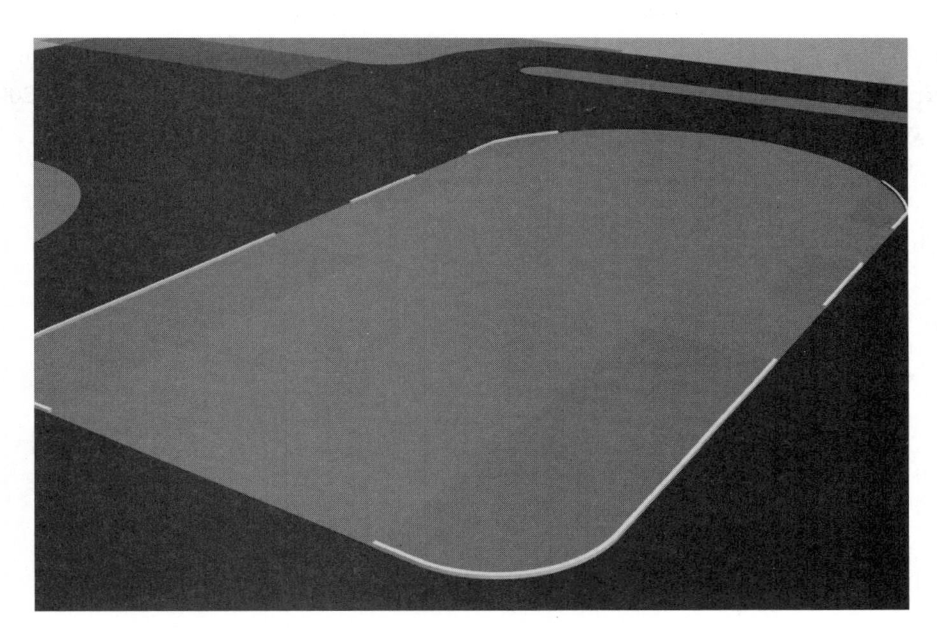

图 3-13　便道最终效果

(5) 按同样的方法创建出所有的地形边缘。

3.1.3　创建公路行车线和斑马线

(1) 依次单击“创建面板”按钮和“二维创建”按钮，取消选中 Start New Shape(开始新的线性)选项，利用 Line(线)工具和 Arc(圆弧)工具，在顶视图中按照 CAD 图绘出行车线，如图 3-14 所示。注意此时的行车线为单线，在最后渲染时是无法在成图中显示的。

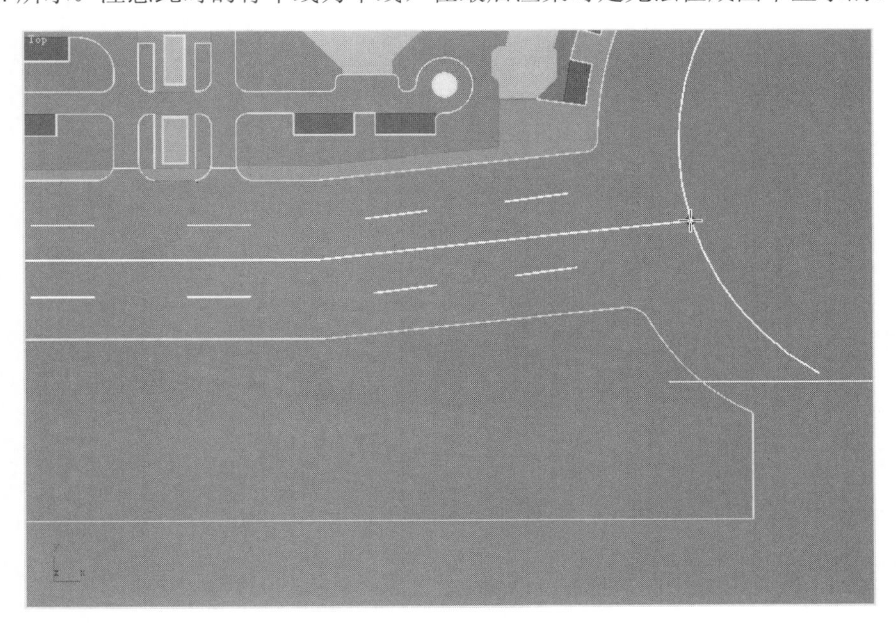

图 3-14　勾画公路行车线

(2) 单击“修改面板”按钮，展开 Rendering(渲染)卷展栏，选中 Enable In Renderer(可以被渲染)和 Enable In Viewport(在视图中显示)复选框，设置 Thickness(厚度)值为 200mm，Sides(面数)值为 3，Angle(旋转角度)值为 30，如图 3-15 所示。其目的是在形成类三棱柱形后将其一个侧面平行于地面，从而在视觉上类似于铺在地面上的行车线。

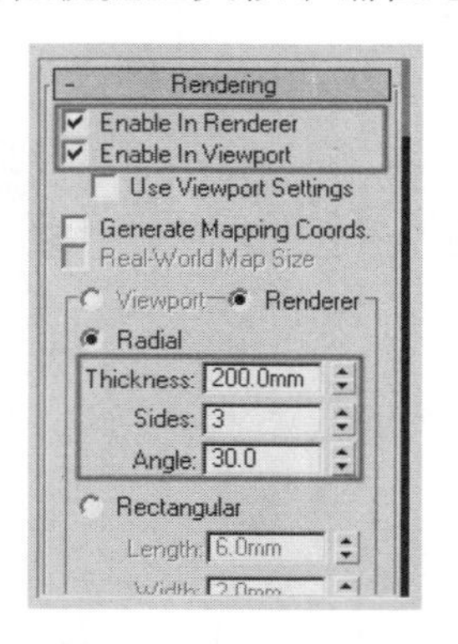

图 3-15 设置线形可渲染

3.1.4 为场景制作配景及辅助设施

(1) 创建水景模型。依次单击“创建面板”按钮和“二维创建”按钮，取消选中 Start New Shape(开始新的线性)选项，利用 Line(线)工具在顶视图中绘出要创建水池的内边缘轮廓，在起点与终点重合后弹出的对话框中单击“是”按钮，使线闭合，按快捷键 Ctrl+V 复制线圈，在弹出的 Clone Options(复制权限)对话框的 Object(物体)选项组中选中 Copy(复制)单选按钮，然后再重复一次。现共有 3 个相同的线圈，其中一个作池底，另一个作水面，第三个作水池壁，如图 3-16 所示。

图 3-16 水景的三线圈

选择其中的两个线圈，右击，在弹出的快捷菜单中选择 Convert to(转换)→Convert to Editable Mesh(转换为可编辑网格)命令，将这两个线圈转换为实体，如图 3-17 所示。

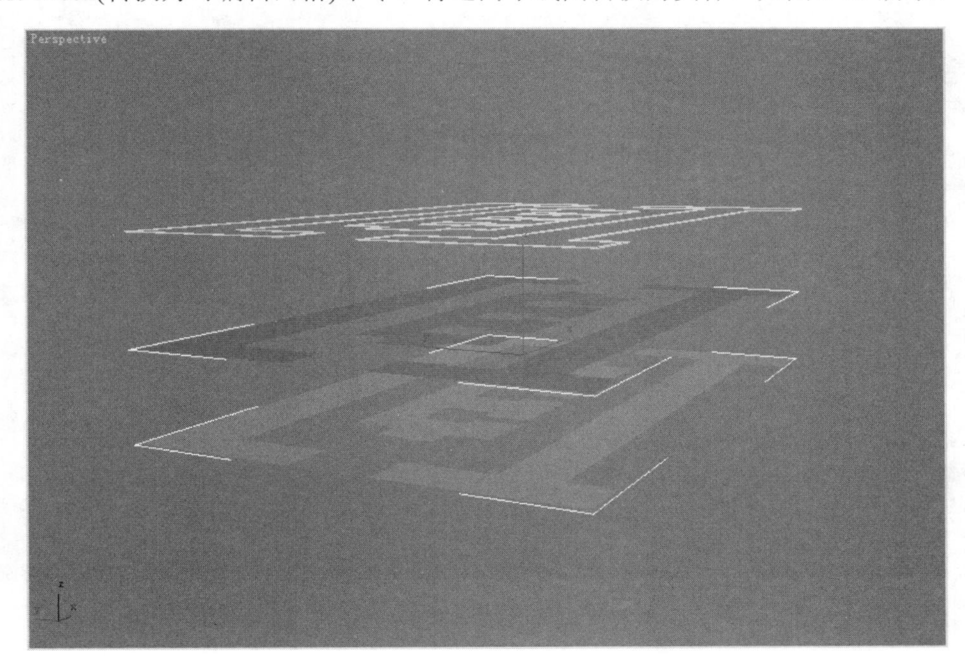

图 3-17　将两个线圈转换为实体

选择剩下的线圈，在“修改”面板中进入 Spline(曲线)子级别，单击 Outline(扩边)按钮进行扩边，然后添加 Extrude(挤压)修改器挤压出水池壁的高度，移动成水景组合，如图 3-18 和图 3-19 所示。

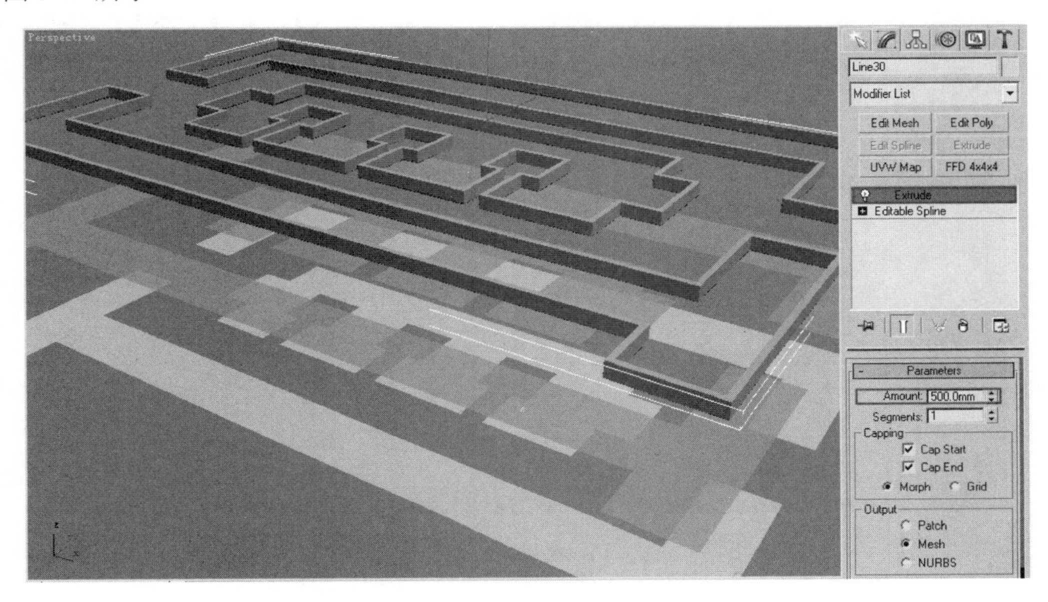

图 3-18　将一个线圈作为水池壁

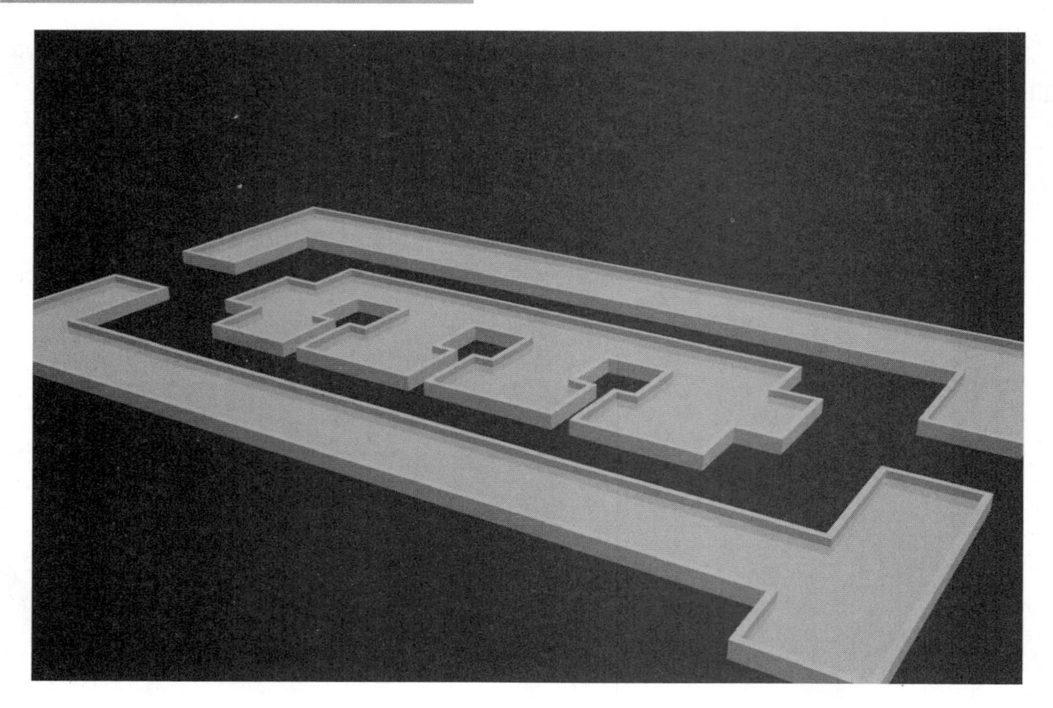

图 3-19　水景组合效果

利用类似的方法创建出场景中的所有水景，效果如图 3-20 所示。

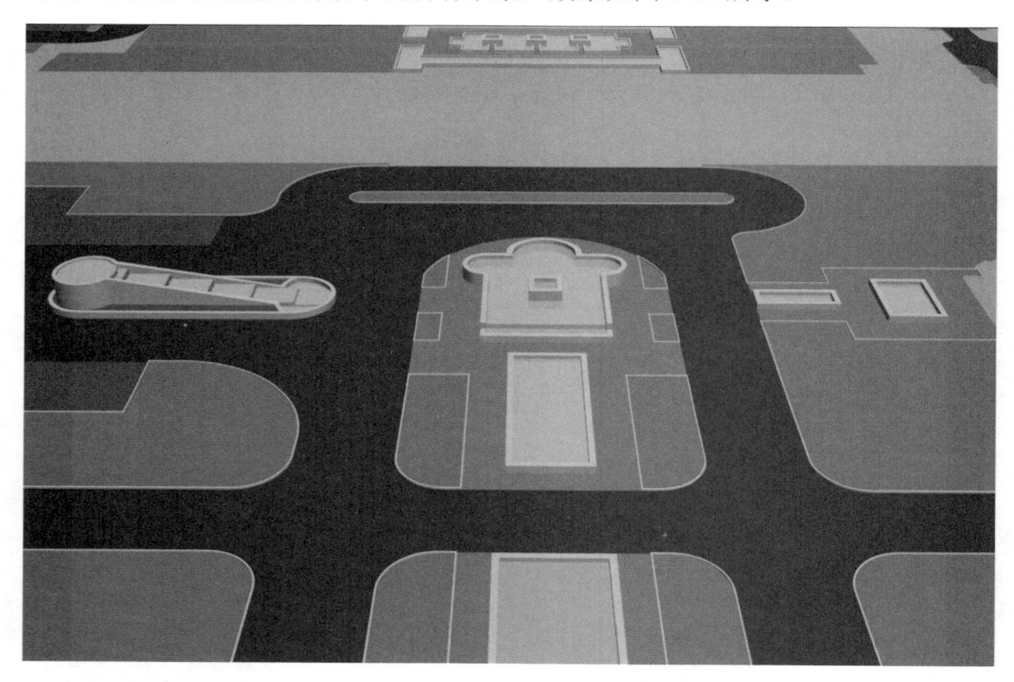

图 3-20　场景最终水景效果

(2) 创建汀步。依次单击“创建面板”按钮和“二维创建”按钮，取消选中 Start New Shape(开始新的线性)选项，利用 Line(线)工具在顶视图中绘出要创建的汀步轮廓，在起点与终点重合后弹出的对话框中单击“是”按钮，使线闭合，如图 3-21 所示。

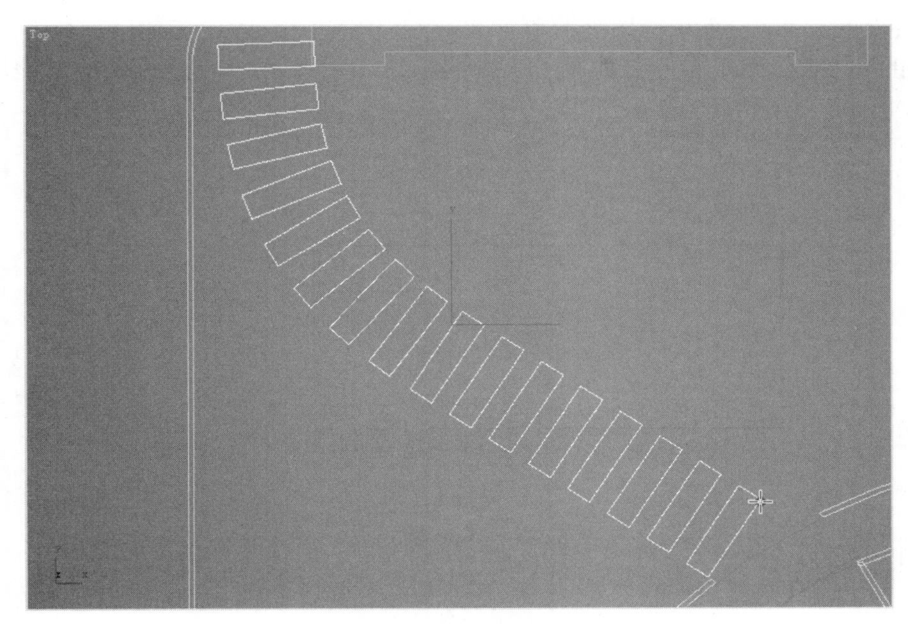

图 3-21　勾画汀步轮廓

单击“修改面板”按钮，添加 Extrude(挤压)修改器挤压出汀步的高度，如图 3-22 所示。

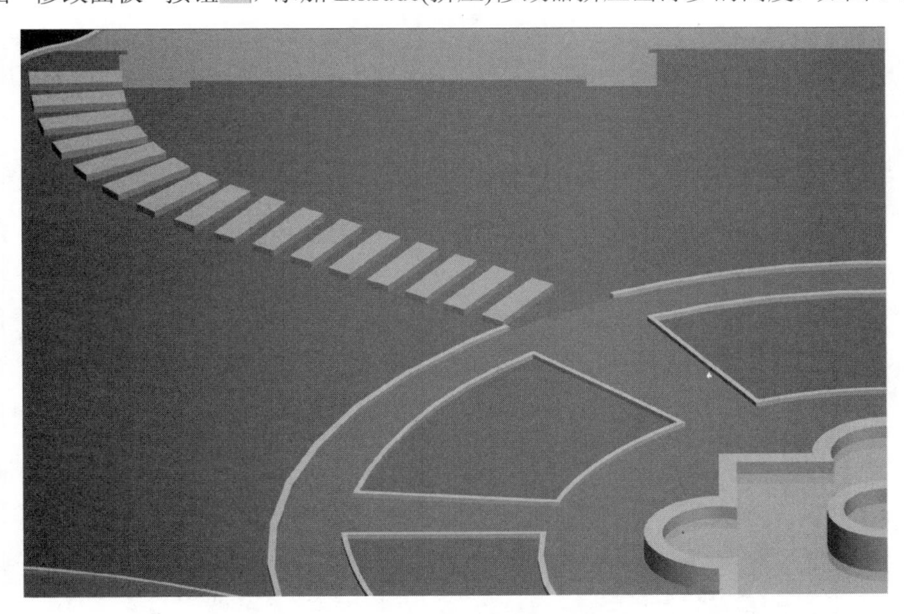

图 3-22　汀步最终效果

3.1.5　精减场景的模型数量

系统会对每一个物体的面数和场景的物体数进行逐一的计算，这会直接影响到后面渲染的速度和操作是否流畅，所以减少对系统的负担是极为必要的。

要将欲赋予相同材质的不同物体合并成一个物体，以便道边缘为例，选择所有的便道边缘，依次单击“工具面板”按钮和 Collapse(塌陷)按钮，再在 Collapse(塌陷)卷展栏中单击 Collapse Selected(塌陷选择的)按钮，如图 3-23 所示，此时所有的便道边缘被塌陷成一个 Mesh 物体。

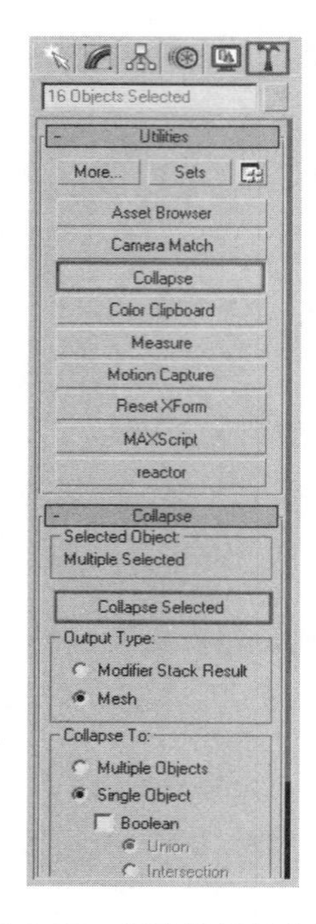

图 3-23　塌陷选择的物体

用相同的方法合并同类物体，丰富场景。场景沙盘的最终效果如图 3-24 所示。

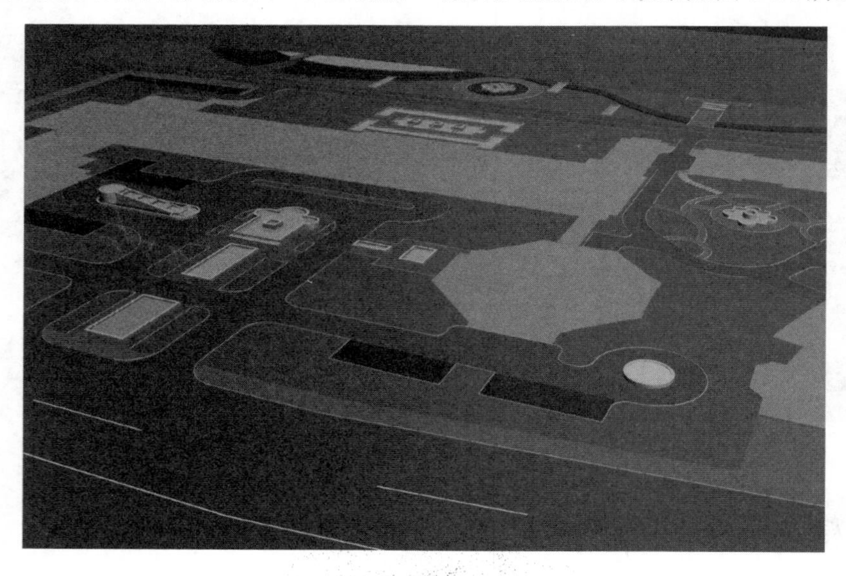

图 3-24　场景沙盘的最终效果

3.2　场景主建筑模型

3.2.1　创建商住楼模型

商住楼模型的最终效果如图 3-25 所示。

图 3-25　商住楼效果图

观察发现楼体部分是由两个相同的主楼构成，而每一个主楼都由 3 个单元组成，中间用玻璃幕墙连接，单元是由两侧相同单元的一部分对称组成，底商部分环绕在两座主楼脚下。所以入手点就是主楼的一个侧单元。

(1) 导入 CAD 辅助图。选择 File(文件)→Import(导入)命令，在弹出的对话框中选择本书配套光盘中的“创建商住楼模型 CAD 辅助图”(位置：光盘\CH3\3.2.1 章节\模型资料\平面、剖面 2000.dwg)，整理对齐后的效果如图 3-26 所示。

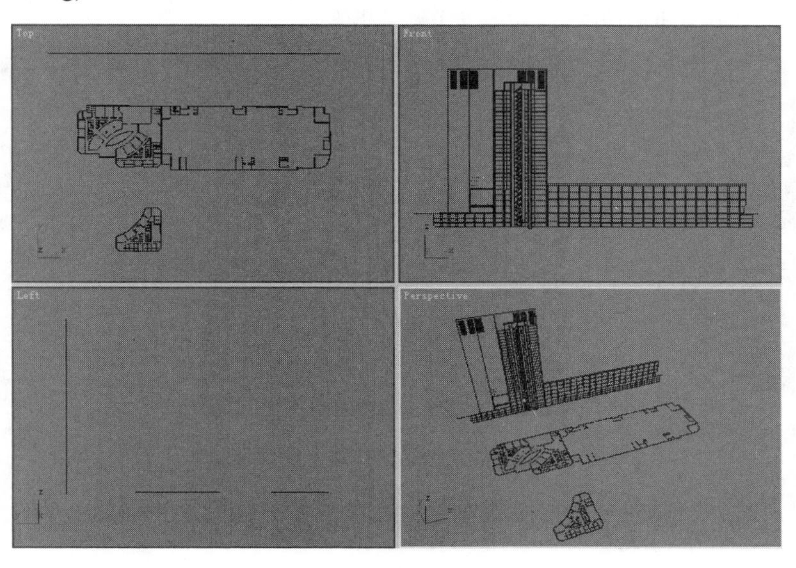

图 3-26　CAD 辅助图导入整理后的效果

注意

CAD 辅助图均为内部结构，只供学习参考用。

(2) 创建 1～5 层外墙。因为 1～5 层为无窗外墙，故单独创建。依次单击“创建面板”按钮和“二维创建”按钮，利用 Line(线)工具和 Arc(圆弧)工具在顶视图中勾勒建筑外轮廓，如图 3-27 所示。

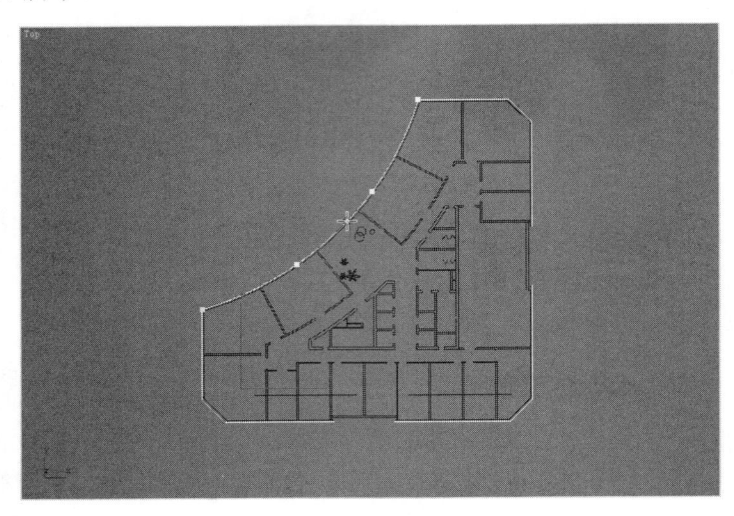

图 3-27　勾画 1～5 外墙轮廓

单击“修改面板”按钮，进入 Vertex(点)子级别，分别框选 Line(线)和 Arc(圆弧)衔接处的点，单击 Weld(焊接)按钮进行分离点的焊接(每一次勾勒轮廓后的结合处都要执行此操作，以后部分类似过程将不再提及)，如图 3-28 所示。然后进入 Spline(曲线)子级别，单击 Outline(扩边)按钮，扩出外墙厚度，如图 3-29 所示。

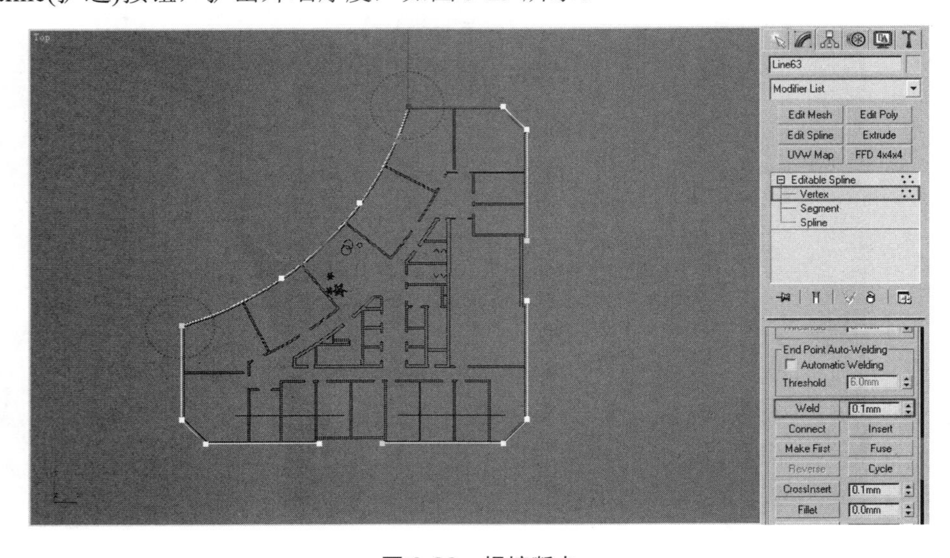

图 3-28　焊接断点

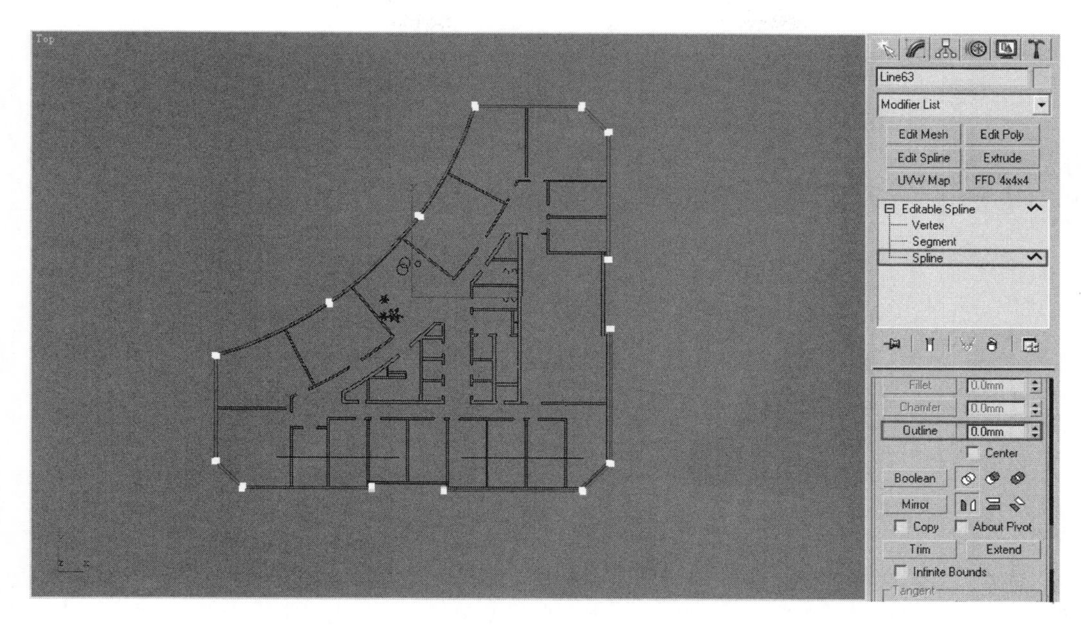

图 3-29　轮廓扩边

单击“修改面板”按钮，添加 Extrude(挤压)修改器挤压出 1～5 层外墙的高度，如图 3-30 所示。

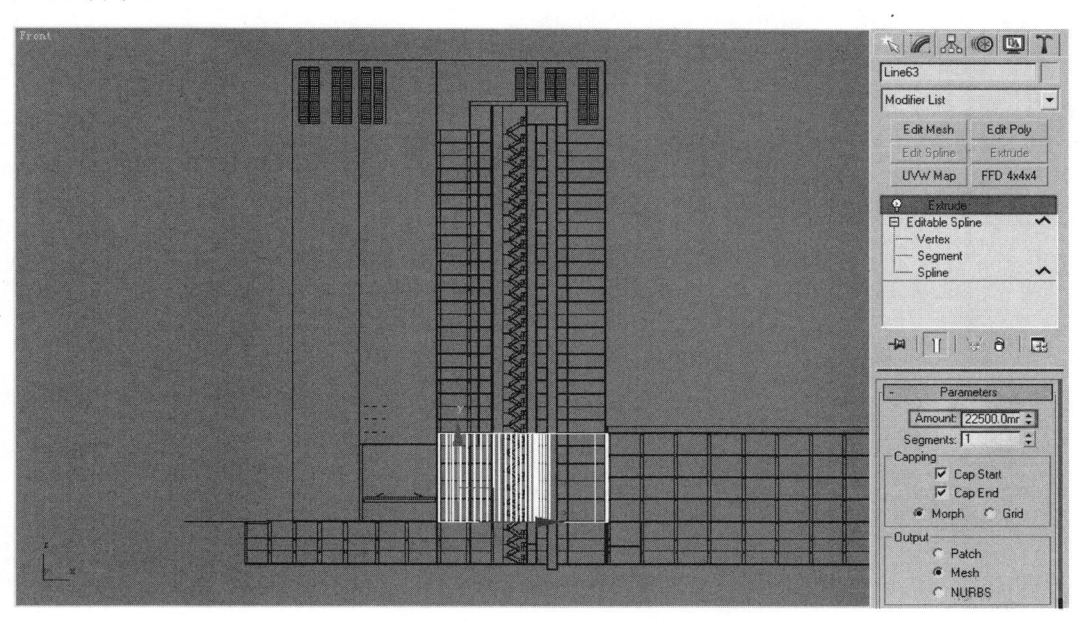

图 3-30　挤压 1～5 层外墙高度

1～5 层外墙的最终效果如图 3-31 所示。

图 3-31　1～5 层外墙的最终效果

(3) 创建主楼正面实墙部分。仔细观察配套光盘中给出的效果图，依次单击“创建面板”按钮和“二维创建”按钮，利用 Line(线)工具和 Rectangle(矩形)工具在顶视图中勾勒实墙的平面轮廓。

单击“修改面板”按钮，添加 Extrude(挤压)修改器挤压出高度，如图 3-32 所示。

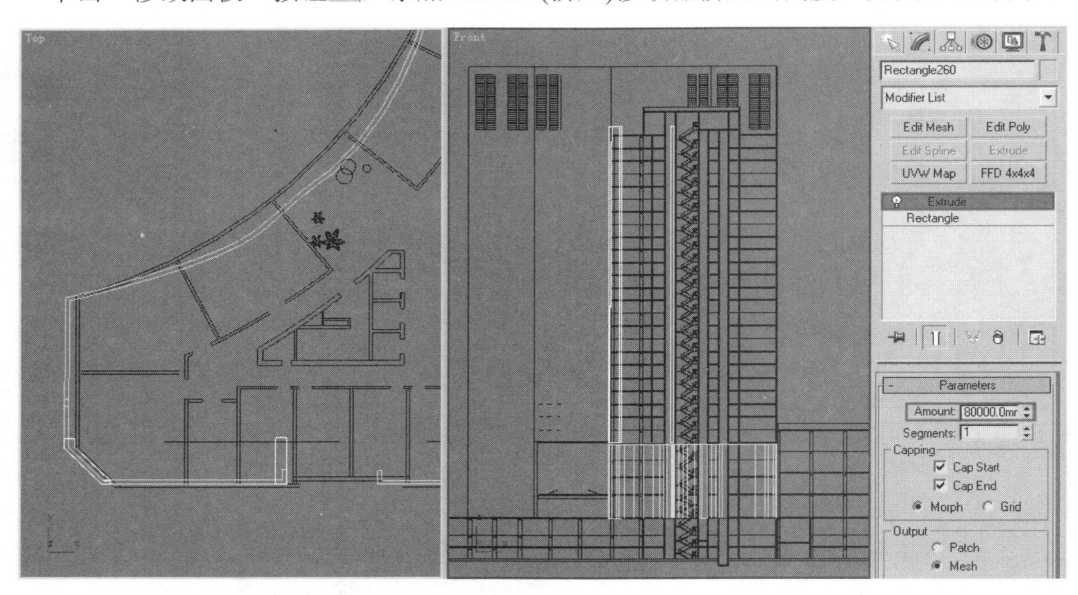

图 3-32　挤压主楼正面实墙高度

在物体上右击，在弹出的快捷菜单中选择 Convert to(转换)→Convert to Editable Ploy(转换为可编辑多边形)命令，进入 Vertex(点)子级别，按照效果图调节点的位置，结果如图 3-33 所示。

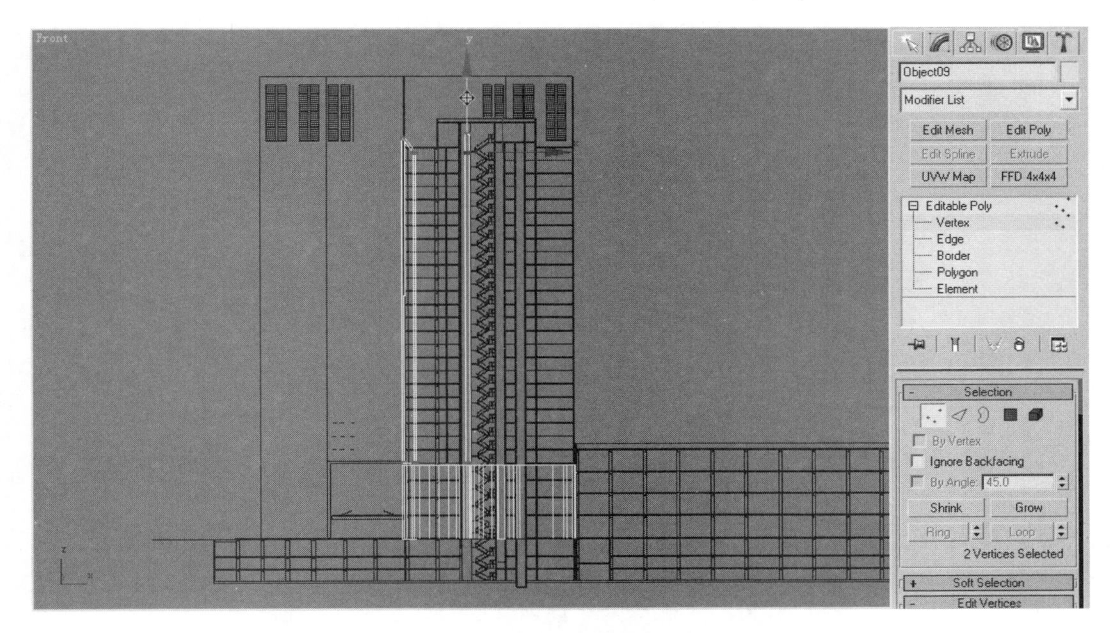

图 3-33　调节主楼正面实墙点

在前视图中按照效果图用 Line(线)工具勾勒其上部外轮廓，在“修改”面板中进入 Spline(曲线)子级别，单击 Outline(扩边)按钮扩出内边框与下墙体厚度一致。添加 Extrude(挤压)修改器挤压出厚度，如图 3-34 所示。

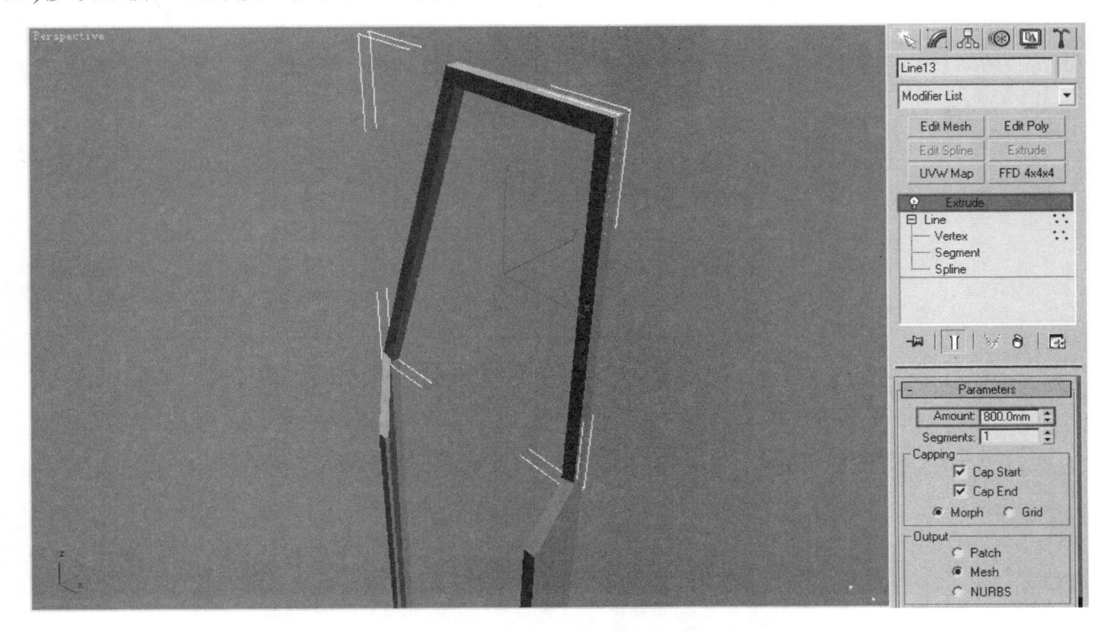

图 3-34 主楼上部外轮廓最终效果

(4) 创建外侧面框架墙体。在左视图中按照效果图勾勒侧面框架外轮廓(顶点要与正面顶点同高)，如图 3-35 所示。

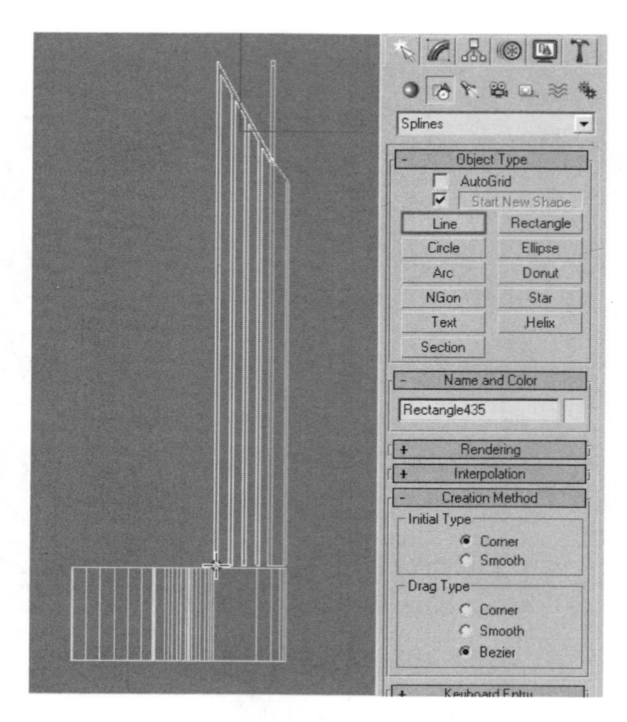

图 3-35　勾画侧面框架外轮廓

单击“修改面板”按钮，添加 Extrude(挤压)修改器挤压出厚度，如图 3-36 所示。

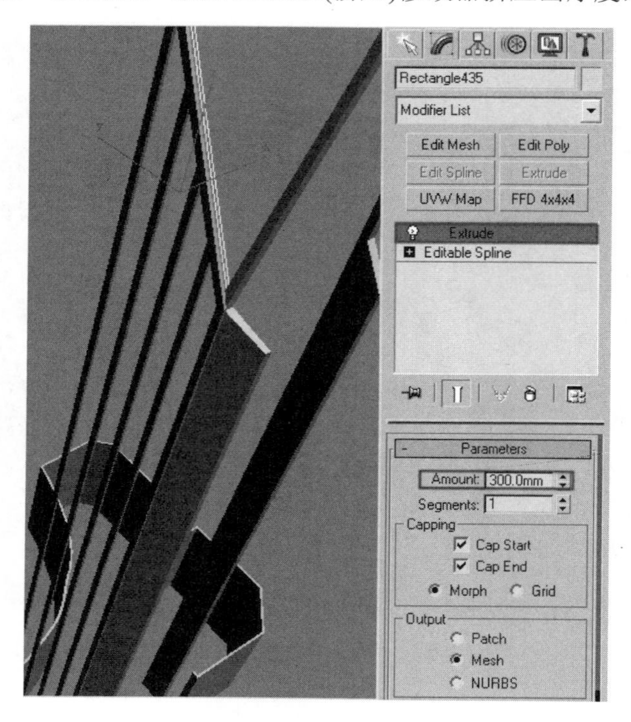

图 3-36　挤压侧面框架外轮廓厚度

(5) 创建内侧面框架墙体的方法与创建外侧墙体的方法相同，最终效果如图 3-37 所示。

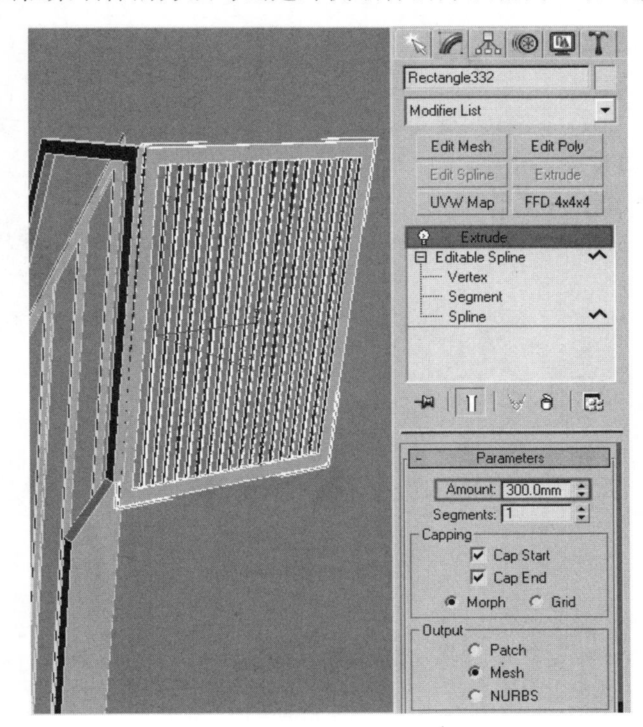

图 3-37　内侧面框架墙体最终效果

(6) 创建上部斜侧三角面外框。选中“2.5 维捕捉”按钮，然后在扩展菜单中单击“三维捕捉”按钮，再右击“三维捕捉”按钮，弹出 Grid and Snap Setting(栅格和捕捉设置)对话框，在 Snaps(捕捉)选项卡中选中 Vertex(点)复选框捕捉交点，如图 3-38 所示。

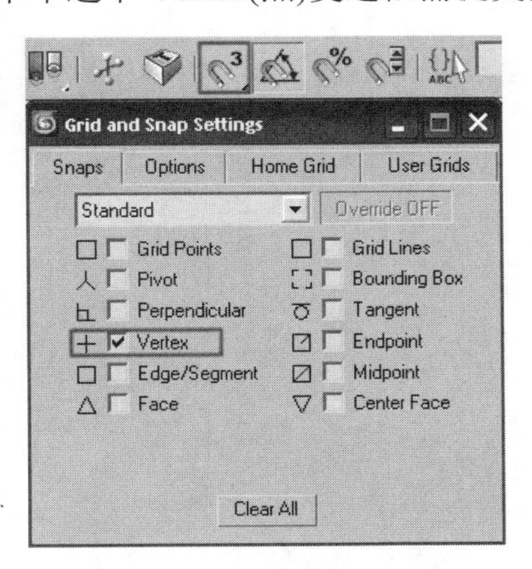

图 3-38　设置三维捕捉点

依次单击“创建面板”按钮和“二维创建”按钮，利用 Line(线)工具在透视图中捕捉已有点，画出三角面框的外轮廓，再单击“缩放”按钮，按住 Shift 键缩放复制出内轮廓，如图 3-39 所示。

图 3-39　勾画三角面框内外轮廓

单击“修改面板”按钮，展开 Edit Geometry(编辑几何体)卷展栏，单击 Attach(合并)按钮将两个三角形合并成一个物体，再添加 Extrude(挤压)修改器挤压出厚度，如图 3-40 和图 3-41 所示。

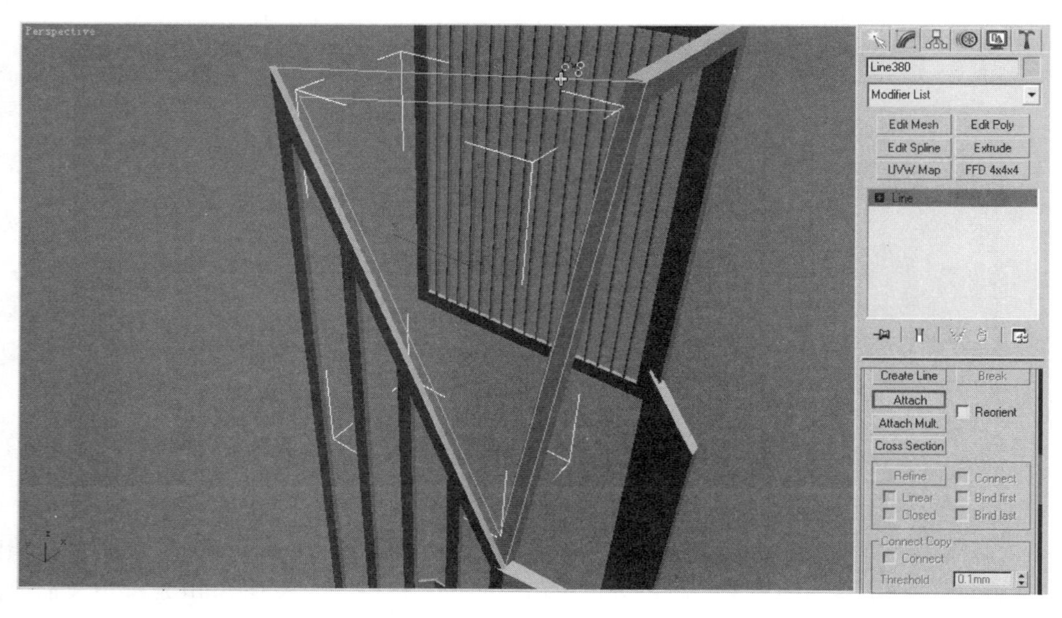

图 3-40　合并三角面框内外轮廓

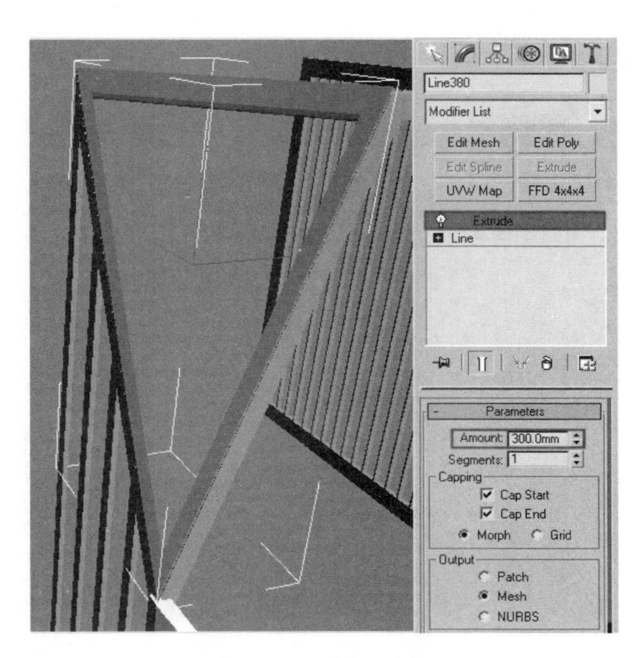

图 3-41　挤压三角面框厚度

(7) 创建弧形边框。依次单击“创建面板”按钮和“二维创建”按钮，利用 Line(线)工具描出弧面的竖直边框的平面形状，再添加 Extrude(挤压)修改器挤压出高度，如图 3-42 所示。

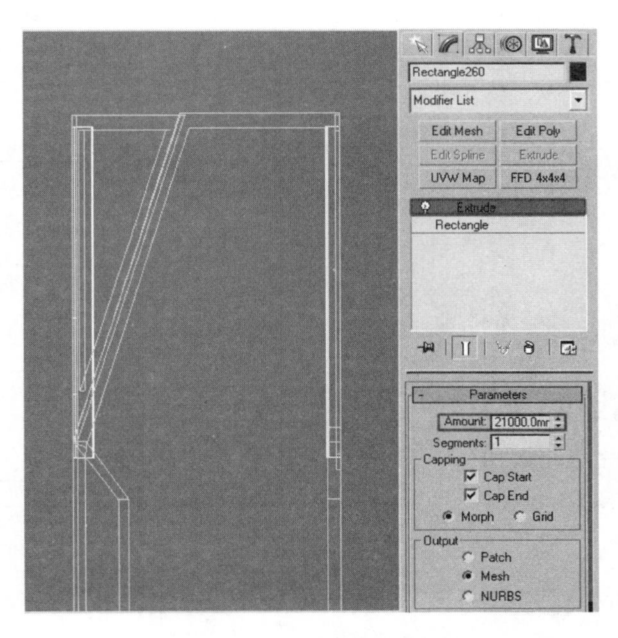

图 3-42　绘制弧面竖直边框

依次单击“创建面板”按钮和“二维创建”按钮，利用 Arc(圆弧)工具在顶视图中勾出弧面横梁外轮廓，并添加 Edit Spline(编辑线)修改器，进入 Spline(曲线)子级别，单击 Outline(扩边)按钮扩出内轮廓，再添加 Extrude(挤压)修改器挤压出厚度，按住 Shift 键向下复制，如图 3-43 所示。

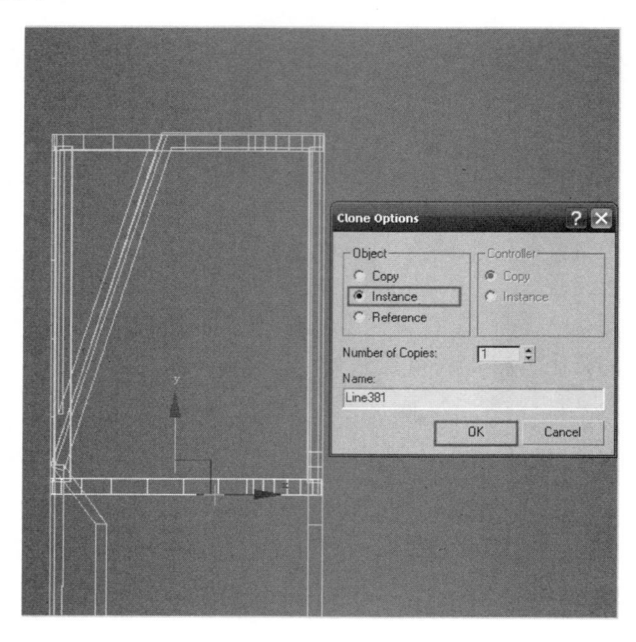

图 3-43　复制弧面框

(8) 创建顶部框架墙体。依次单击“创建面板”按钮和“二维创建”按钮，利用 Line(线)和 Arc(圆弧)工具勾勒外轮廓，并在“修改”面板中进入 Vertex(点)子级别，分别框选衔接处的点，单击 Weld(焊接)按钮进行分离点的焊接，使点成为一个，再进入 Spline(曲线)子级别，单击 Outline(扩边)按钮扩出内框，如图 3-44 所示。

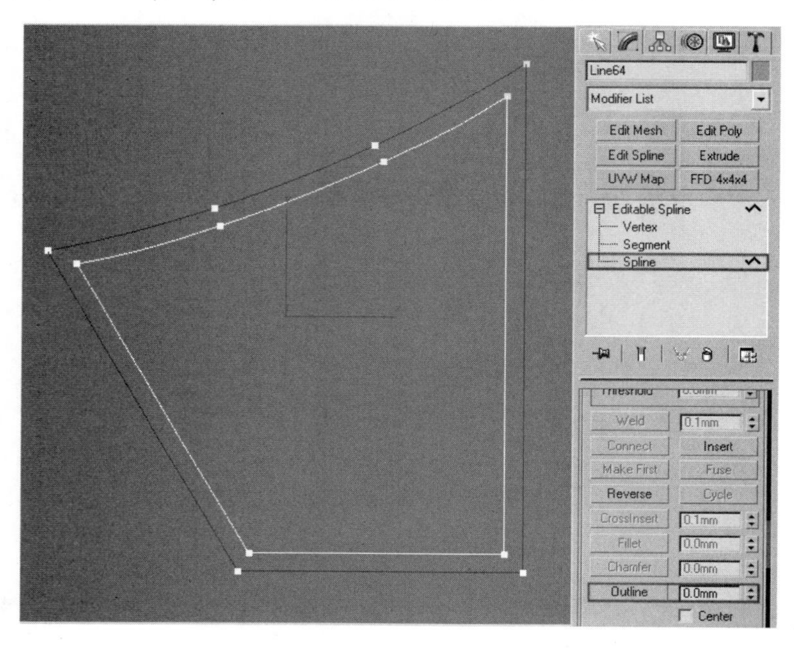

图 3-44　对顶部框架外轮廓扩边

单击“修改面板”按钮，添加 Extrude(挤压)修改器挤压出厚度，如图 3-45 所示。

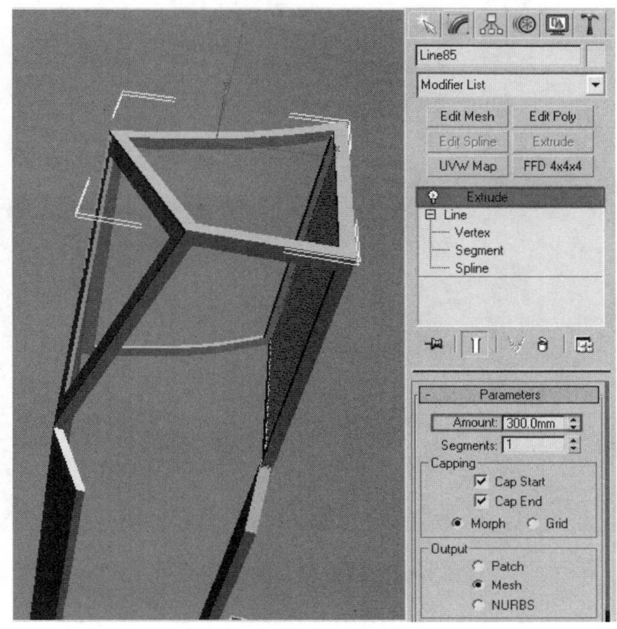

图 3-45　挤压顶部框架厚度

(9) 创建中间对称型单元框架。在侧单元边框中选择与中间相同的部分，选择 Group(群组)→Group(成组)命令将其编成一组，单击“镜像”按钮和“旋转”按钮使之与底部吻合，再以同样的方法复制出对称部分，分别调节点，拼接相交部分，如图 3-46 和图 3-47 所示。

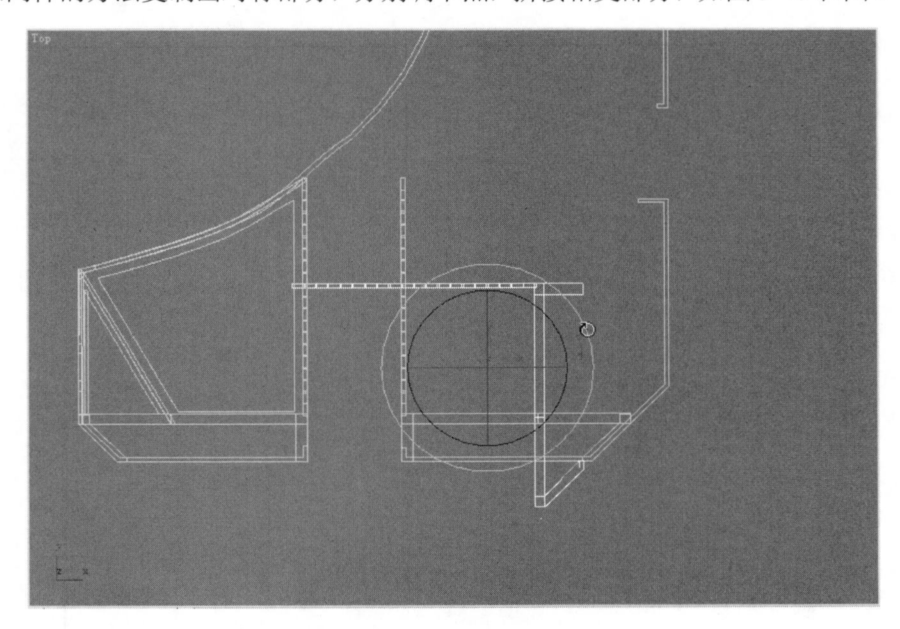

图 3-46　调节相同对称部分位置

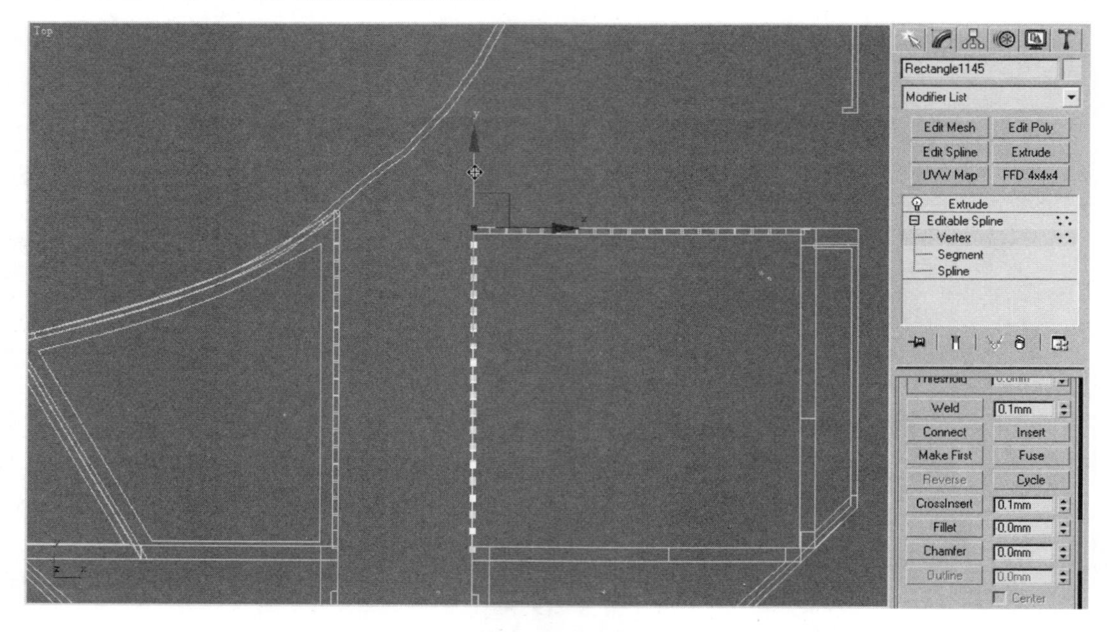

图 3-47　调节相同对称部分点

创建斜角部分的框架。切换到顶视图用 Line(线)工具创建出线，并进入 Spline(曲线)子级别，单击 Outline(扩边)按钮扩出整个轮廓，如图 3-48 所示。添加 Extrude(挤压)修改器挤压出厚度，如图 3-49 所示。

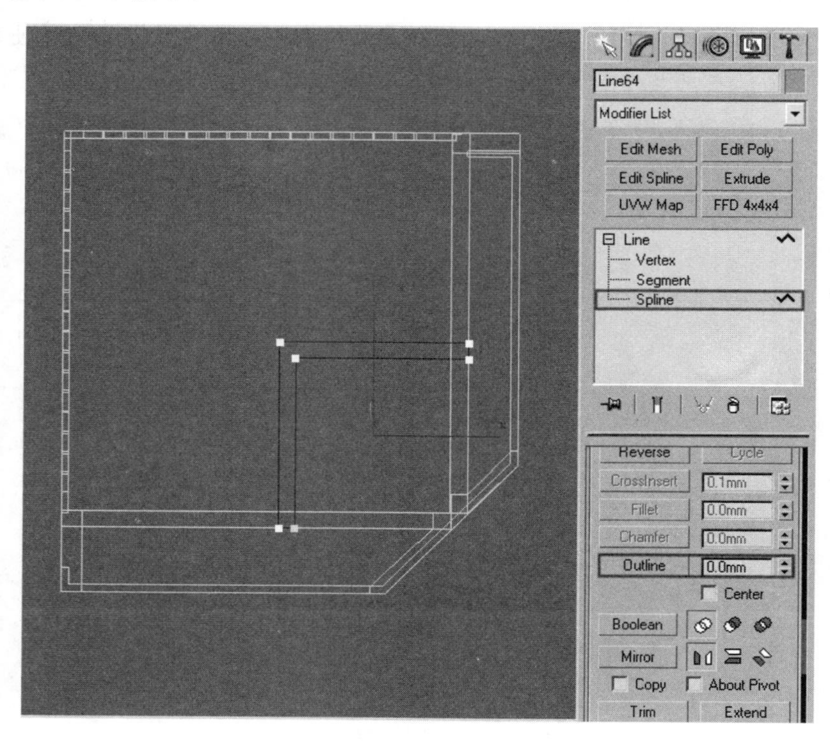

图 3-48　勾画斜角部分的框架轮廓

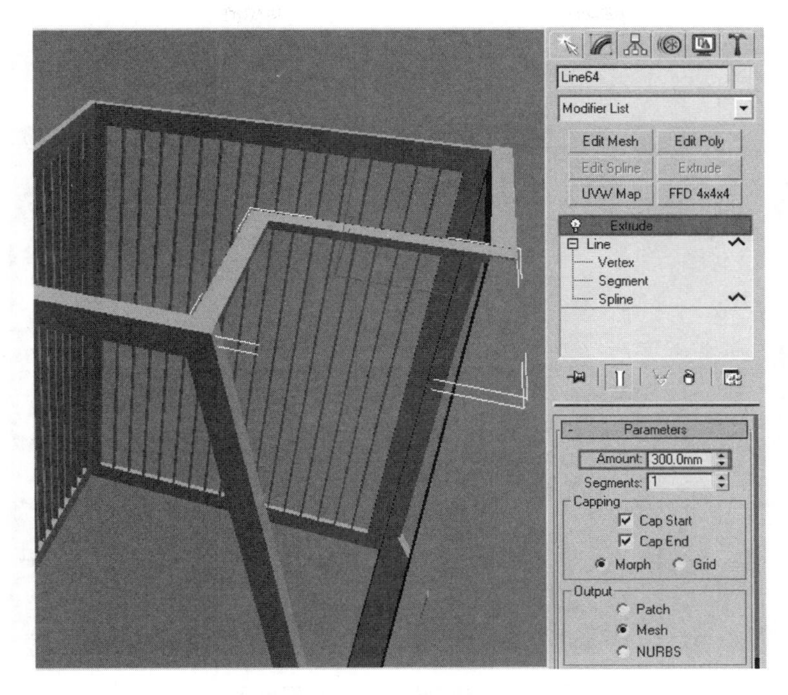

图 3-49　挤压斜角部分的框架厚度

创建中间单元顶部。用 Line(线)工具创建出外轮廓，然后进入 Spline(曲线)子级别，单击 Outline(扩边)按钮扩出轮廓线，再添加 Extrude(挤压)修改器挤压出厚度，如图 3-50 所示。

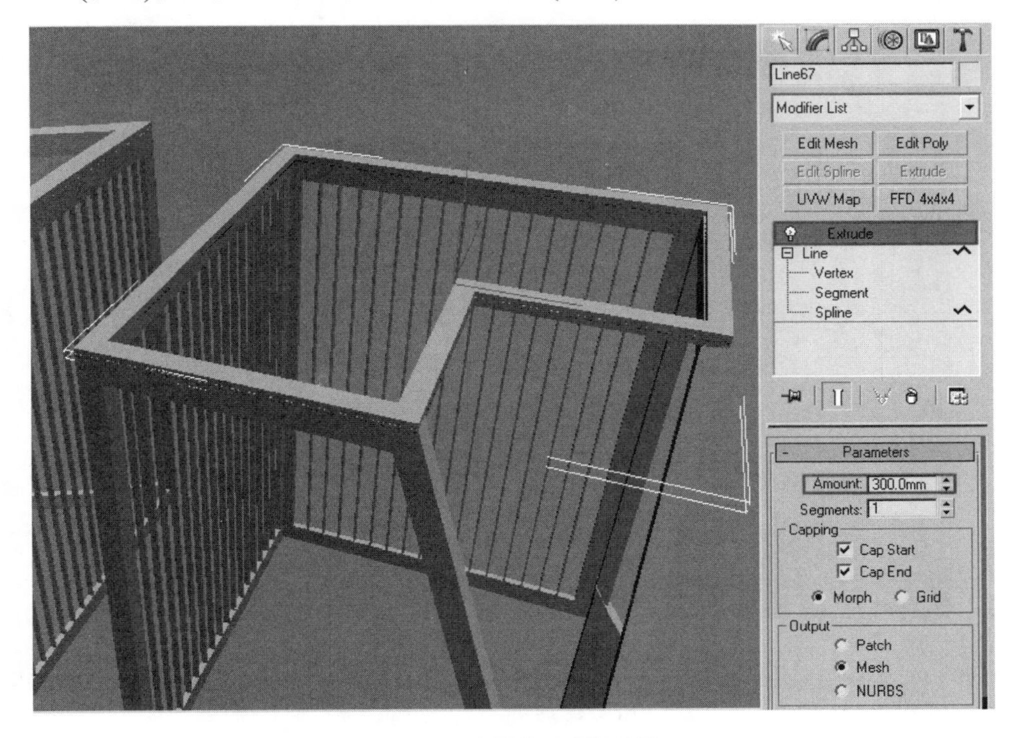

图 3-50　中间单元顶部效果

(10) 复制出另一侧的相同单元。利用“镜像”按钮和“旋转”按钮复制出另一侧的相同单元，如图 3-51 所示。

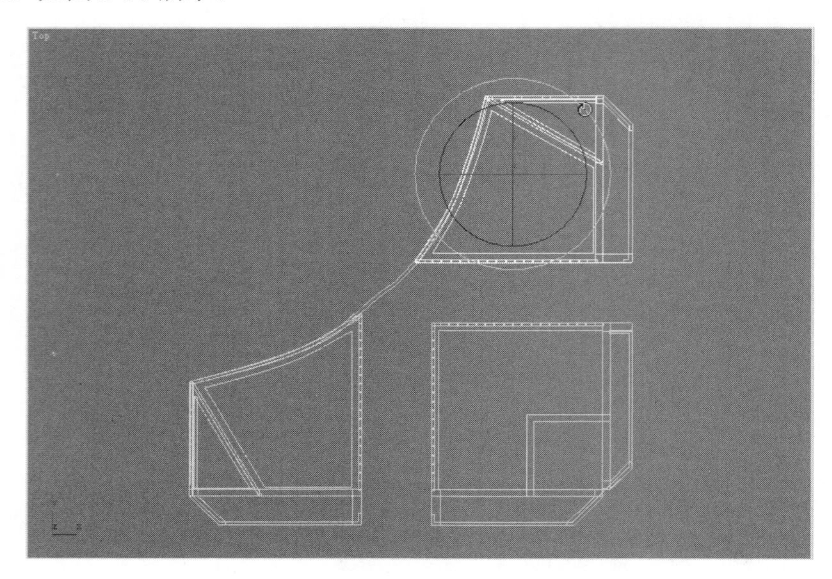

图 3-51　复制另一侧的相同单元

(11) 墙体补充。依次单击“创建面板”按钮和“二维创建”按钮，利用 Line(线)工具在顶视图中勾勒连接玻璃的实体三角部分的轮廓，再添加 Extrude(挤压)修改器挤压出厚度，如图 3-52 所示。

图 3-52　补充墙体后的效果

(12) 创建单元间连接玻璃部分和楼体玻璃。

本练习中创建玻璃的方法有以下两种。

一种是在同一平面上的玻璃，方法为：用 Line(线)工具创建轮廓后转换为 Poly(多边形)建模，则线形直接被转换为实体结构，如图 3-53 所示。

图 3-53　平面玻璃创建效果

另一种是在弧面上的玻璃，方法为：用 Arc(圆弧)工具创建出垂直弧面上的单线，再添加 Extrude(挤压)修改器挤压出面，如图 3-54 所示。

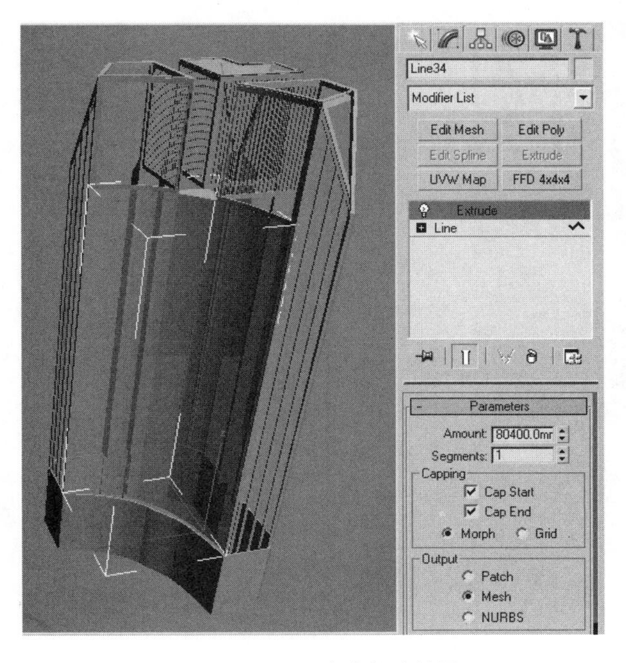

图 3-54　弧面玻璃创建效果

利用这两种方法创建所有玻璃部分，最终效果如图 3-55 所示。

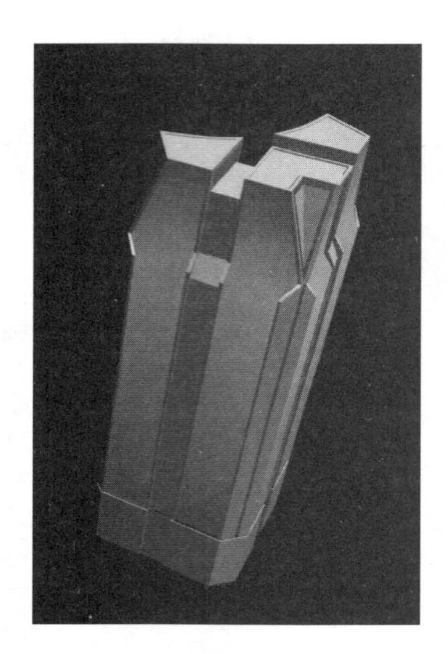

图 3-55　创建楼体玻璃最终效果

(13) 创建建筑横向窗间墙。依次单击“创建面板”按钮和“二维创建”按钮，利用 Line(线)工具创建出轮廓，再添加 Extrude(挤压)修改器挤压出厚度，如图 3-56 所示。

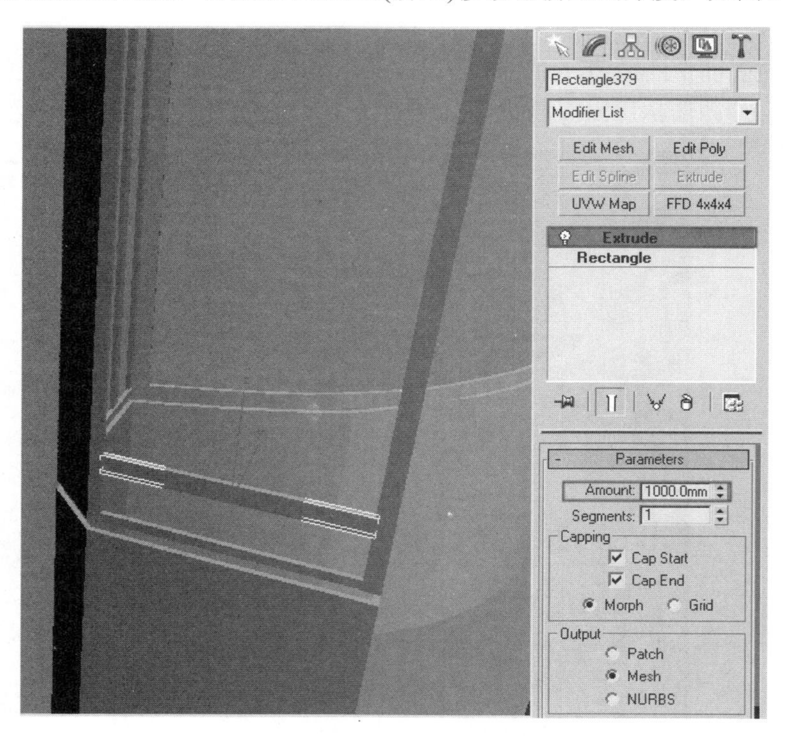

图 3-56　一个横向窗间墙

按住 Shift 键向上移动复制，在弹出的 Clone Options(复制权限)对话框中将 Number of Copies(复制个体数量)设为 22，用此方法可以复制等距的窗间墙，如图 3-57 所示。

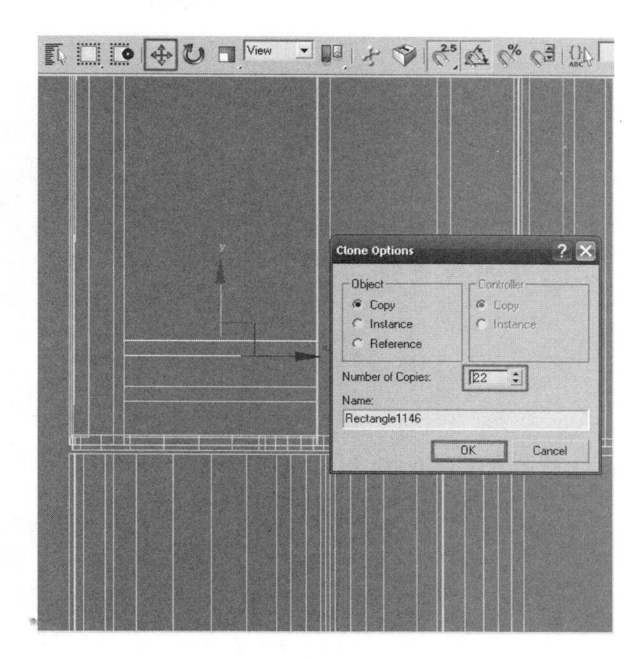

图 3-57　复制横向窗间墙

观察效果图后，按此方法沿建筑玻璃进行复制，最终效果如图 3-58 所示。

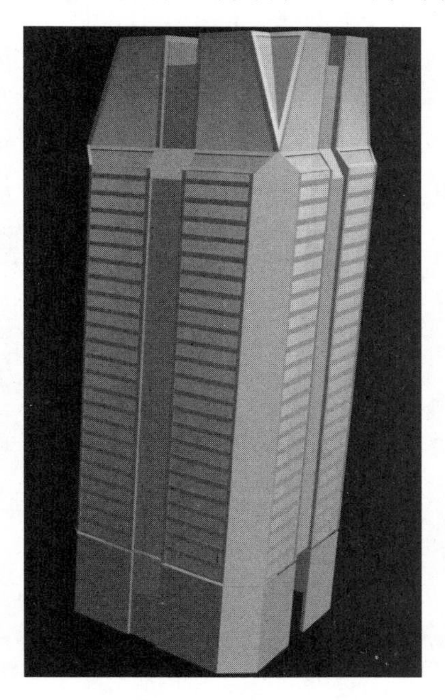

图 3-58　横向窗间墙最终效果

(14) 创建隐框。以建筑上部的三角面为例，选择要创建隐框的玻璃，按快捷键 Ctrl+V 原地复制，在弹出的 Clone Options(复制权限)对话框的 Object(物体)选项组中选中 Copy(复制)单选按钮，按快捷键 Alt+Q 将选择物体孤立显示，然后转换为 Poly(多边形)物体，如

图 3-59 所示。

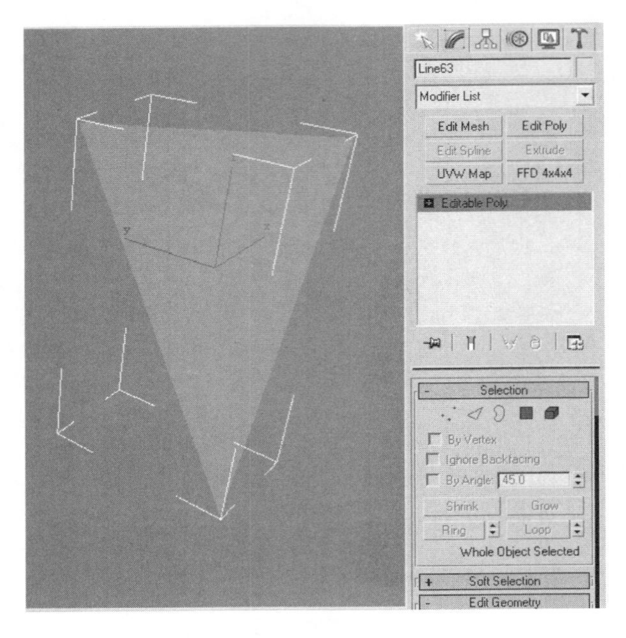

图 3-59　复制原有玻璃

进入 Edge(边)子级别，选择与要创建隐框不平行的两条边，展开 Edit Edges(编辑边)卷展栏，单击 Connect(连接)选项边上的“连接参数设置对话框”按钮，弹出 Connect Edges(连接边)对话框，将其中的 Segments(段数)设置为 14，得到一组等分的线段，如图 3-60 所示。单击 Edit Edges(编辑边)卷展栏中的 Create Shape From Selection(提取选择的线)按钮，将这些线提取出来，这样原有的 Poly 模型就可以删除了，如图 3-61 所示。

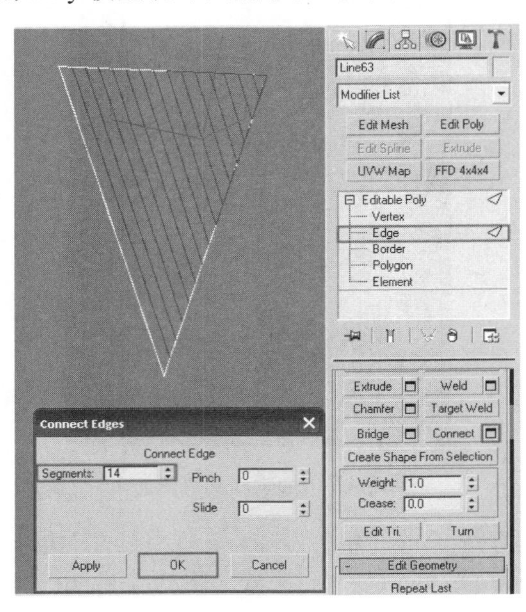

图 3-60　添加模型段数

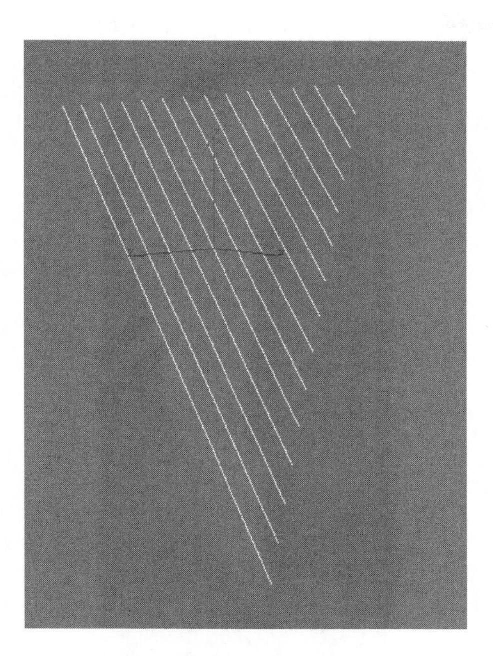

图 3-61　提取出的线

展开 Rendering(渲染)卷展栏，选中 Enable In Renderer(可以被渲染)和 Enable In Viewport(在视图中显示)选项，设置 Thickness(厚度)到适合的数值，设置 Sides(面数)值为 3，效果如图 3-62 所示。

图 3-62　调节线为可渲染

用此方法创建各玻璃上的隐框，最终效果如图 3-63 所示。

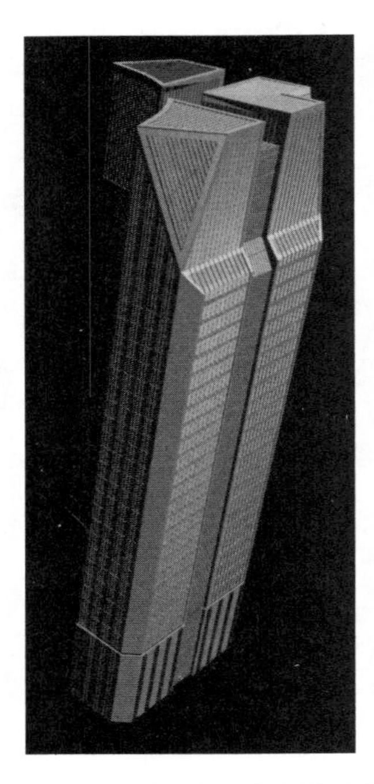

图 3-63　创建隐框后的最终效果

(15) 创建楼板。单击“创建面板”按钮和“二维创建”按钮，利用 Line(线)和 Arc(圆弧)工具在顶视图中沿着建筑外墙内侧绘出楼板的轮廓，如图 3-64 所示。在“修改”面板中进入 Vertex(点)子级别，展开 Geometry(几何体)卷展栏，单击 Weld(焊接)按钮，将直线与弧之间的交点进行焊接。

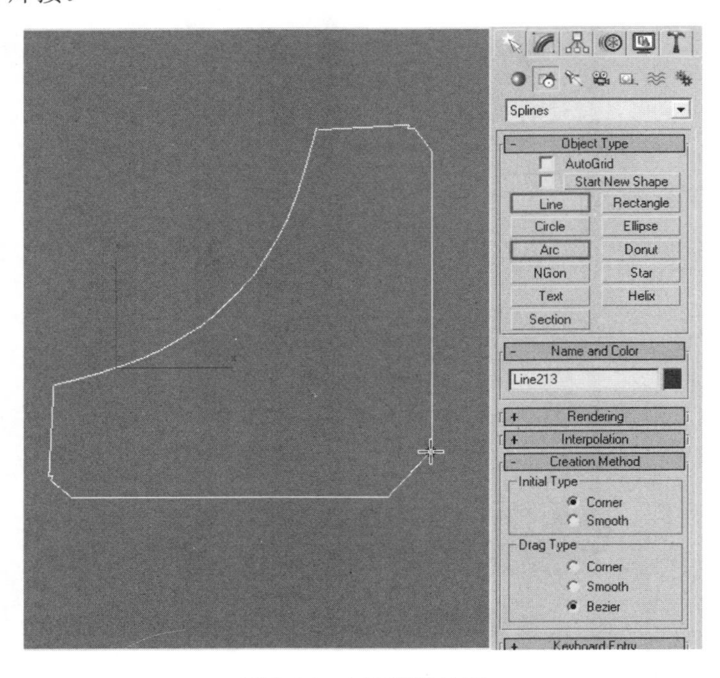

图 3-64　勾画楼板轮廓

添加 Extrude(挤压)修改器挤压出厚度，并按住 Shift 键竖直向上按层高复制，如图 3-65 所示。

图 3-65　复制楼板后的最终效果

注意

楼板应与外墙相接，但又不能超出外墙。

(16) 创建装饰线。观察效果图勾勒所在楼体位置的单线，并在“修改”面板中进入 Spline(曲线)子级别，展开 Geometry(几何体)卷展栏，单击 Outline(扩边)按钮，扩出轮廓，再添加 Extrude(挤压)修改器挤压出厚度，用同样的方法创建各部分装饰线，最终效果如图 3-66 所示。

(17) 复制出对称的另一个主楼。把做好的主楼整体编成一组并和 CAD 平面图对齐，运用“镜像”按钮、“旋转”按钮等方法复制出另一个主楼，并与平面图对齐，如图 3-67 所示。

图 3-66　装饰线的最终效果

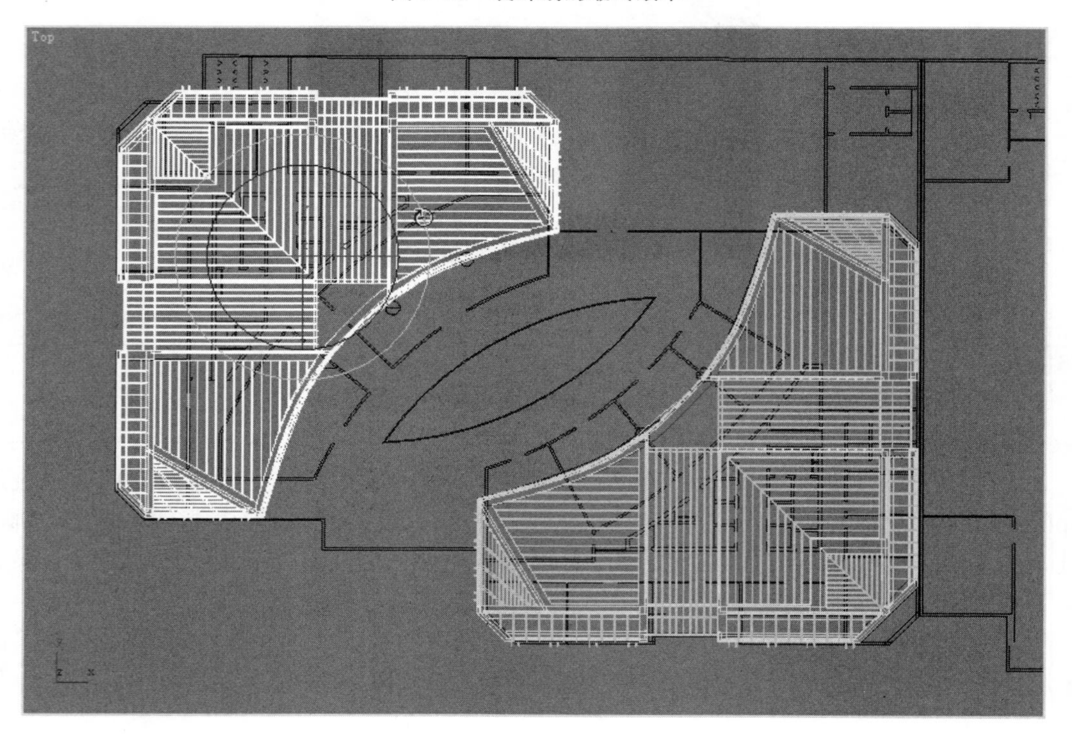

图 3-67　复制对称主楼

(18) 创建底商部分楼板和天花板。依次单击“创建面板”按钮和“二维创建”按钮，利用 Line(线)工具，按 CAD 图在顶视图中勾勒底商的轮廓，添加 Extrude(挤压)修改器挤压出厚度，如图 3-68 所示。

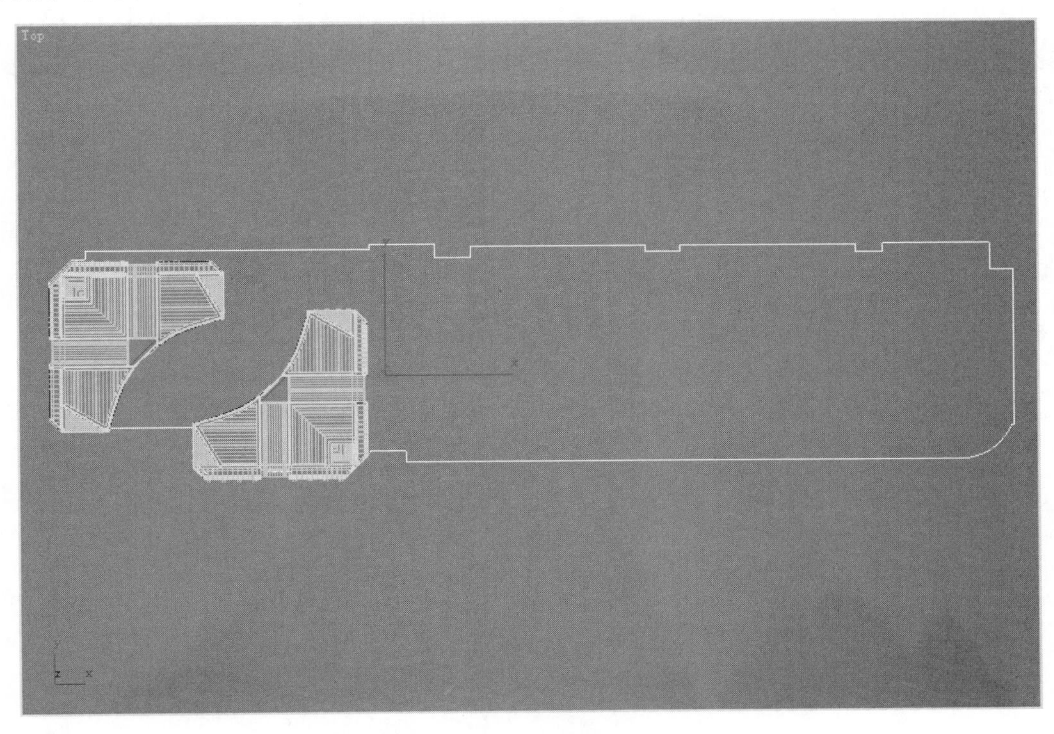

图 3-68　勾画底商轮廓

用同样的方法制作出天花板(仔细看效果图共分 3 个部分)，如图 3-69 所示。

图 3-69　底商天花板效果

为了减小计算机的负担，隐藏楼体和 CAD 辅助图。依次单击“创建面板”按钮和“二维创建”按钮，利用 Line(线)工具在顶视图中勾勒底商的楼板轮廓，添加 Extrude(挤压)修改器挤压出厚度，并在前视图中竖直对一层楼板进行复制，如图 3-70 和图 3-71 所示。

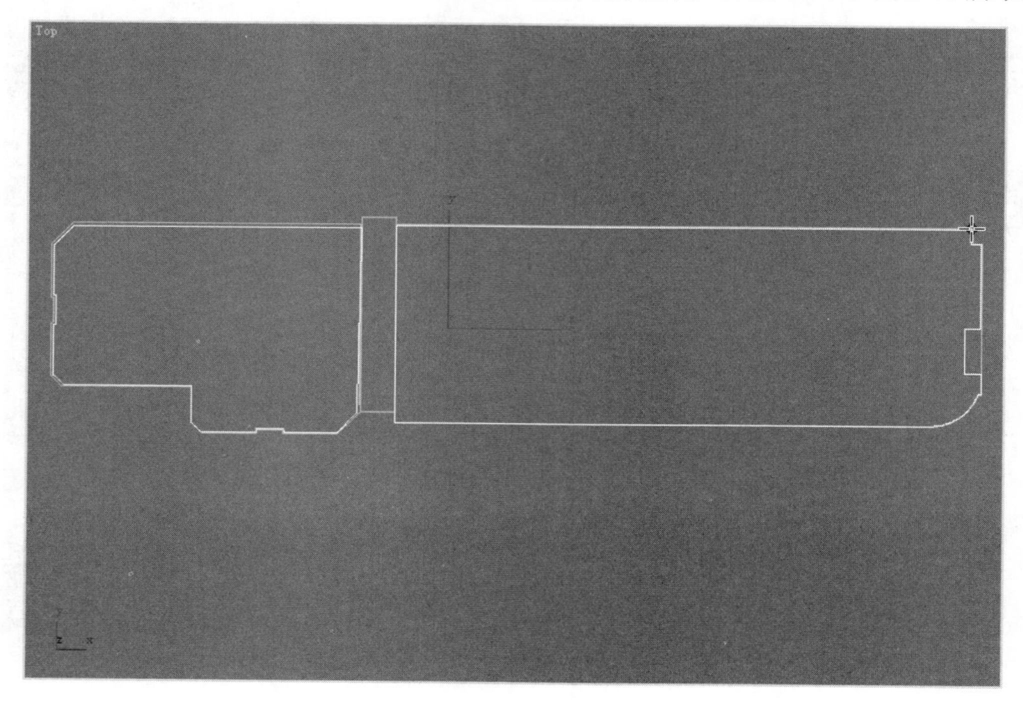

图 3-70　勾画底商楼板轮廓

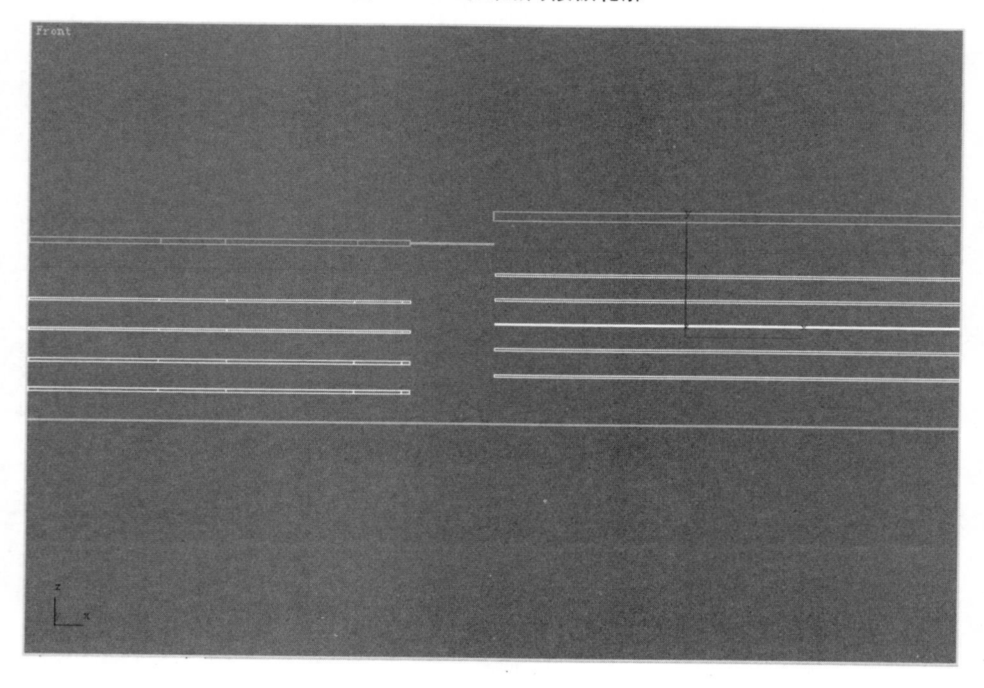

图 3-71　复制后的楼板

(19) 创建底商的横墙。依次单击“创建面板”按钮和“二维创建”按钮，利用 Line(线)工具在顶视图中勾勒横墙的轮廓，并添加 Extrude(挤压)修改器挤压出横向长度，如图 3-72 所示。

图 3-72　勾画横墙轮廓

按住 Shift 键移动复制，统一添加 Edit Mesh(编辑网格)修改器，并调节点到合适的位置，如图 3-73～图 3-75 所示。

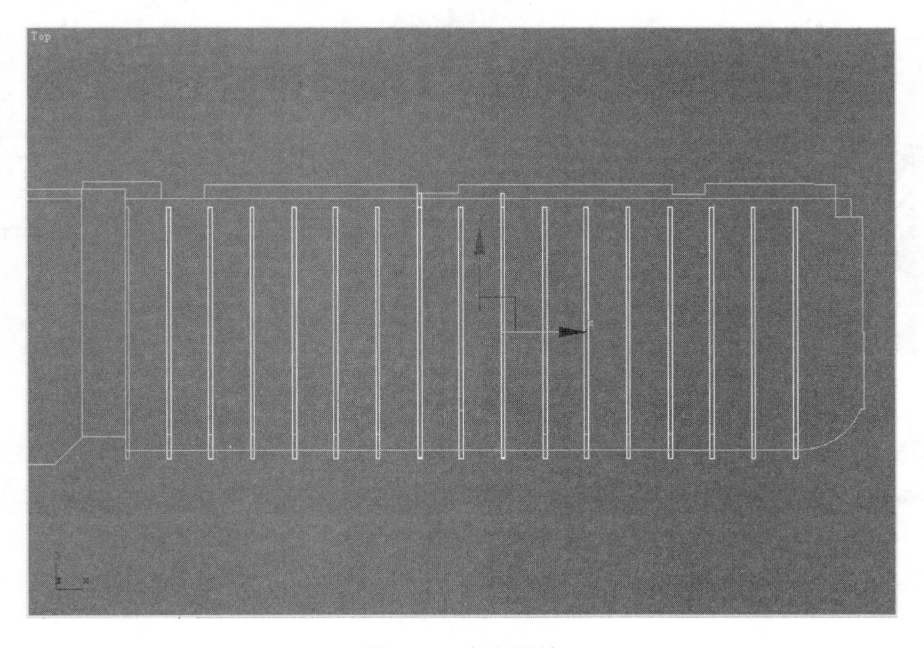

图 3-73　复制横墙

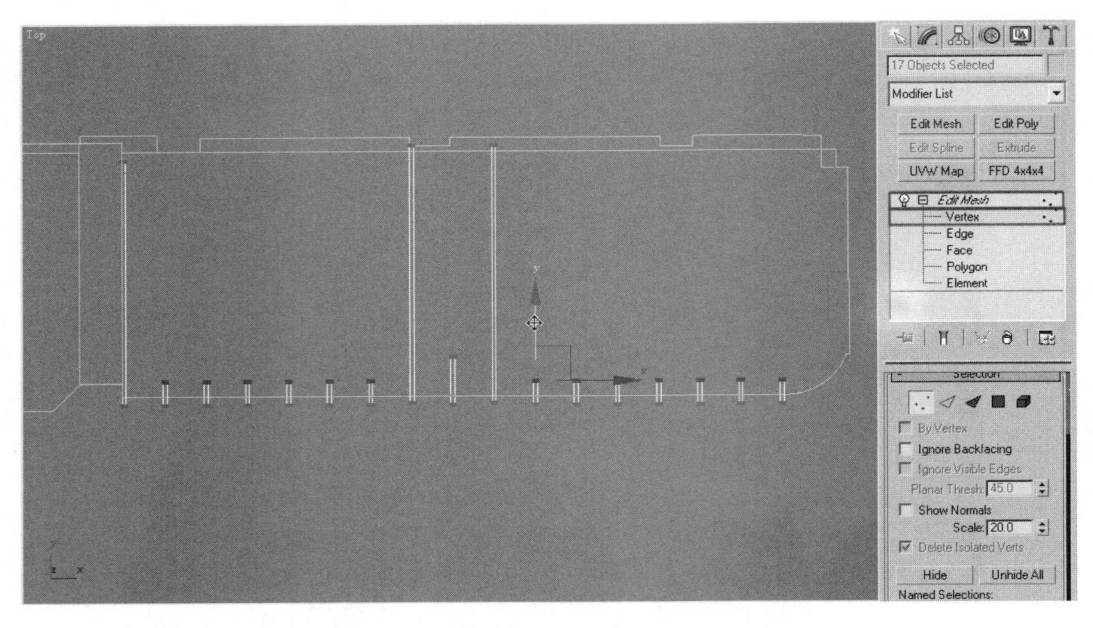

图 3-74 在顶视图中调节横墙点的位置

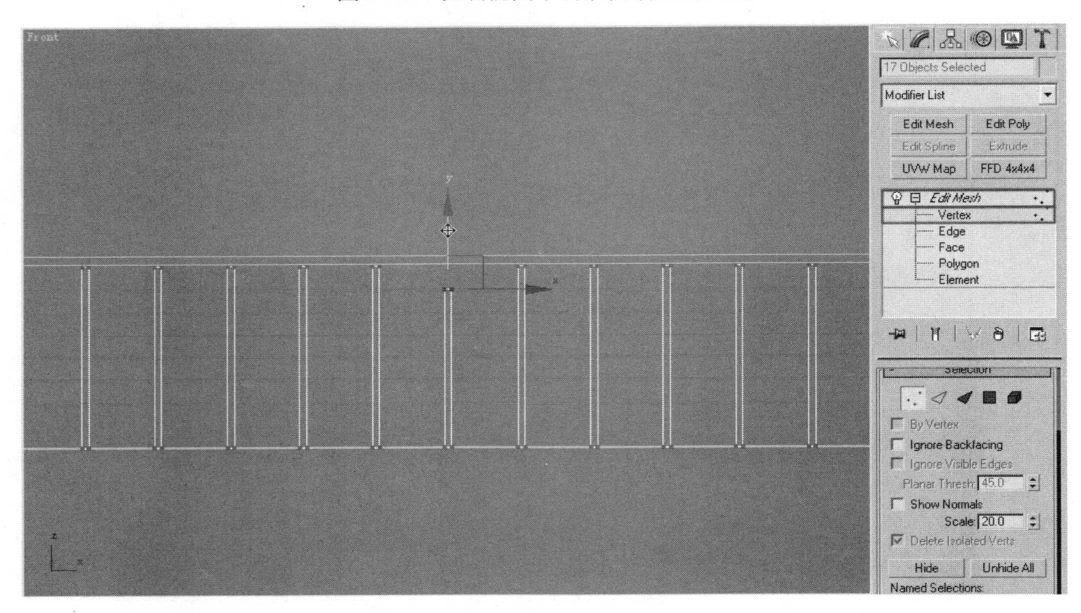

图 3-75 在前视图中调节横墙点的位置

(20) 创建底商的底层立柱。依次单击“创建面板”按钮和“二维创建”按钮，利用 Rectangle(矩形)工具在顶视图中创建矩形，添加 Extrude(挤压)修改器挤压出柱高。观察效果图，沿楼板边缘复制、调整底层立柱后的最终效果如图 3-76 所示。

图 3-76　创建底层立柱后的最终效果

(21) 创建底商墙体。底商部分的墙体由各种长宽比的方体组成，创建方法为：依次单击“创建面板”按钮和“创建几何体”按钮，利用 Box(方体)工具绘制方体并调整参数，或依次单击“创建面板”按钮和“二维创建”按钮，利用 Rectangle(矩形)工具勾勒轮廓线后挤压成体(关键是如何摆放的问题，这就需要仔细观察效果图，并分析其结构)，最终效果如图 3-77 所示。

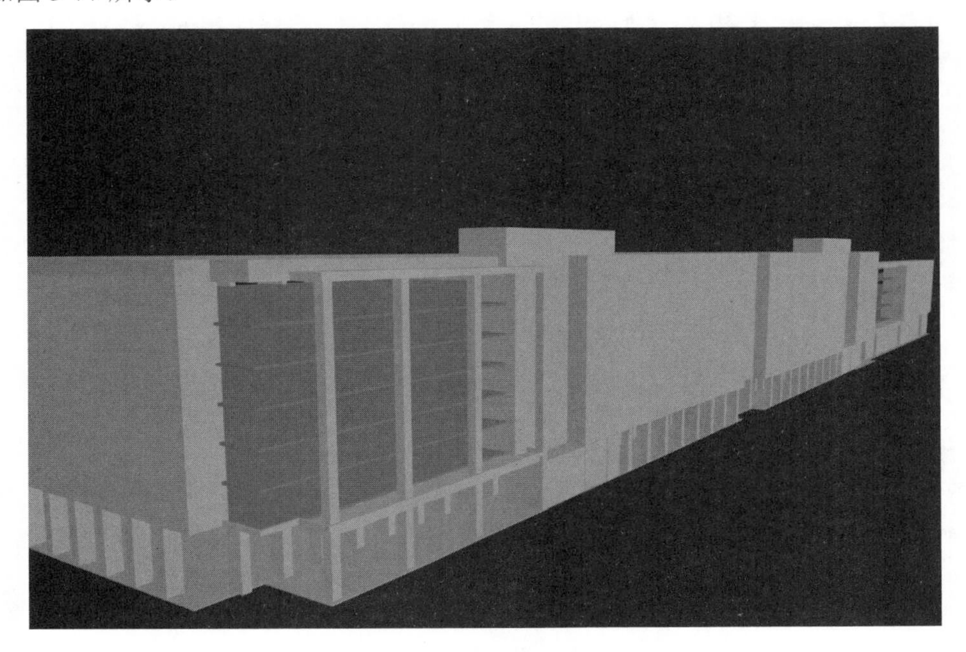

图 3-77　创建底商墙体后的最终效果

(22) 创建底商部分的玻璃、隐框和门檐。创建方法与创建楼体部分相同，最终效果如图 3-78 所示。

图 3-78　底商的最终效果

(23) 创建半球形天窗。依次单击“创建面板”按钮和“创建几何体”按钮，利用 Sphere(球)工具在顶视图创建一个球体，单击“修改面板”按钮，展开 Parameters(参数)卷展栏，将 Segments(段数)设置为 8，利用“缩放”、“旋转”工具调整后转换为 Mesh(网格)物体，如图 3-79 所示。进入 Polygon(面)子级别，框选下半部分的面，并按 Delete 键删除，如图 3-80 所示。

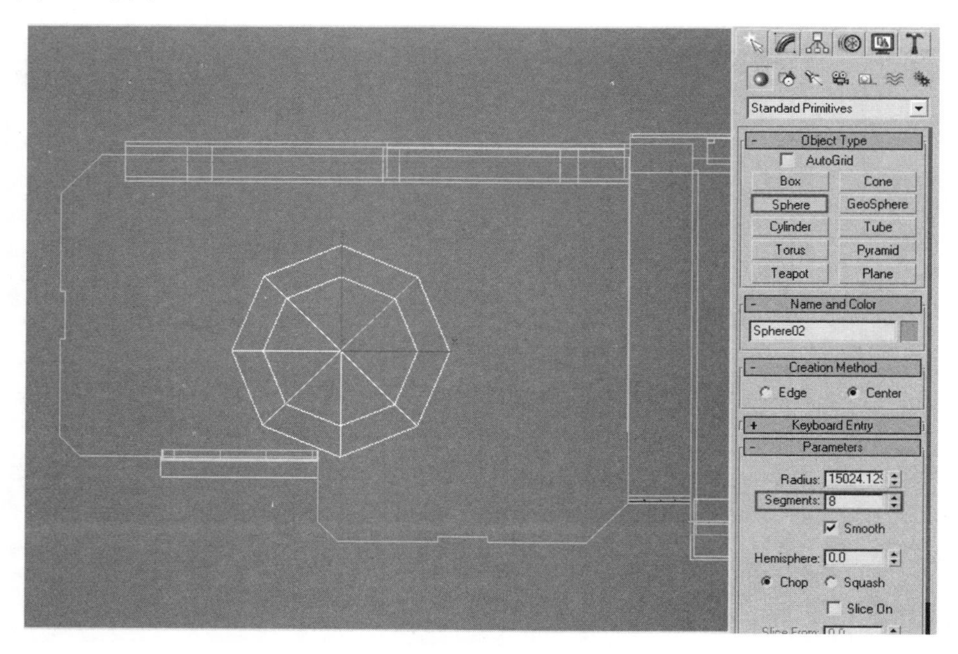

图 3-79　绘制球体

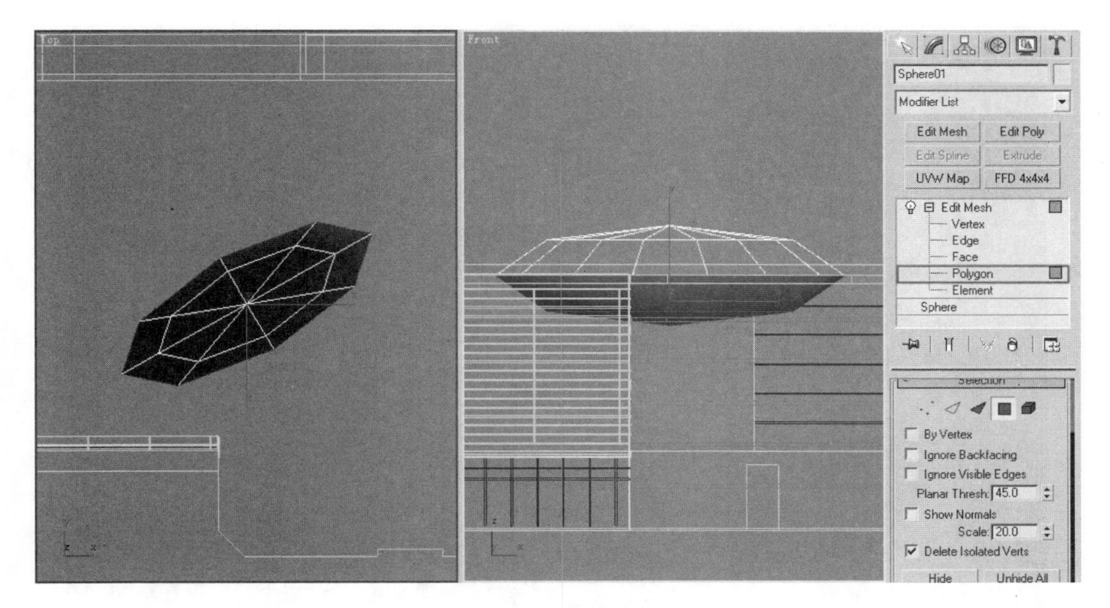

图 3-80　调节半球形天窗

(24) 创建广告牌。依次单击“创建面板”按钮和“二维创建”按钮，利用 Line(线)工具在前视图中勾勒广告牌的轮廓，再添加 Extrude(挤压)修改器挤压出宽度。

单击“修改面板”按钮，添加 Edit Poly(编辑多边形)修改器，进入 Polygon(面)子级别，展开 Edit Polygons(编辑面)卷展栏，单击 Inset(内收)选项后面的“内收参数设置对话框”按钮，在弹出的 Inset Polygons(内收面)对话框中设置 Inset Amount(内收数值)选项，如图 3-81 所示，将正面内收。再选择 Extrude(挤压)选项后面的“挤压参数设置对话框”按钮，在弹出的 Extrude Polygons(挤压面)对话框中设置 Extrusion Height(挤压高度)，如图 3-82 所示。

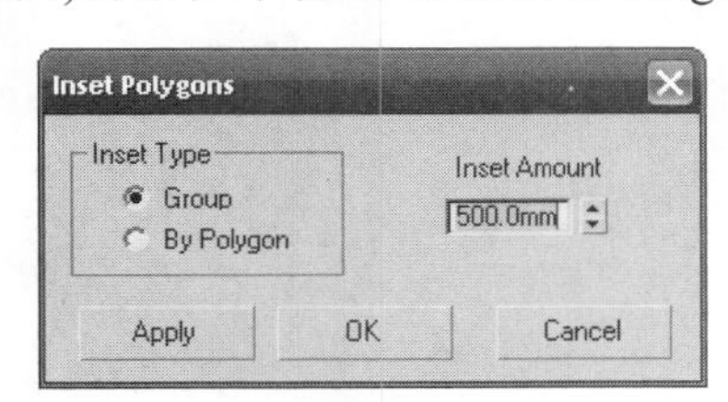

图 3-81　广告牌边缘内收

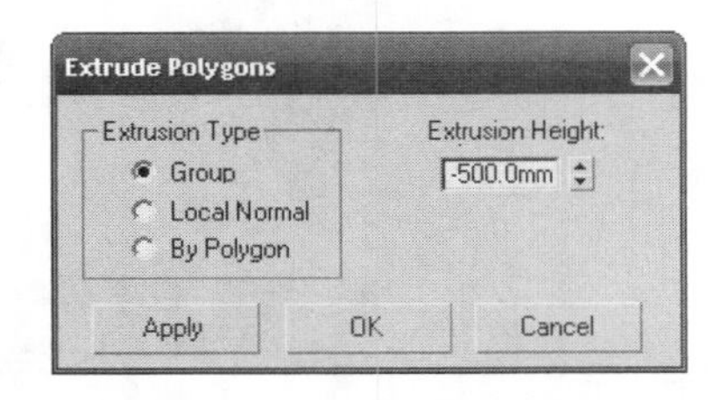

图 3-82　广告牌挤压

广告牌最终效果如图 3-83 所示，以同样的方法创建其他广告牌。

图 3-83　广告牌最终效果

把楼体显示出来，创建完成。商住楼模型的最终效果如图 3-84 所示。

图 3-84　商住楼模型的最终效果

3.2.2　创建园林古建模型

在建筑动画制作中，经常会遇到古建模型的创建，下面以如图 3-85 所示的六角亭为例进行讲解。

图 3-85　古建六角亭

仔细观察会发现，其亭檐部分是由六面瓦檐组成之后配有脊，瓦檐下分别有梁柱支撑再由石材作为基座。整个亭除美人靠部分有异，其他部分都为六面旋转而成，所以只要从一个面入手即可。

(1) 创建八角亭基座。依次单击“创建面板”按钮和“创建几何体”按钮，利用 Cylinder(圆柱)工具在顶视图中创建八角序基座。单击“修改面板”按钮，展开 Parameters(参数)卷展栏，设置圆柱的相关参数：Radius(半径)为 2100，Height(高)为 300，Height Segments(高上段数)为 1，Cap Segments(端面片段数)为 1，Sides(面数)为 6，并取消选中 Smooth(光滑)复选框。

(2) 创建亭柱。依次单击“创建面板”按钮和“二维创建”按钮，利用 Line(线)工具在前视图中勾勒柱基的一半轮廓，如图 3-86 所示。

在“修改”面板中进入 Vertex(点)子级别，展开 Edit Geometry(几何体)卷展栏，单击 Fillet(倒角)按钮一一对边缘处进行倒圆角操作，如图 3-87 所示。

单击“修改面板”按钮，添加 Lathe(旋转)修改器进行旋转，展开 Parameters(参数)卷展栏，在 Direction(方向)选项组中选择旋转轴为 Y，在 Align(对齐)选项组中选择 Max(最大)选项，以最大正方向为基准，如图 3-88 所示。

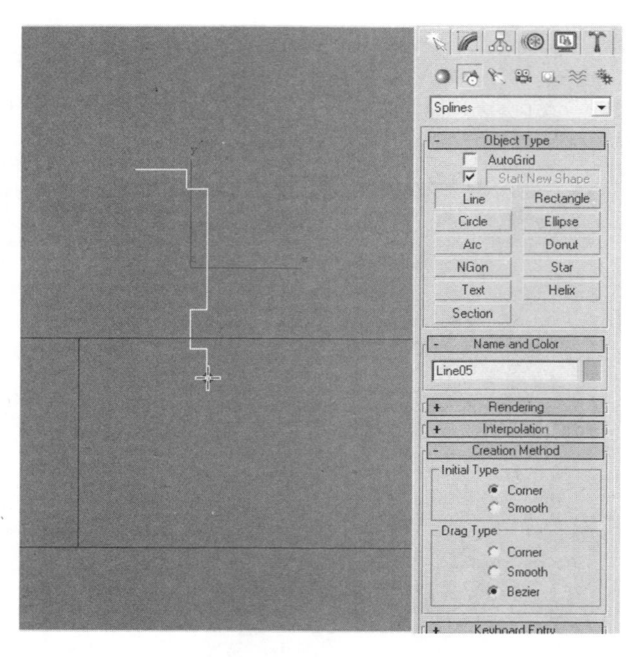

图 3-86　勾画柱基半轮廓

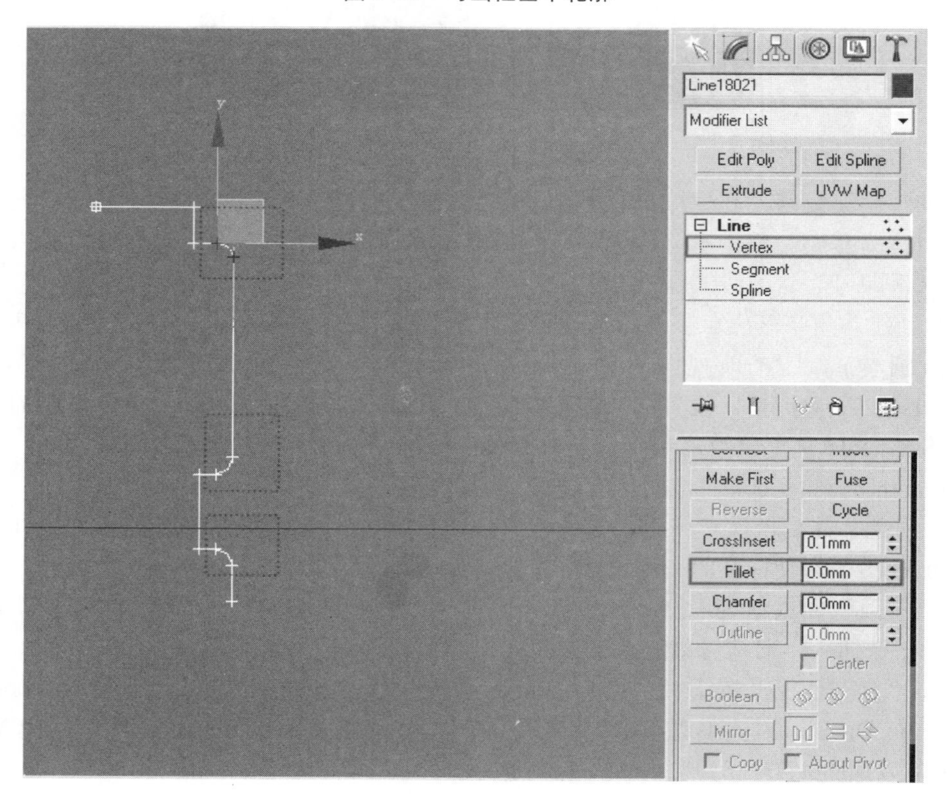

图 3-87　对轮廓边缘进行倒角

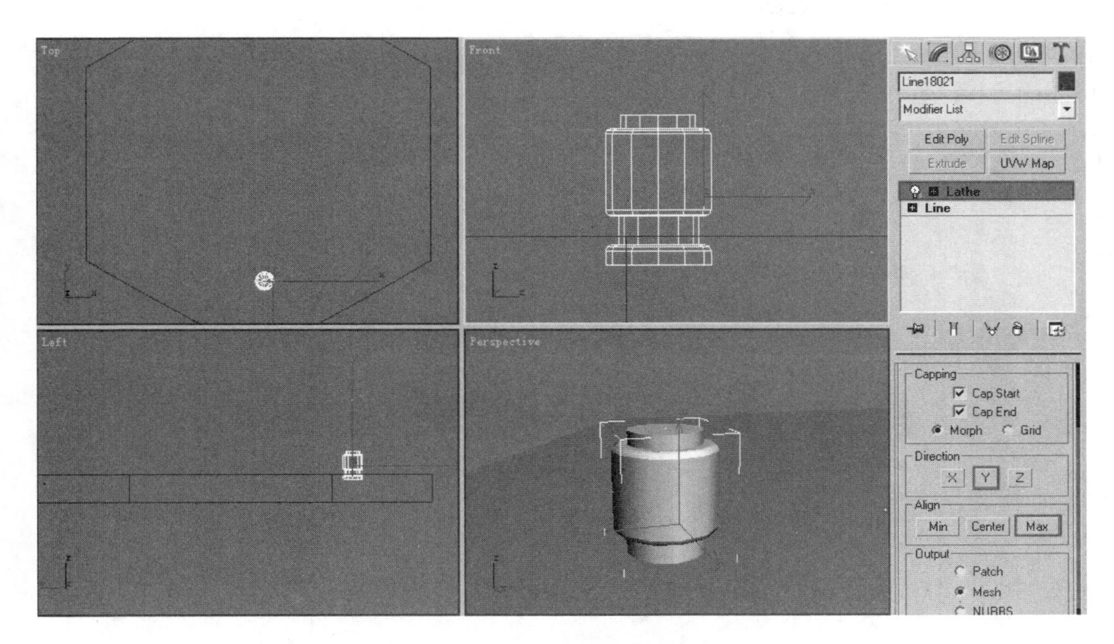

图 3-88　旋转出基柱

依次单击“创建面板”按钮和“创建几何体”按钮，利用 Cylinder(圆柱)工具在顶视图中创建亭柱。单击“修改面板”按钮，展开 Parameters(参数)卷展栏，设置圆柱的相关参数：Radius(半径)为 120，Height(高)为 2000，Height Segments(高上段数)为 1，Cap Segments(端面片段数)为 1。

将柱和柱基编成一个组，单击“层级面板”按钮，再单击 Affect Pivot Only(只影响中心)按钮，将组的中心轴位置移动到亭子基座的中心位置，如图 3-89 所示，然后再单击 Affect Pivot Only(只影响中心)按钮，将激活消除。

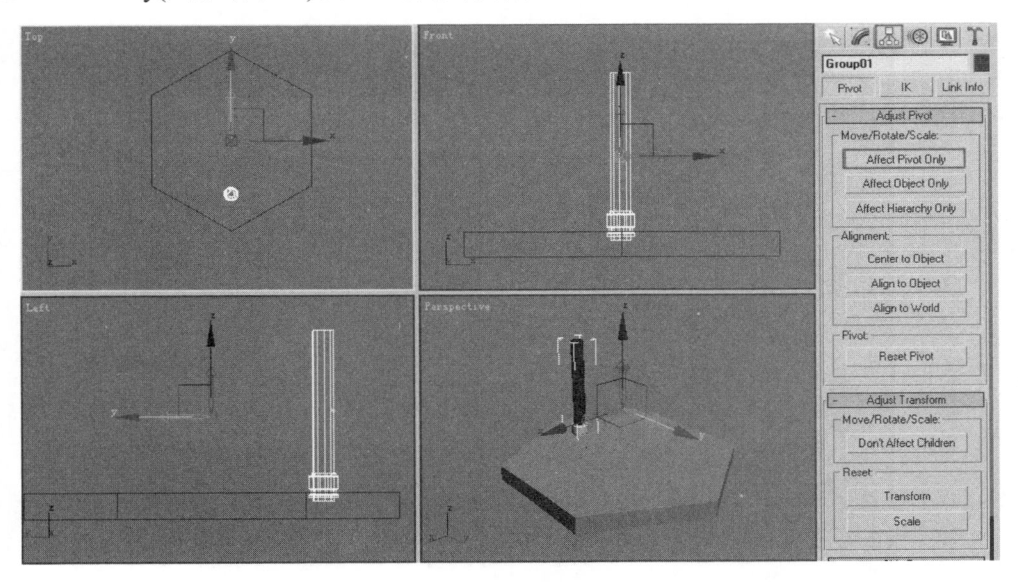

图 3-89　移动基准轴到基座中心

单击主工具栏中的“角度捕捉”按钮，按住 Shift 键进行旋转复制，每 60° 复制一个(后面的建模过程中会多次用到此方法)，结果如图 3-90 所示。

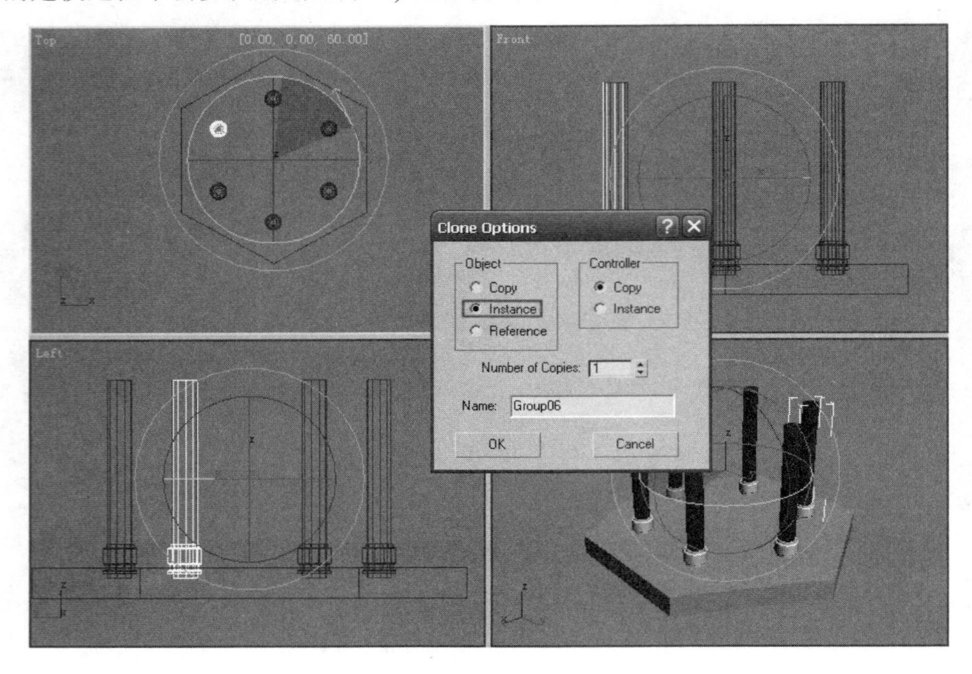

图 3-90　复制亭柱

(3) 创建美人靠。依次单击“创建面板”按钮和“二维创建”按钮，利用 Line(线)工具在顶视图中勾勒坐板的内轮廓，在“修改”面板中进入 Spline(曲线)子级别，展开 Geometry(几何体)卷展栏，单击 Outline(扩边)按钮扩出整个轮廓，再添加 Extrude(挤压)修改器挤压出厚度，如图 3-91 和图 3-92 所示。

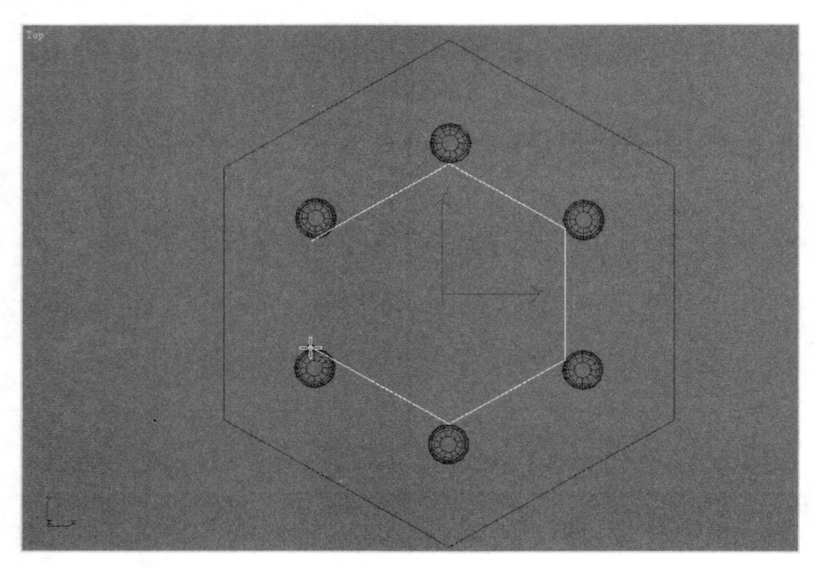

图 3-91　勾画坐板内轮廓

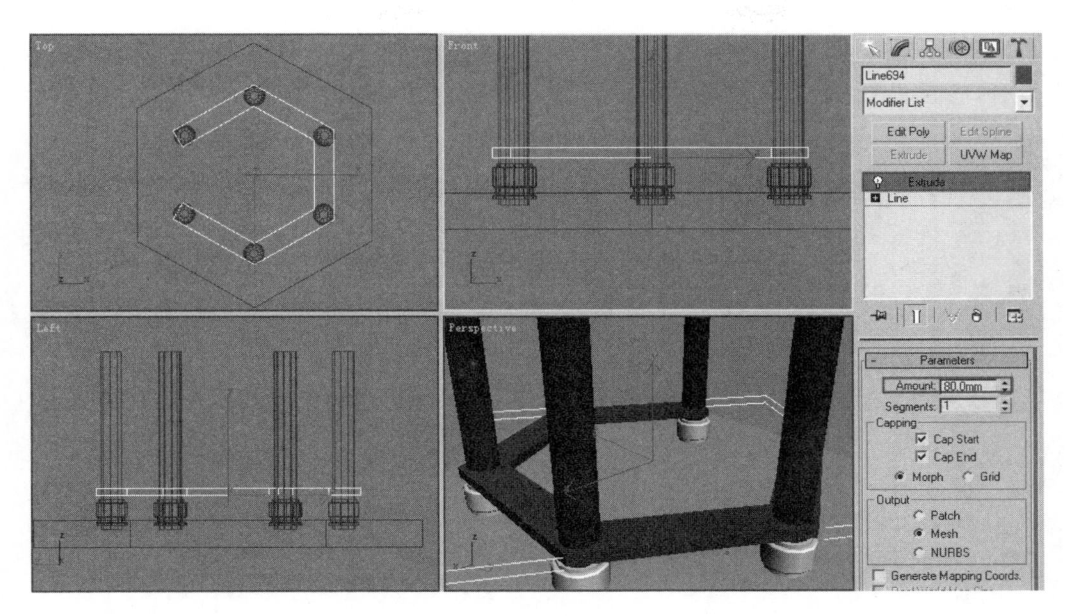

图 3-92　挤压出坐板厚度

依次单击“创建面板”按钮和“二维创建”按钮，利用 Line(线)工具在顶视图中勾勒出靠背的路径，在“修改”面板中进入 Vertex(点)子级别，展开 Geometry(几何体)卷展栏，单击 Fillet(倒角)按钮进行倒圆角，如图 3-93 所示。

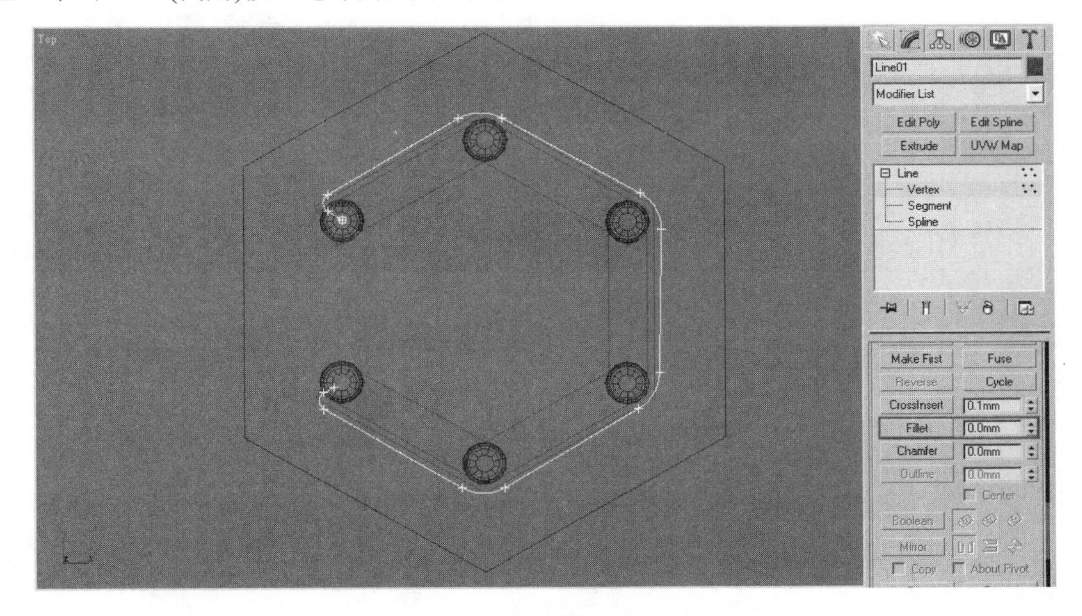

图 3-93　对靠背路径进行倒圆角

依次单击“创建面板”按钮和“二维创建”按钮，利用 Line(线)和 Arc(圆弧)工具在左视图中勾勒出靠背的半圆形截面。依次单击“创建面板”按钮和“创建几何体”按钮，在下方的下拉列表框中选择 Compound Objects(复合物体)选项，展开 Object Type(物体类型)卷展栏，单击 Loft(放样)按钮。展开 Creation Method(创建方式)卷展栏，单击 Get Path(拾取路径)按钮，并到左视图中拾取图 3-93 中画好的靠背路径，然后调整并隐藏路径和截面(因放样物体与截面和路径之间有关联性，所以不删除以便修改)，如图 3-94 和图 3-95 所示。

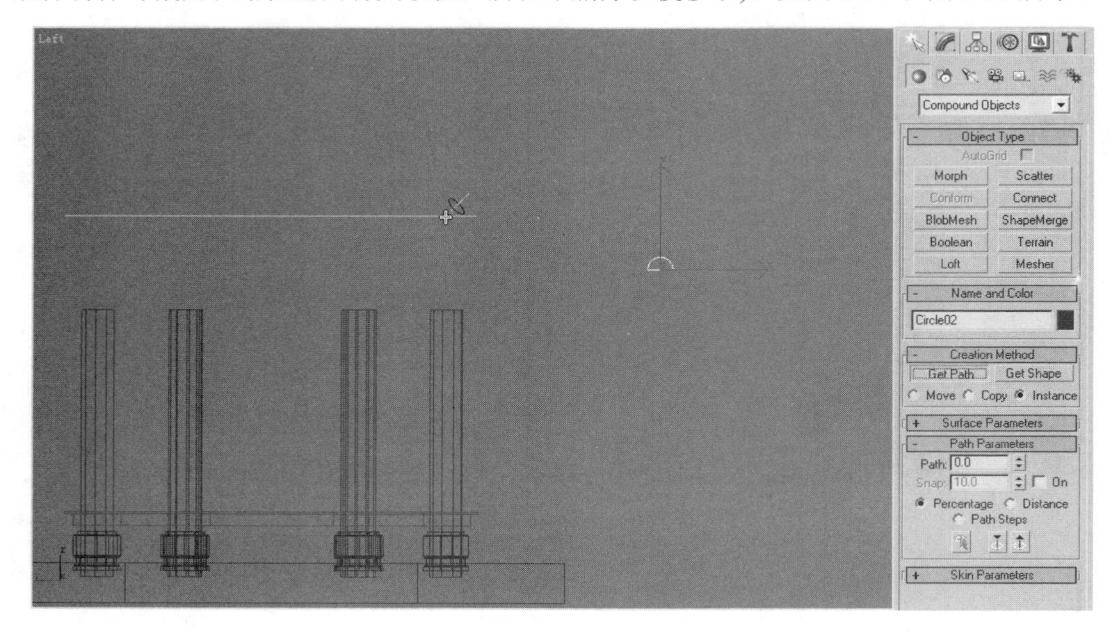

图 3-94　放样拾取路径

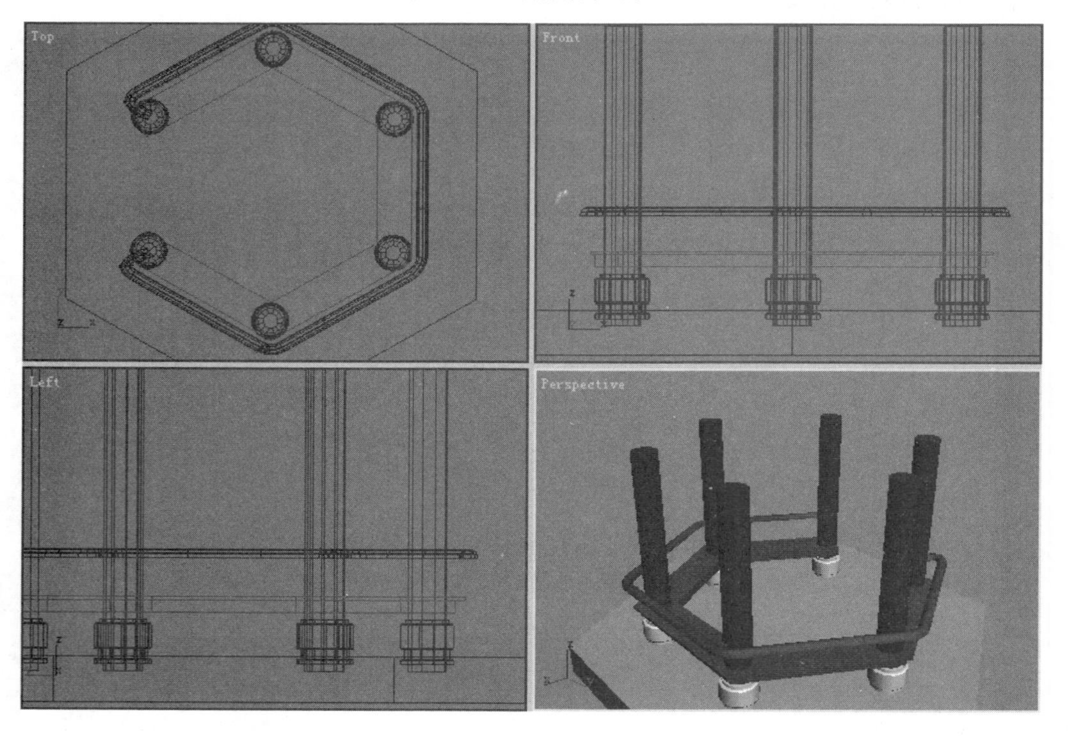

图 3-95　靠背最终效果

依次单击“创建面板”按钮和“创建几何体”按钮，利用 Box(方体)工具在顶视图中创建方体，调节其参数，利用“移动”、“旋转”工具使之倾斜以适合于坐板和靠背之间，如图 3-96 所示。

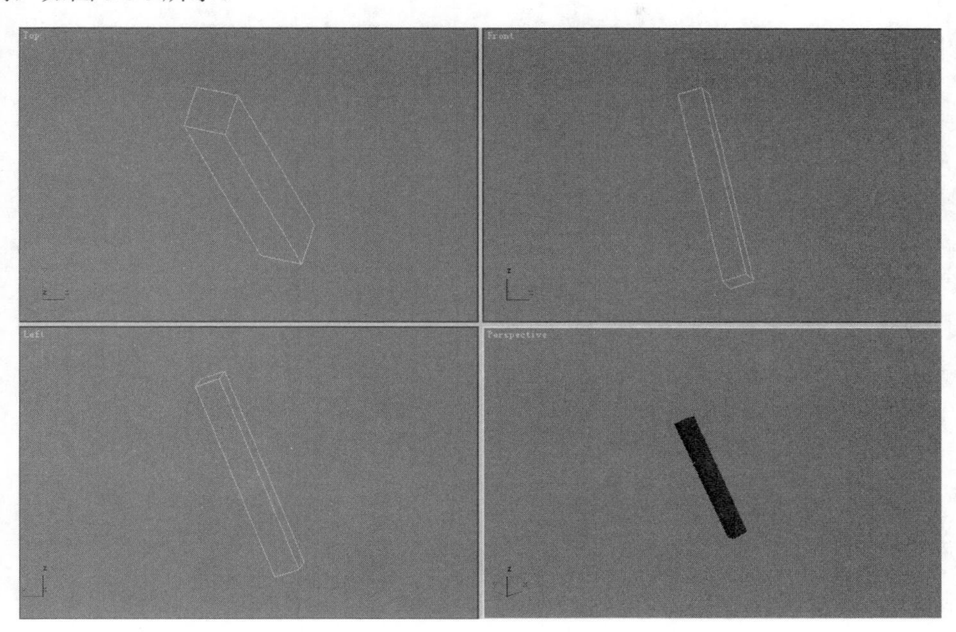

图 3-96　调整坐板与靠背之间的栏杆位置

在顶视图中按住 Shift 键移动栏杆进行多个复制，再用与亭柱同样的复制方法旋转复制出另外几侧的栏杆，如图 3-97 和图 3-98 所示。

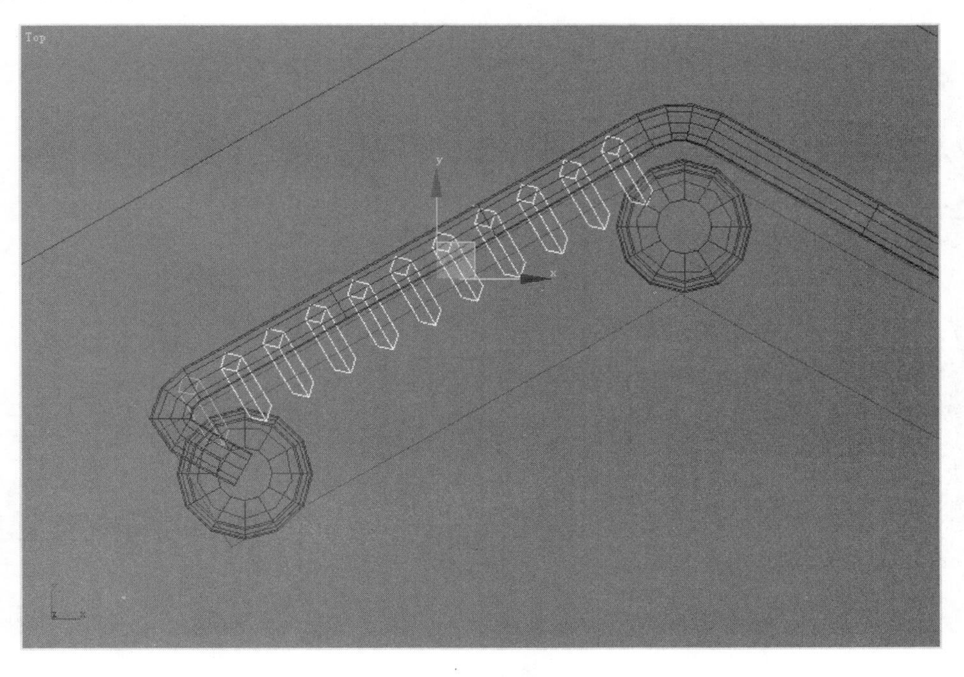

图 3-97　复制栏杆

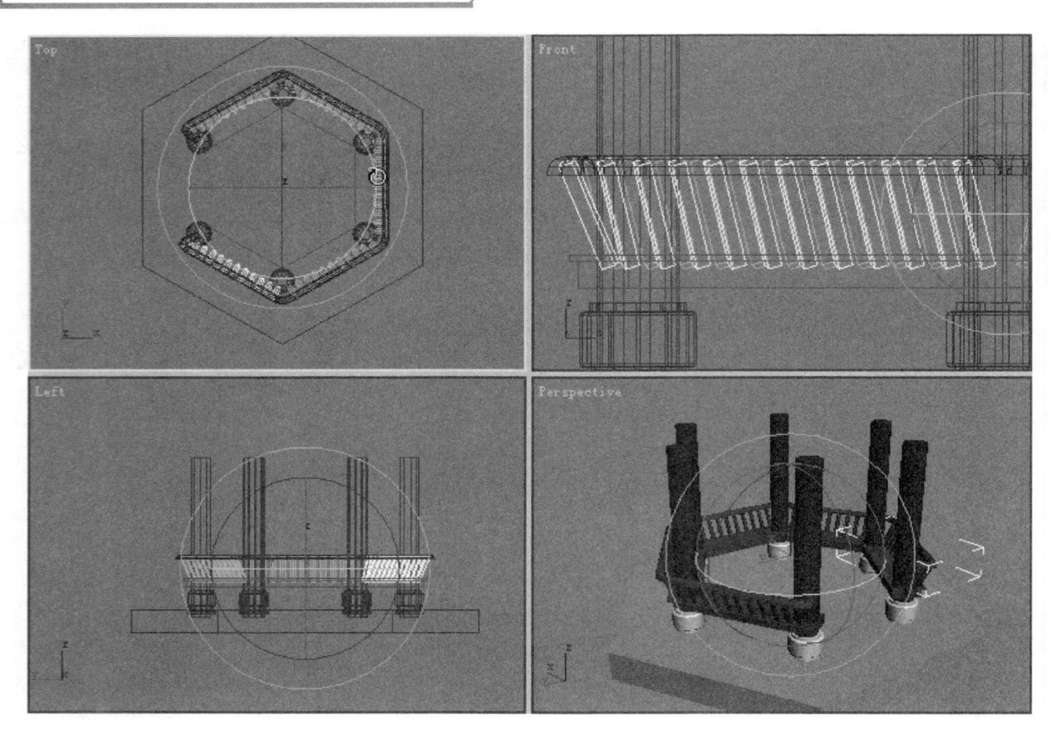

图 3-98　栏杆复制后的最终效果

(4) 创建梁部分。依次单击“创建面板”按钮和“二维创建”按钮，利用 Line(线)工具在左视图中勾勒梁外框部分的轮廓，添加 Extrude(挤压)修改器挤压出厚度，如图 3-99 所示。再用相同的方法创建出内框和横梁，如图 3-100 所示。

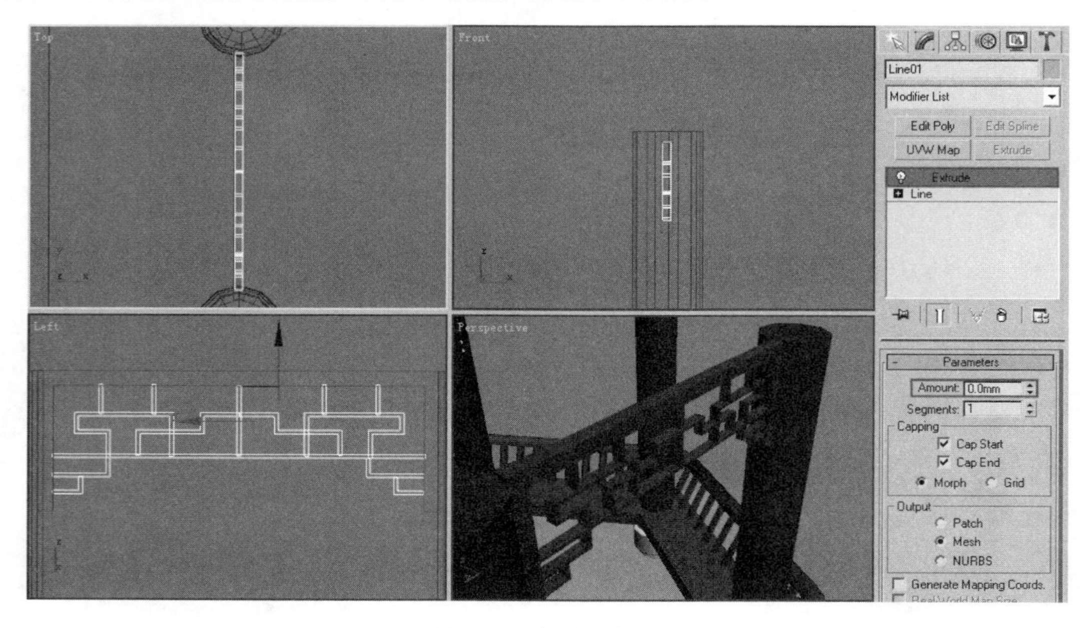

图 3-99　梁外框效果

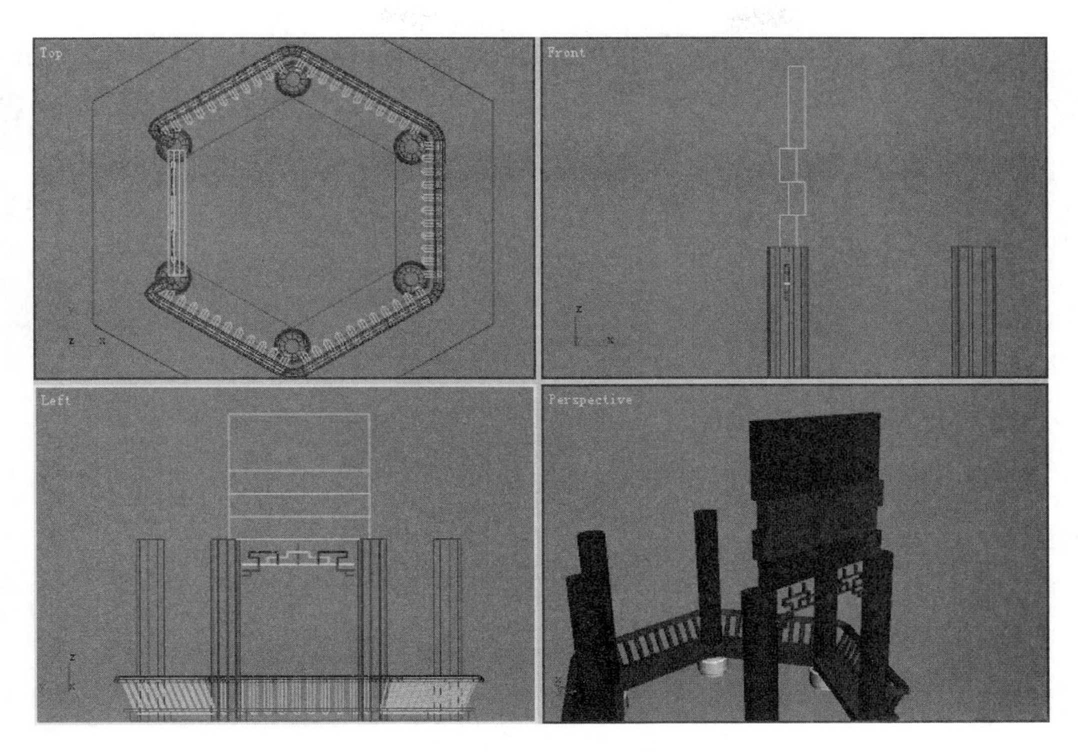

图 3-100　内框和横梁效果

利用前面提到的方法将创建出的梁结构旋转复制出 6 个面，如图 3-101 所示。

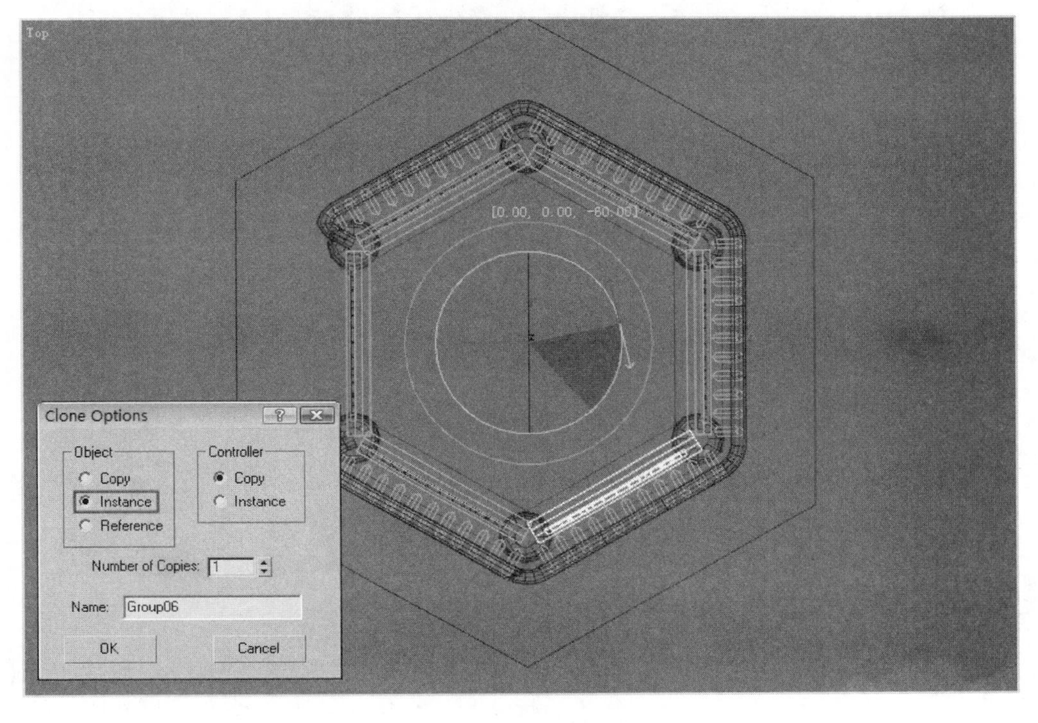

图 3-101　复制梁结构

(5) 创建梁柱。选择做好的柱子并按住 Shift 键向上复制，调节参数后再旋转复制出 6 根梁柱，过程和最后效果如图 3-102 和图 3-103 所示。

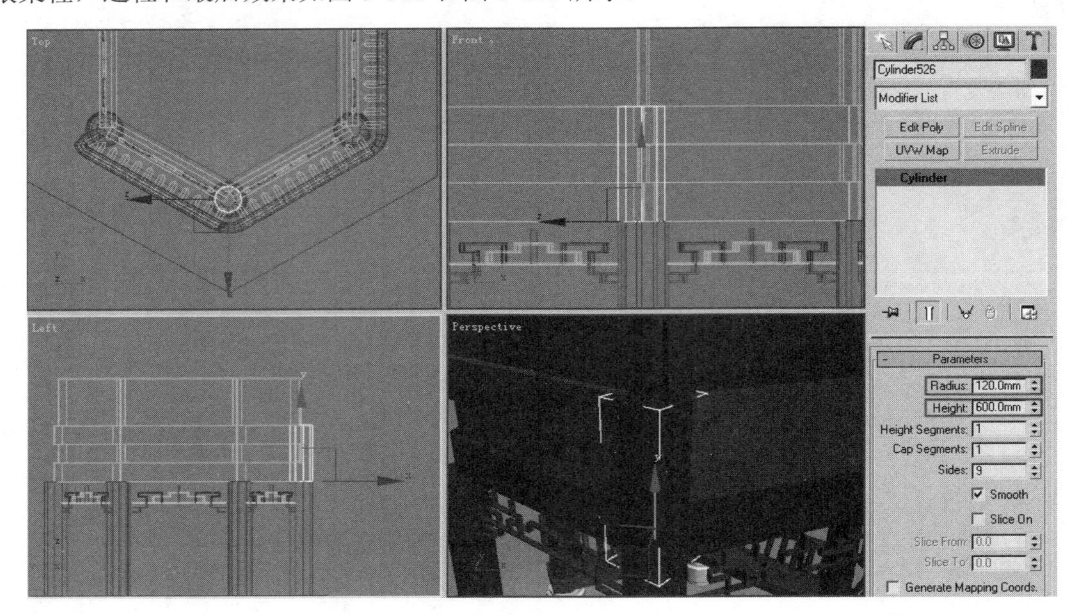

图 3-102 复制梁柱并调节相关参数

图 3-103 梁柱的最终效果

(6) 创建角梁。依次单击“创建面板”按钮和“二维创建”按钮，利用 Line(线)工具在左视图中勾勒大致轮廓。在“修改”面板中进入 Vertex(点)子级别，框选所有的点并右击，在弹出的快捷菜单中选择 Bezier Corner(贝赛尔角点)命令，并调节手柄使之拐角处圆滑，如图 3-104 所示。

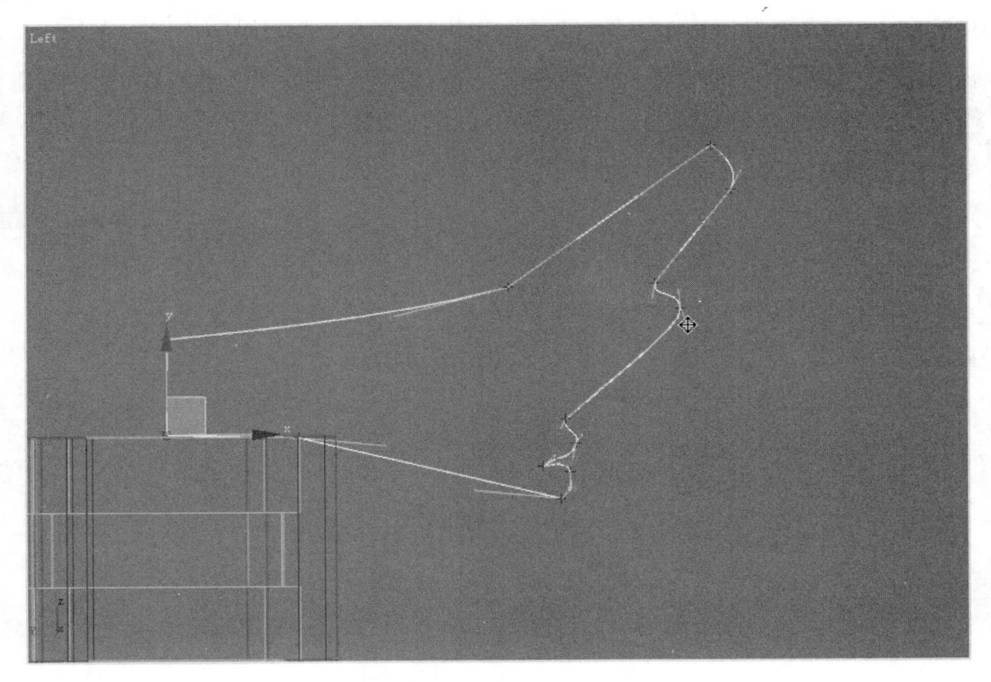

图 3-104　勾画角梁轮廓

添加 Extrude(挤压)修改器挤压出厚度，调整位置后再旋转复制出另外 5 条角梁，如图 3-105 所示。

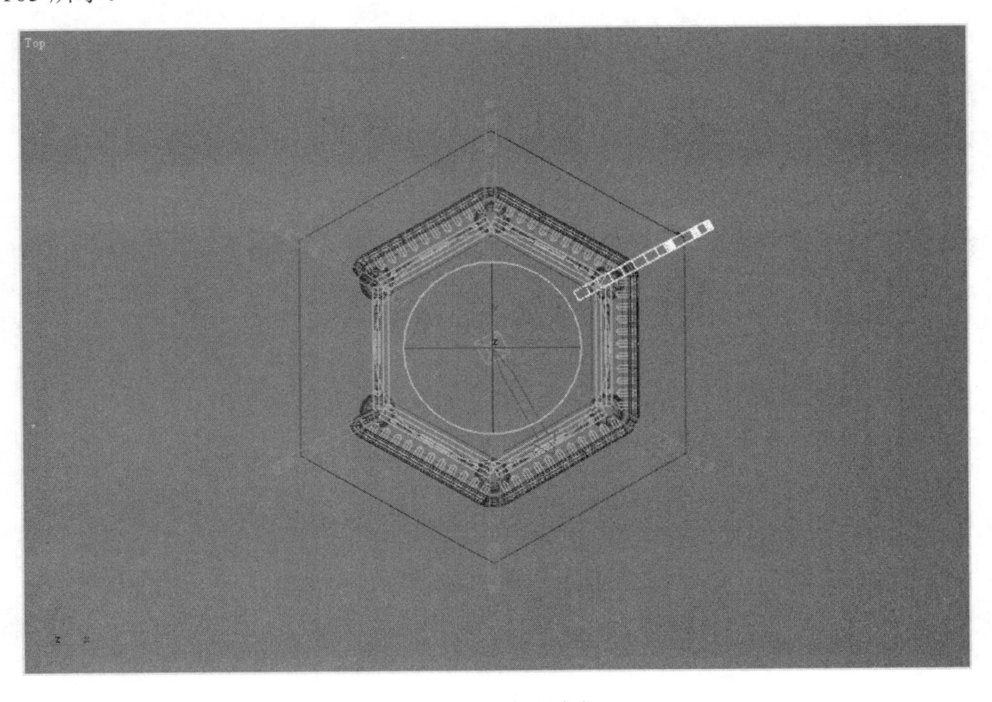

图 3-105　复制角梁

(7) 创建飞檐椽。依次单击“创建面板”按钮和“二维创建”按钮，利用 Line(线)工具在前视图中勾勒出其轮廓，添加 Extrude(挤压)修改器挤压出厚度，如图 3-106 所示。

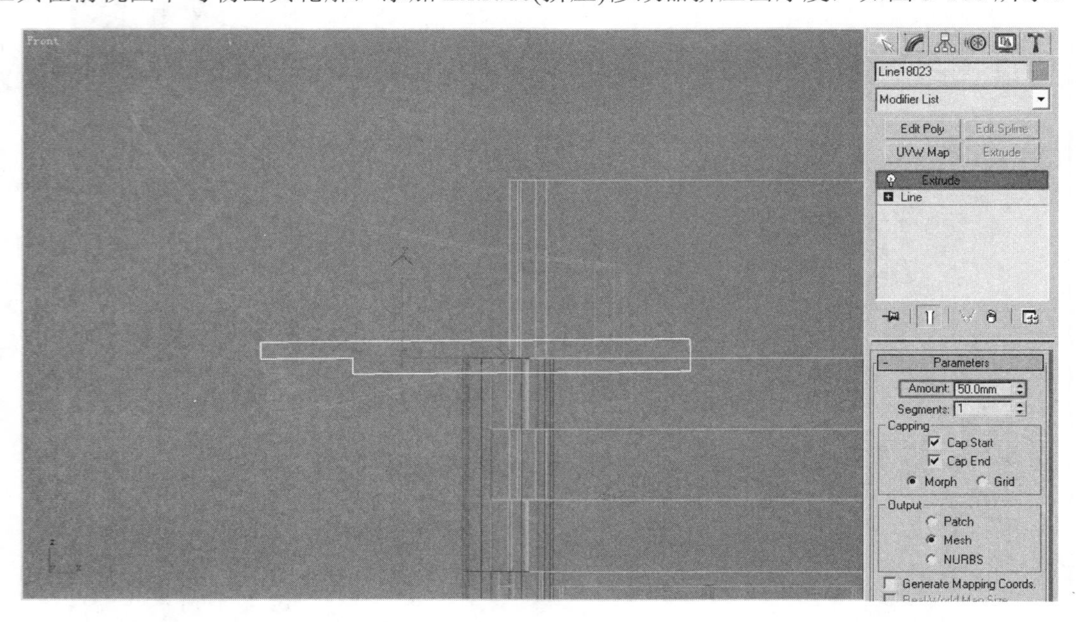

图 3-106 创建一条飞檐椽

利用“移动”、“旋转”工具调节到适宜的位置。将其进行多个复制，并用“移动”、“旋转”工具反复调整最终效果，如图 3-107 所示。

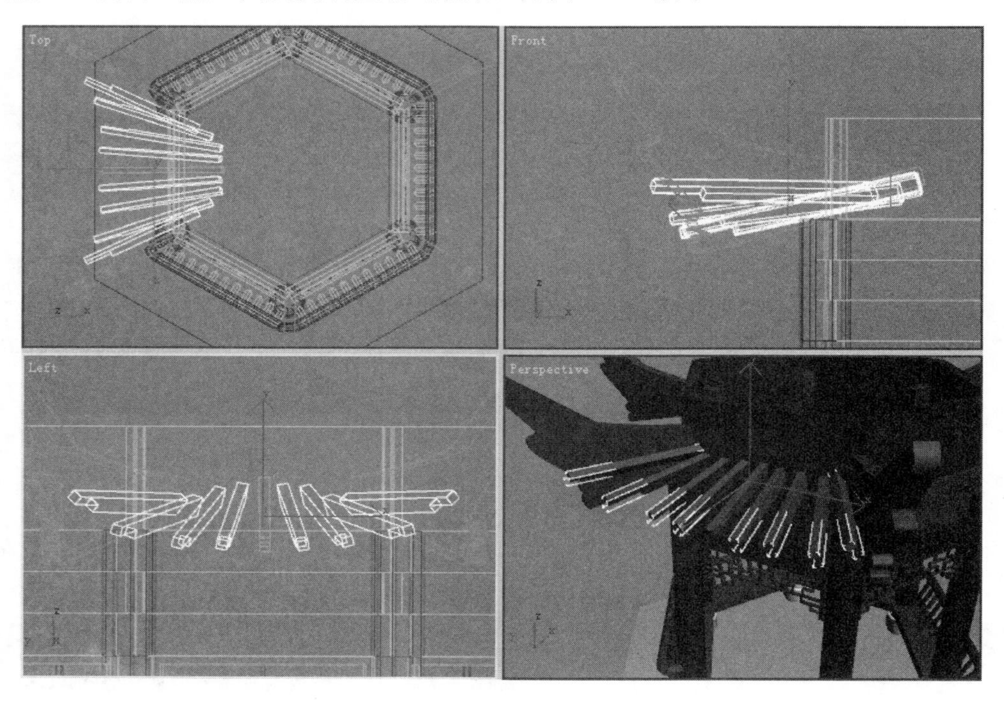

图 3-107 一组飞檐椽的位置排列

将其编成一个组进行旋转复制，如图 3-108 所示。

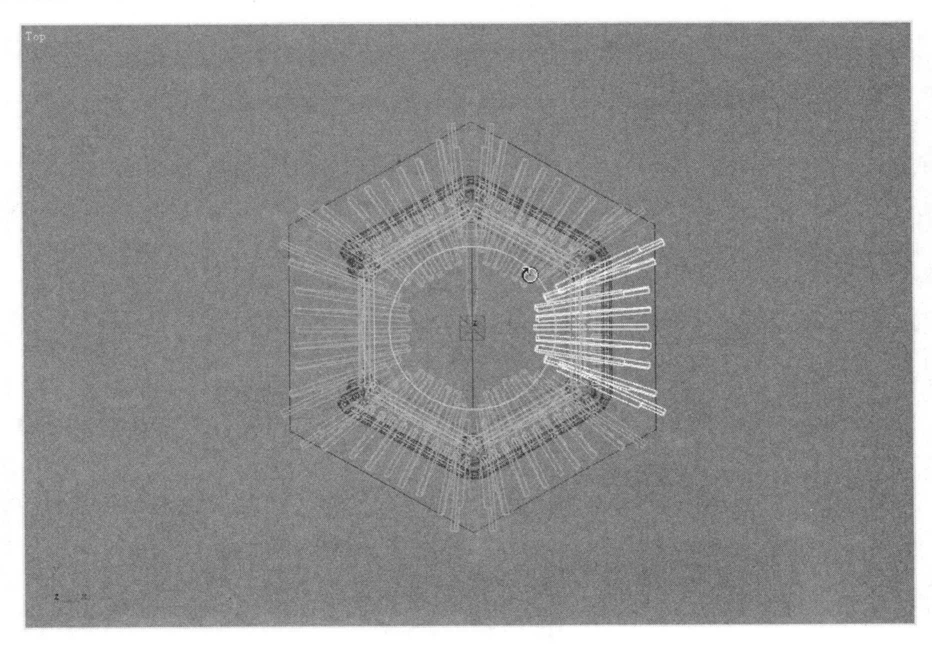

图 3-108　复制飞檐椽

(8) 创建瓦檐。依次单击“创建面板”按钮和“创建几何体”按钮，利用 Plane(面片)工具在左视图中创建一个面片，将其长宽段数都设为 1，如图 3-109 所示。在左视图中右击，在弹出的快捷中选择 Convert to(转换)→Convert to Editable Patch(转换为面片)命令。

图 3-109　创建面片

在“修改”面板中进入 Patch(面)子级别，展开 Geometry(几何体)卷展栏，单击 Create(创建)按钮添加面，逆时针单击出三个顶点生成一个三角面，如图 3-110 所示。

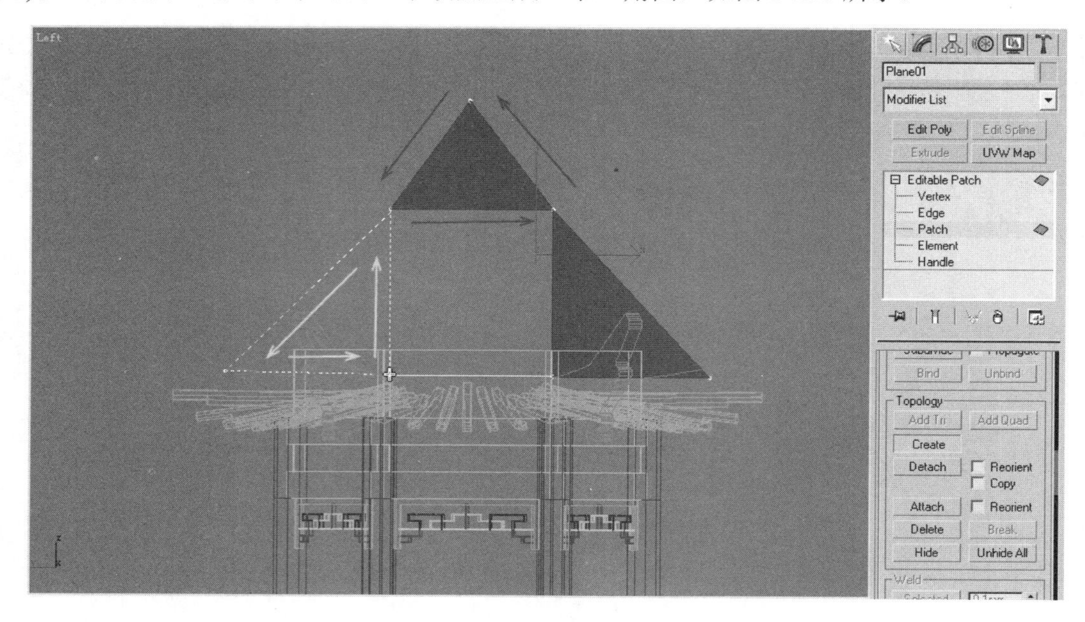

图 3-110　添加面

在 Patch(面)子级别的 Geometry(几何体)卷展栏中，将 Surface(表面)选项组中 View Steps(视图阶数)和 Render Steps(渲染阶数)的值设为 5，然后选中 Show Interior Edges(显示内部的段)复选框，如图 3-111 所示。

图 3-111　调节阶数可视

进入 Handle(手柄)子级别，发现每个点都可以由 3 个手柄控制，认真调节点位置及其手柄，以达到瓦檐的弯曲效果，如图 3-112 所示。

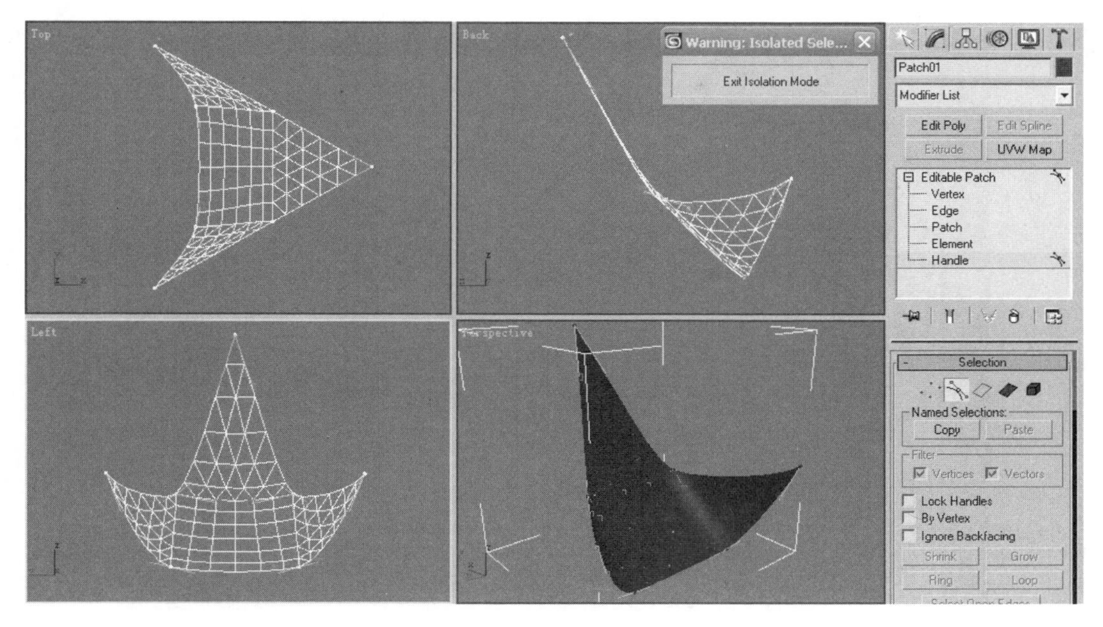

图 3-112　调节瓦檐的弯曲效果

再到 Patch(面)子级别的 Geometry(几何体)卷展栏中，单击 Extrude(挤压)按钮挤压出瓦檐的厚度，如图 3-113 所示。

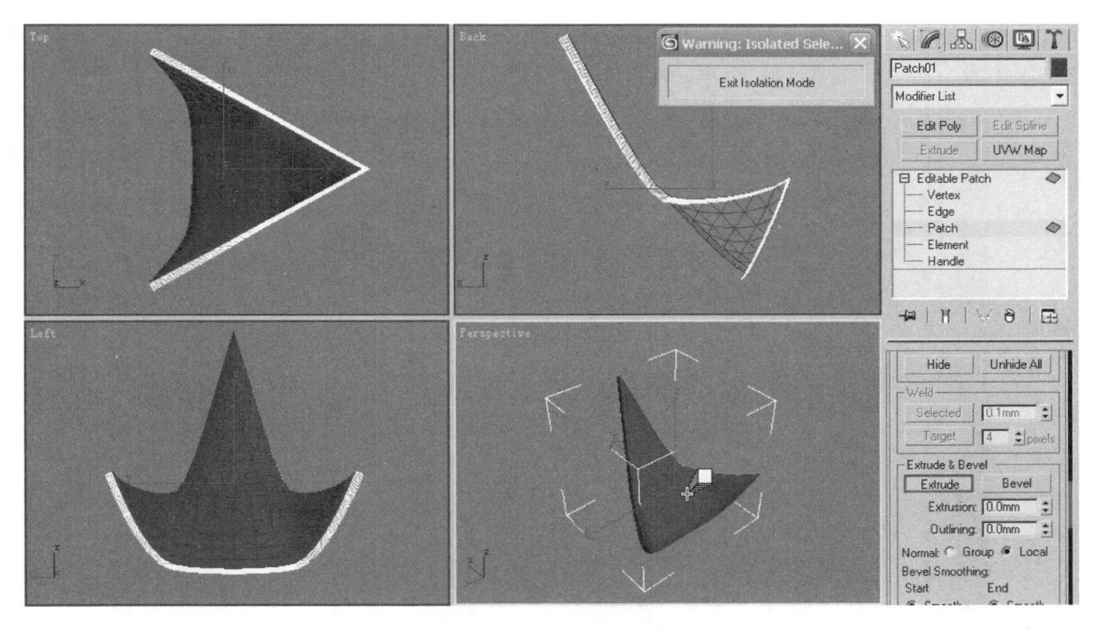

图 3-113　挤压出瓦檐厚度

返回 Editable Patch(编辑面片)首级别，添加 Smooth(光滑)修改器。旋转复制出另外 5 面瓦檐，如图 3-114 所示。

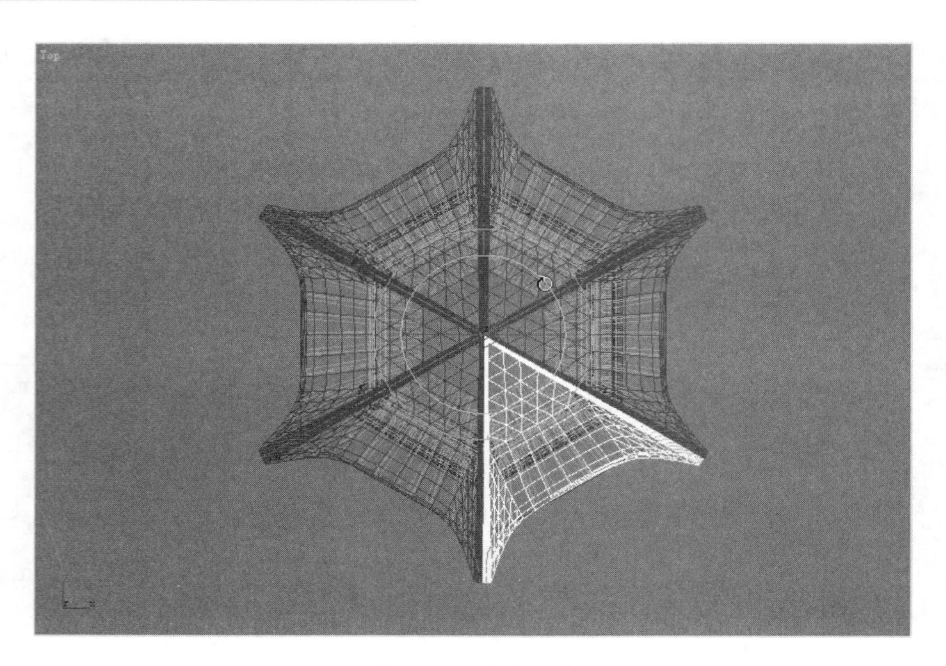

图 3-114　复制瓦檐

(9) 创建瓦脊。依次单击“创建面板”按钮和“二维创建”按钮，利用 Line(线)工具在左视图中沿瓦檐的走势创建出脊的路径。用两个 Arc(圆弧)创建出脊的截面轮廓，添加 Edit Spline(编辑曲线)修改器，展开 Geometry(几何体)卷展栏，单击 Attach(合并)按钮将两圆弧合并为一体，如图 3-115 所示。再单击 Weld(焊接)按钮，对两圆弧连接处的点进行焊接。

图 3-115　合并瓦脊截面

选择截面，依次单击“创建面板”按钮和“创建几何体”按钮，在下方的下拉列表框中选择 Compound Objects(复合物体)选项，单击 Objects Type(物体类型)卷展栏中的 Loft(放样)按钮。然后单击 Creation Method(创建方式)卷展栏中的 Get Path(拾取路径)按钮，并到左视图中拾取画好的路径，如图 3-116 所示。

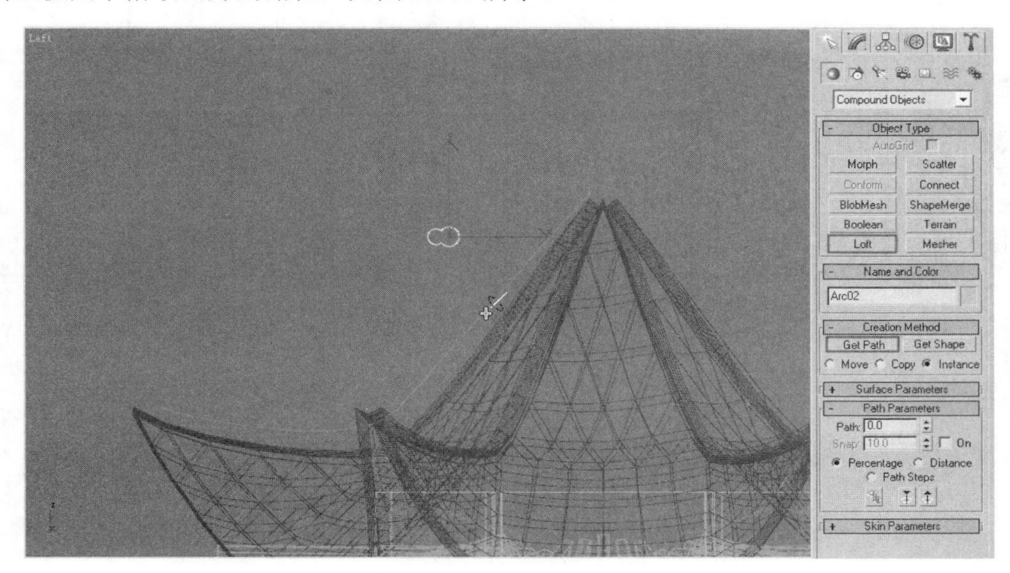

图 3-116　放样瓦脊拾取路径

利用“移动”、“旋转”工具将瓦脊调整到合适位置，如图 3-117 所示。

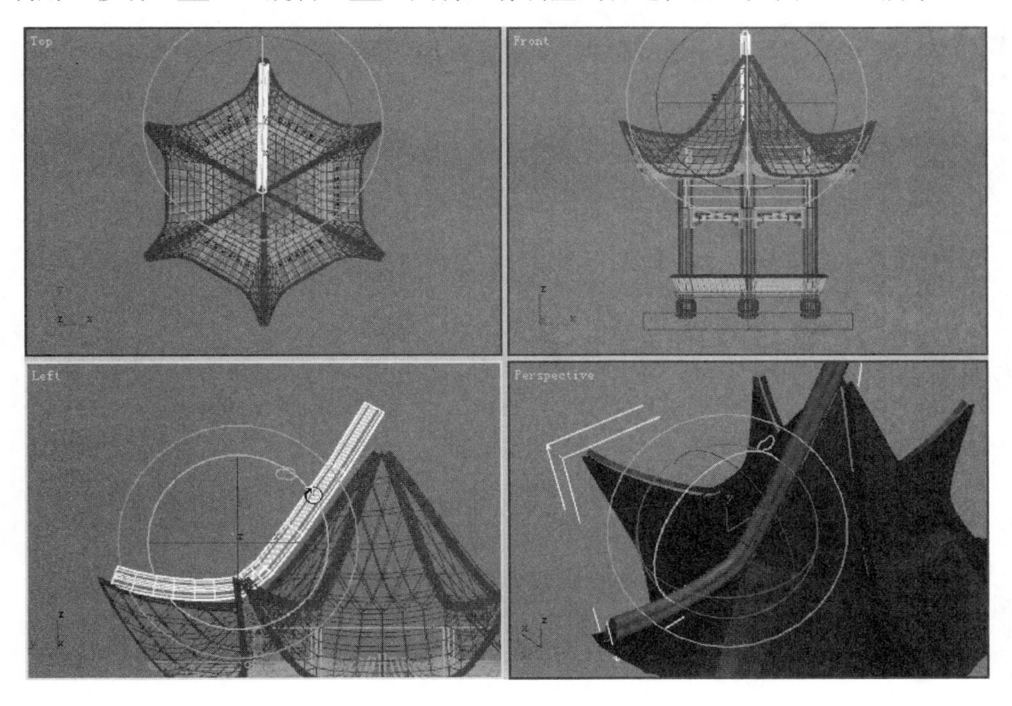

图 3-117　调整瓦脊位置

单击“修改面板”按钮，添加 Edit Mesh(编辑网格)修改器，进入 Polygon(面)子级别，选择最前端的面，展开 Edit Geometry(编辑几何体)卷展栏，单击 Extrude(挤压)按钮挤压出一段，如图 3-118 所示。

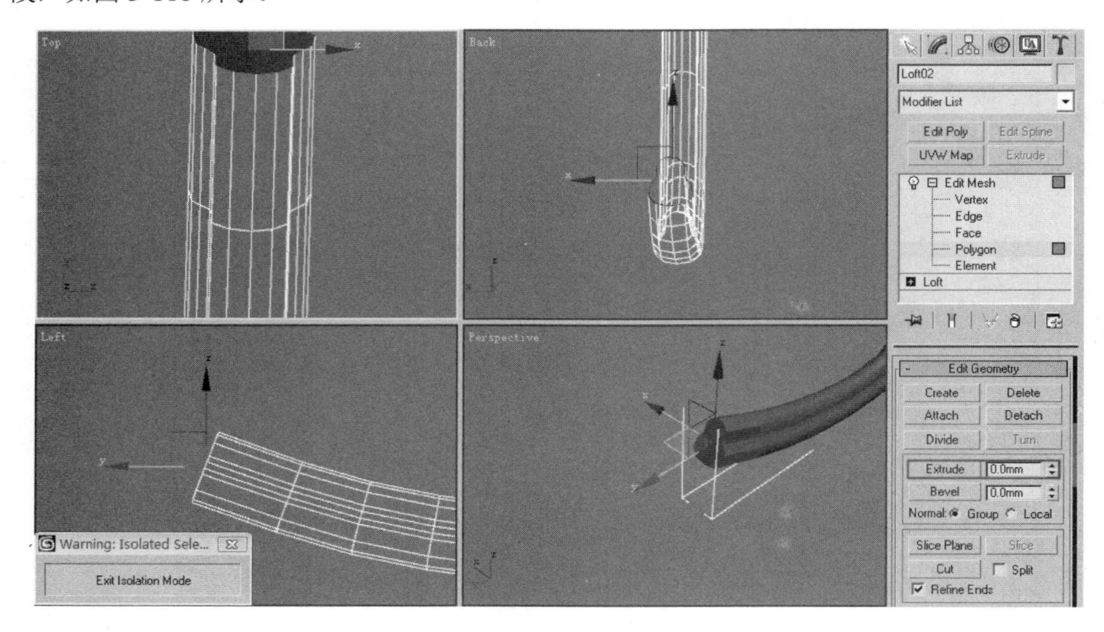

图 3-118　挤压出瓦脊前端

利用“缩放”工具对此面进行缩放，再利用“移动”工具、“旋转”工具调整位置，如图 3-119 所示。

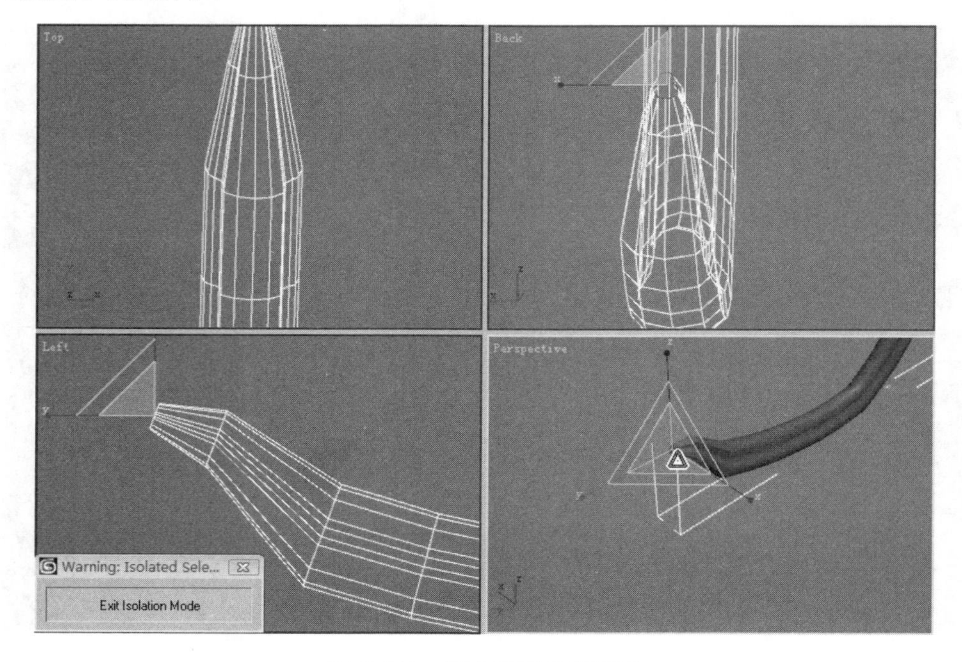

图 3-119　缩小瓦脊前端截面

重复此操作两次并调整位置，瓦脊的最终效果如图 3-120 所示。

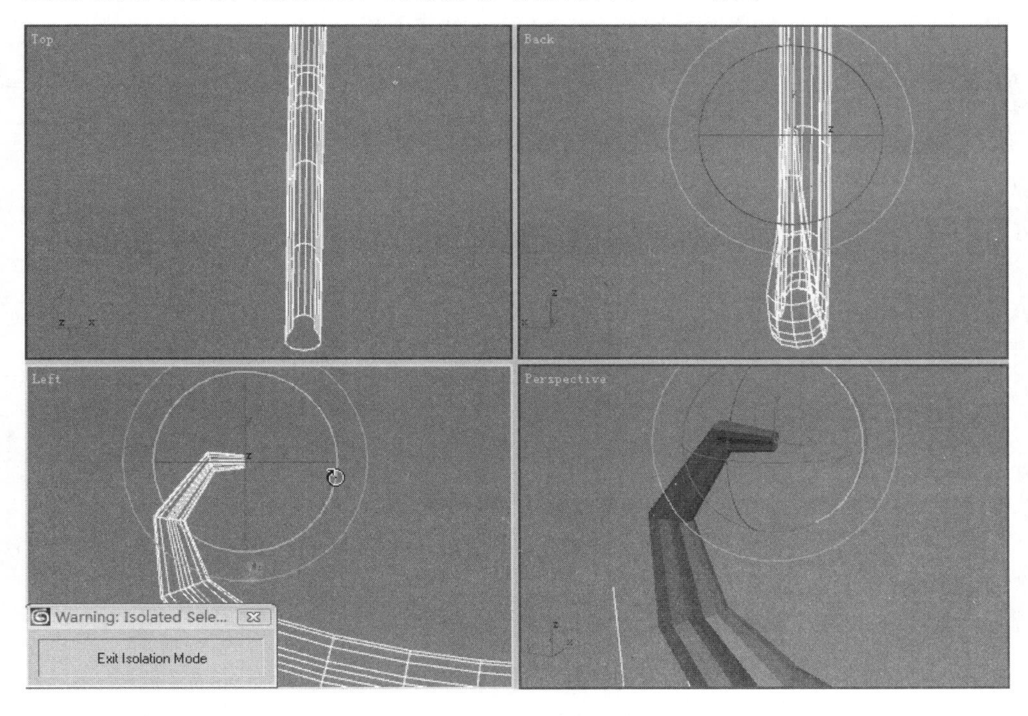

图 3-120　瓦脊的最终效果

添加 Smooth(平滑)修改器后再添加 FFD 2×2×2(2×2×2 变形盒)修改器，进入 Control Points(控制点)子级别调整，使其与瓦檐接合，如图 3-121 所示。

图 3-121　调节瓦脊，使其与瓦檐接合

依次单击“创建面板”按钮和“二维创建”按钮，利用 Line(线)工具在顶视图中

勾画一个三角形，添加 Extrude(挤压)修改器挤压出厚度。利用“缩放”工具、“旋转”工具和“移动”工具将其调整到合适位置，如图 3-122 所示。

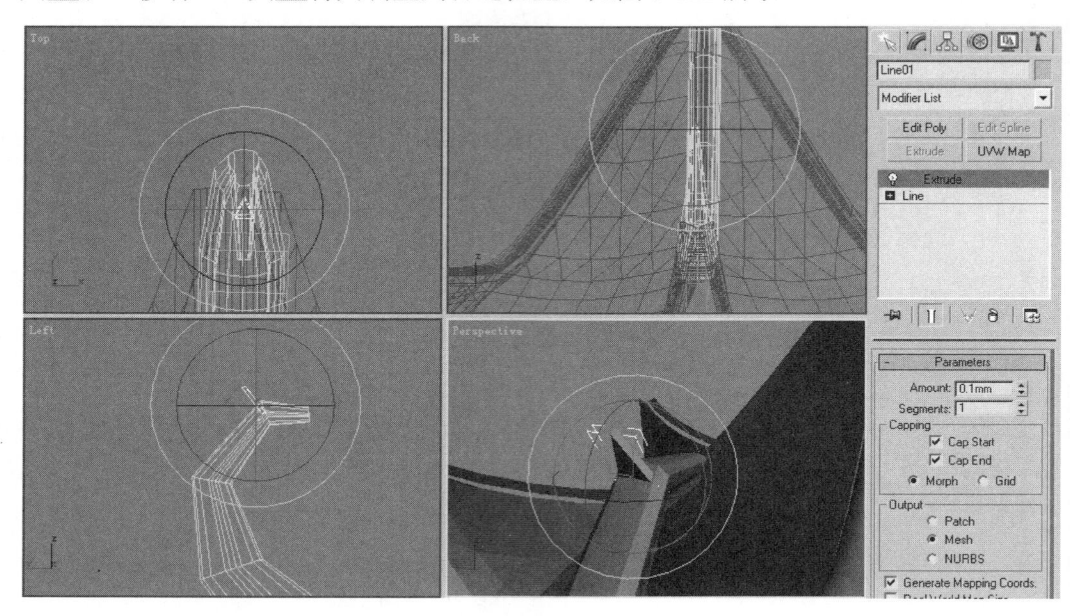

图 3-122 创建突出瓦

利用相同的方法创建出另外的突出瓦。将脊和突出瓦编成一组，旋转复制出另外 5 条瓦脊，如图 3-123 所示。

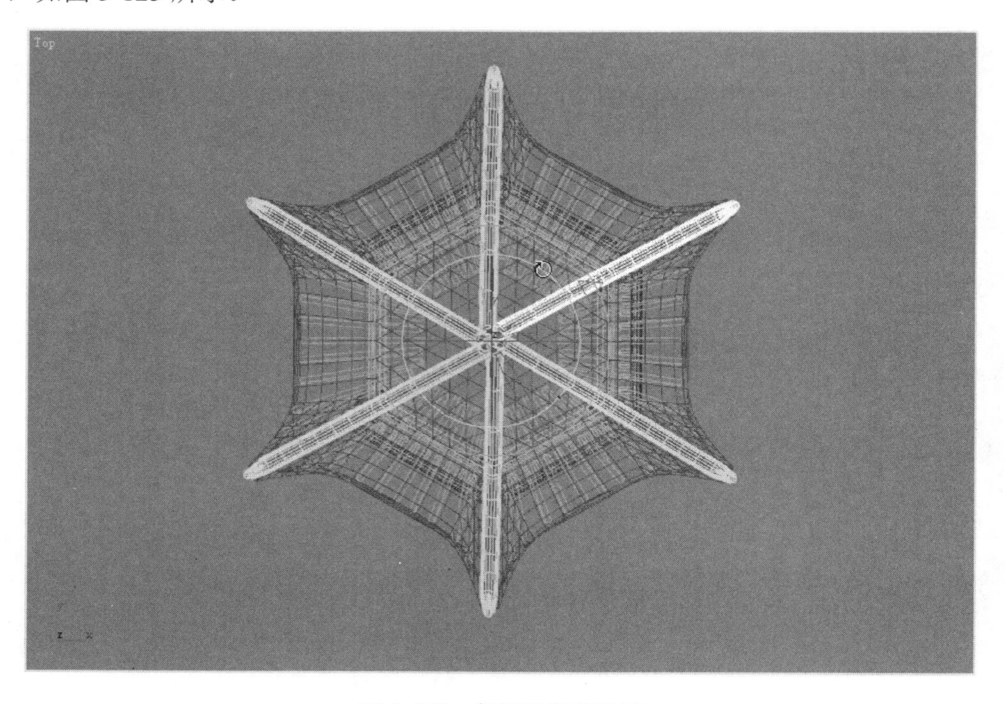

图 3-123 复制脊和突出瓦

(10) 创建瓦檐上的反扣瓦。依次单击“创建面板”按钮和“二维创建”按钮，利用 Line(线)工具在后视图中依照一片平瓦的中线走势勾勒出一条路径，再利用 Circle(圆)工具勾画出截面轮廓，如图 3-124 所示。

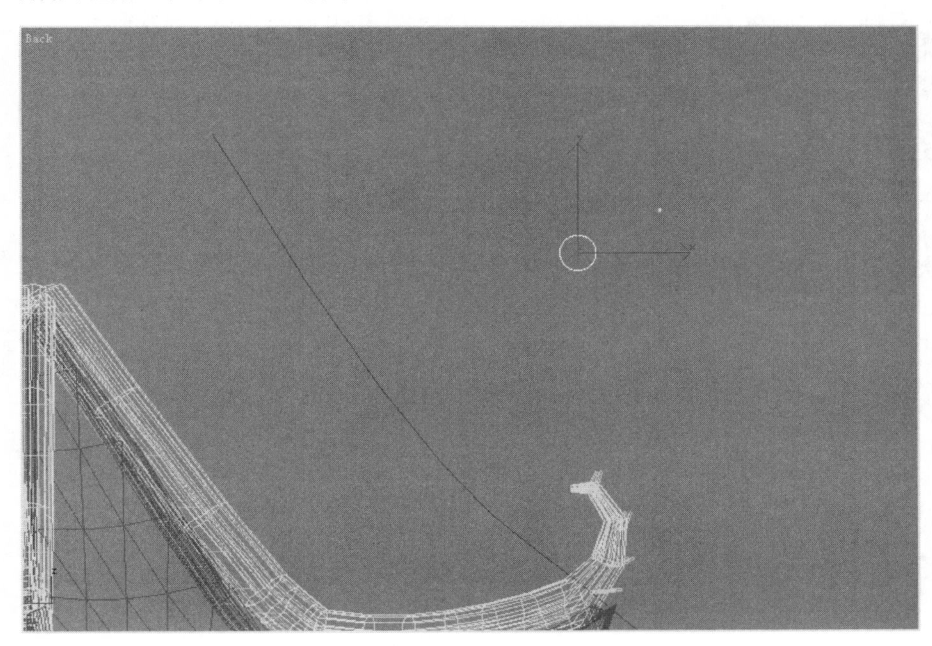

图 3-124　绘制反扣瓦路径及截面

选择圆形截面，依次单击“创建面板”按钮和“创建几何体”按钮，在下方的下拉列表框中选择 Compound Objects(复合物体)选项，单击 Objects Type(物体类型)卷展栏中的 Loft(放样)按钮。然后单击 Creation Method(创建方式)卷展栏中的 Get Path(拾取路径)按钮，并到后视图中拾取画好的路径，如图 3-125 所示。

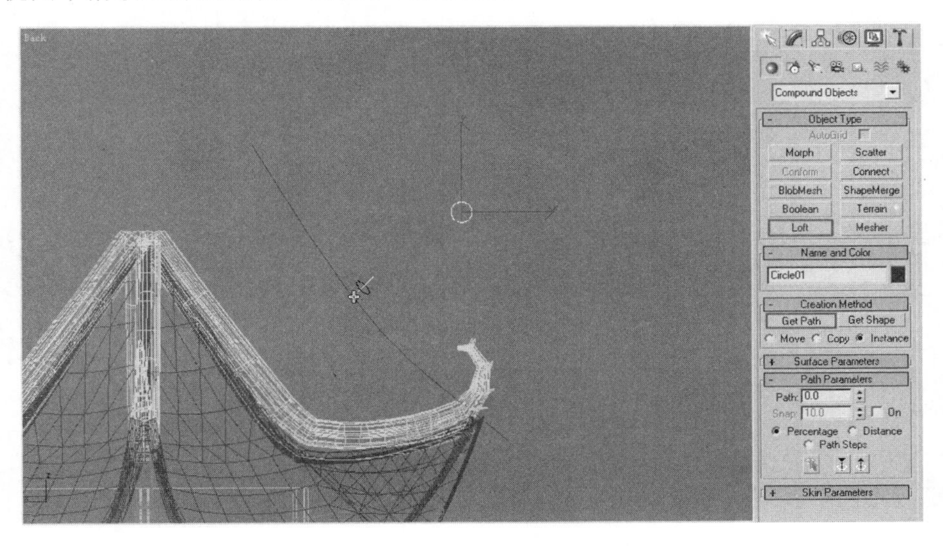

图 3-125　放样反扣瓦

利用“移动”工具、“旋转”工具调整其位置，并隐藏路径和截面，如图 3-126 所示。

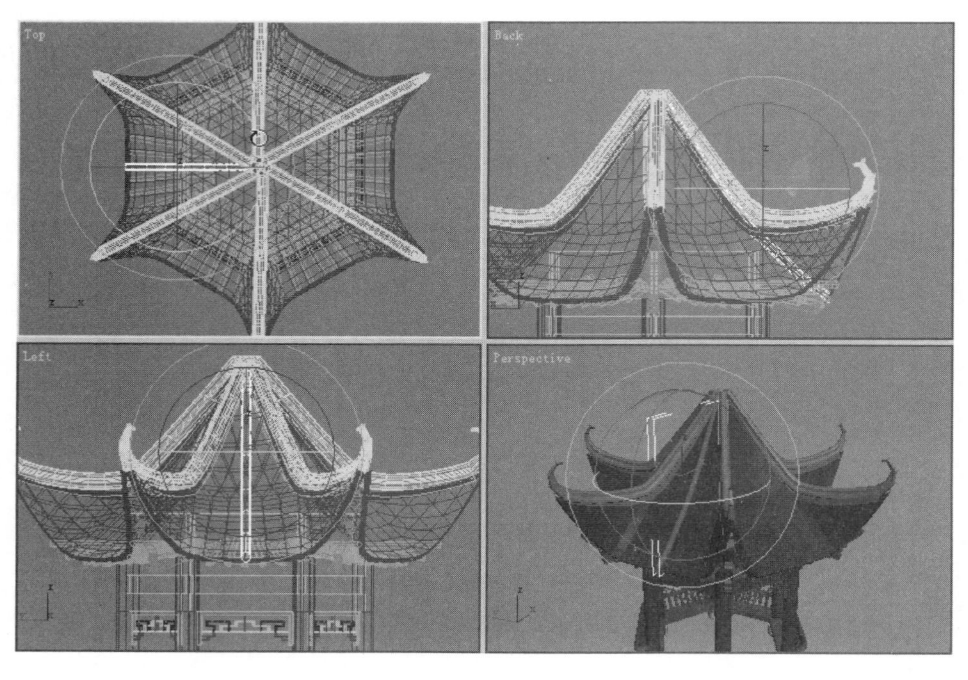

图 3-126　调整反扣瓦位置

在顶视图中按住 Shift 键竖直向上移动复制，然后给复制出的放样物体添加 FFD 2×2×2(2×2×2 变形盒)修改器，进入 Control Points(控制点)子级别调整控制点位置，从而使放样物体的走势与平瓦吻合，如图 3-127 所示。

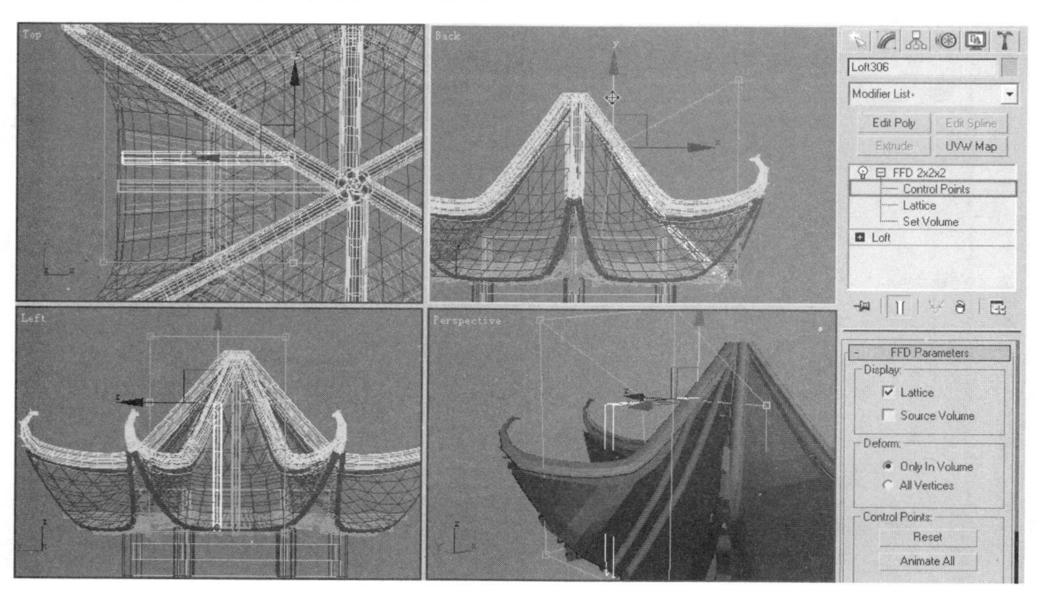

图 3-127　调整反扣瓦形状，使其与瓦檐吻合

用同样的方法创建出一侧的反扣瓦，如图 3-128 所示。

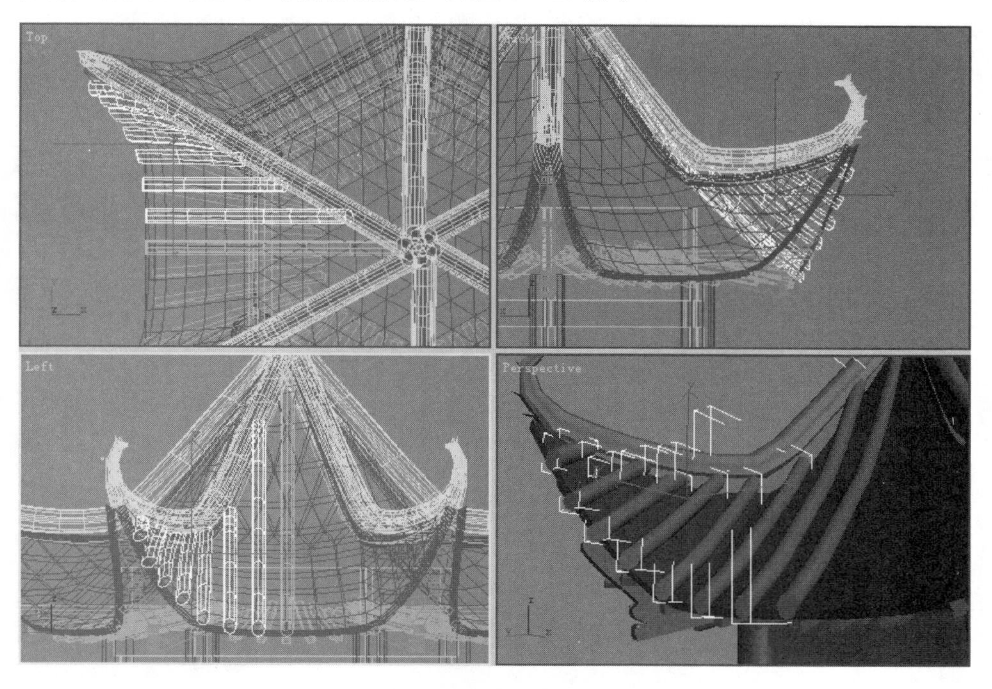

图 3-128　依次复制调节一侧反扣瓦

依次单击“创建面板”按钮和“二维创建”按钮，利用 Line(线)工具在左视图中勾勒装饰瓦片的轮廓，添加 Extrude(挤压)修改器挤压出厚度，如图 3-129 所示。

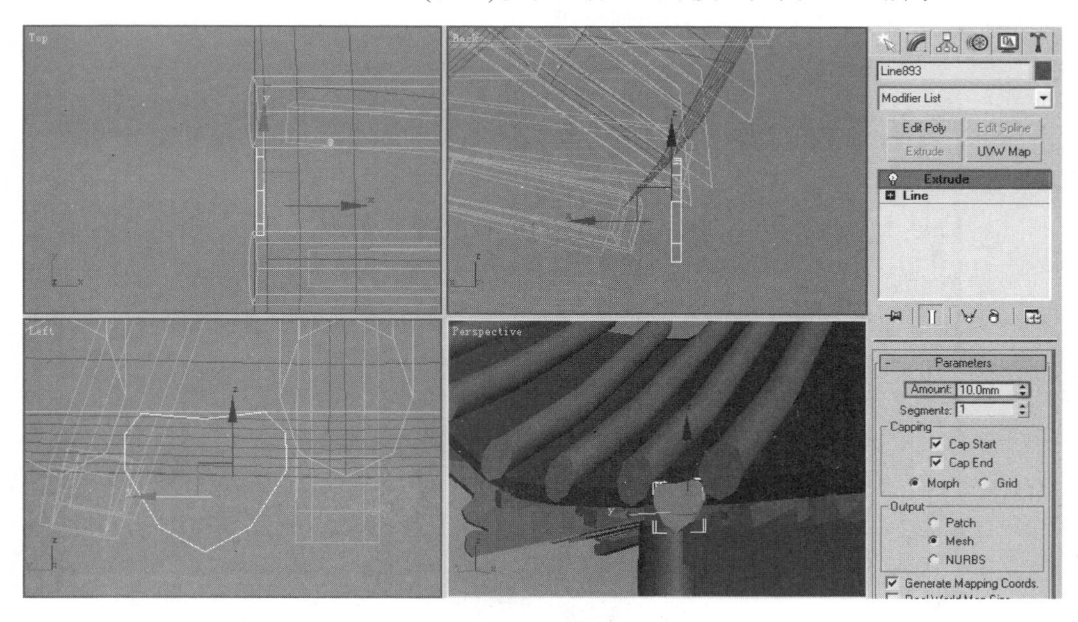

图 3-129　创建装饰瓦片

在左视图中按住 Shift 键向左水平移动复制，并用“移动”工具、“旋转”工具调整到适合的位置。利用上一步的方法创建出一侧的装饰瓦，如图 3-130 所示。

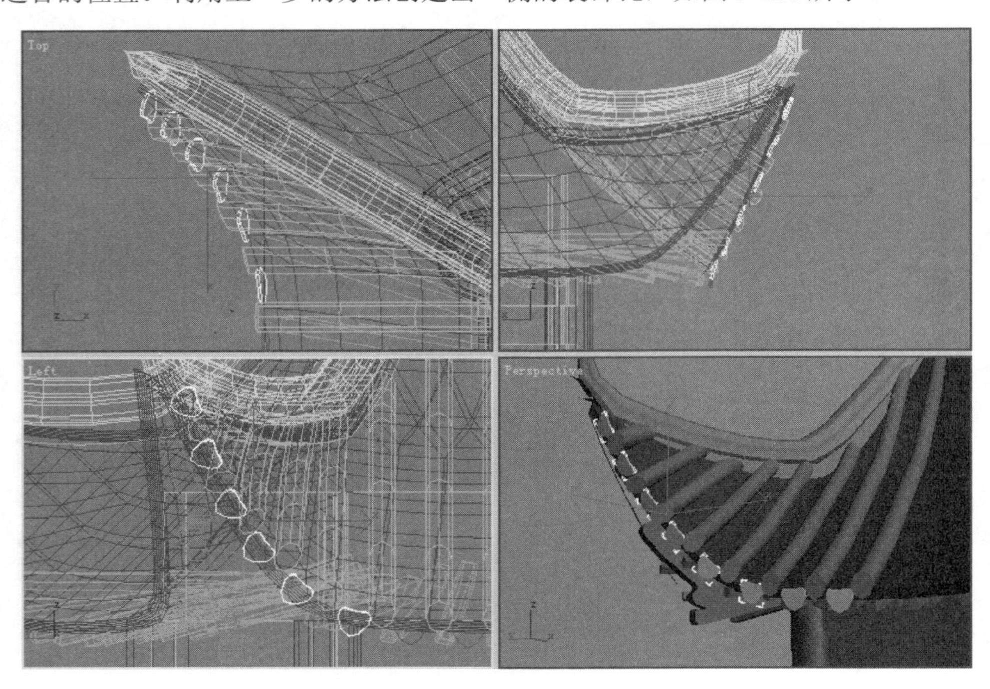

图 3-130　复制装饰瓦并调节位置

在顶视图中选择除中线上的瓦条以外的所有装饰瓦和瓦条，镜像复制出另一侧(以 Y 轴为对称轴)，如图 3-131 所示，并移动到合适的位置。

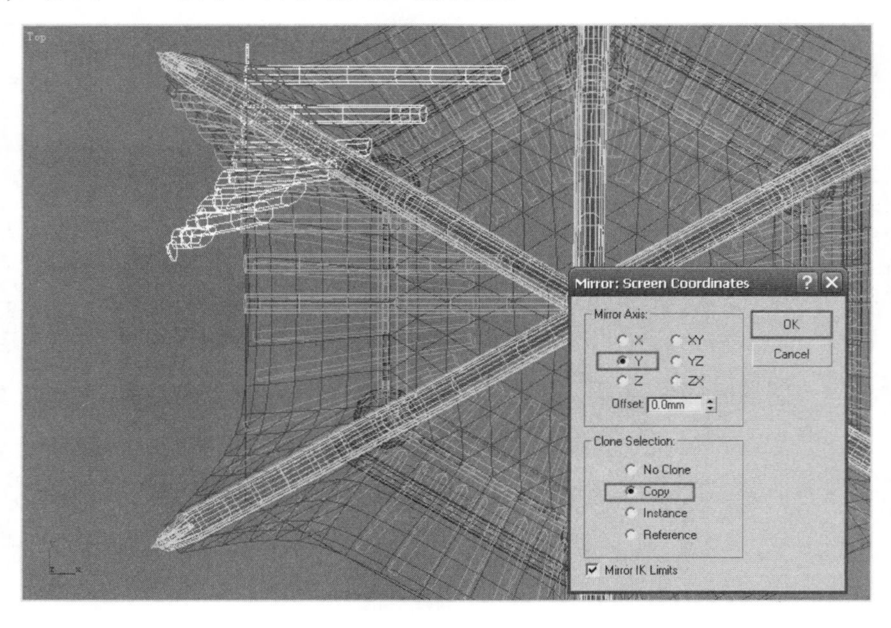

图 3-131　镜像另一侧装饰瓦和瓦条

将所有创建出的装饰瓦和瓦条群组成整体，旋转复制出另外的 5 个面，如图 3-132 所示。

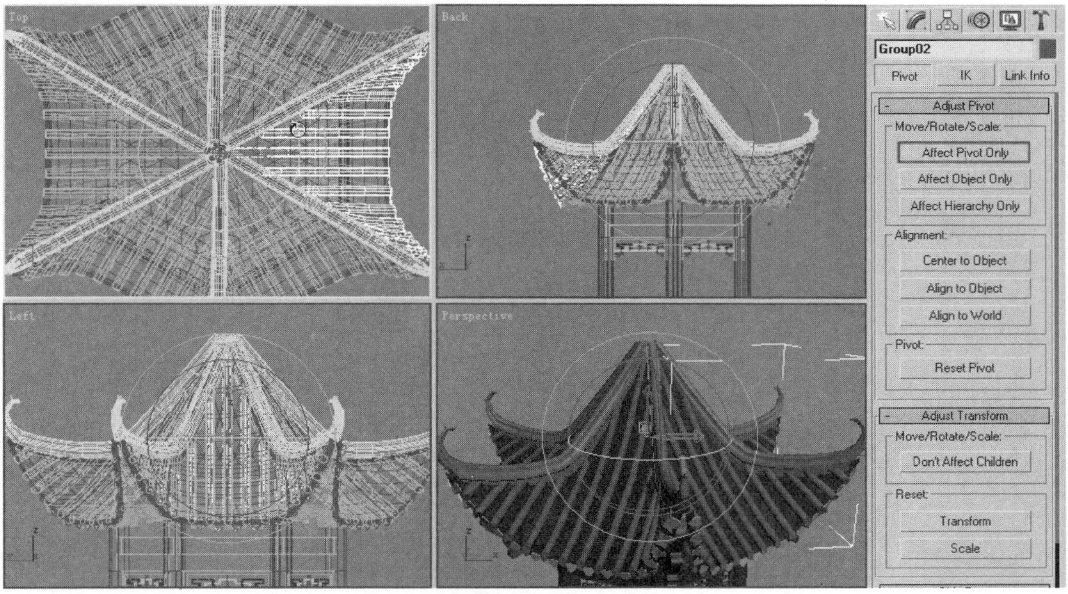

图 3-132　复制装饰瓦和瓦条

(11) 创建雷公柱。依次单击“创建面板”按钮和“创建几何体”按钮，利用 Sphere(球)工具在后视图中创建球体，调整位置后按住 Shift 键竖直向上复制，再进行缩放，如图 3-133 和图 3-134 所示。

图 3-133　绘制球体

图 3-134　复制并缩小，形成第二个球体

依次单击“创建面板”按钮和“二维创建”按钮，利用 Line(线)工具勾勒柱顶半个截面的大致轮廓，进入 Vertex(点)子级别，选择所有的点后右击，在弹出的快捷菜单中选择 Bezier Corner(贝赛尔角点)命令，然后调节手柄形成柱顶截面半个轮廓，如图 3-135 和图 3-136 所示。

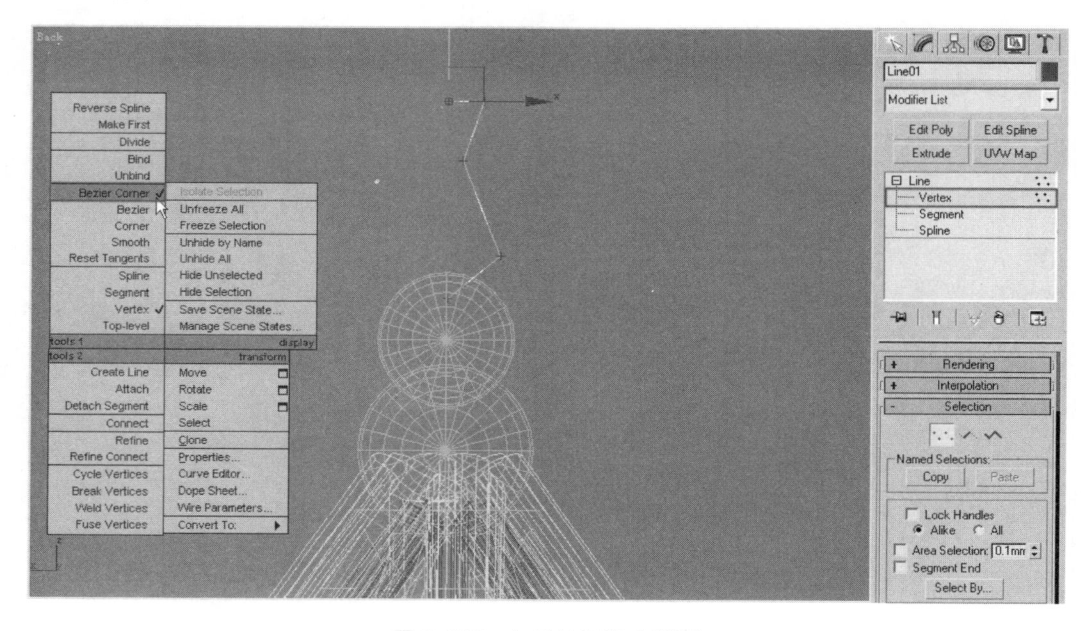

图 3-135　勾画柱顶半个截面

图 3-136　调整柱顶半截面

单击“修改面板”按钮，添加 Lathe(旋转)修改器，展开 Parameters(参数)卷展栏，在 Direction(方向)选项组中选择旋转轴为 Y，在 Align(对齐)选项组中选择 Min(最小)选项，以最小处为基准进行旋转，如图 3-137 所示。

图 3-137　旋转出雷公柱顶端

六角亭模型的最终效果如图 3-138 所示。

图 3-138　六角亭模型最终效果

3.2.3　创建道桥模型

选择如图 3-139 所示的立交桥模型创建道桥模型。

图 3-139　立交桥模型

(1) 导入 CAD 辅助图。导入配套光盘中的 CAD 辅助图(位置：光盘\CH3\3.2.3 章节\cad\地道箱体 U 型槽平面图.dwg、拱肋构造图.dwg、桥型布置图.dwg)，整理后的效果如图 3-140 所示。

(2) 创建立交桥主体桥面。依次单击“创建面板”按钮和“二维创建”按钮，在下方的下拉列表框中选择 NURBS Curves(NURBS 曲线)选项，然后单击 Object Type(物体类型)卷展栏中的 Point Curve(点曲线)按钮，在顶视图中创建主体路面的路径，如图 3-141 所示。

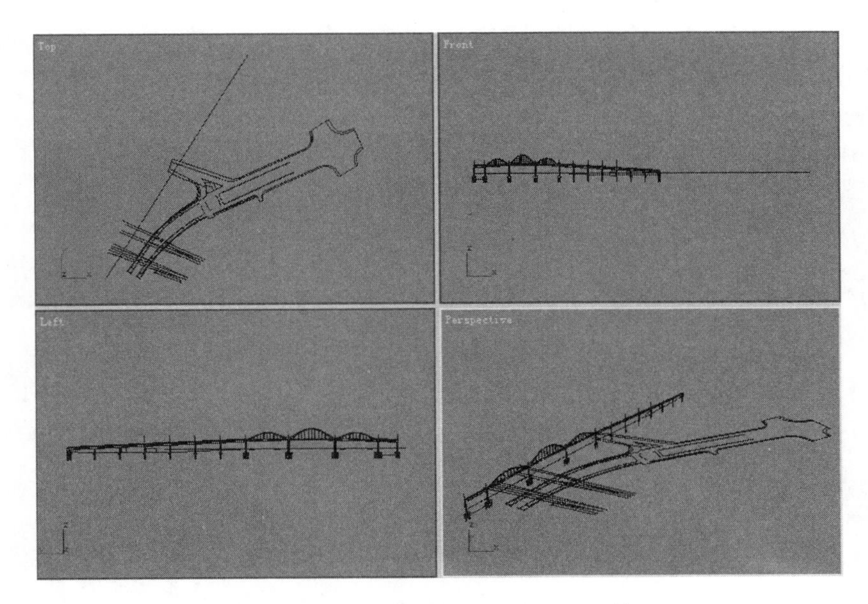

图 3-140　CAD 辅助图导入整理后的效果

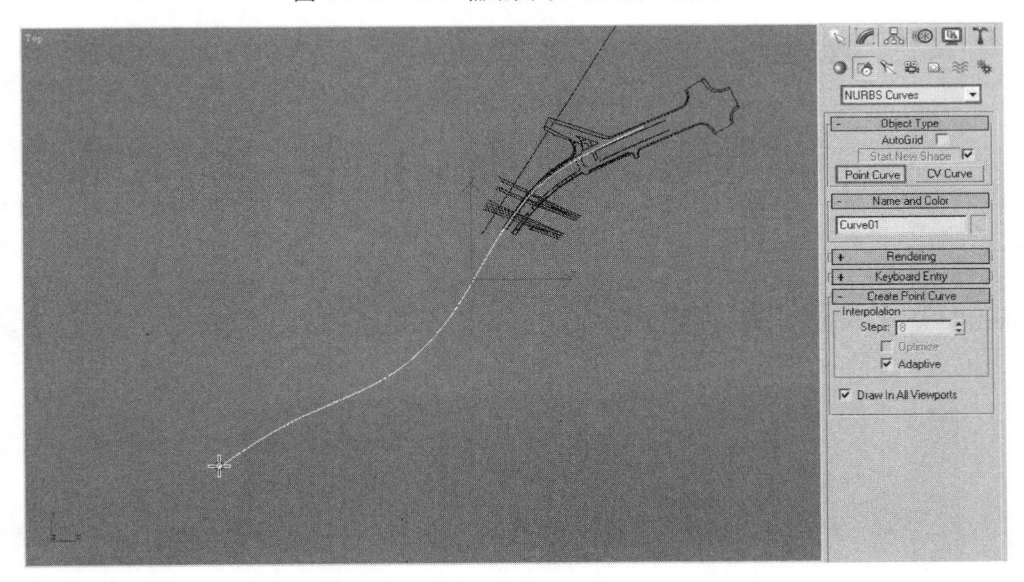

图 3-141　勾画主体路面路径

注意

Point Curve(点曲线)比 Line(线)工具更容易掌握线的平滑走势，所以这里使用 Point Curve(点曲线)工具。

创建立交桥主体。依次单击“创建面板”按钮和“二维创建”按钮，利用 Line(线)和 Circle(圆)工具在前视图中进行立交桥主体截面及护栏的创建，因为立交桥的两侧护栏和路面的路径相同，且与路面距离不变，所以将护栏截面一同创建。完成后在 “修改”面板中进入 Vertex(点)子级别，展开 Geometry(几何体)卷展栏，选择路面与桥结合处的点后单击

Break(打破)按钮将这些点打断，目的是将路面与桥体分离，以方便后面赋予材质(路面和桥的材质不同)，如图 3-142 所示。

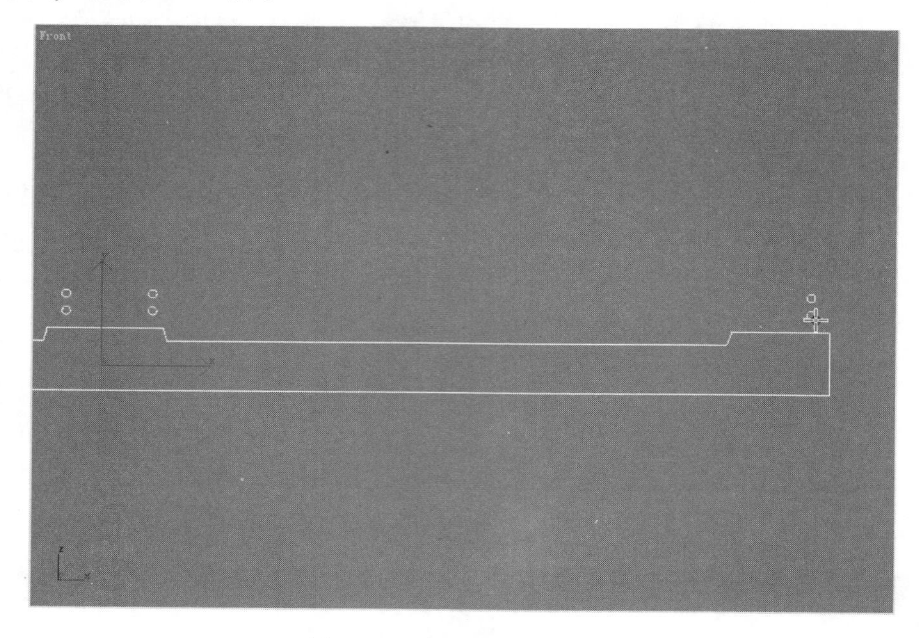

图 3-142　勾画主体路面截面

选择做好的路径，依次单击“创建面板”按钮和“创建几何体”按钮，在下方的下拉列表框中选择 Compound Objects(复合物体)选项，单击 Object Type(物体类型)卷展栏中的 Loft(放样)按钮。单击 Creation Method(创建方式)卷展栏中的 Get Shape(拾取截面)按钮，并到前视图中拾取建好的立交桥主体截面，然后选择放样出的桥面进入“修改”面板，展开 Skin Parameters(表面参数)卷展栏，在 Options(权限)选项组中将 Shape Steps(截面步幅)的值设为 0，并将 Path Steps(路径步幅)的值适当加大，如图 3-143 和图 3-144 所示。

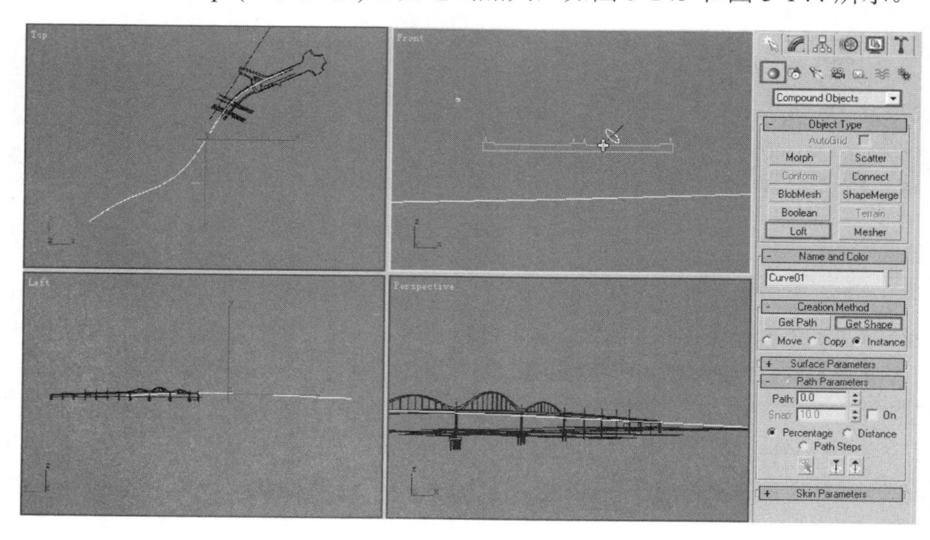

图 3-143　放样拾取截面

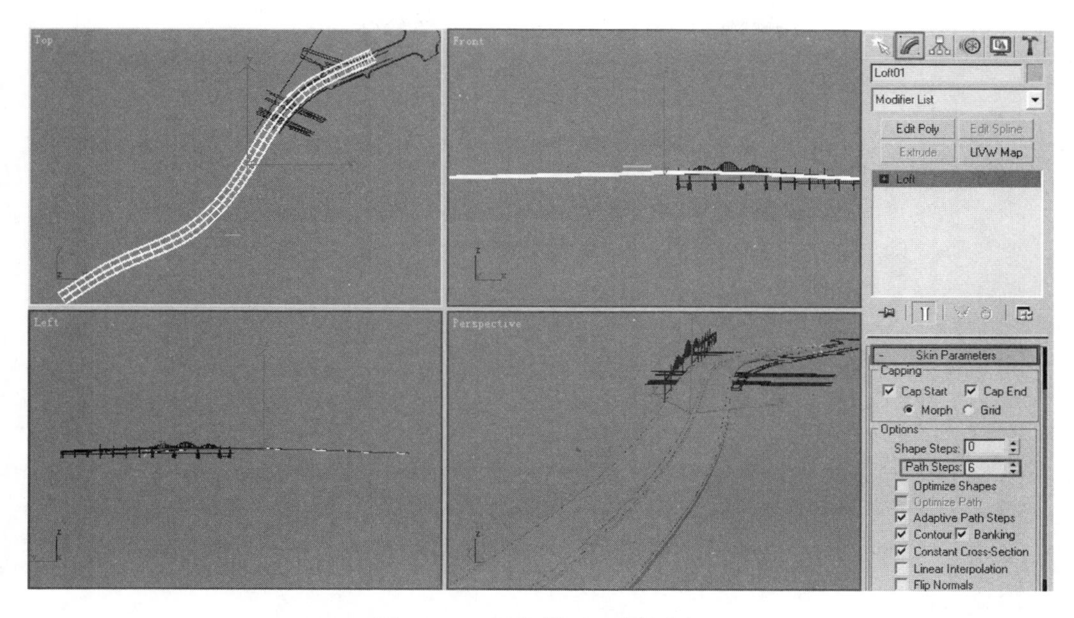

图 3-144　调节截面及路径步幅

(3) 创建立交桥支桥。与创建主桥桥面路径的方法相同，利用 Point Curve(点曲线)工具在顶视图中勾勒支桥路面的路径，如图 3-145 所示。

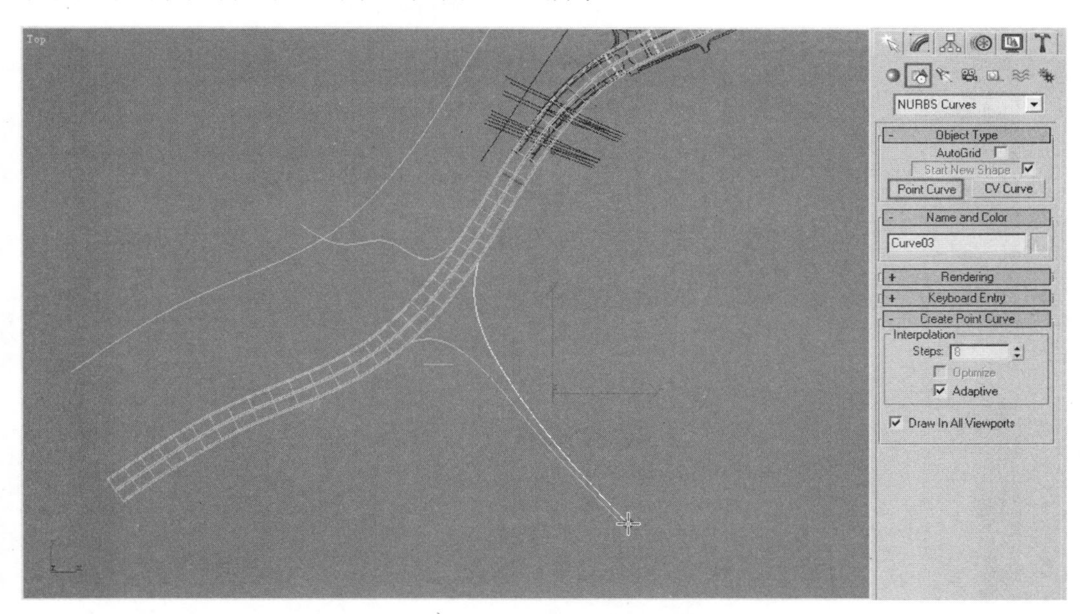

图 3-145　绘制支桥路面的路径

依次单击“创建面板”按钮和“二维创建”按钮，利用 Line(线)工具勾勒支桥的横截面，并使用与主桥相同的方法放样创建出支桥，如图 3-146 和图 3-147 所示。

图 3-146 放样拾取支桥截面

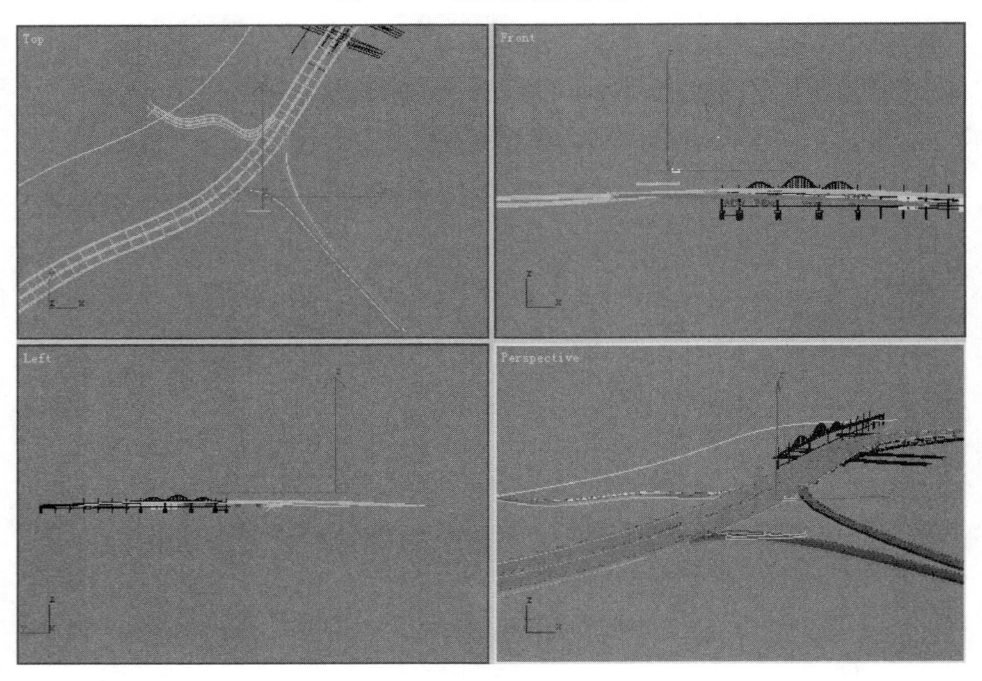

图 3-147 放样支桥后的效果

(4) 创建主桥与支桥的接合。按住 Shift 键移动复制出两个主桥截面，进入 Vertex(点)子级别移动两侧的点，创建出两条支路和一条支路的桥面横截面。

选择放样出的桥主体后进入“修改”面板，在 Path Parameters(路径参数)卷展栏中改变

Path(路径)的值到有两条支桥分离的位置，单击 Get Shape(拾取截面)按钮，拾取最初创建的主桥截面，如图 3-148 所示。接着将 Path(路径)值增加 0.01，再次单击 Get Shape(拾取截面)按钮，拾取创建好的两条支桥分出后的主桥截面(因为放样在变换不同截面的过程中是渐变的，但这里不需要这个过程，故将此过程缩小在 0.01%路径长度之内)，如图 3-149 所示。

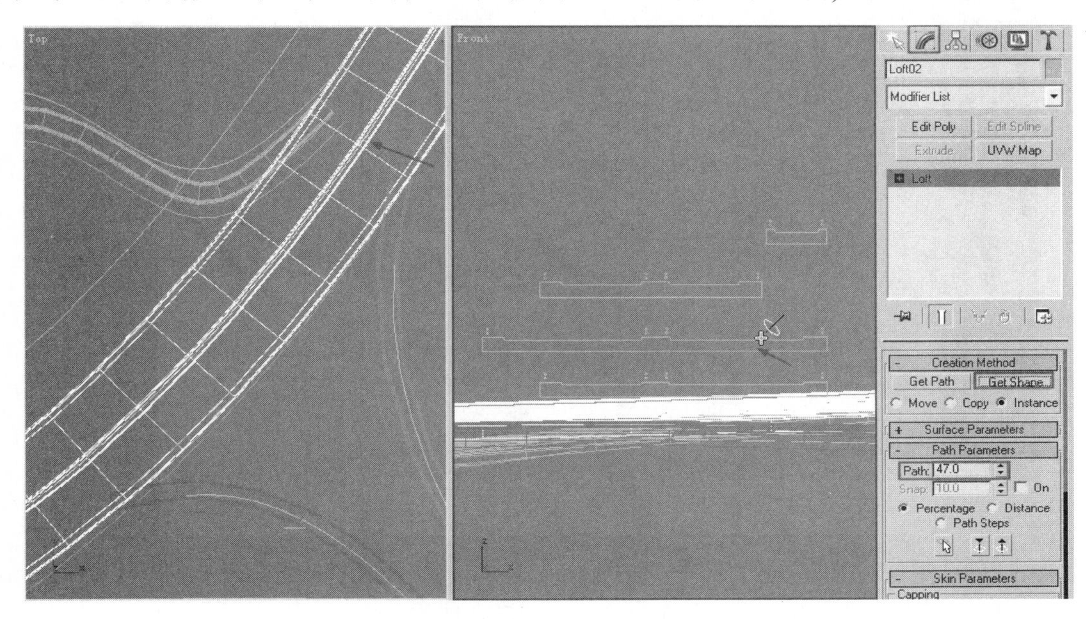

图 3-148　在接合处重拾主体路面截面

图 3-149　拾取两条支桥分出的主桥截面

用类似以上步骤改变 Path(路径)的值，找到一条支路合并的位置，并单击 Get Shape(拾取截面)按钮，拾取创建好的两条支桥分出后的主桥截面，接着将 Path(路径)值增加 0.01，再次单击 Get Shape(拾取截面)按钮，拾取创建好的一条支桥合并后的主桥截面，如图 3-150 所示。

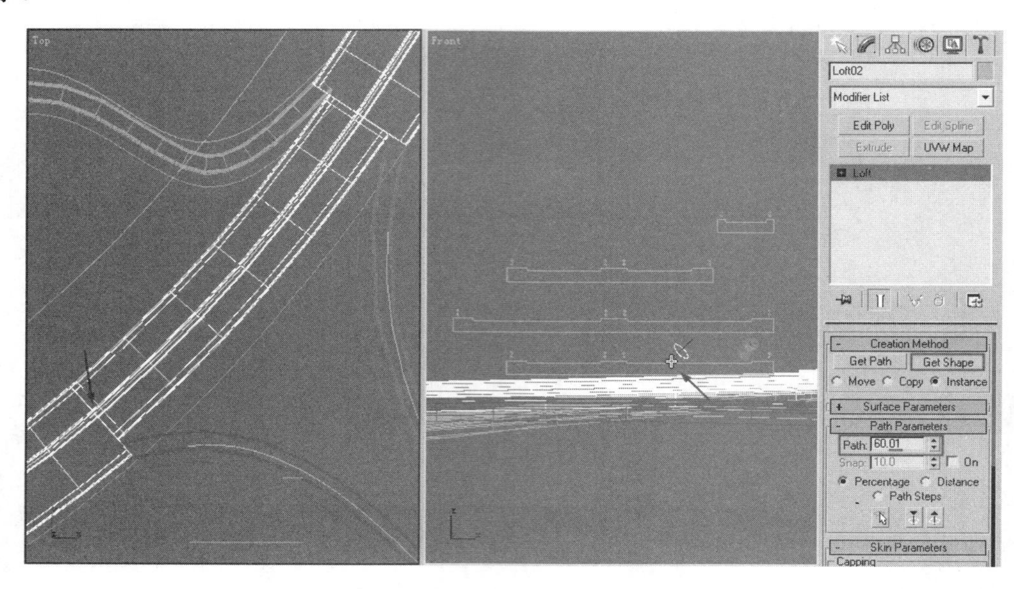

图 3-150　拾取一条支桥合并后的主桥截面

选择创建好的主桥部分右击，在弹出的快捷菜单中选择 Convert to(转换)→Convert to Editable Poly(转换为可编辑多边形)命令。单击“修改面板”按钮，展开 Edit Geometry(编辑几何体)卷展栏，单击 Attach(合并)按钮分别合并各个支桥。进入 Vertex(点)子级别，调整主桥和支桥接合点的位置。展开 Edit Vertices(编辑点)卷展栏，单击 Weld(焊接)按钮对相同位置的点进行焊接，最后效果和过程如图 3-151 所示。

图 3-151　焊接接合处的点

利用相同的方法创建出所有的支桥，最终效果如图 3-152 所示。

图 3-152　创建出所有支桥的最终效果

(5) 创建桥墩。创建第一种桥墩：依次单击“创建面板”按钮和“二维创建”按钮，利用 Line(线)工具在视图中勾勒出桥墩的轮廓，然后添加 Extrude(挤压)修改器挤压出桥墩的厚度，如图 3-153 所示。

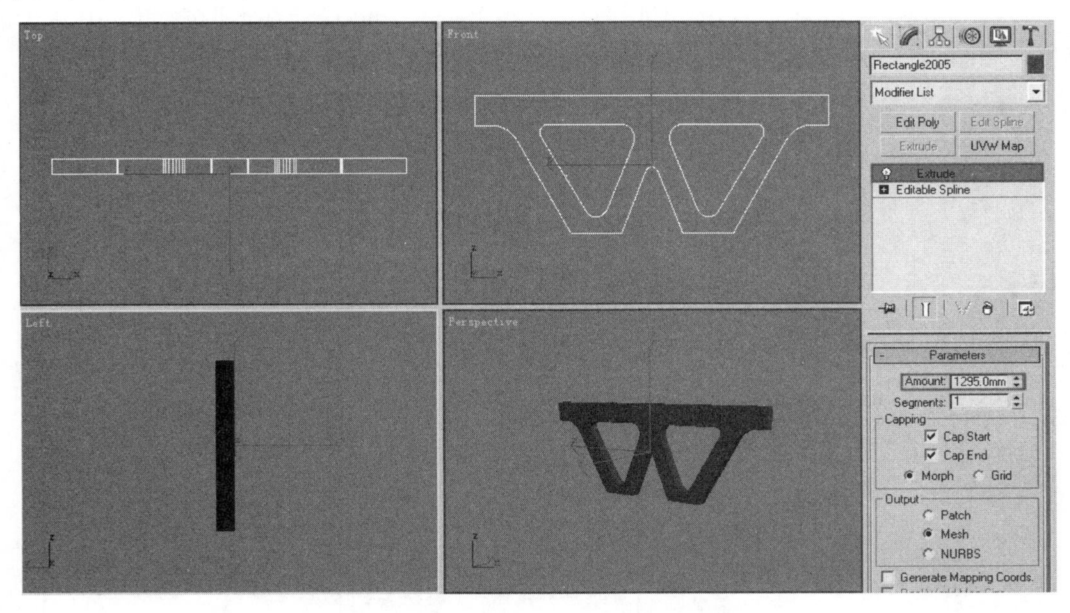

图 3-153　桥墩效果

利用“移动”工具、“旋转”工具摆好桥墩的位置，再按住 Shift 键进行移动复制，并对位置进行调整，如图 3-154 所示。

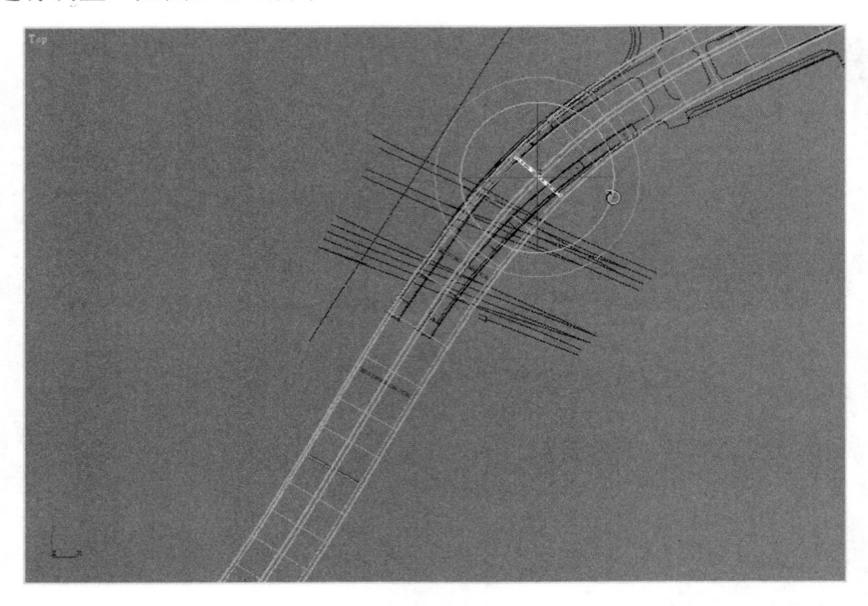

图 3-154　复制摆放桥墩

创建第二种桥墩：依次单击“创建面板”按钮和“二维创建”按钮，利用 Line(线)工具在前视图中勾勒出桥墩的轮廓，然后添加 Extrude(挤压)修改器挤压出桥墩的厚度，右击，在弹出的快捷菜单中依次选择 Convert to(转换)→Convert to Editable Poly(转换为可编辑多边形)命令。在“修改”面板中进入 Polygon(面)子级别，选择顶面，展开 Edit Polygons(编辑面)卷展栏，单击 Inset(内收)按钮进行收边，再单击 Extrude(挤压)按钮挤压出连接部分的高度，如图 3-155 所示。

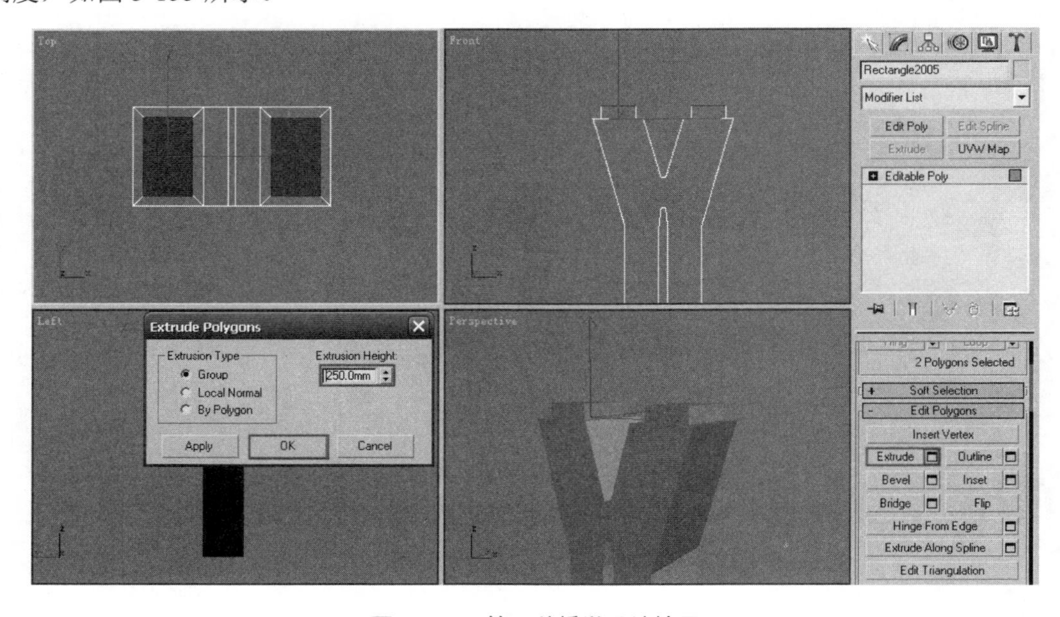

图 3-155　第二种桥墩顶端挤压

第二种桥墩有的是成组支撑的。按住 Shift 键进行移动，复制出同一排上的桥墩后再进行成排的复制，并调整位置，如图 3-156 所示。

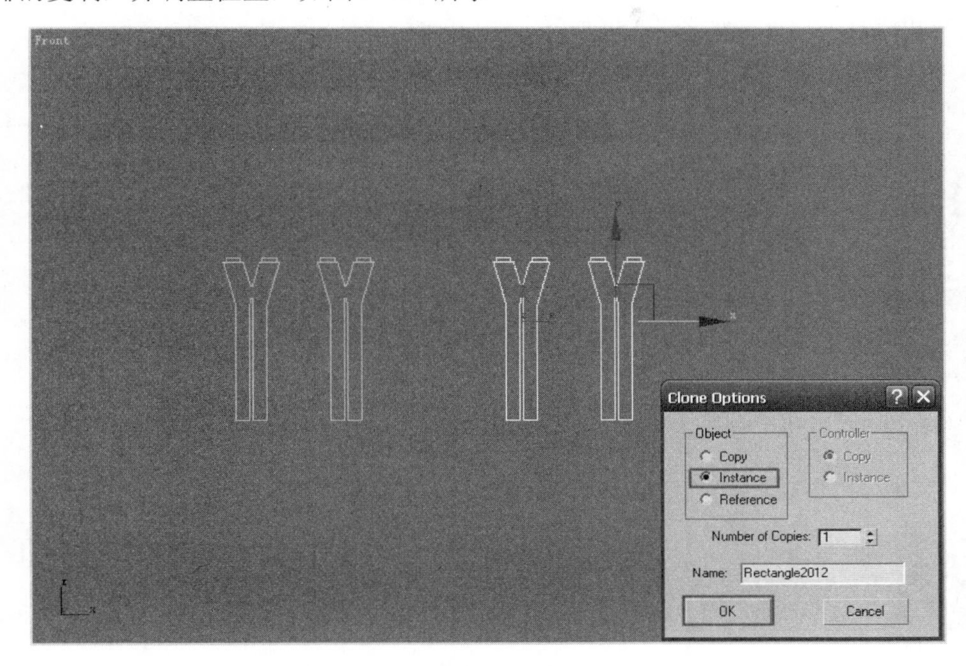

图 3-156　第二种桥墩的复制

按照前面的方法复制并合理摆放各种桥墩，最终效果如图 3-157 所示。

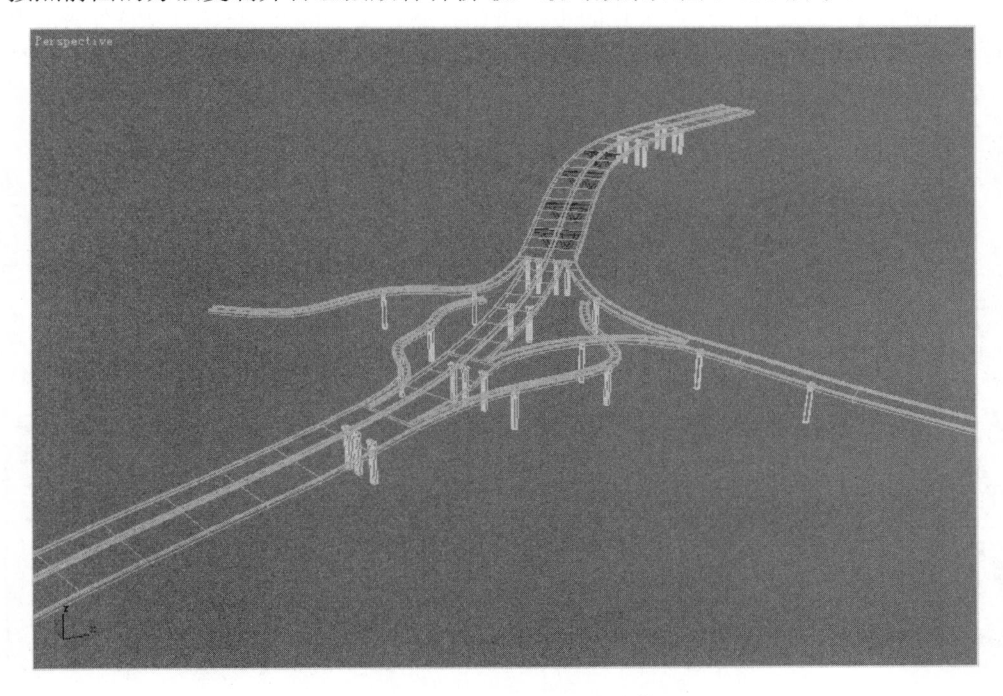

图 3-157　桥墩摆放后的最终效果

(6) 创建两侧栏杆立柱。依次单击“创建面板”按钮和“二维创建”按钮，利用Line(线)工具在前视图中创建出立柱的轮廓，然后进入“修改”面板，添加Extrude(挤压)修改器挤压出立柱的厚度，如图3-158所示。

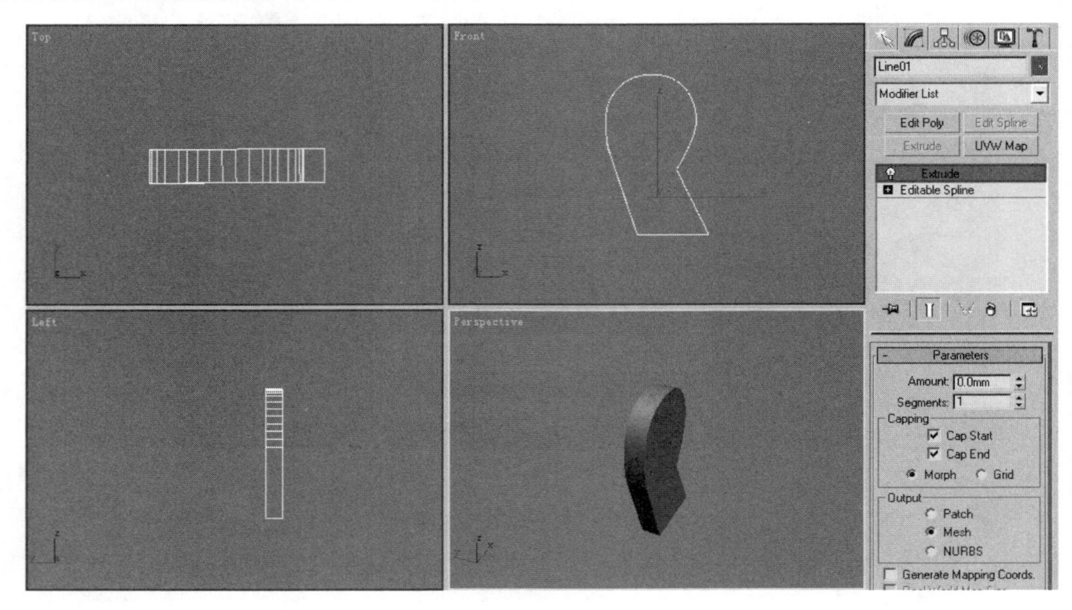

图 3-158　创建栏杆立柱

选择立交桥后进入Edge(边)子级别选择护栏的一个线段，展开Selection(选择)卷展栏，单击Loop(循环)按钮延伸选择出护栏的走向路径，然后在Edit Edges(编辑边)卷展栏中单击Create Shape From Selection(提取选择的线)按钮提取选择的边，如图3-159所示，此时生成一条与护栏走向相同的线。

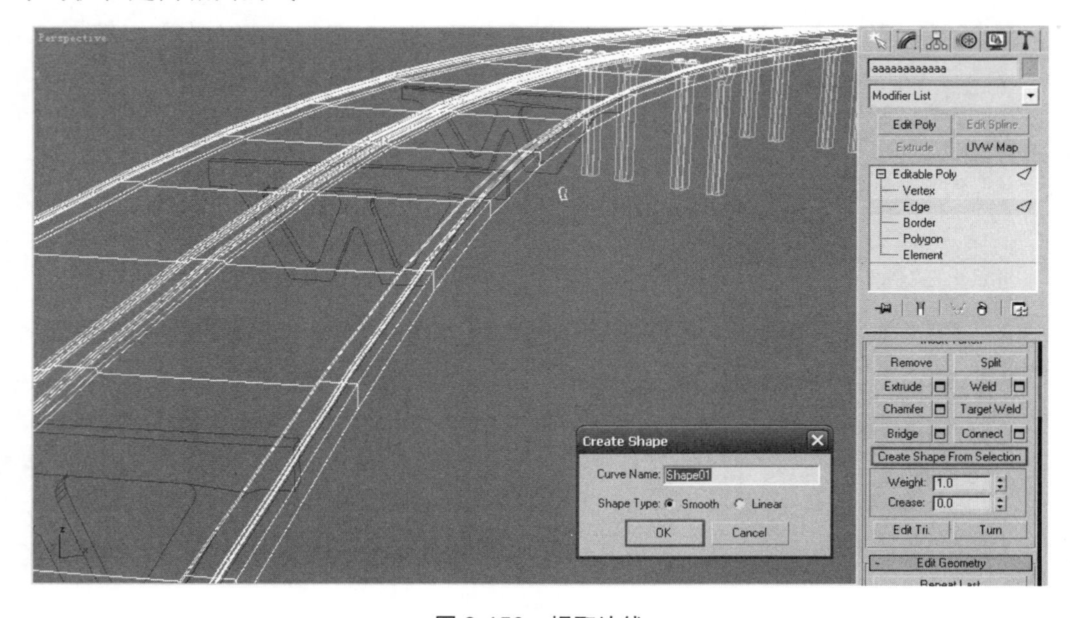

图 3-159　提取边线

选择之前创建的立柱后选择 Tools(工具)→Spacing Tool(按路径阵列)命令，弹出 Spacing Tool(按路径阵列)对话框，单击 Pick Path(拾取路径)按钮，拾取那条与护栏走向相同的线，如图 3-160 所示。然后在对话框中设置 Count(数量)值到适合，选中 Follow(跟随)复选框并选中 Instance(实例)单选按钮，使立柱关联并按走向阵列，单击 Apply(应用)按钮确认应用后关闭对话框，如图 3-161 所示。

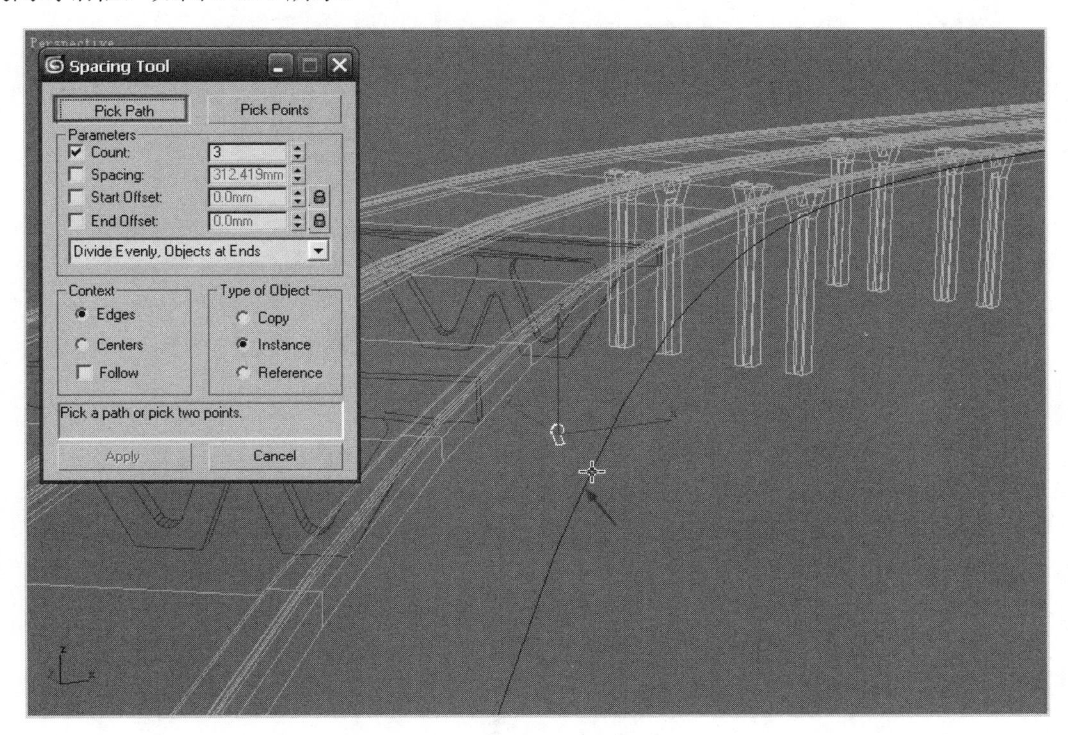

图 3-160　沿路径阵列栏杆立柱

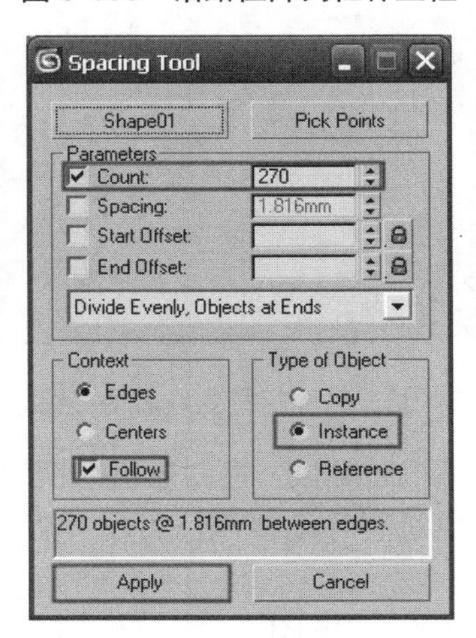

图 3-161　调节沿路径阵列的参数

单击“修改面板”按钮，添加 Xform(变换)修改器，进入其 Gizmo(线框)子级别，用“旋转”工具调整立柱的朝向，如图 3-162 所示。

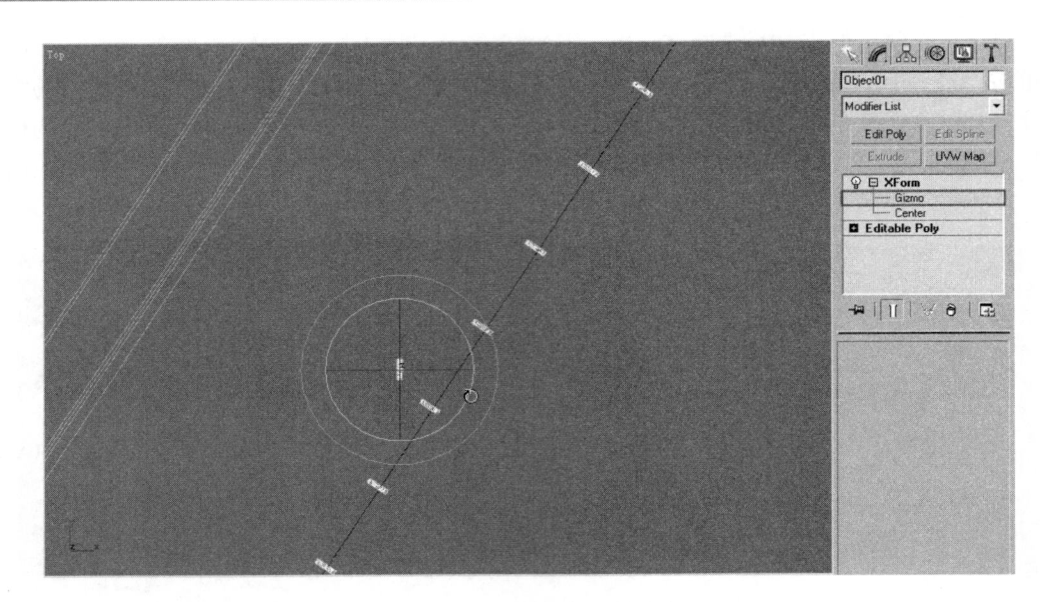

图 3-162 调节栏杆立柱方向

利用相同的方法创建出所有栏杆立柱，最终效果如图 3-163 所示。

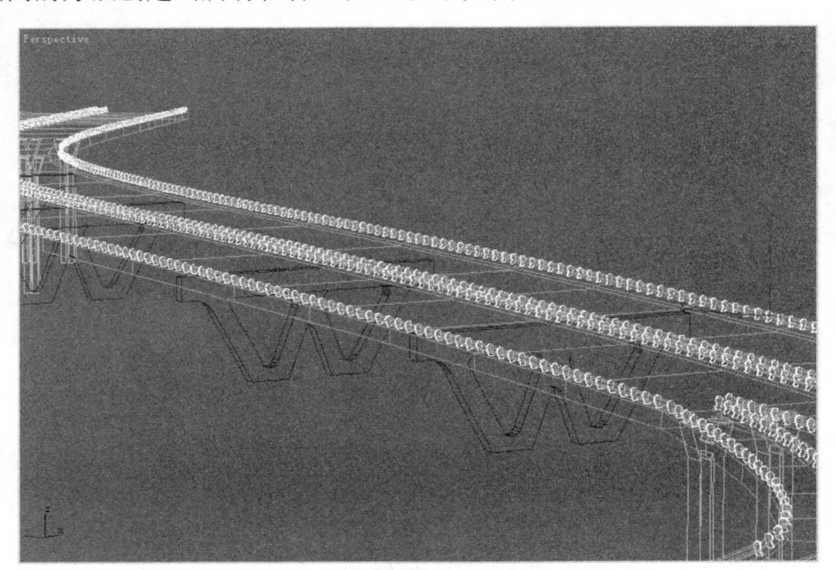

图 3-163 创建栏杆立柱后的最终效果

(7) 创建桥拱部分。为了提高运行速度，将创建出的模型隐藏，选择有桥拱部分的 CAD 辅助图，在顶视图中按住 Shift 键进行移动复制，再用“旋转”工具使复制出的 CAD 辅助图平行于左视图。

单击“创建面板”按钮和“二维创建”按钮，利用 Line(线)工具勾勒出桥拱的轮廓，再添加 Extrude(挤压)修改器挤压出桥拱的厚度，右击，在弹出的快捷菜单中选择 Convert to(转换)→Convert to Editable Poly(转换为可编辑多边形)命令，如图 3-164 所示。

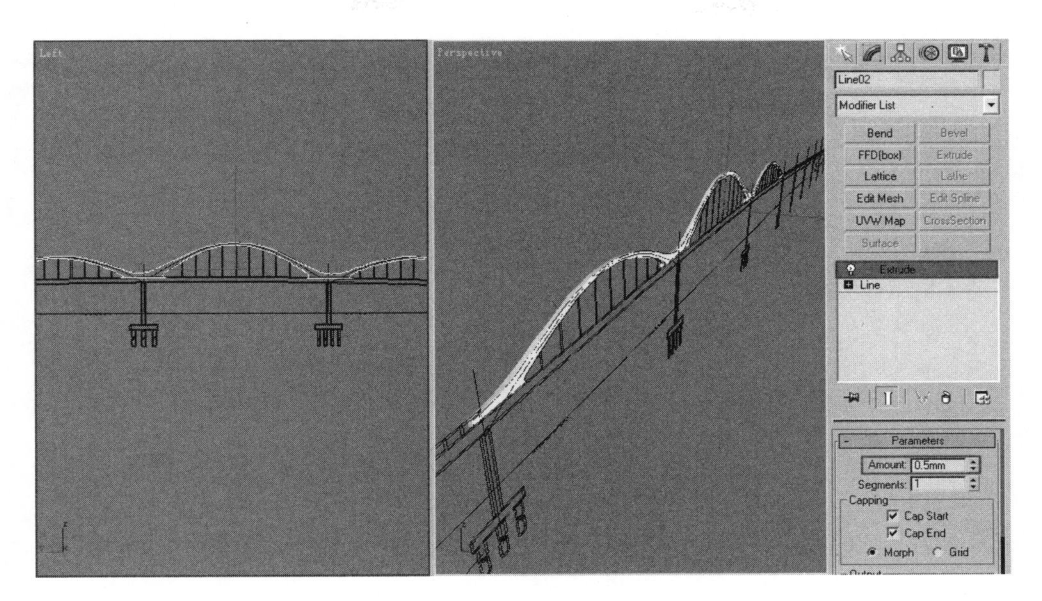

图 3-164　挤压桥拱部分厚度

在“修改”面板中进入 Polygon(面)子级别选择一侧的面，展开 Edit Polygons(编辑面)卷展栏，单击 Inset(内收)选项后面的“内收参数设置对话框”按钮进行收面，再单击 Extrude(挤压)选项后面的“挤压参数设置对话框”按钮将此面向内挤压，另一面也进行相同的操作，如图 3-165 所示。

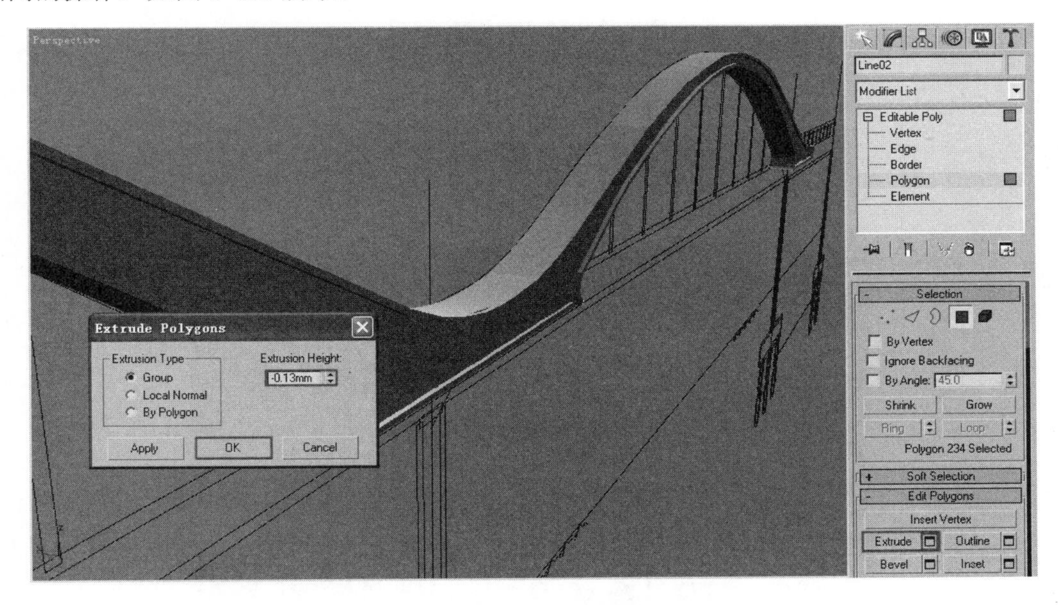

图 3-165　挤压桥拱内陷

进入 Edge(边)子级别，选择所有宽度方向上的段，展开 Edit Edges(编辑边)卷展栏，单击 Connect(连接)选项后面的“连接参数设置对话框”按钮，弹出 Connect Edges(连接边)对话框，将 Segments(段数)的值设为 2，得到两条等分的线段，如图 3-166 所示。

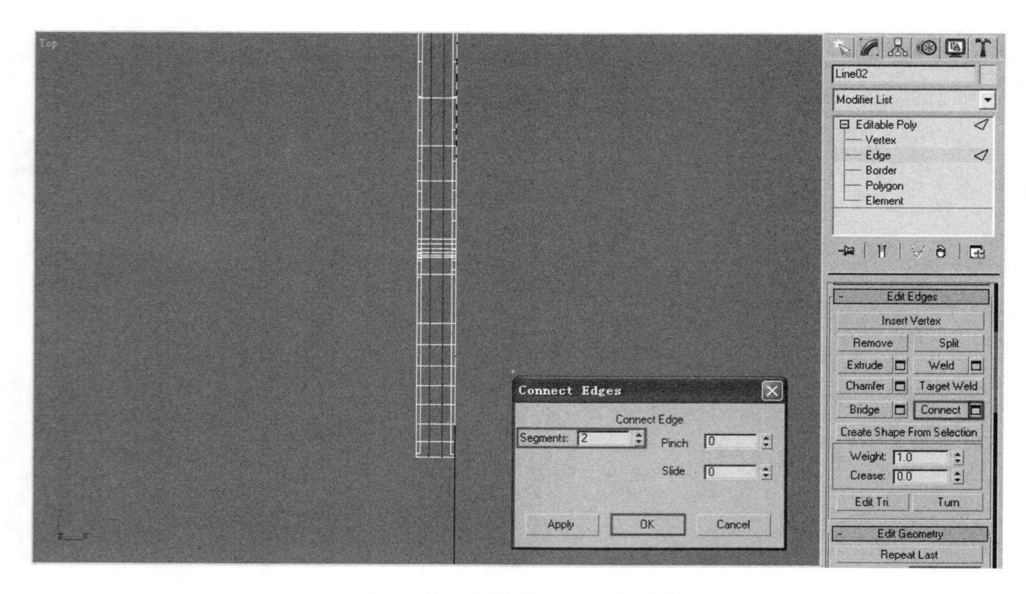

图 3-166 给桥拱宽度方向分段

分别向两侧移动调整，进入 Polygon(面)子级别，展开 Edit Polygons(编辑面)卷展栏，单击 Extrude(挤压)选项后面的“挤压参数设置对话框”按钮，弹出 Extrude Polygons(挤压面)对话框，在 Extrusion Type(挤压类型)选项组中选中 Local Normal(局部法线)单选按钮，并调节 Extrusion Height(挤压高度)到合适的值，如图 3-167 和图 3-168 所示。

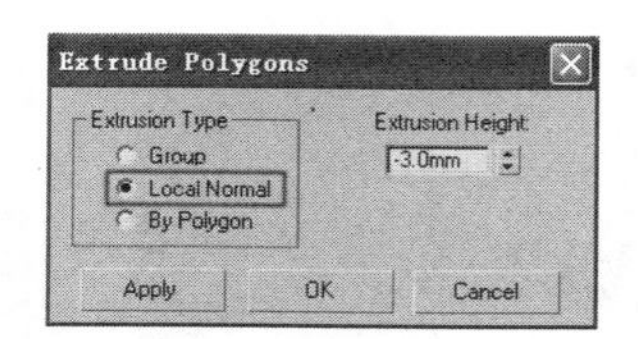

图 3-167 挤压内陷

图 3-168 挤压内陷后的效果

单击“修改面板”按钮，添加 Subdivide(细分)修改器，如图 3-169 所示。

图 3-169　添加细分

依次单击“创建面板”按钮和“二维创建”按钮，利用 Circle(圆)工具在顶视图中勾勒出支柱的平面轮廓，添加 Extrude(挤压)修改器挤压出高度，如图 3-170 所示。按住 Shift 键移动复制出整个拱洞中的支柱，选择所有的支柱，单击“工具面板”按钮，再单击 Collapse(塌陷)按钮，在 Collapse(塌陷)卷展栏中单击 Collapse Selected(塌陷选择的)按钮，此时所有支柱被塌陷成一个 Mesh 物体，如图 3-171 所示。进入 Vertex(点)子级别调节支柱点的位置。

图 3-170　绘制拱洞中的支柱

图 3-171　复制拱洞中的支柱

将创建好的支柱复制到另外的拱洞中并调节，最终效果如图 3-172 所示。

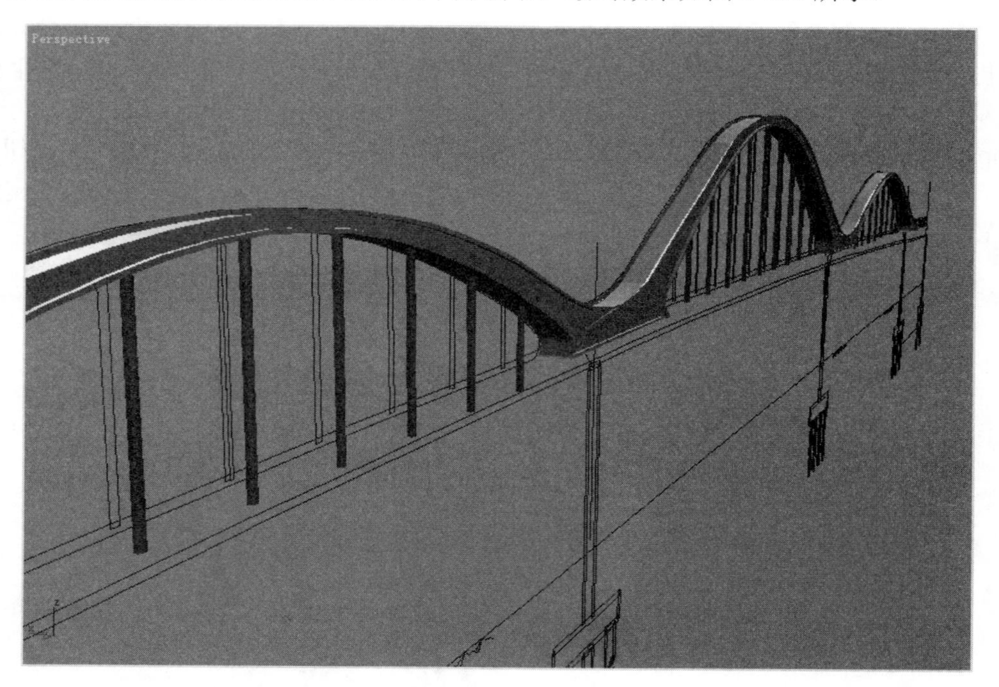

图 3-172　调节拱洞中的支柱

将桥拱与其支柱编成一个组，添加 FFD box(变形盒)修改器，将其控制点的数目改为 2×15×2，显示出之前创建的桥体模型，进入 FFD box(变形盒)修改器的 Control Points(控制点)子级别，按照桥体的路径调节控制点，如图 3-173 所示。最后复制出另外的桥拱。

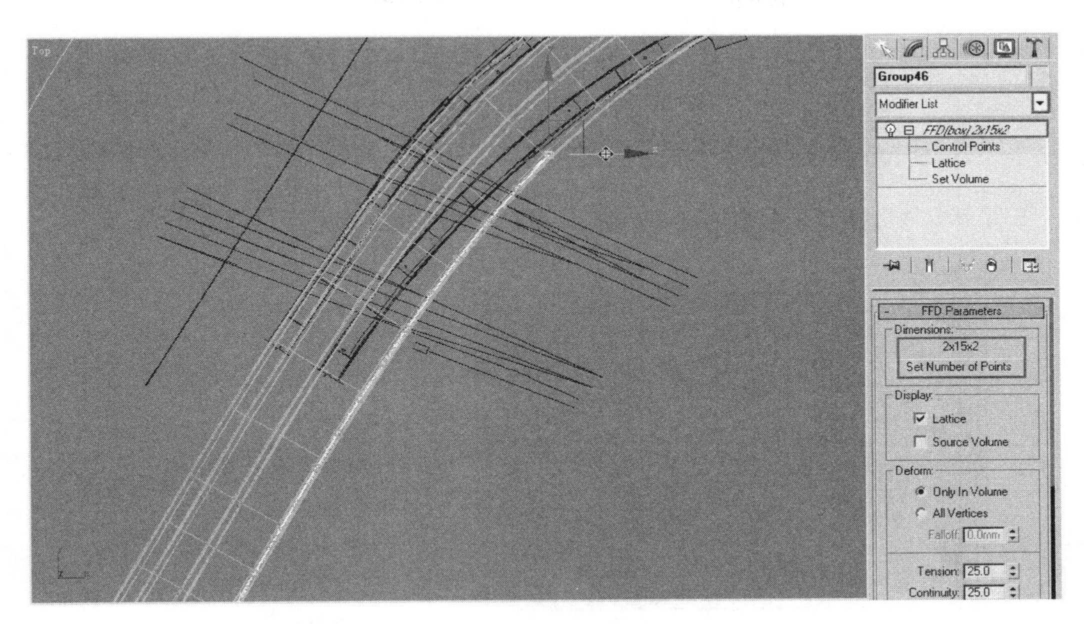

图 3-173　调节桥拱及支柱形状使与桥体吻合

至此建模过程结束，赋予材质后的最终效果如图 3-174 所示。

图 3-174　立交桥模型的最终效果

3.3 建筑动画材质设计及编辑

3.3.1 3ds Max 材质编辑器界面

单击主工具栏中的“材质编辑器”按钮，打开材质编辑器，界面如图 3-175 所示。

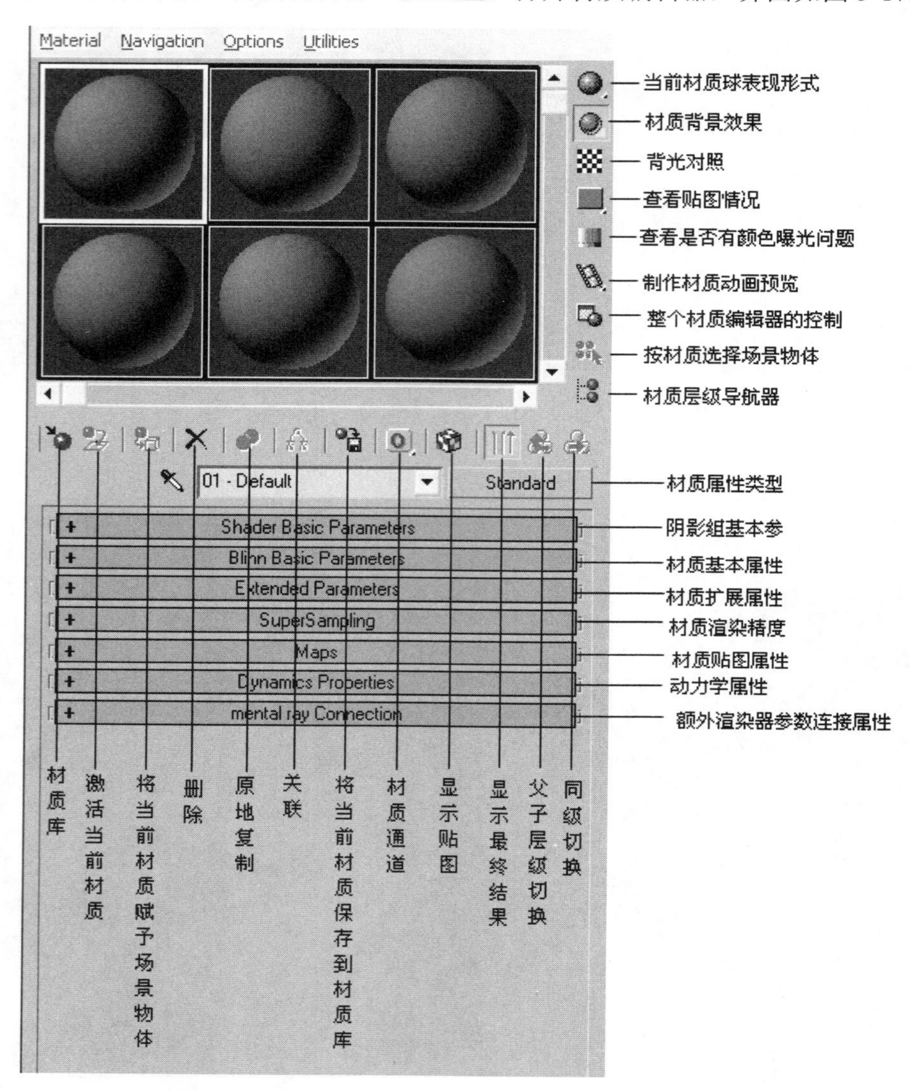

图 3-175 3ds Max 材质编辑器界面

3.3.2 3ds Max 材质类型简介

在材质编辑器中单击 Standard(标准材质)按钮，弹出 Material/Map Browser(材质/贴图浏览器)对话框，此时显示对所有材质类型的浏览，如图 3-176 所示，在对话框中可以调节材质类型。

图 3-176　3ds Max 材质类型

3.3.3　建筑动画常用贴图通道

在材质编辑器中展开 Maps(材质贴图)卷展栏，常用贴图通道如图 3-177 所示。

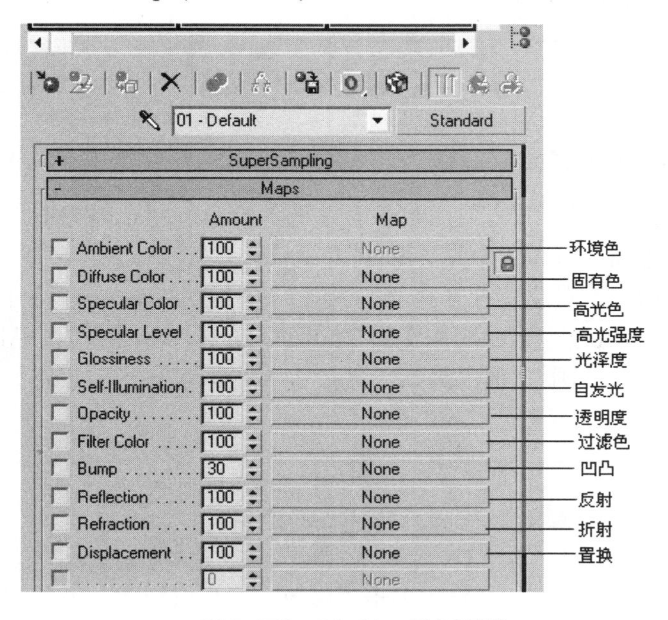

图 3-177　3ds Max 贴图通道

3.3.4 建筑动画常用材质贴图

在任意一个贴图通道上单击，同样可以弹出 Material/Map Browser(材质/贴图浏览器)对话框，但此时显示的是对贴图类型的浏览，如图 3-178 所示，在对话框中可以为通道添加不同类型的贴图。

图 3-178　3ds Max 材质贴图

3.3.5 贴图坐标的调整

每一个贴图都拥有一个空间方位。将带有贴图的材质应用于对象时，此对象必须拥有贴图坐标。此贴图坐标是以 UVW 轴表示的局部坐标。

(1) 将贴图材质指定给对象。打开材质编辑器，单击 Diffuse(固有色)的贴图通道按钮，弹出 Material/Map Browser(材质/贴图浏览器)对话框，双击 Bitmap(位图贴图)选项，然后找到一张合适的图片贴到通道中。单击“赋予”按钮，即可将当前设置好的材质指定给物体，如图 3-179 所示。

注意

当“显示贴图”按钮被激活时，所选择的贴图纹理将显示在视口物体上。

(2) 给物体赋 UV 坐标。选择物体，单击“修改面板”按钮，添加 UVW Map(贴图坐标)修改器，调整贴图参数，如图 3-180 所示。

图 3-179　指定材质给物体

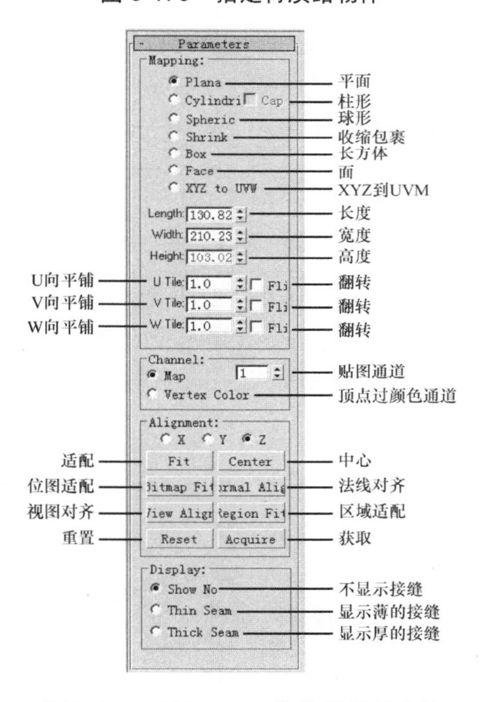

图 3-180　UVW Map 修改器相关参数

提示	① 在默认情况下，UVW Map(贴图坐标)修改器使用贴图通道 1 上的平面贴图，用户可以更改贴图类型和贴图通道以满足需要。共有 7 种贴图坐标、99 个贴图通道。在 UVW Map 修改器的 Gizmo(线框)子级别中可调整贴图大小和方向。 ② 如果 UVW Map 修改器应用于多个对象，UVW Map 修改器的 Gizmo 将有选择定义，且得到的贴图将应用于所有对象。

3.4 建筑动画灯光效果控制

3.4.1 3ds Max 灯光的分类及选用

在 3ds Max 中，灯光主要分为标准灯光和光度学灯光两大类。

标准灯光是基于计算机的对象，模拟灯光以及太阳光本身。不同种类的灯光对象可用不同的方式投射灯光，用于模拟真实世界中不同种类的光源。标准灯光不具有基于物理的强度值。

标准灯光包括 8 种类型的标准灯光对象，如图 3-181 所示。其中区域泛光灯和区域聚光灯应用于 mental ray 渲染器，在使用默认渲染器时不应用。

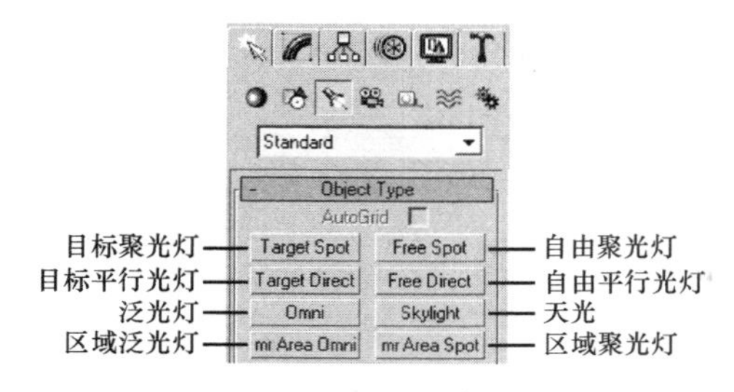

图 3-181 标准灯光创建

光度学灯光使用光能值，通过这些值可以更精确地定义灯光，就像在真实世界一样。可以创建具有各种分布和颜色特性的灯光，或导入照明制造商提供的特定光度学文件。

注意

光度学灯光使用平方反比衰减持续衰减，并依赖于使用实际单位的场景。

光度学灯光包括 8 种类型的光度学灯光对象，如图 3-182 所示。

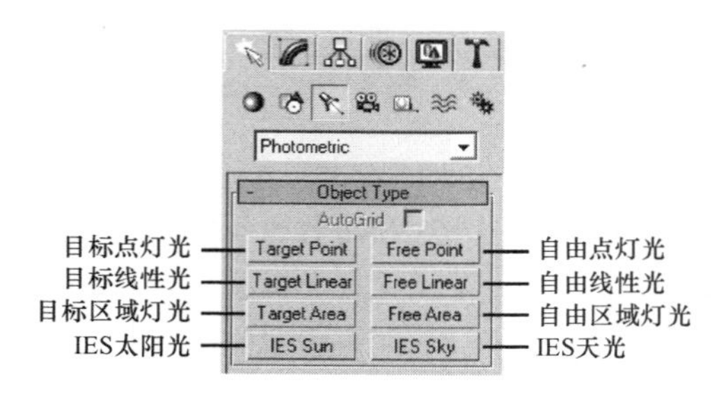

图 3-182 光度学灯光创建

3.4.2 灯光参数控制

在建筑动画表现中，使用的灯光以标准灯光为主，几乎极少使用光度学灯光。在标准灯光中，常用的有目标聚光灯、自由聚光灯、目标平行光灯、自由平行光灯及泛光灯。本节将介绍在建筑动画表现中使用灯光的常用参数。

General Parameters(基本参数)卷展栏如图 3-183 所示。

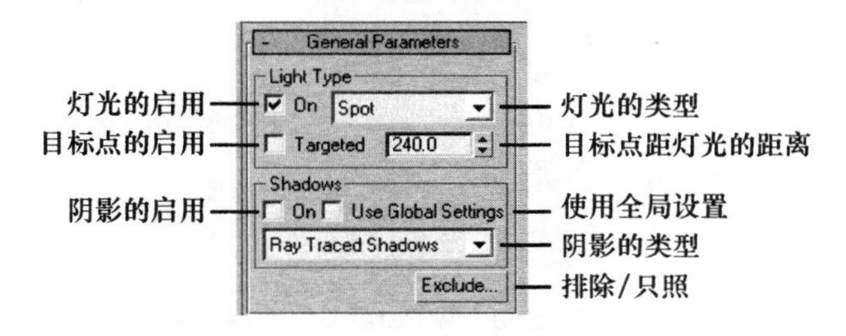

图 3-183　General Parameters 卷展栏

Intensity/Color/Attenuation(强度/颜色/衰减参数)卷展栏如图 3-184 所示。

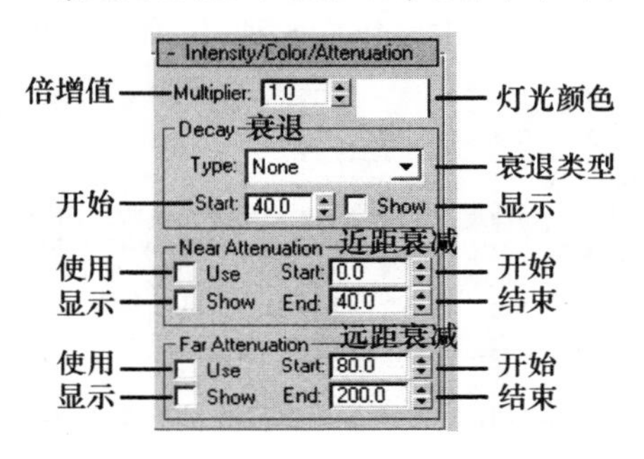

图 3-184　Intensity/Color/Attenuation 卷展栏

Spotlight Parameters(聚光灯、平行光灯)参数卷展栏如图 3-185 所示。
Advanced Effects(高级效果)卷展栏如图 3-186 所示。

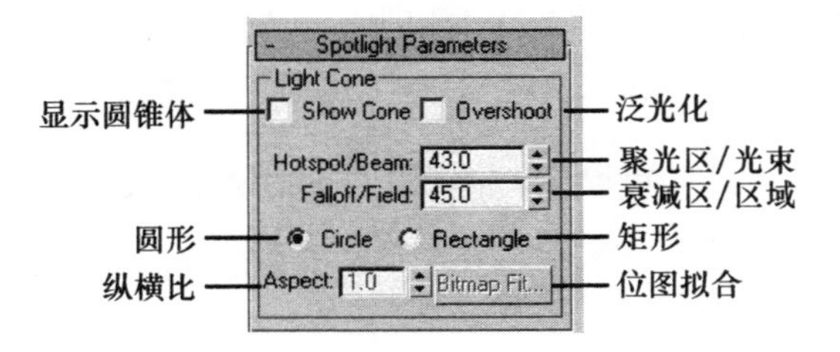

图 3-185　Spotlight Parameters 参数卷展栏

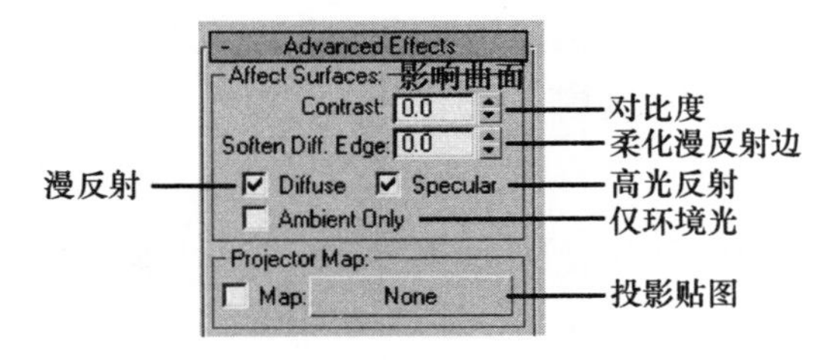

图 3-186　Advanced Effects 卷展栏

Shadow Parameters(阴影参数)卷展栏如图 3-187 所示。

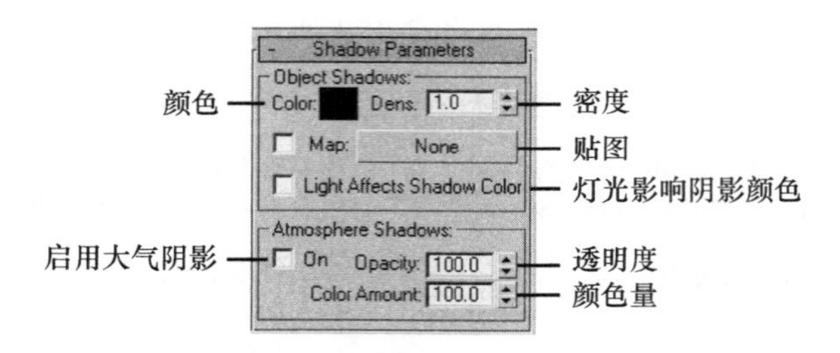

图 3-187 Shadow Parameters 卷展栏

3.4.3 阴影的分类及选用

在 3ds Max 中，灯光的阴影类型主要包括 5 种，如图 3-188 所示。

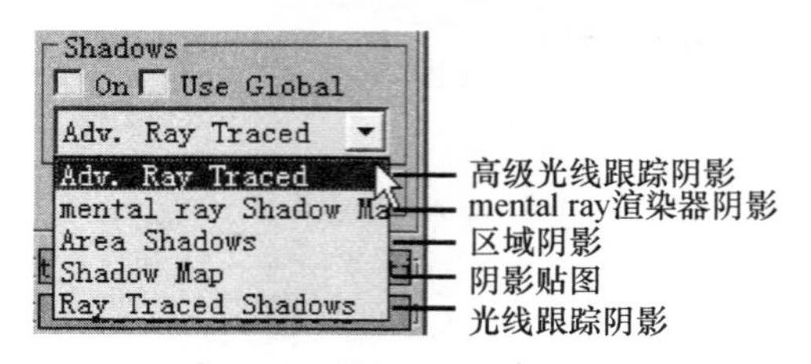

图 3-188 3ds Max 中灯光的阴影类型

1. 高级光线跟踪阴影

优点：支持透明度和不透明度贴图，使用不少于 RAM 的标准光线跟踪阴影，建议对复杂场景使用一些灯光或面。

不足之处：比阴影贴图更慢，不支持柔和阴影，处理每一帧。

2. 区域阴影

优点：支持透明度和不透明度贴图，使用很少的 RAM，建议对复杂场景使用一些灯光或面，支持区域阴影的不同格式。

不足之处：比阴影贴图更慢，处理每一帧。

3. mental ray 渲染器阴影

优点：使用 mental ray 渲染器可能比光线跟踪阴影更快。

不足之处：不如光线跟踪阴影精确。

4. 光线跟踪阴影

优点：支持透明度和不透明度贴图，如果不存在动画对象，则只处理一次。

不足之处：可能比阴影贴图更慢，不支持柔和阴影。

5. 阴影贴图

优点：产生柔和阴影，如果不存在对象动画，则只处理一次，是渲染速度比较快的阴影类型。

不足之处：使用很多 RAM，不支持使用透明度或不透明度贴图的对象。

下面了解不同阴影参数的相关设置。

高级光线跟踪阴影参数设置如图 3-189 所示。

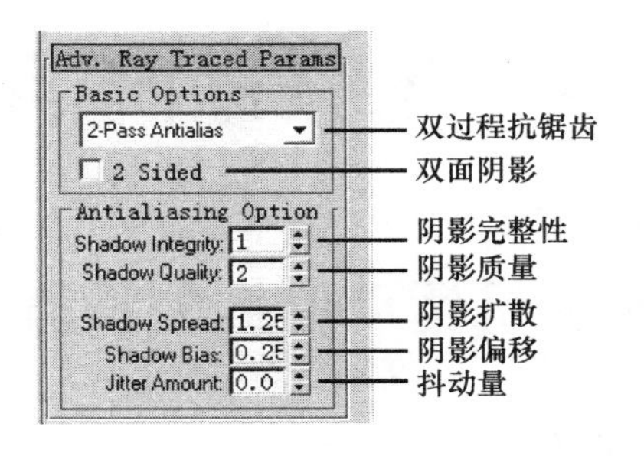

图 3-189　高级光线跟踪阴影参数

区域阴影参数设置如图 3-190 所示。

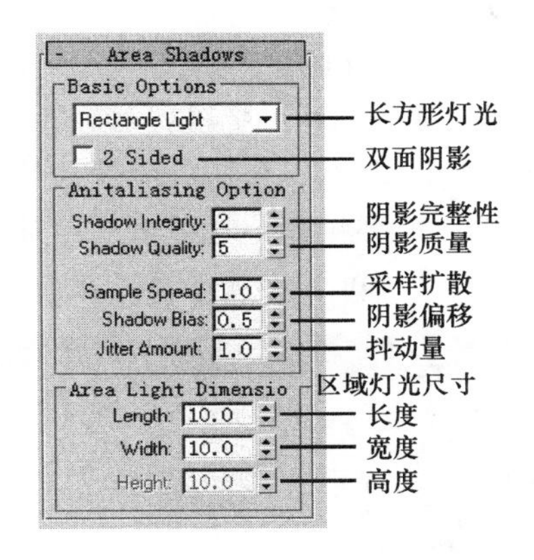

图 3-190　区域阴影参数

光线跟踪阴影参数设置如图 3-191 所示。

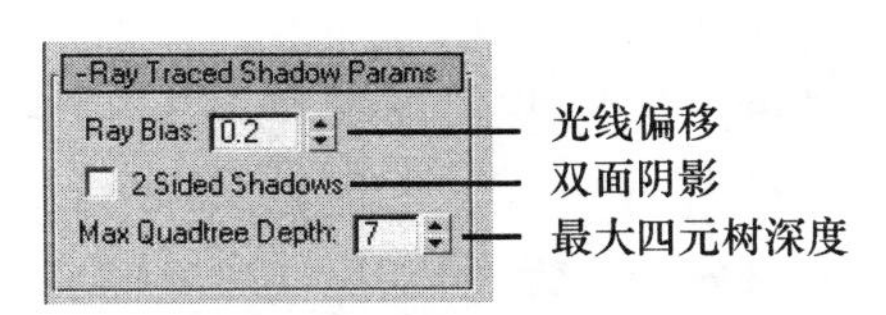

图 3-191　光线跟踪阴影参数

阴影贴图参数设置如图 3-192 所示。

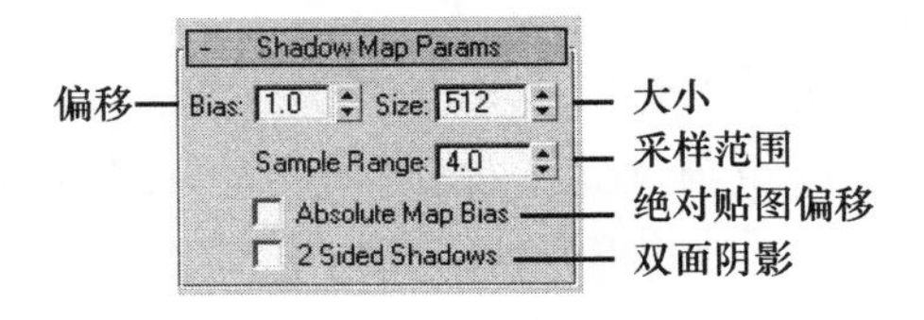

图 3-192　阴影贴图参数

第 4 章　场景动画的创建

4.1　摄像机运动曲线的设置与调整

4.1.1　摄像机动画的基本创建方法

在创建一段动画之前，首先要对动画的时间长度设置有一定概念的了解。组成动画的每个静态画面称为帧，动画每秒显示的帧数称为帧速率，即 fps。帧速率应该在动画制作之前设置完成。否则会直接影响对动画时间的把握。

PAL 是中国和大部分欧洲国家使用的视频标准。帧速率为 25 帧/秒。

NTSC 是北美、大部分中南美国家和日本使用的电视标准。帧速率为 30 帧/秒。

(1) 修改制式设置。单击动画关键帧控制区中的“时间配置”按钮，弹出 Time Configuration(时间配置)对话框，将 Frame Rate(帧速率)设置为 PAL，如图 4-1 所示。

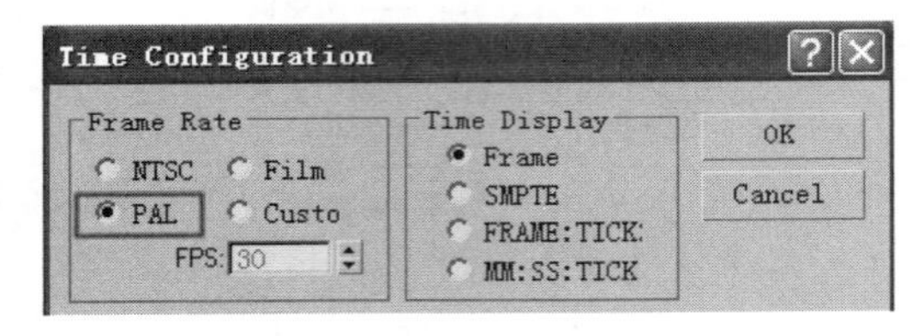

图 4-1　设置时间制式

(2) 定义渲染输出尺寸。单击主工具栏中的“渲染场景”按钮(或按快捷键 F10)，打开 Render Scene(渲染场景)对话框，在 Output Size(输出尺寸)选项组中，将渲染尺寸定义为 720×404，如图 4-2 所示。

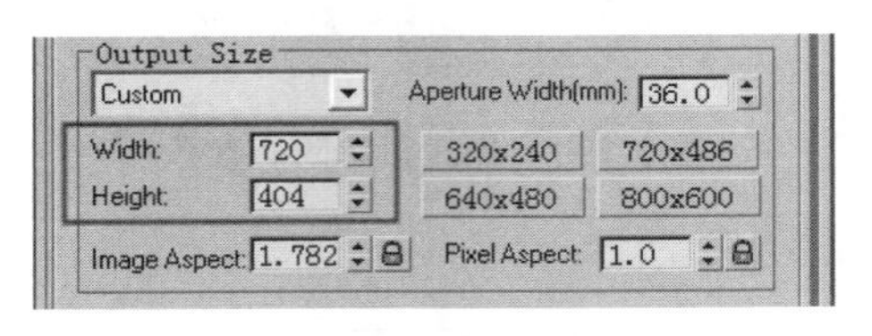

图 4-2　设置渲染输出尺寸

(3) 创建自由摄像机。依次单击“创建面板”按钮和“创建摄像机”按钮，利用 Free(自由摄像机)工具在顶视图中创建摄像机，并利用“移动”工具、“旋转”工具将其摆放到合适位置并调整到合适角度，如图 4-3 所示。

图 4-3　自由摄像机初始位置

注意

摄像机分为目标摄像机和自由摄像机两种。目标摄像机可以通过对“摄像机点”和“目标点”的控制分别调整摄像机的视点和落点，从而进行动画的调节，这样制作出的动画更流畅，但操作上相对复杂。而自由摄像机只需对“摄像机点”一个控制点进行控制，随意性大，操作上也简单些。

(4) 显示安全框。按 C 键，切换到摄像机视图，在摄像机视图左上方的视图名称上右击，在弹出的快捷菜单中选择 Show Safe Frame(显示安全框)命令，快捷键为 Shift+F，则在摄像机视图上出现黄、青、橙 3 个同心矩形框，如图 4-4 所示。

图 4-4　显示安全框

注意

安全框是按照规定的渲染尺寸显示出的渲染范围。由黄、青、橙3个同心矩形框组成。黄色框：活动区域，该区域内将被渲染。青色框：动作安全框，该区域内的渲染动作是安全的。橙色框：文字安全框，该区域内的标题、字幕等文字信息是安全的。

(5) 确定动画制作长度。单击动画关键帧控制区中的“时间配置”按钮，弹出 Time Configuration(时间配置)对话框，在 Animation(动画)选项组中将 End Time(结束时间)设置为500，如图4-5所示。修改后的时间轴将显示500帧，如图4-6所示。

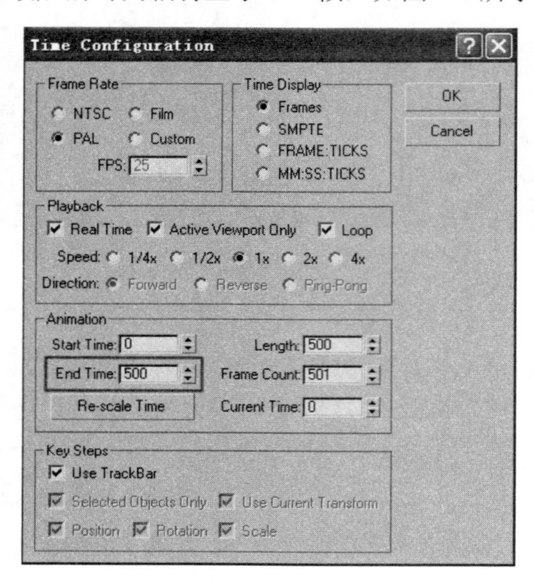

图 4-5 调节动画长度

图 4-6 调节后的时间轴

注意

PAL 制帧速率为25帧/秒，动画长度500帧就相当于20秒，根据需要制作的动画长度确定 End Time(结束时间)的参数值。

(6) 创建摄像机动画。选择创建好的摄像机，将时间轴上的时间滑块移动到第0帧的位置，单击“创建关键帧”按钮创建关键帧，创建完成后第0帧位置出现红、绿、蓝色块(红、绿、蓝色块分别代表移动、旋转、缩放)。

激活 Auto Key(自动创建关键帧)按钮(按钮为红色状态时为激活)，记录摄像机的连续变化过程，此时对摄像机进行移动、旋转、缩放，关键帧都会被自动记录。

将时间滑块移动到第500帧的位置，然后移动摄像机，调整镜头的结束状态，时间轴上第500帧的位置出现红色色块时，说明摄像机0～500帧的动画被记录，如图4-7所示。

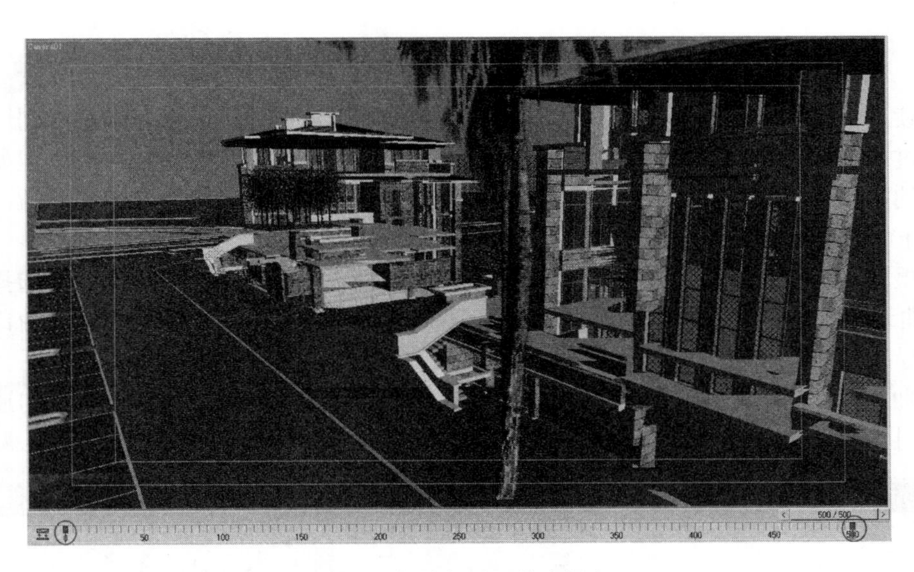

图 4-7　摄像机动画终止视角

注意

当动画创建完毕后，应再次单击 Auto Key(自动创建关键帧)按钮取消激活状态，否则任何场景修改都会被当作动画记录，此步骤在后面的介绍中将不再提及。

(7) 动画播放预览。将时间滑块移动到第 0 帧的位置，单击动画关键帧控制区中的“动画播放”按钮▶播放动画，可从当前激活的视图中预览创建的动画内容，此时的预览速度受场景模型量及计算机硬件设备的影响，与实际设置的播放速度不符。

(8) 显示摄像机运动轨迹。当摄像机动画设置完毕后，在摄像机上右击，在弹出的快捷菜单中选择 Properties(属性)命令，则会弹出 Object Properties(物体属性)对话框，选中 Display Properties(显示属性)选项组中的 Trajectory(轨迹)复选框，单击 OK 按钮确认后可在视图中清楚地看到摄像机的运动轨迹，如图 4-8 所示。

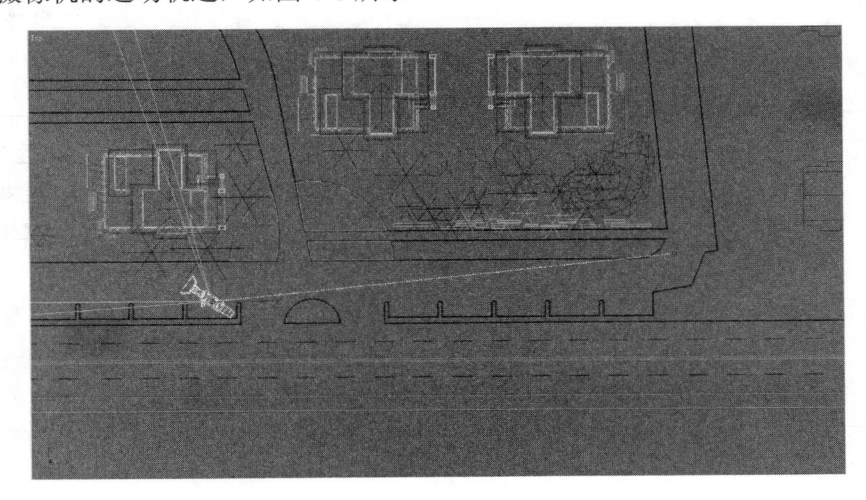

图 4-8　摄像机运动轨迹

4.1.2　运动曲线变化对摄像机动画的影响

继续上一节的案例，仔细观察播放的动画会发现摄像机的运动有一个从慢到快又从快到慢的过程，这是由摄像机的速度变化造成的。这样的镜头单独看比较平滑，但如果是多个镜头的衔接，每个镜头都使用这样的表现手法，则会大大影响成品动画的品质，所以通常情况下，会把摄像机设置为匀速运动。

将摄像机运动设置为匀速运动。在摄像机上右击，在弹出的快捷菜单中选择 Curve Editor(曲线编辑器)命令，弹出 Track View - Curve Editor(轨迹视图-曲线编辑器)窗口，其中有红、绿、蓝 3 条曲线分别代表摄像机在 X、Y、Z 3 个轴向上的时间与位移关系。完全框选 3 条曲线，单击“设置切线为直线”按钮使 3 条曲线直线化，摄像机将以匀速进行位移，如图 4-9 所示。

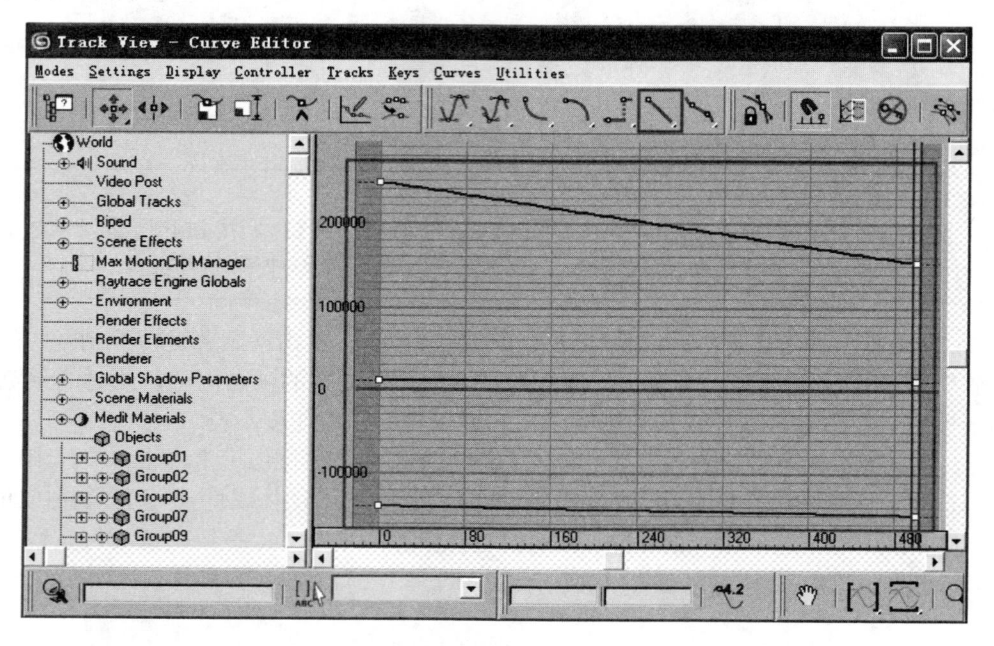

图 4-9　摄像机匀速运动曲线

提示	① 通过物体运动曲线可以看出物体运动的速度变化，观察一条物体运动曲线，在位移坐标系中，横轴表示时间，纵轴表示位移，而瞬时速度=位移的变量/时间的变量，也就是曲线上点的斜率。因此，得出结论，切线斜率增大，速度变快；切线斜率减小，速度变慢。 ② 物体运动的曲线有很多快捷设置方式。：将切线设置为增速；：将切线设置为减速；：将切线设置为匀速；：将切线设置为阶跃；：将切线设置为平滑。

4.1.3　如何使用自由摄像机创建场景动画

自由摄像机在建筑动画中的应用频率很高，其主要是通过移动设置关键帧来实现动画，本节将针对自由摄像机动画的创建进行介绍。

(1) 创建自由摄像机。依次单击“创建面板”按钮和“创建摄像机”按钮，利用Free(自由摄像机)工具在顶视图中创建摄像机，并利用“移动”工具和“旋转”工具将摄像机摆放到合适位置并调整到合适角度，如图 4-10 所示。

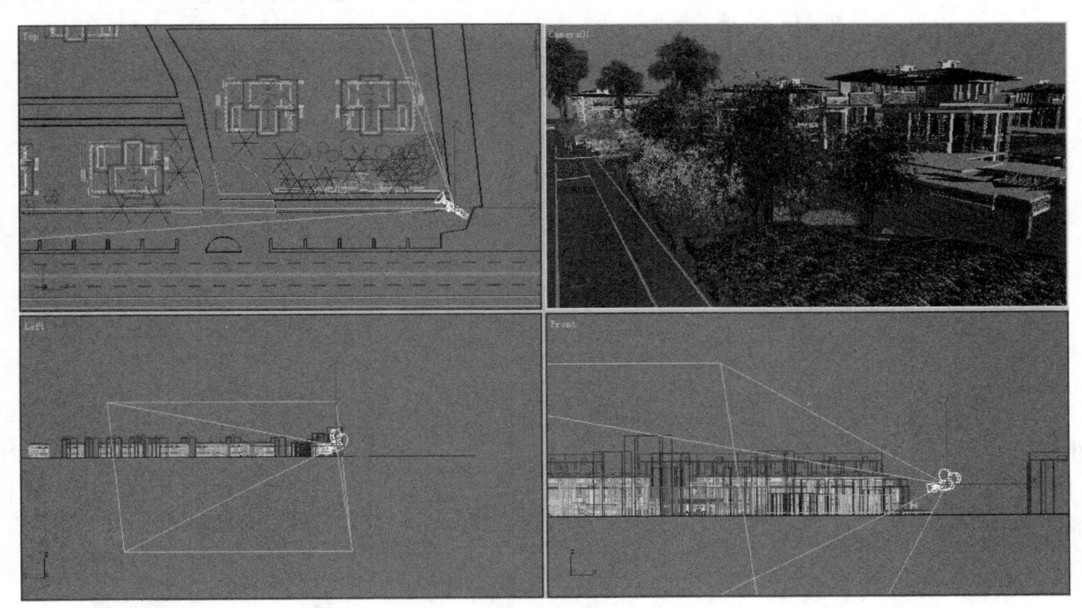

图 4-10　自由摄像机初始视角

(2) 创建摄像机动画初始结束位置。选择摄像机，将时间轴上的时间滑块移动到第 0 帧的位置，单击“创建关键帧”按钮创建关键帧，再将时间滑块移动到第 50 帧的位置，激活 Auto Key(自动创建关键帧)按钮，对摄像机的位置、角度进行改变，此时在第 50 帧处自动生成关键帧，摄像机 0～50 帧的动画被记录，如图 4-11 所示。

注意

当单击 Auto Key(自动创建关键帧)按钮后，移动时间滑块，再编辑或更改相应的对象参数，修改的内容会被自动地设置成关键帧。再次单击 Auto Key(自动创建关键帧)按钮后，关键帧的自动记录功能被取消。

当单击 Set Key(手动创建关键帧)按钮后，移动时间滑块，再编辑或更改相应的对象参数，修改后单击“创建关键帧”按钮设置关键帧，生成动画。

(3) 动画播放预览。将时间滑块移动到第 0 帧的位置，单击“动画播放”按钮播放动画，可从选择激活视图中预览创建的动画内容。在动画首尾帧状态确定的情况下，中间帧状态靠计算机自动演算生成，因此会有一些中间帧状态并不理想，需要对不理想的中间帧进行单独的调节。

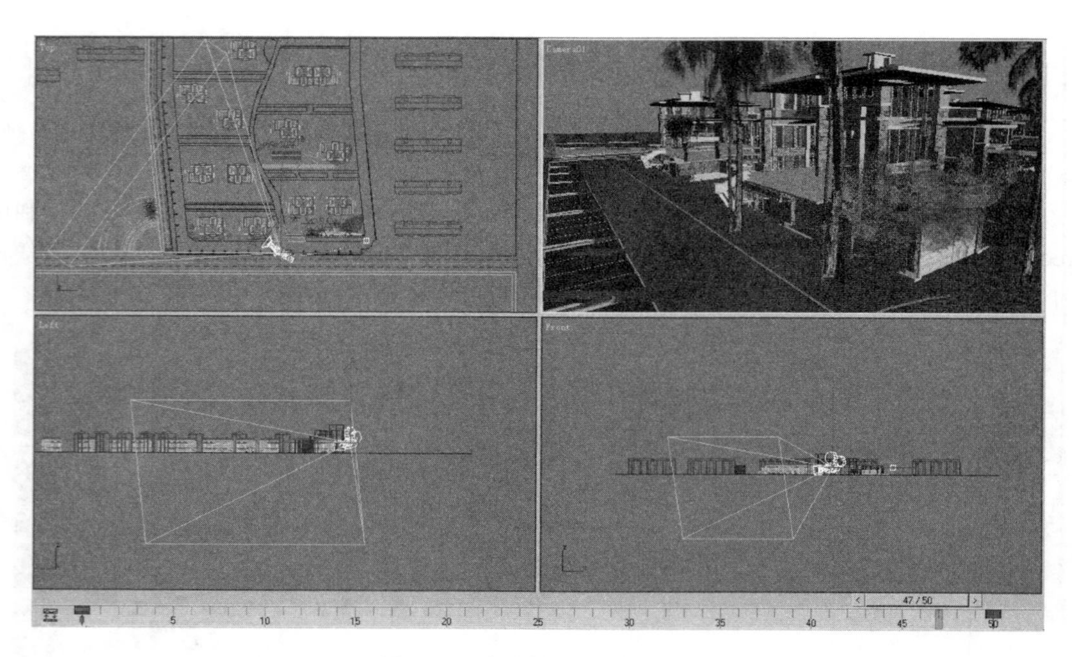

图 4-11　自由摄像机终止视角

(4) 调整摄像机动画中间帧。将时间滑块移动到第 20 帧的位置，此时第 20 帧处的摄像机视角并不很理想，需要重新进行设置，单击 Auto Key(自动创建关键帧)按钮，调整摄像机的位置角度到一个理想的视角和取景范围，此时在第 20 帧处自动生成关键帧，如图 4-12 所示。

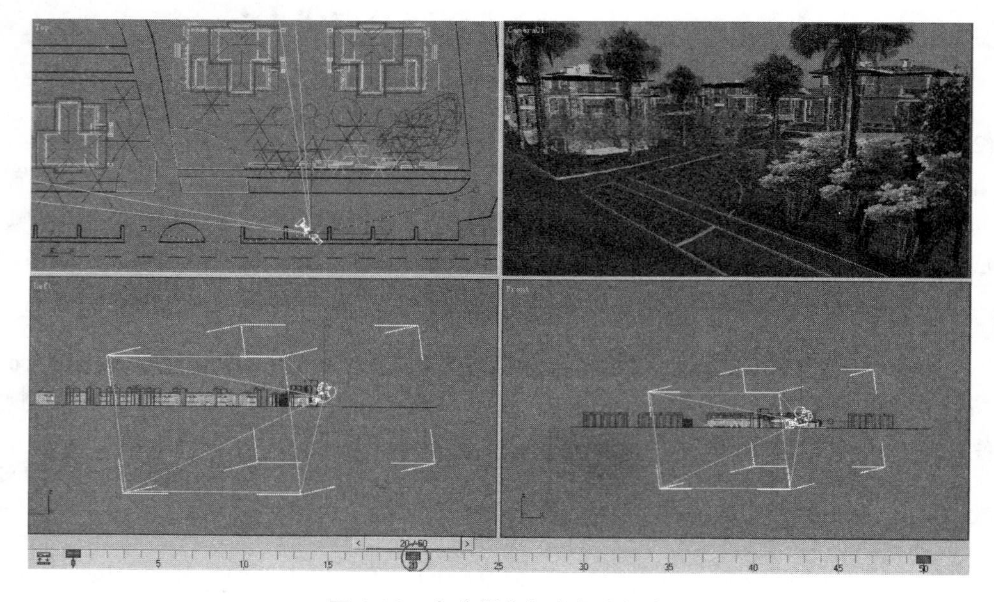

图 4-12　自由摄像机中间态视角

提示	摄像机动画中，中间帧的存在以使整体镜头流畅美观为目的，中间帧作为一个镜头初始与终止的过渡衔接，可以没有，也可以存在一个或多个。

4.1.4　如何使用目标摄像机创建场景动画

目标摄像机可以通过移动摄像机点和目标点的位置来实现动画，方法与自由摄像机动画的创建方法相似，在这里就不重复介绍了。下面学习创建目标摄像机动画的另外一种方法——路径约束法。这种方法常被用来创建环绕拍摄的摄像机镜头。

(1) 创建路径。依次单击“创建面板”按钮和“二维创建”按钮，利用 Line(线)工具在场景中创建一条摄像机运动路径，并调整成一个合适的形状，如图 4-13 所示。

图 4-13　目标摄像机动画路径

(2) 创建目标摄像机。依次单击“创建面板”按钮和“创建摄像机”按钮，利用 Target(目标摄像机)工具在视口中创建目标摄像机，如图 4-14 所示。

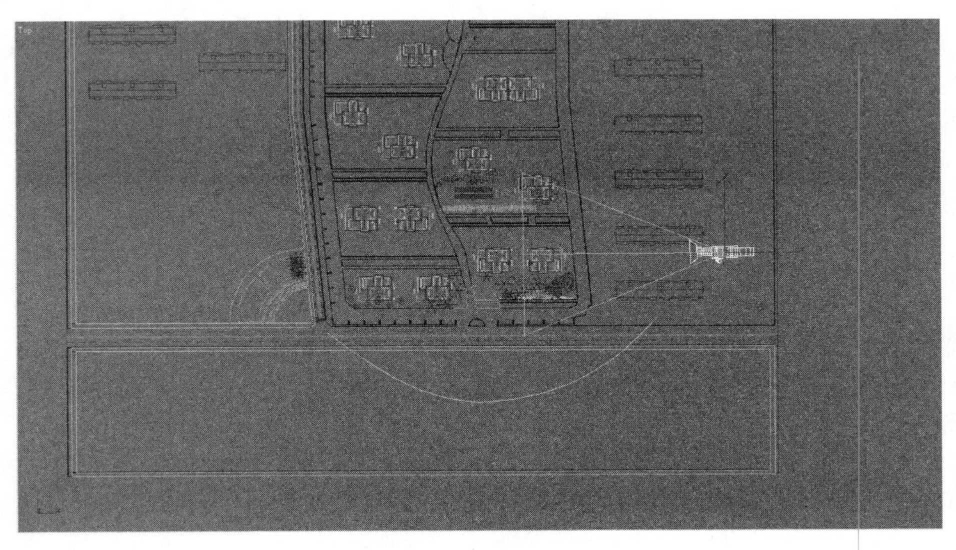

图 4-14　创建目标摄像机

(3) 创建摄像机动画。选中目标摄像机的摄像机点，选择 Animation(动画)→Constraints(约束)→Path Constraint(路径约束)命令，到视口中拾取摄像机移动路径。这时摄像机被约束到路径上，时间轴上自动生成两个关键帧，移动时间滑块可以看到摄像机动画，如图 4-15 所示(此时摄像机目标点仍保持不动)。

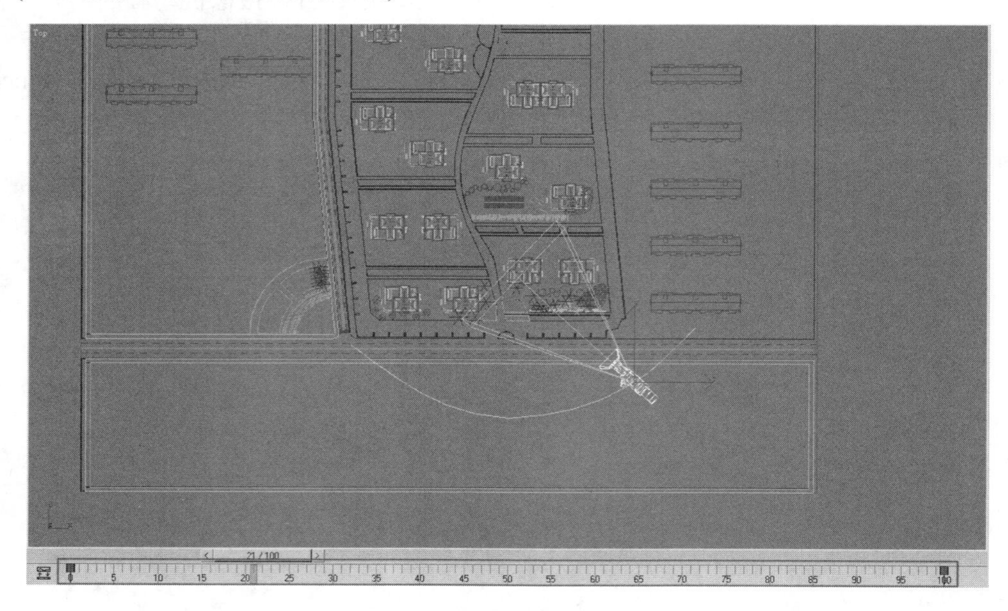

图 4-15 摄像机约束到路径

(4) 摄像机动画调整。动画创建完成后，摄像机的行走路径可能与预想的有所差异，就需要对路径进行完善。到路径线的 Vertex(点)子级别，对路径线进行形状的修改并调整到预期的效果。

4.2 建筑生长动画的创建

在建筑动画的创建过程中，建筑生长是整部动画中的重头戏，也是建筑动画的一个重要看点。在建筑动画中融入建筑的生长，并与有节奏的动感音乐相结合，会使整个动画显得更加明快而有创意，给人留下更深刻的印象。

4.2.1 楼体生长动画的制作方法

下面以如图 4-16 所示的楼体为例介绍楼体生长动画的制作方法。

(1) 钢筋生长。将钢筋以外的物体隐藏，并将所有钢筋物体成组，命名为“钢筋”。选择“钢筋”组，添加 Slice(切片)修改器。进入 Slice(切片)修改器的 Slice Plane(切片平面)子级别，到视口中将切片平面移动到钢筋的最底部，如图 4-17 所示。

将时间滑块移动到第 50 帧的位置，单击 Auto Key(自动创建关键帧)按钮记录关键帧，进入 Slice(切片)修改器的 Slice Plane(切片平面)子级别，到视口中将切片平面移动到钢筋顶部，如图 4-18 所示。

图 4-16　生长楼体

图 4-17　设置切片初始位置

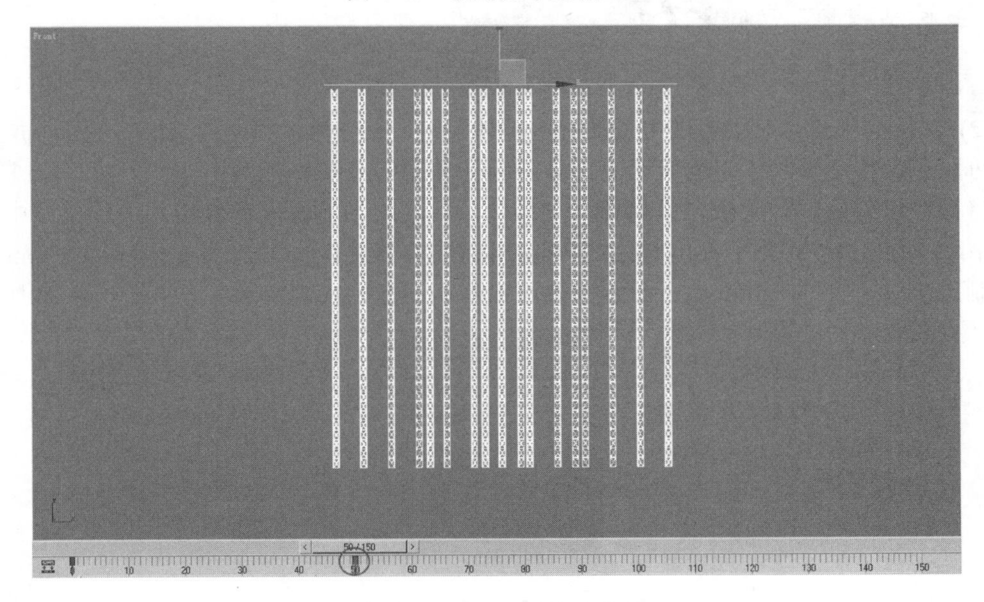

图 4-18　设置切片终止位置

单击 Auto Key(自动创建关键帧)按钮，展开“修改”面板中的 Slice Parameters(切片参数)卷展栏，将 Slice Type(切片类型)设置为 Remove Top(移除顶部)，如图 4-19 所示。播放动画，可以看到钢筋从 0～50 帧生长的过程，如图 4-20 所示。

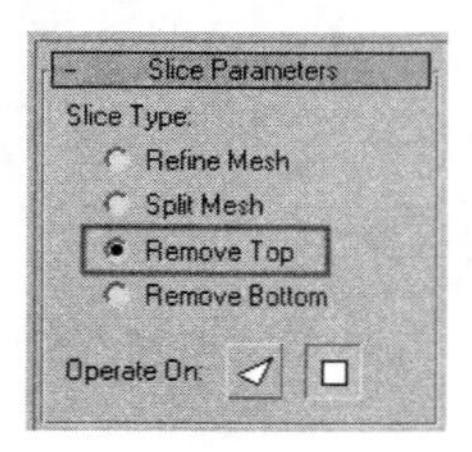

图 4-19　设置切片类型

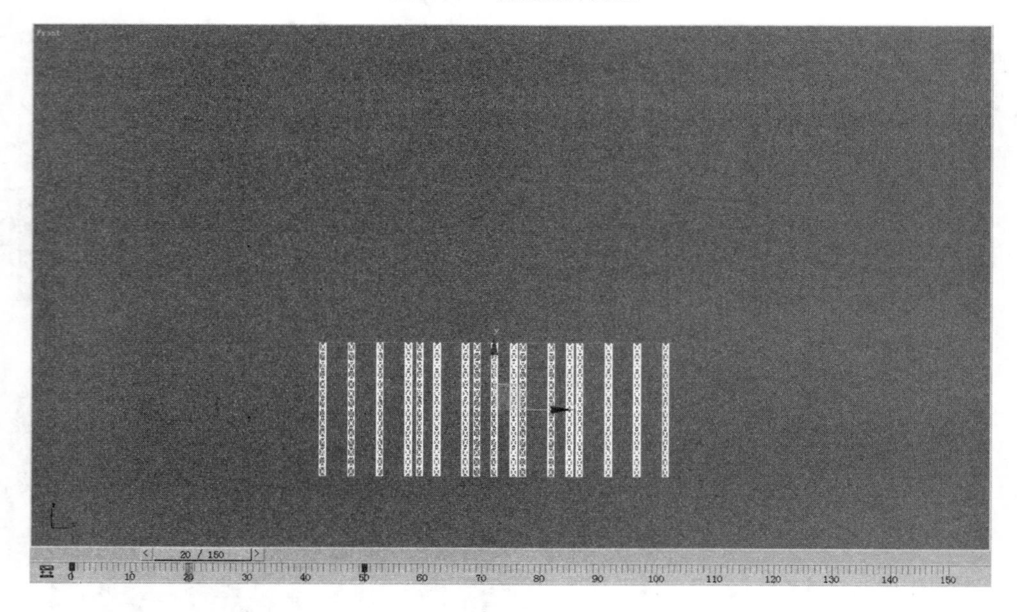

图 4-20　钢筋生长过程

(2) 楼板的生长。对于要做生长动画的楼体建筑，在建模过程中，只需要制作一层的楼板就可以了，待动画制作完成后再进行复制可有效提高工作效率。

将楼板以外的物体隐藏，只保留一层楼板。在楼板上右击，在弹出的快捷菜单中选择 Properties(属性)命令，则会弹出 Object Properties(物体属性)对话框，将 Rendering Control(渲染控制)选项组中的 Visibility(可见度)参数设置为 0，如图 4-21 所示，效果如图 4-22 所示。

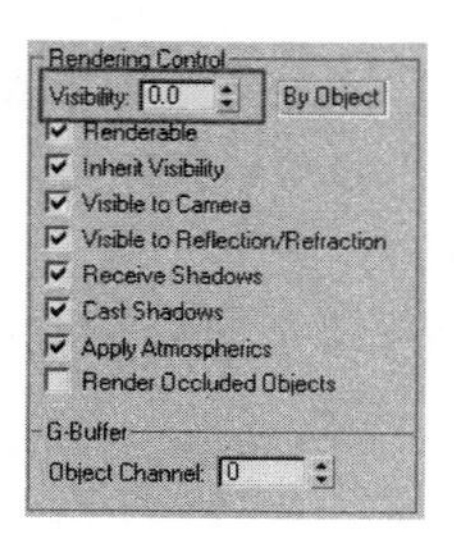

图 4-21　设置楼板初始不可见

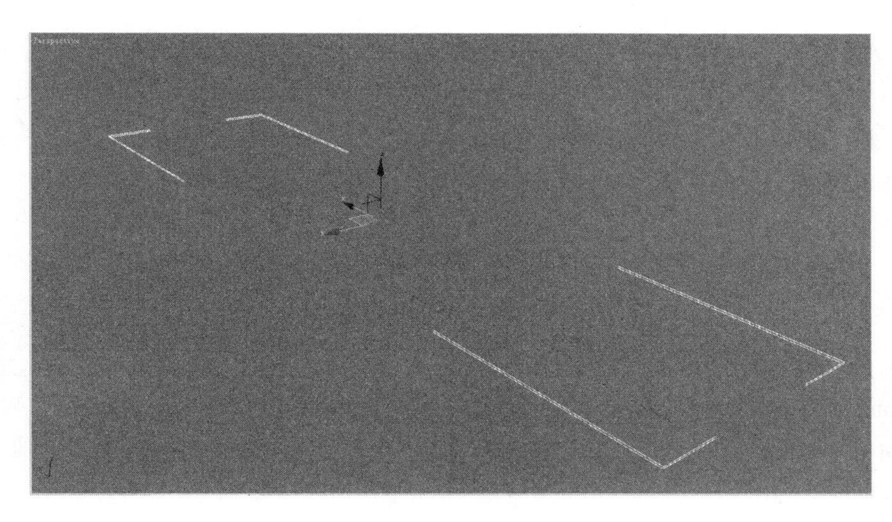

图 4-22　楼板不可见状态

将时间滑块移动到第 30 帧的位置，单击 Auto Key(自动创建关键帧)按钮记录关键帧，再次在楼板上右击，在弹出的快捷菜单中选择 Properties(属性)命令，弹出 Object Properties(物体属性)对话框，将 Rendering Control(渲染控制)选项组中的 Visibility(可见度)参数设置为 1，如图 4-23 所示，效果如图 4-24 所示。

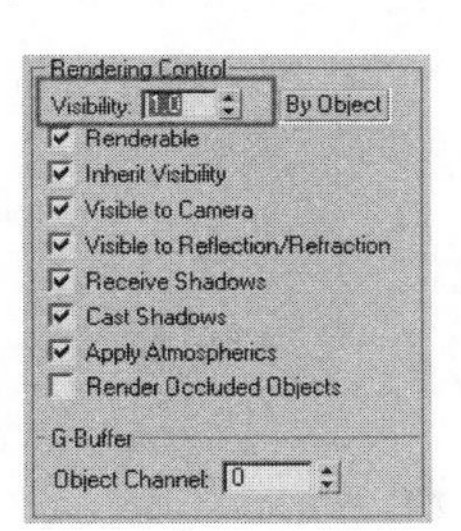

图 4-23　设置楼板终止可见

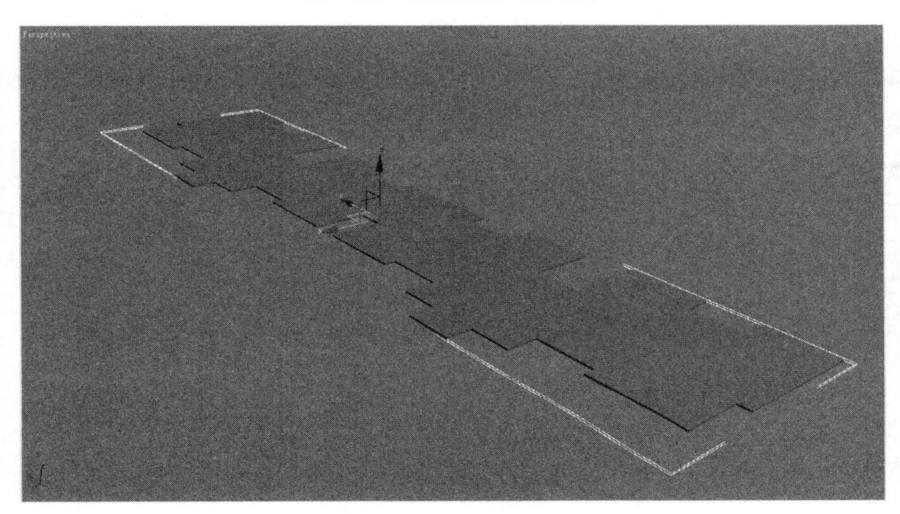

图 4-24　楼板可见状态

单击 Auto Key(自动创建关键帧)按钮，此时自动记录的关键帧从第 0 帧开始，但这并不是需要的，因此要对自动生成的第 0 帧处的关键帧进行手动的移动。将第 0 帧处的关键帧移动到第 25 帧的位置，如图 4-25 所示。此时播放动画，一层楼板从第 25 帧开始显示，到第 30 帧显示完成。

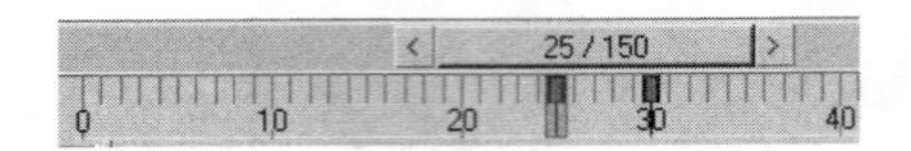

图 4-25　调节关键帧位置

将做好动画的一层楼板向上复制到每一层，此时所有楼板同时显示，如图 4-26 所示。选择 Graph Editors(图解编辑)→Track View - Dope Sheet(轨迹视图-射影表)命令，弹出 Track View - Dope Sheet(轨迹视图-射影表)窗口。从窗口中可以看出所有楼板物体的动画进程同时进行，如图 4-27 所示。

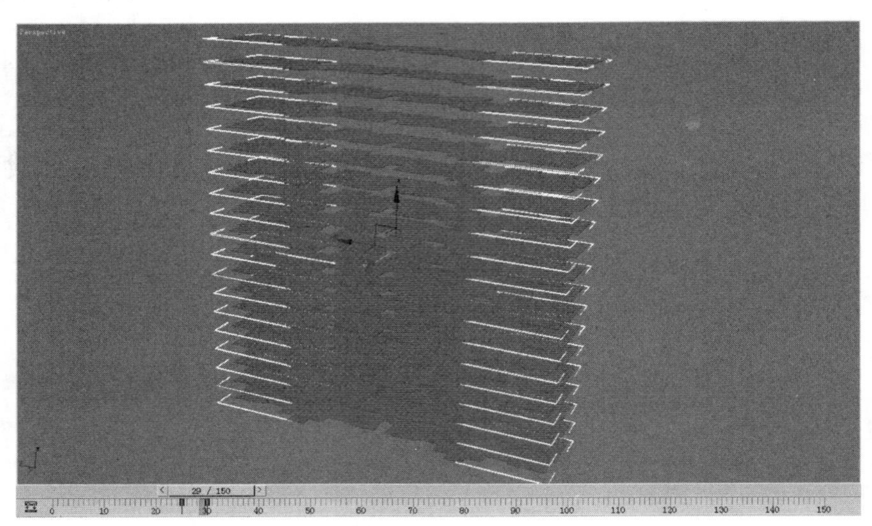

图 4-26　同时显示的楼板

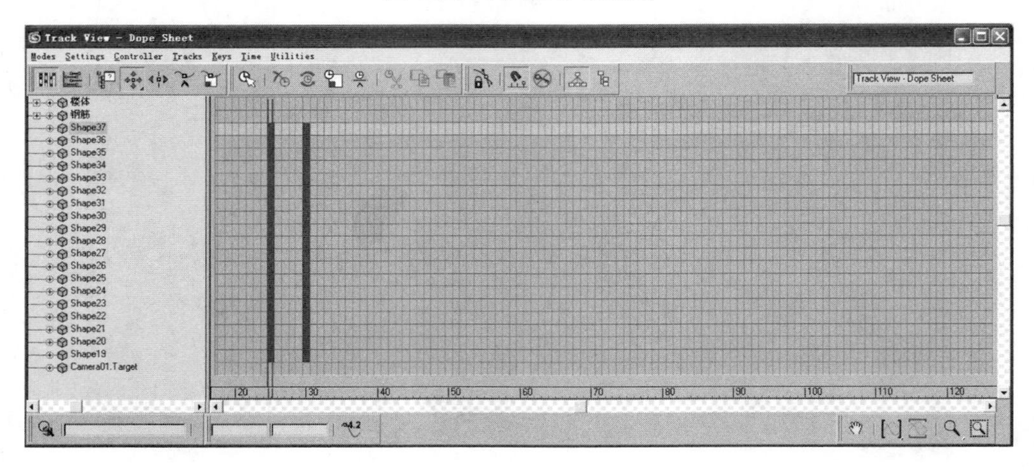

图 4-27　Track View – Dope Sheet 窗口

单击“平移”按钮，逐个选择物体动画信息，移动其进程，如图 4-28 所示，此时楼板的显示形式为首尾相接，相继进行，如图 4-29 所示。

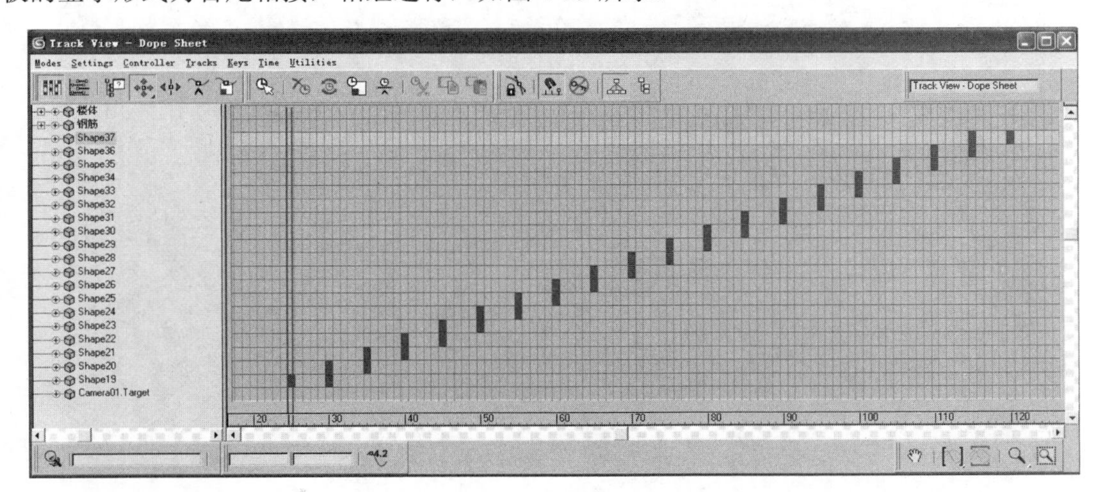

图 4-28　调节摄影表位置

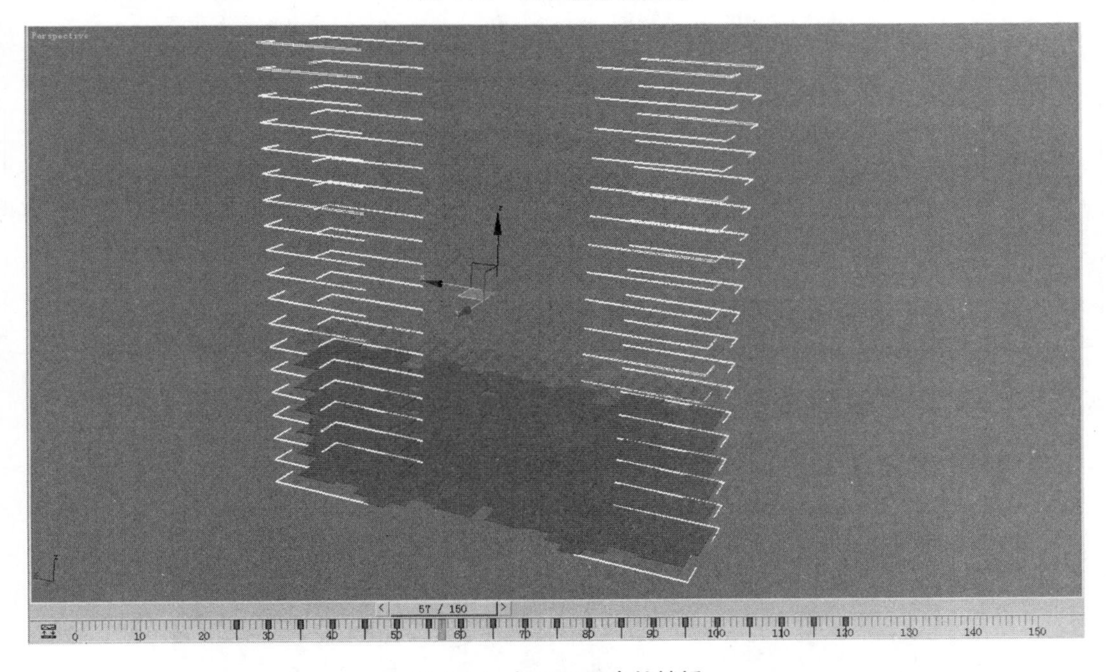

图 4-29　相继显示中的楼板

提示	这里从第 25 帧，也就是钢筋生长到一半的时候楼板依次显示，每 5 帧显示一层，到第 120 帧显示所有楼板。

(3) 楼体生长。与钢筋生长动画制作方法相似，将楼体所有元素编成一个组，添加 Slice(切片)修改器，记录关键帧，第 70 帧时切片处于楼体的最底部，到第 130 帧时将切片移动到楼体顶部，将 Slice Type(切片类型)设置成 Remove Top(移除顶部)，如图 4-30 所示。

此时楼体生长与楼板的显示形成一种追逐关系，可增强节奏动感。

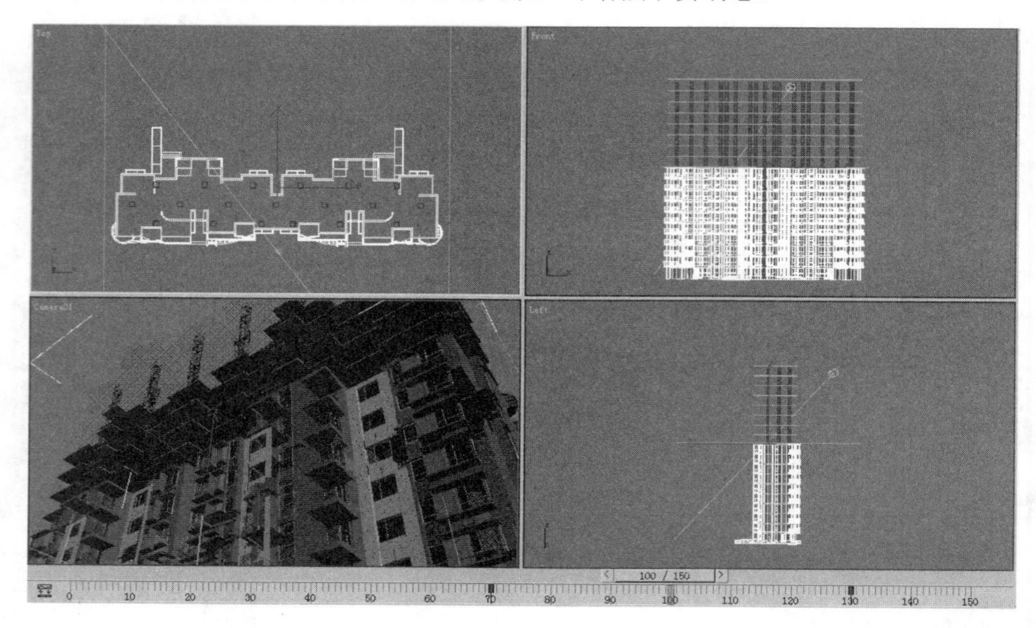

图 4-30　楼体生长

提示	① 同一段楼体生长动画用不同的视角观察会产生不同的视觉效果，可以将同一个楼体的生长用不同视角去渲染，放到同一段建筑动画中，增强效果。 ② 楼体生长的层次可根据委托方的需求及整段动画的表现需要进行调节，并不是一成不变的。本节的案例中提供了三个层次的生长，即钢筋、楼板、楼体，根据需求可减少至一个层次直接长出楼体，也可增加层次分墙体、窗户、栏架或更多，只要掌握方法即可创建出更丰富多样的动画效果。

4.2.2　桥梁生长动画的制作方法

以图 4-31 所示立交桥的生长为例来讲解桥梁生长动画的制作方法。

图 4-31　立交桥场景

(1) 场景处理。选择桥梁以外的其他场景物体右击，在弹出的快捷菜单中选择 Freeze Selection(冻结选择的物体)命令，将桥梁以外场景物体冻结，方便后面桥梁动画的制作。

单击“显示面板”按钮，展开 Hide(隐藏)卷展栏，选中 Hide Frozen Objects(隐藏冻结物体)复选框，将冻结的物体隐藏，如图 4-32 所示，此时视口中只显示桥梁，如图 4-33 所示，方便管理并提高动画制作过程中的计算机速度。

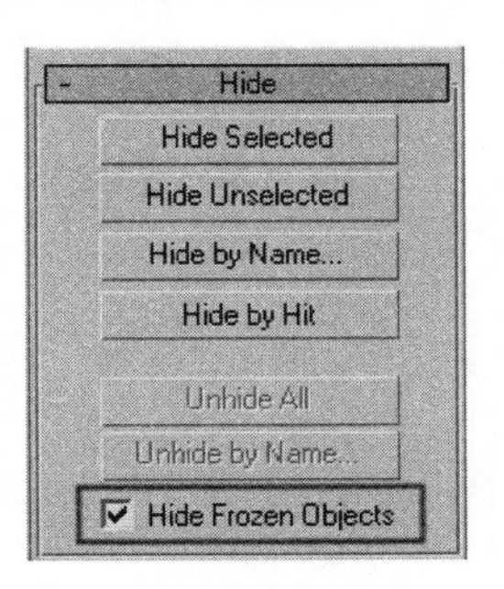

图 4-32　隐藏冻结物体

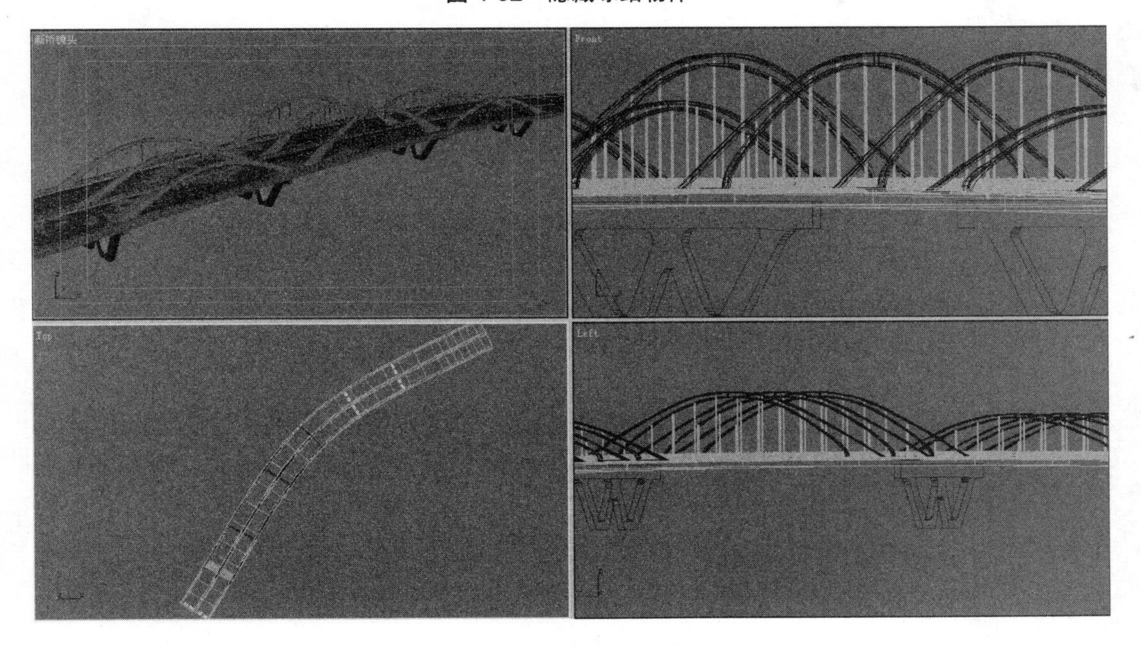

图 4-33　场景处理后的桥梁

(2) 桥墩生长。选择桥墩，为桥墩添加 Slice(切片)修改器，添加后切片为竖直状态，与想要的水平方向切片不符，进入 Slice(切片)修改器的 Slice Plane(切片平面)子级别，并在视口中旋转切片成水平方向，移动到桥墩的最底部，如图 4-34 所示。

将时间滑块移动到第 100 帧的位置，单击 Auto Key(自动创建关键帧)按钮记录关键帧，在 Slice(切片)修改器的 Slice Plane(切片平面)子级别下将切片移动到桥墩顶部，并到“修改”面板中将 Slice Type(切片类型)设置为 Remove Bottom(移除底部)，如图 4-35 所示。

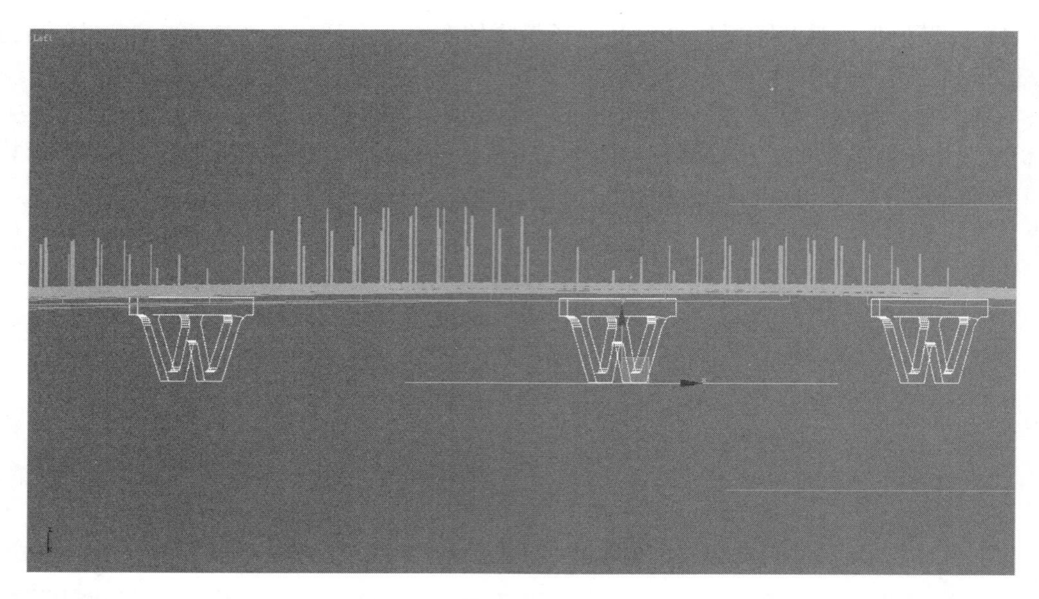

图 4-34　设置桥墩切片初始位置

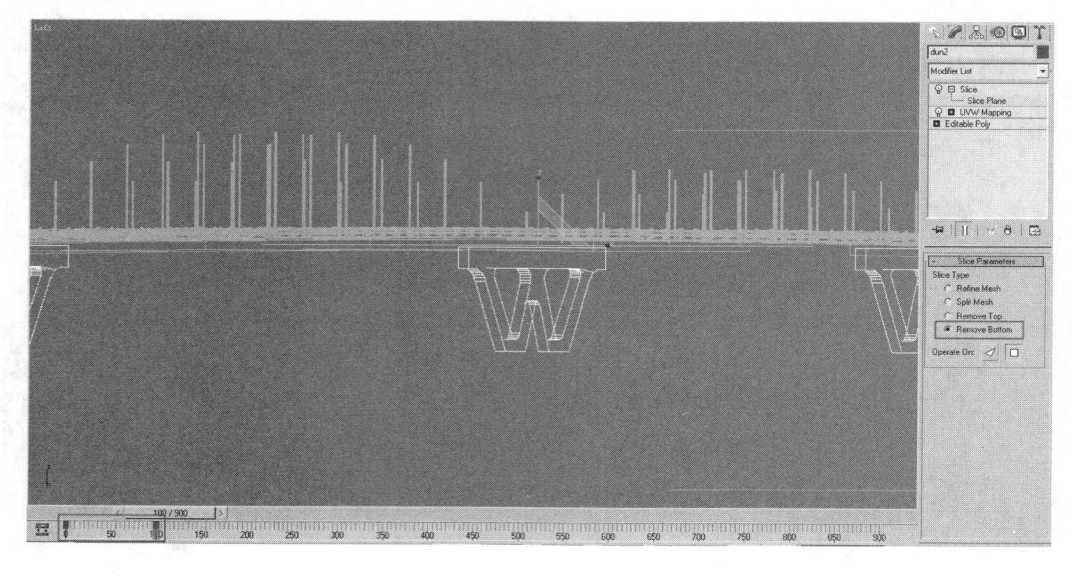

图 4-35　设置桥墩切片终止位置

注意

由于切片旋转时的方向不同，Slice Type(切片类型)可能需要调节为 Remove Top(移除顶部)，据制作过程中情况而定，只要桥墩是自下而上生长的即可。

添加 Slice(切片)修改器后，在生长过程中切面是有破洞的，摄像机视角有可能会看到切面的破洞，因此添加 Cap Holes(补洞)修改器为切面封口。

(3) 桥梁下端建造支架生长。在 100～200 帧创建桥梁下端建造支架生长，创建方法与桥墩生长制作方法相同，最终效果如图 4-36 所示。

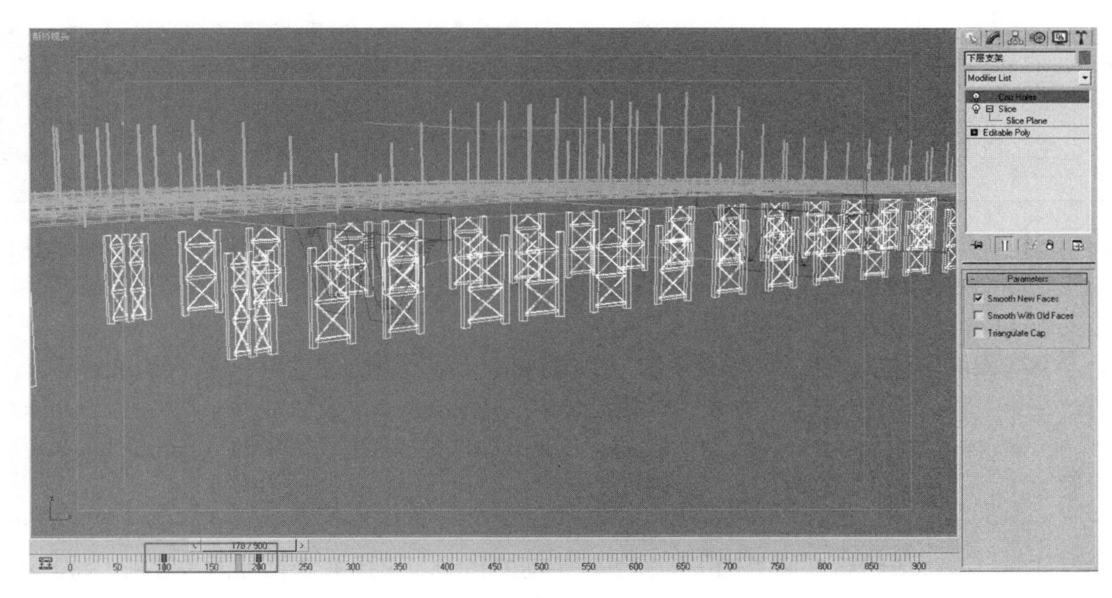

图 4-36　设置桥梁下端建造支架生长

(4) 第一块桥板生长。选择在摄像机镜头中能看到的第一块桥板，单击 Auto Key(自动创建关键帧)按钮记录关键帧，将时间滑块移动到第 300 帧的位置，单击“创建关键帧”按钮创建关键帧。然后将时间滑块移动到第 200 帧的位置，利用“移动”工具将桥板移动到摄像机镜头以外，如图 4-37 所示，此时看到第一块桥板是从镜头以外移动入镜头并到达其所在位置的。

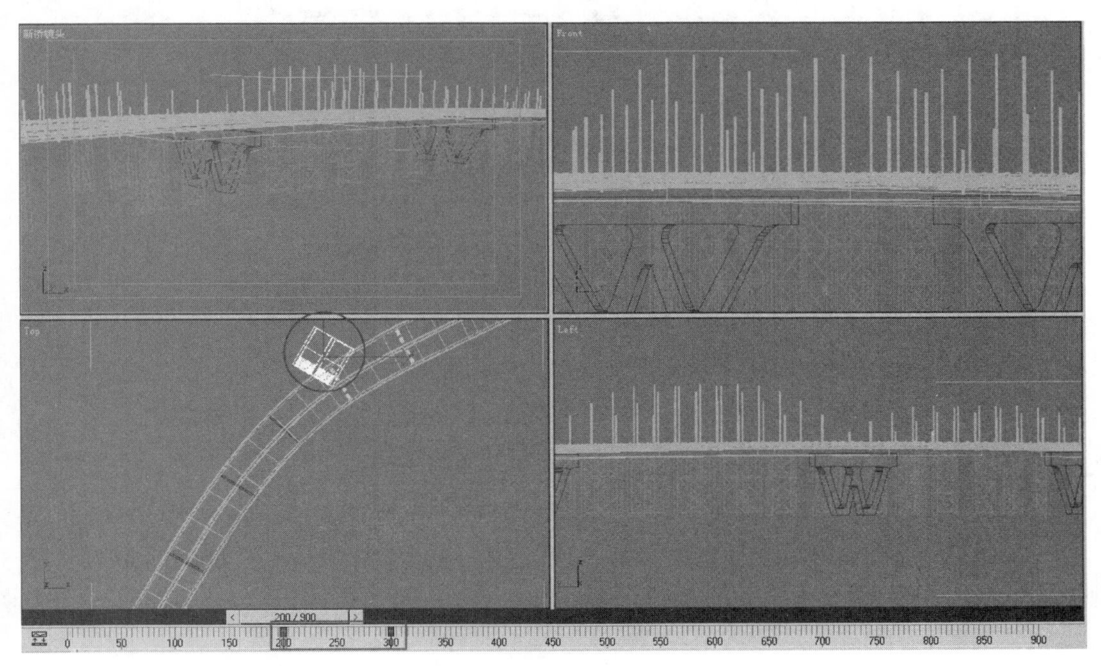

图 4-37　设置第一块桥板的生长

注意

第一块桥板在移动过程中能够看到桥板的截面，因此在做动画时需要将桥板截面的钢筋梁补上。

(5) 其他桥板生长。在第二块桥板上右击，在弹出的快捷菜单中选择 Properties(属性)命令，则会弹出 Object Properties(物体属性)对话框，将 Rendering Control(渲染控制)选项组中的 Visibility(可见度)参数设置为 0。

将时间滑块移动到第 350 帧的位置，单击 Auto Key(自动创建关键帧)按钮记录关键帧，再次在第二块桥板上右击，在弹出的快捷菜单中选择 Properties(属性)命令，则会弹出 Object Properties(物体属性)对话框，将 Rendering Control(渲染控制)选项组中的 Visibility(可见度)设置为 1。

再次单击 Auto Key(自动创建关键帧)按钮取消激活，此时自动记录的关键帧从第 0 帧开始，要对自动生成的第 0 帧处的关键帧进行手动的移动。选择第 0 帧处的关键帧，将其移动到第 300 帧的位置，此时播放动画，桥板开始看不到，从第 300 帧开始出现，到第 350 帧完全显示，如图 4-38 所示。

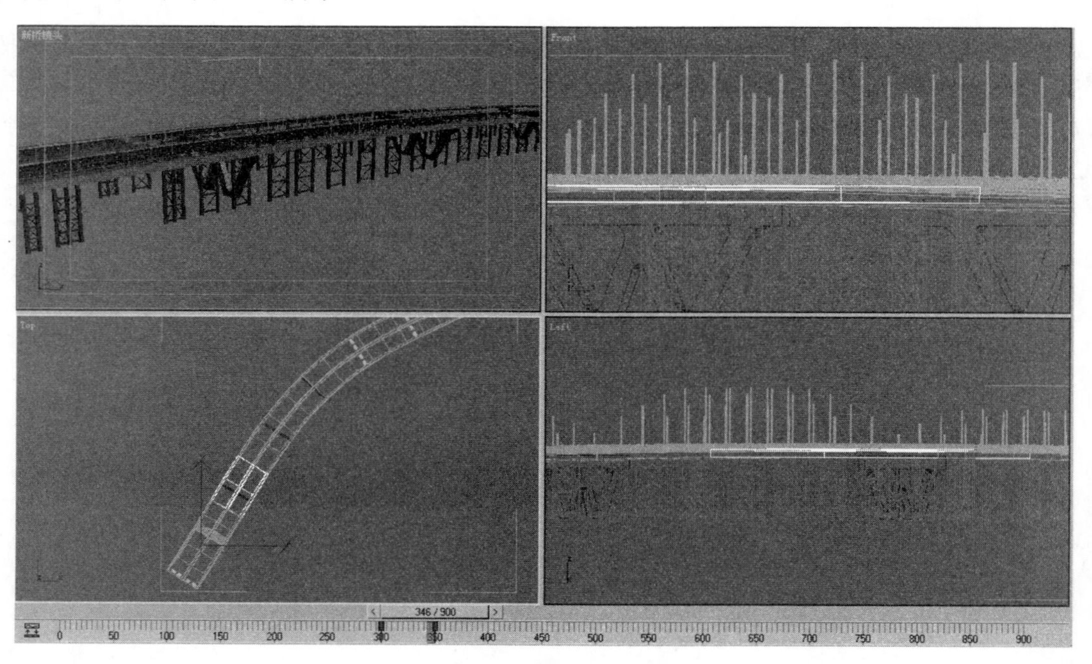

图 4-38 设置第 2 块桥板的生长

以同样方法制作第 3～5 块桥板。第 3 块，350～400 帧。第 4 块，400～450 帧。第 5 块，450～500 帧。最终效果如图 4-39 所示。

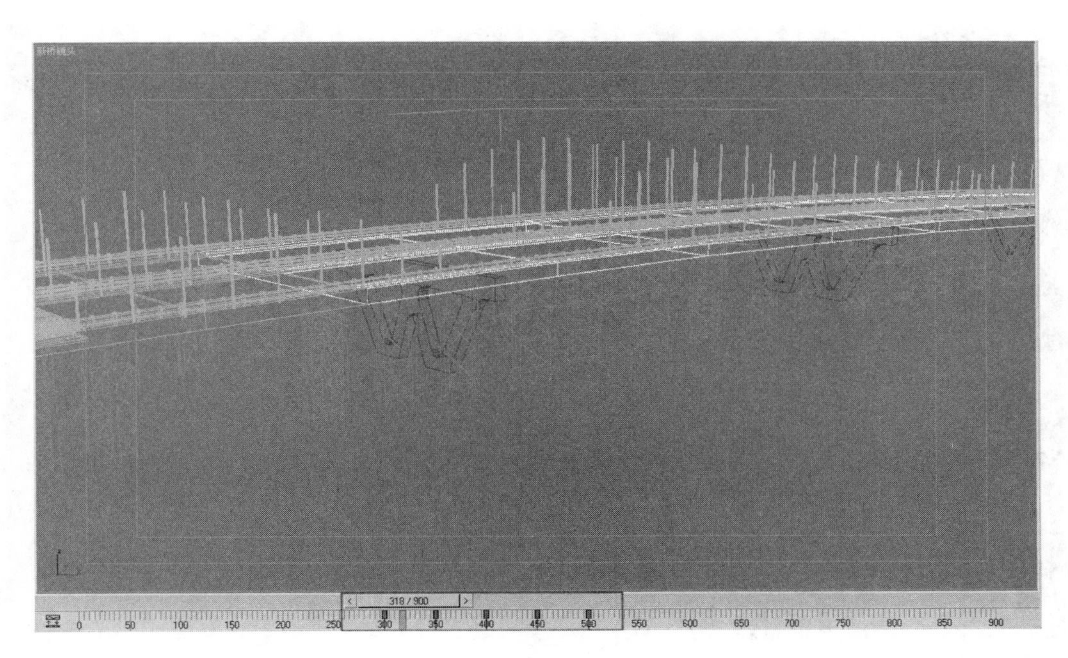

图 4-39　设置第 3～5 块桥板的生长

(6) 桥梁上端建造支架生长。在第 500～600 帧创建桥梁上端建造支架生长，创建方法与桥墩生长制作方法相同，最终效果如图 4-40 所示。

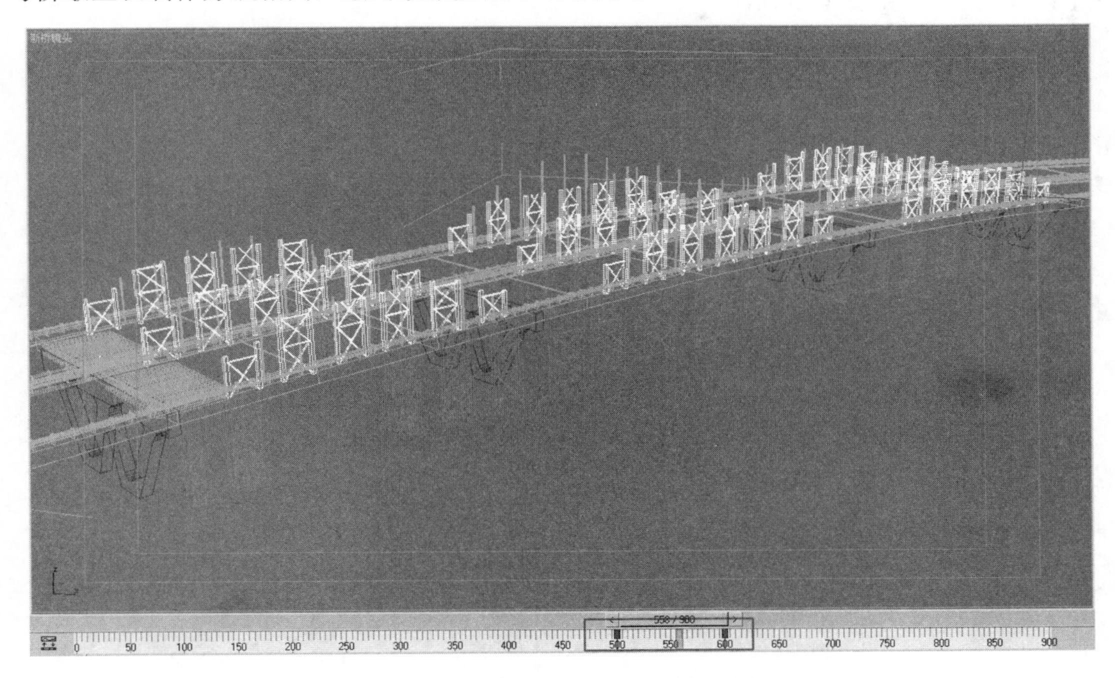

图 4-40　设置桥梁上端建造支架生长

(7) 圆拱造型生长。将 3 组圆拱造型的模型分成 6 组，分别添加 Slice(切片)修改器，使圆拱分别从两侧生长至中心，如图 4-41 所示。

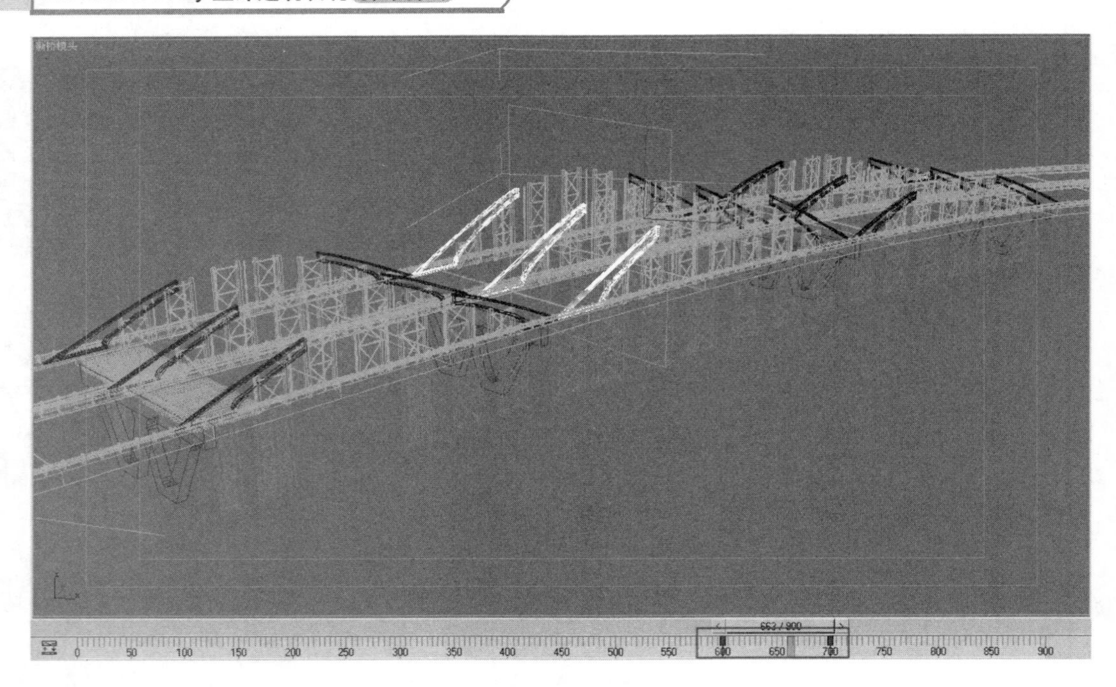

图 4-41　设置圆拱造型生长

(8) 栏杆生长。在第 700～800 帧制作栏杆的生长，创建方法与第 2～5 块桥板渐显方法相同，如图 4-42 和图 4-43 所示。

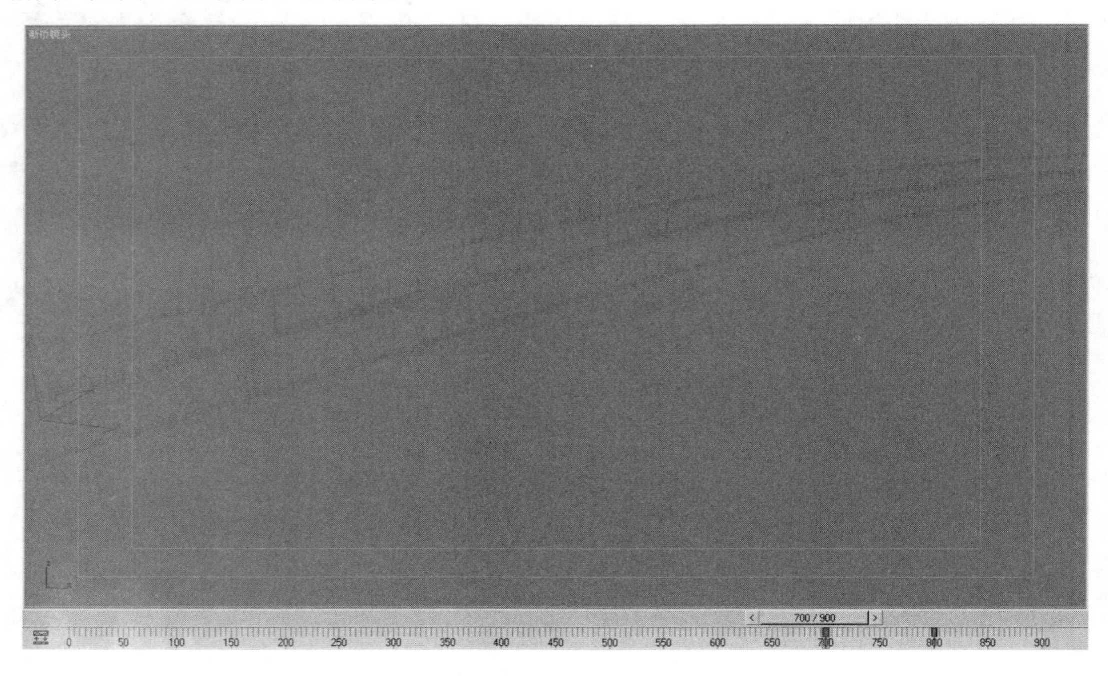

图 4-42　栏杆 700 帧时隐藏状态

(9) 桥梁上端建造支架隐去。选择桥梁上端建造支架，按住 Shift 键将第 600 帧处关键帧复制到第 800 帧处，将第 500 帧处关键帧复制到第 850 帧处，如图 4-44 所示。

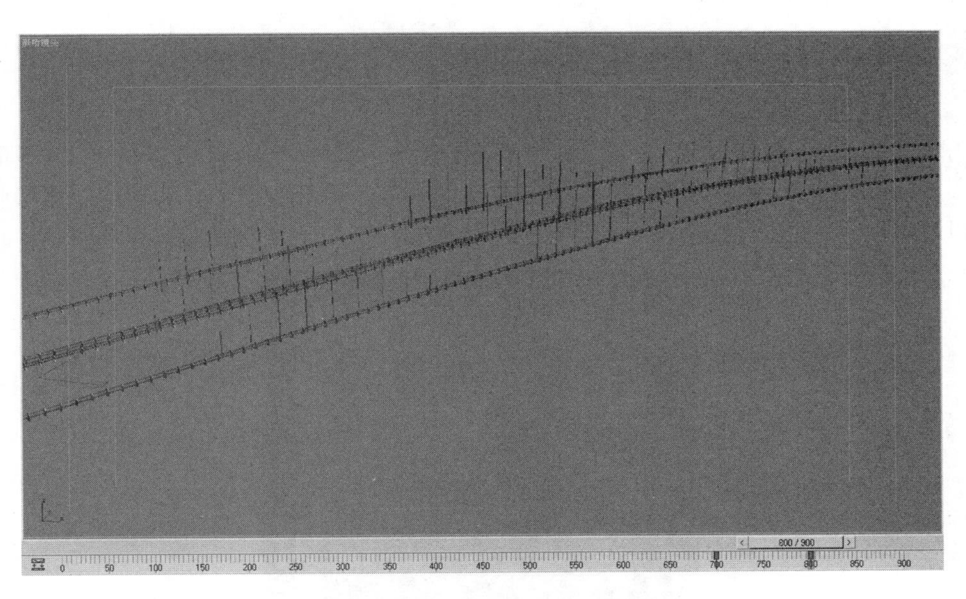

图 4-43　栏杆 800 帧时显示状态

图 4-44　复制关键帧制作桥梁上端建造支架隐去

(10) 桥梁下端建造支架隐去。选择桥梁下端建造支架，按住 Shift 键将第 200 帧处关键帧复制到第 850 帧处，将第 100 帧处关键帧复制到第 900 帧处，如图 4-45 所示。

图 4-45　复制关键帧制作桥梁下端建造支架隐去

(11) 场景恢复。在任意视口中右击，在弹出的快捷菜单中选择 Unfreeze All(解冻全部)命令，将场景中其他物体显示，最终效果如图 4-46 所示。

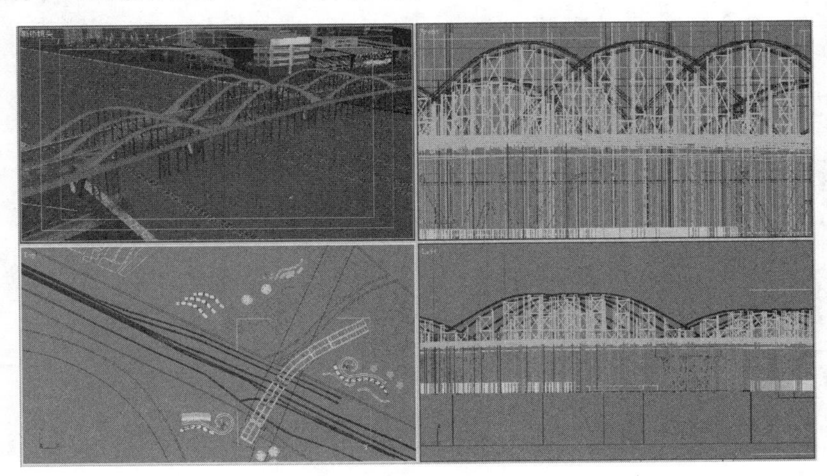

图 4-46　恢复后的场景

4.3 建筑中的人物动画制作

在建筑动画中，建筑是表现的主体，人物作为建筑的一个配角，不应占用太多的时间和精力，但人物又是不可或缺的一部分，在建筑动画中加以人物，会使整个建筑动画更加生动和谐，富有人性化气息。下面以图 4-47 所示的人物模型来讲解人物动画的制作。

图 4-47 人物模型

4.3.1 人物模型的绑定方法

(1) 创建骨骼。依次单击“创建面板”按钮和“系统创建”按钮，利用 Biped(Biped 骨骼系统)工具到透视图中拖曳创建一个 Biped 骨骼，如图 4-48 所示。

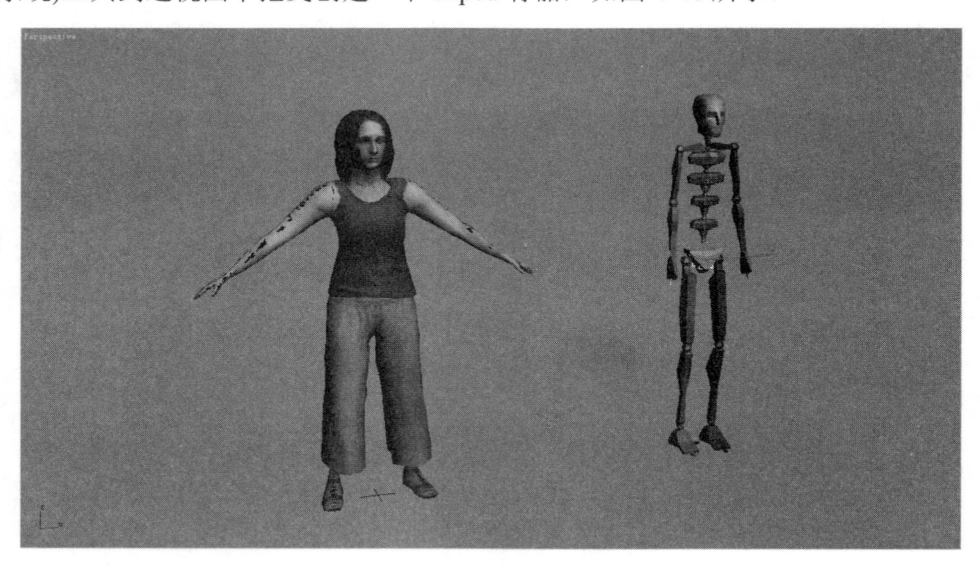

图 4-48 创建骨骼系统

单击“运动面板”按钮，展开 Biped(Biped 骨骼系统)卷展栏，单击“体型模式”按钮，再展开 Structure(结构)卷展栏，其中相关设置参数如图 4-49 所示。

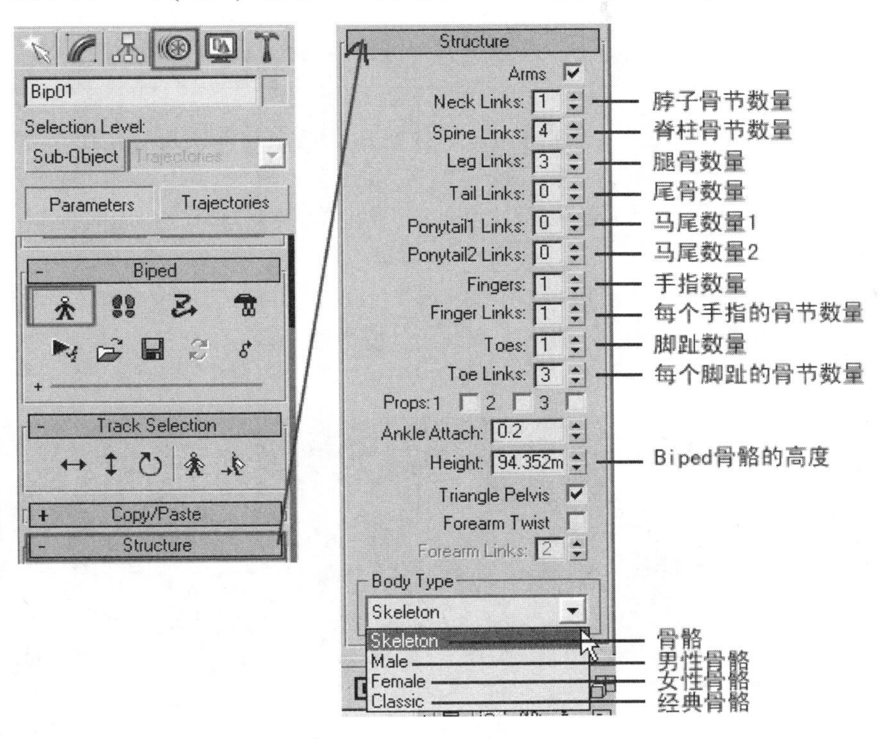

图 4-49　骨骼系统结构参数

(2) 整体骨骼与模型对位。选择 Bip01 物体，这是骨骼系统的重心，将骨骼重心移动到与人物模型相对应的位置，如图 4-50 所示。

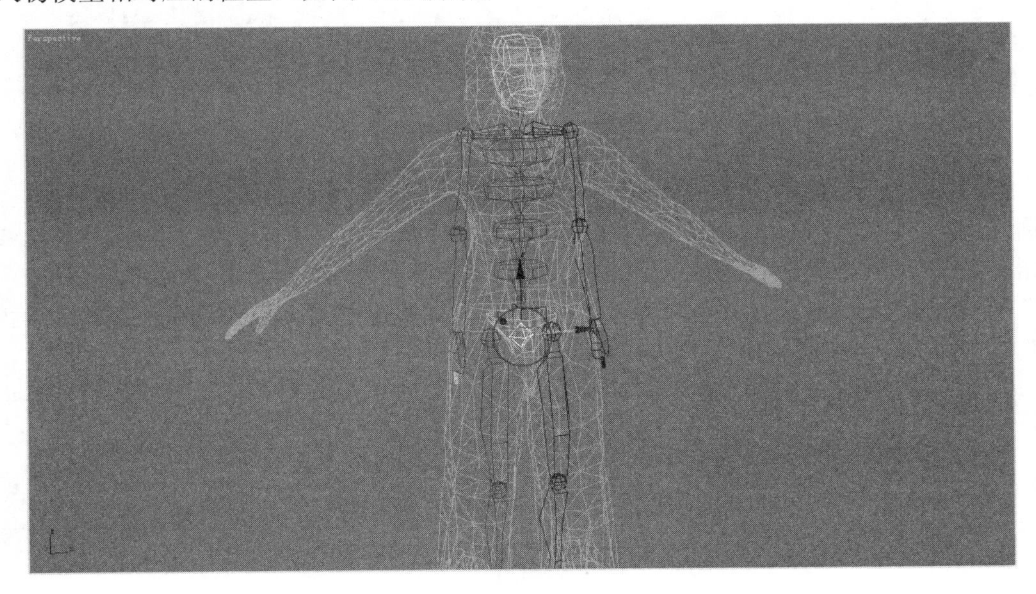

图 4-50　骨骼系统重心

注意

Biped 骨骼系统是由树状拓扑结构进行连接的，Bip01 作为整个骨骼的父节点而存在，也是骨骼系统的重心，移动 Bip01 就等于移动整个骨骼系统。这里说的是骨骼系统的重心，与骨盆物体处于骨骼系统的中心位置不是一个概念。

(3) 对模型进行处理。为了方便骨骼的匹配，防止在调整骨骼的过程中出现误选的现象，常先对模型进行处理，选择人物模型，按 Alt+X 组合键将模型透明显示，然后在模型上右击，在弹出的快捷菜单中选择 Freeze Selection(冻结选择的物体)命令，这时模型能被看到，但不会被选中。

(4) 锁骨对位。选择左肩锁骨，利用“缩放”工具调整锁骨的长度，再利用“移动”工具和“旋转”工具调整锁骨的位置和角度，使骨骼与模型的肩部尽量吻合，如图 4-51 所示。

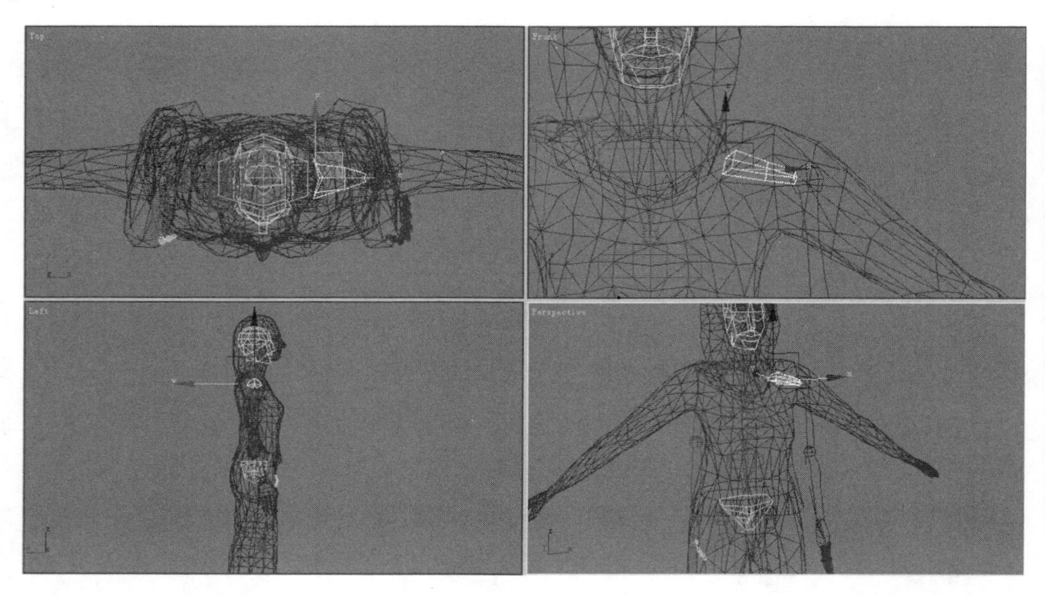

图 4-51　锁骨对位

(5) 手臂对位。选择左手手掌骨骼，利用“移动”工具拉高到模型手掌的位置高度，利用“缩放”工具调整手臂长短及掌骨大小，并用“移动”工具和“旋转”工具调整角度，使骨骼左臂的位置与其模型相匹配，如图 4-52 所示。

(6) 调整手指。逐一选择手指骨节，利用“移动”工具、“缩放”工具、“旋转”工具使其与模型相匹配，如图 4-53 所示。

注意

时刻在透视图关注骨骼与模型的关系，旋转透视图视角，多角度观察。

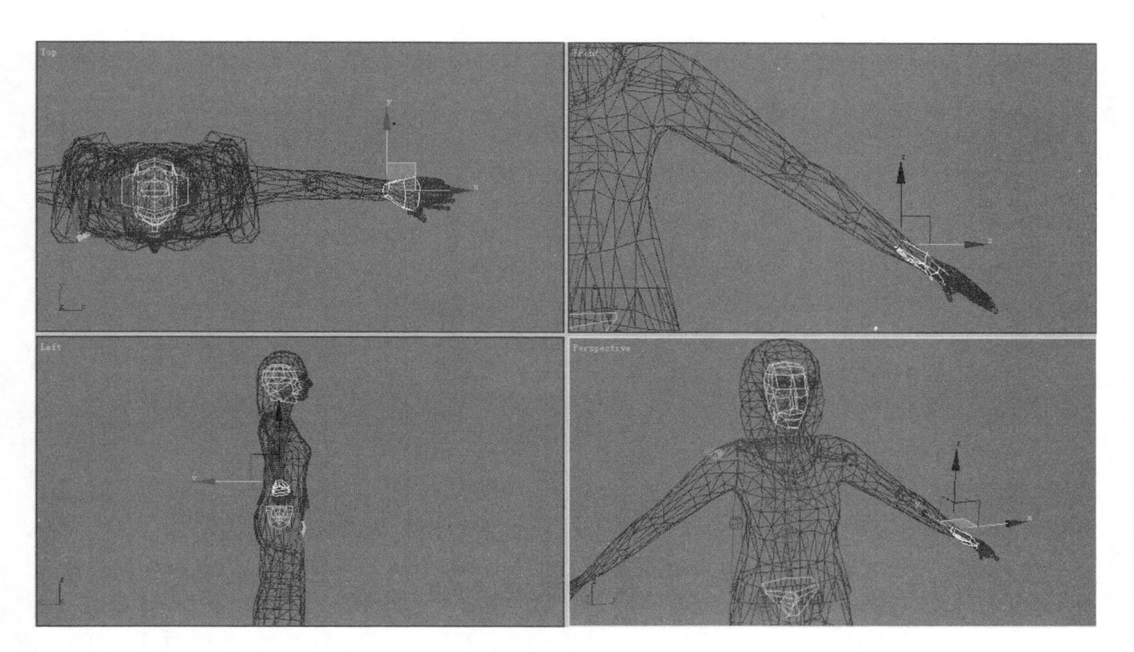

图 4-52　手臂对位

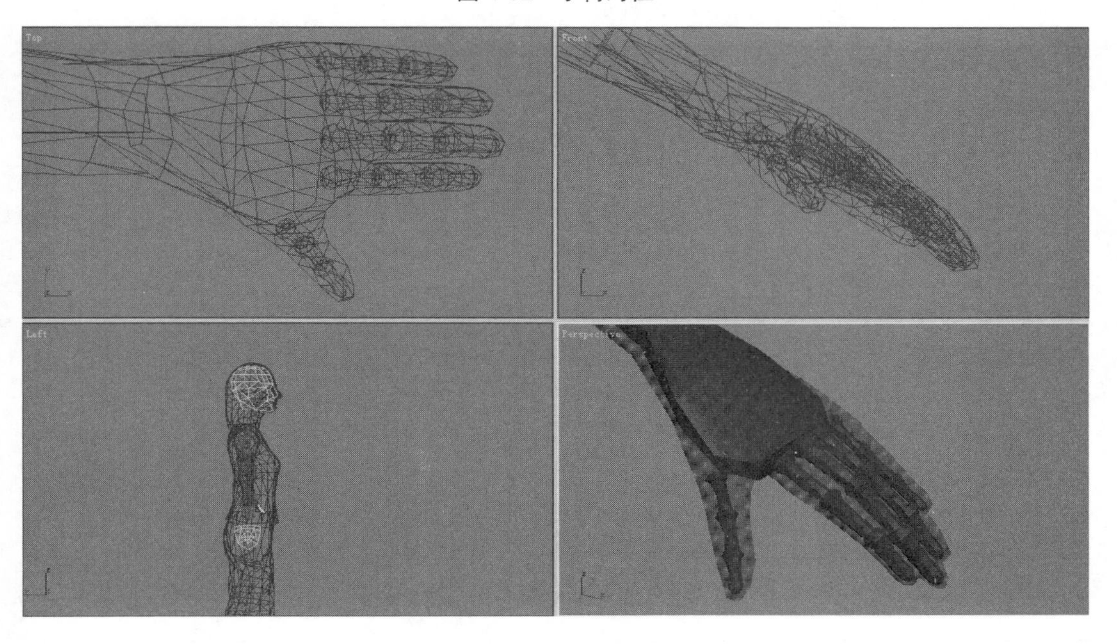

图 4-53　手指关节对位

(7) 镜像手臂骨骼。在已调整好的左锁骨上连续单击两次，选中整个左臂。依次单击“运动面板”按钮和“体型模式”按钮，展开 Copy/Paste(复制/粘贴)卷展栏，选择 Posture(姿势)模式，单击“复制”按钮复制姿势，如图 4-54 所示。

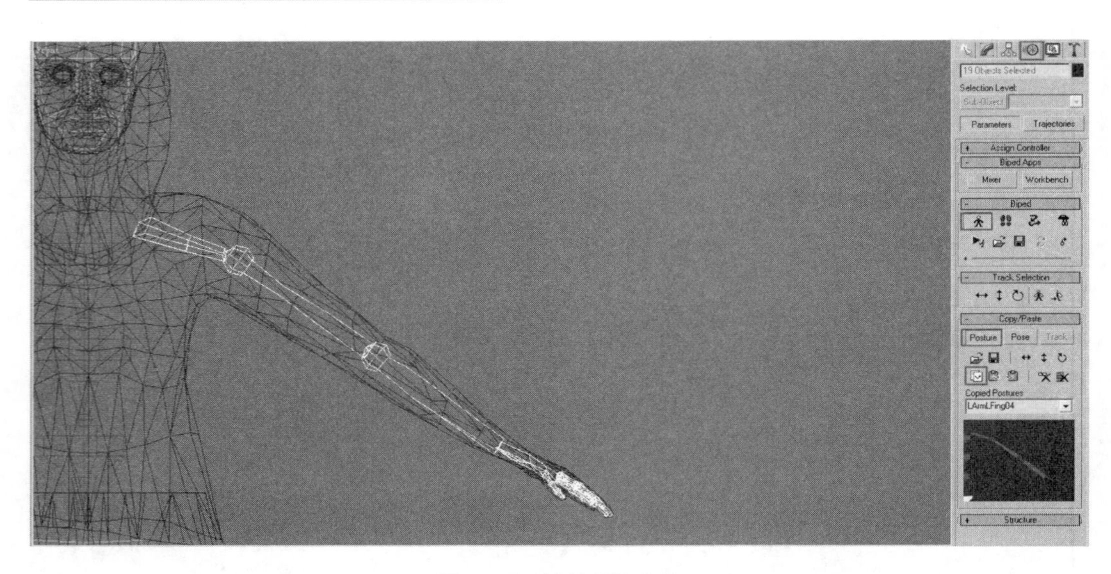

图 4-54　复制手臂姿势

在右锁骨上连续单击两次，选中整个右臂。单击 Copy/Paste(复制/粘贴)卷展栏中的“镜像粘贴”按钮粘贴姿势，如图 4-55 所示。

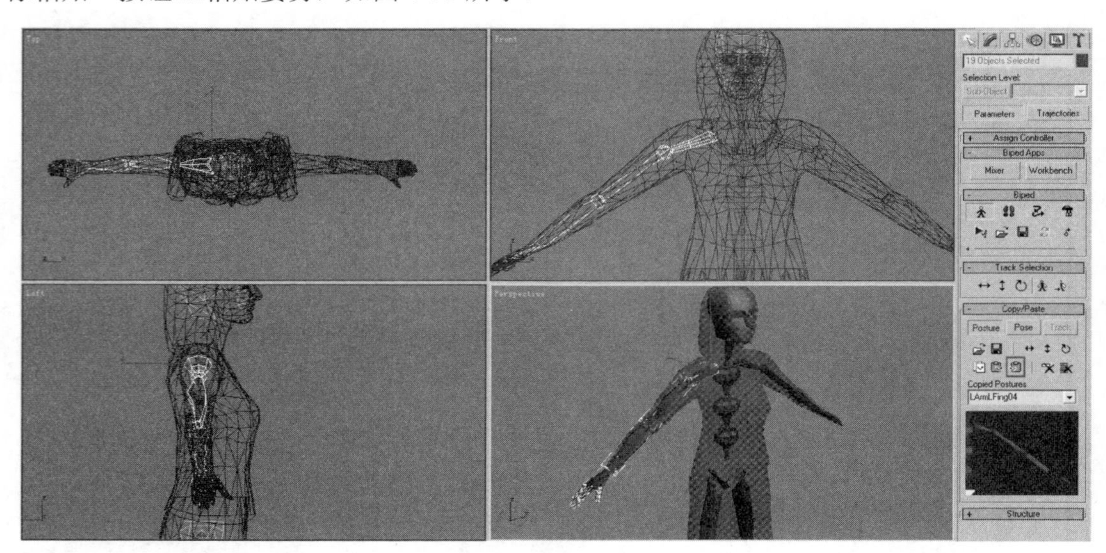

图 4-55　镜像粘贴另一侧手臂骨骼

注意

由于左右手臂在模型上可能存在稍许差异，所以在姿势粘贴后应对右臂骨骼进行微调。

(8) 腿部骨骼对位。选择左脚脚骨，移动脚骨到脚部模型所在的位置，大腿及小腿会自动适配，利用“旋转”工具调整脚骨的角度，使与脚部模型相匹配，如图 4-56 所示。

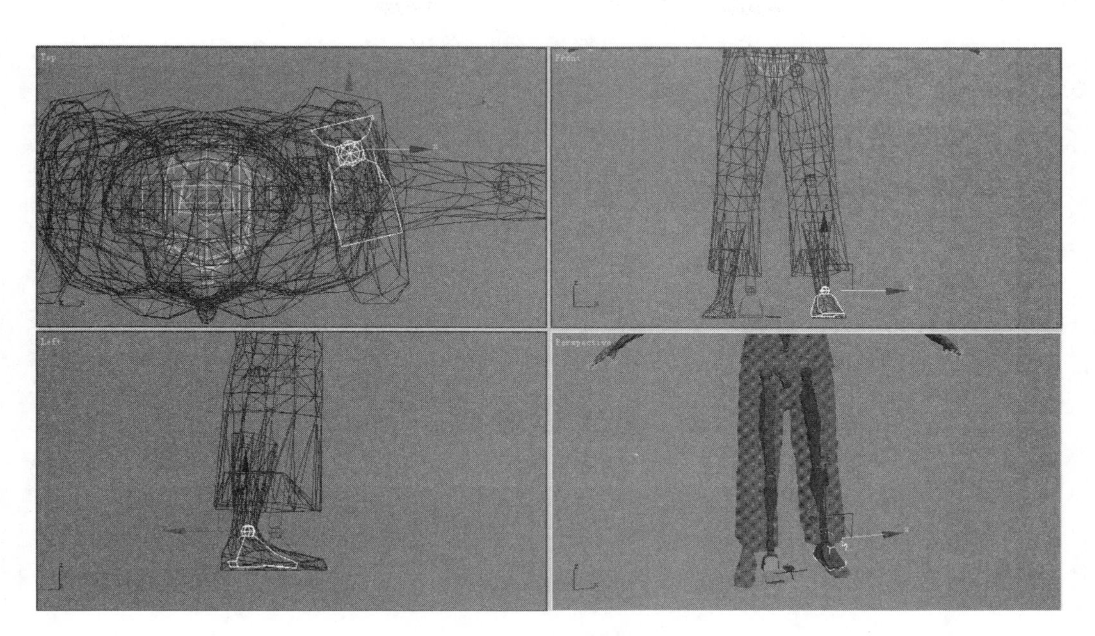

图 4-56　腿部骨骼对位

注意

因脚趾不会有细节的动画表现，所以不必细致地调节脚趾骨骼，只要有一节脚趾骨，对其放大到能支撑整个脚部就可以了，如图 4-57 所示。

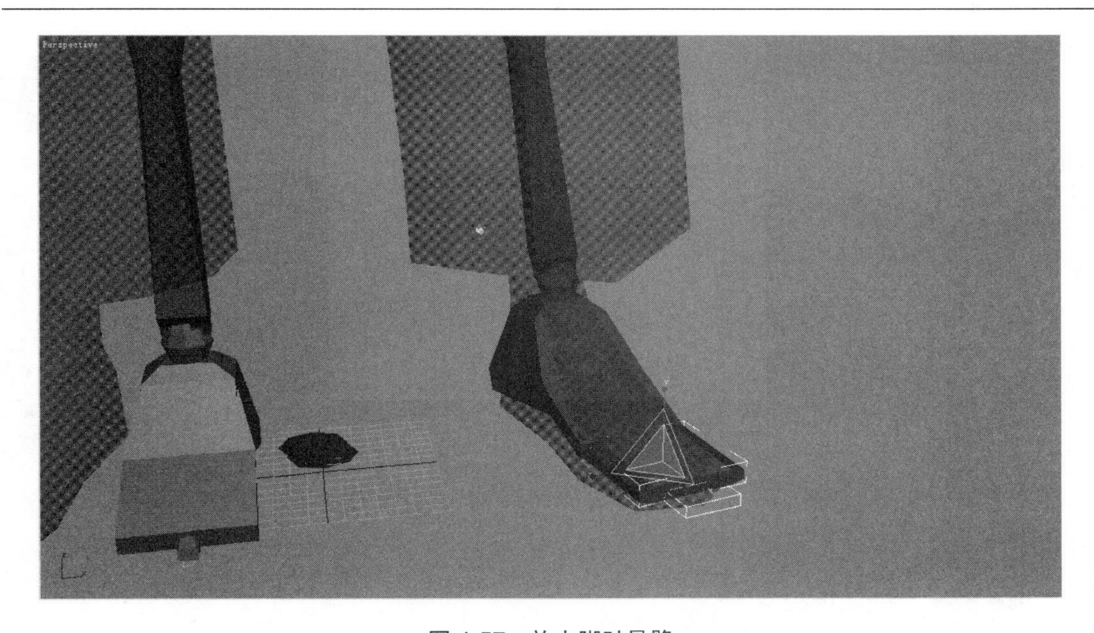

图 4-57　放大脚趾骨骼

(9) 镜像腿部骨骼。在已调整好的左侧大腿骨上连续单击两次，并依次单击“运动面板”按钮和“体型模式”按钮，展开 Copy/Paste(复制/粘贴)卷展栏，选择 Posture(姿势)模式，单击“复制”按钮复制姿势。

在右侧大腿骨上连续单击两次，选中整条右腿。单击 Copy/Paste(复制/粘贴)卷展栏中的“镜像粘贴”按钮粘贴姿势，如图 4-58 所示。

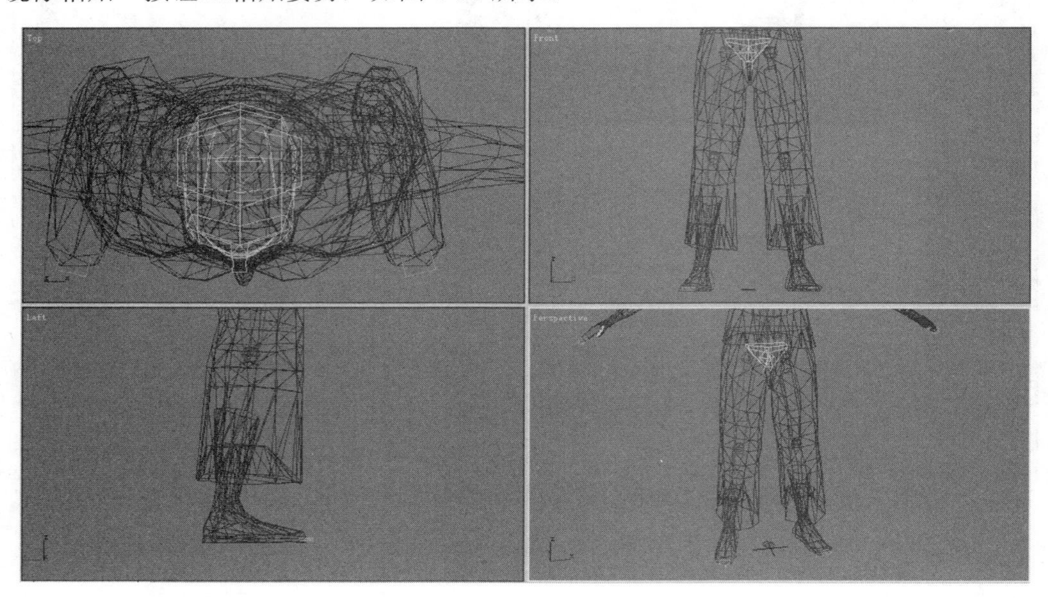

图 4-58　镜像粘贴后的腿部骨骼

注意

由于左右腿在模型上可能存在稍许差异，所以在姿势粘贴后应对右腿骨骼进行微调。

(10) 头部骨骼对位。选择颈骨，在竖直方向上缩放，调整头部大小，如图 4-59 所示，这时整个骨骼匹配完成。

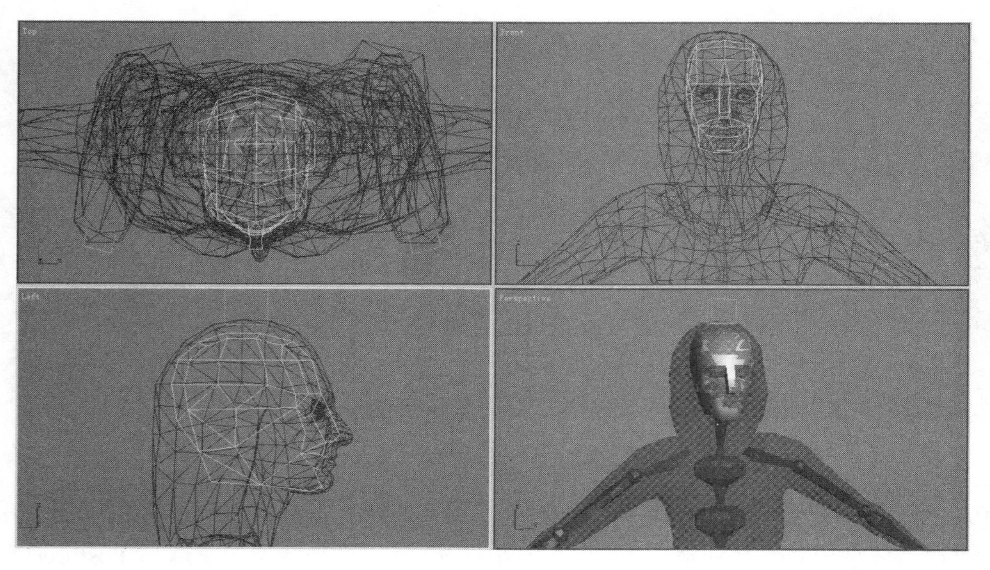

图 4-59　头部骨骼对位

(11) 模型复原。在视口中右击，在弹出的快捷菜单中选择 Unfreeze All(解冻全部)命令取消对物体的冻结，选择人物模型，按 Alt+X 组合键取消物体透明显示。

(12) 模型与骨骼匹配。选择模型，到“修改”面板中添加 Physique(体格)修改器。展开 Physique(体格)修改器的 Physique(体格)卷展栏，单击“合并中心点”按钮，到视口中拾取骨骼重心(“Bip01”物体)，如图 4-60 所示。

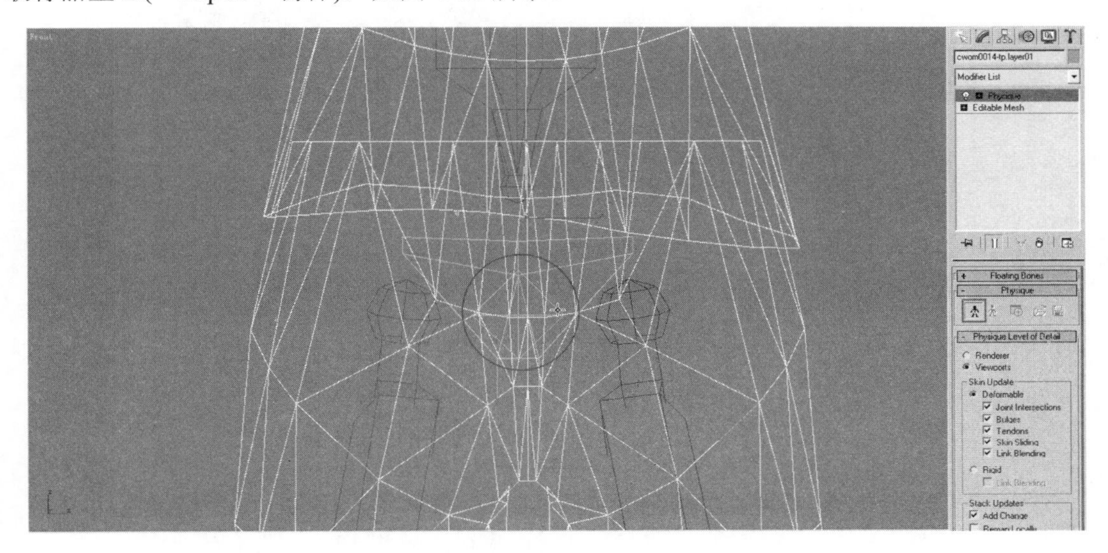

图 4-60　体格匹配

拾取后弹出 Physique Initialization(体格初始化)对话框，单击 Initialize(初始化)按钮进行初始化，如图 4-61 所示。

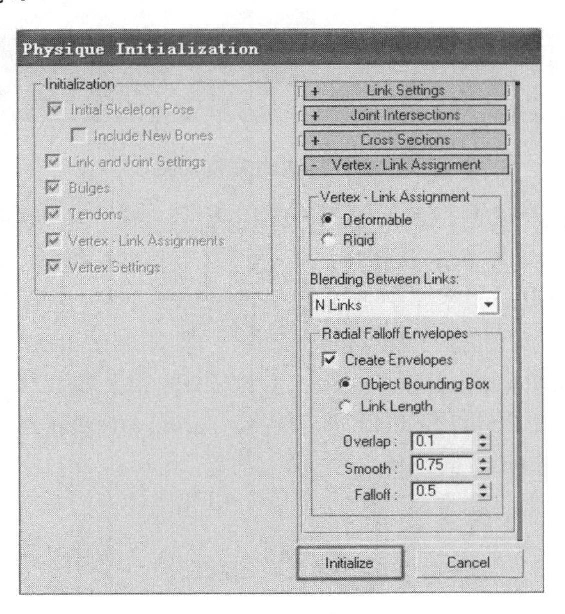

图 4-61　Physique Initialization 对话框

初始化之后在模型上会产生一条橙色的链接线，像人的神经一样贯穿整个人体模型，如图 4-62 所示。这时如果给骨骼摆出很大幅度的动作，模型的腿部、手部、胸背部、头部都会出现错误信息点，这是由于封套对模型顶点区域影响不完整造成的。

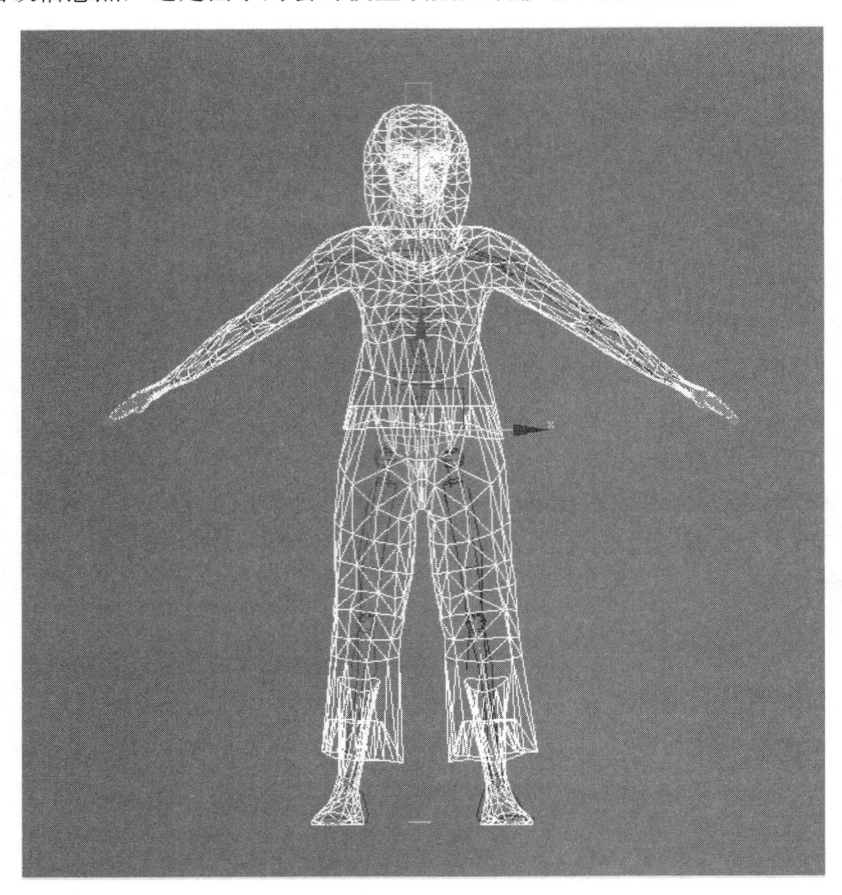

图 4-62　初始化后的链接线

(13) 调整封套。选择模型，单击“修改面板”按钮，进入 Physique(体格)修改器的 Envelope(封套)子级别中调整封套。到视口中选择右小腿部位链接，出现封套的衰减范围，红点为受到封套影响的点，如图 4-63 所示。

展开 Physique(体格)修改器的 Envelope(封套)子级别中的 Blending Envelopes(融合封套)卷展栏，设置 Envelope Parameter(封套参数)选项组中的相关参数：Inner(内封套)、Outer(外封套)、Both(内外封套)、Radial Scale(封套半径)、Parent Overlap(封套向父物体方向延伸)、Child Overlap(封套向子物体方向延伸)。

调整以上参数，扩大封套衰减范围，使右小腿部位的所有模型点都被包含于封套内，如图 4-64 所示。

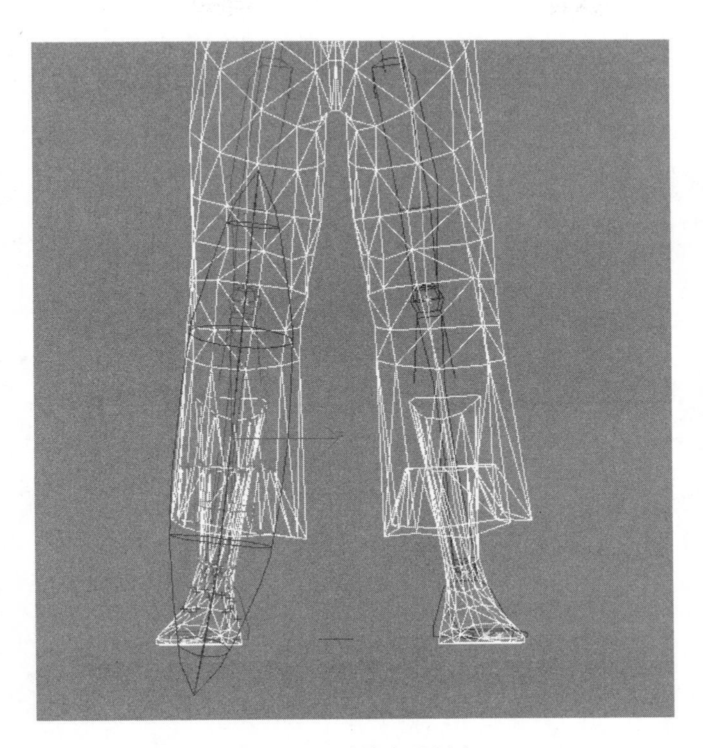

图 4-63　默认小腿封套

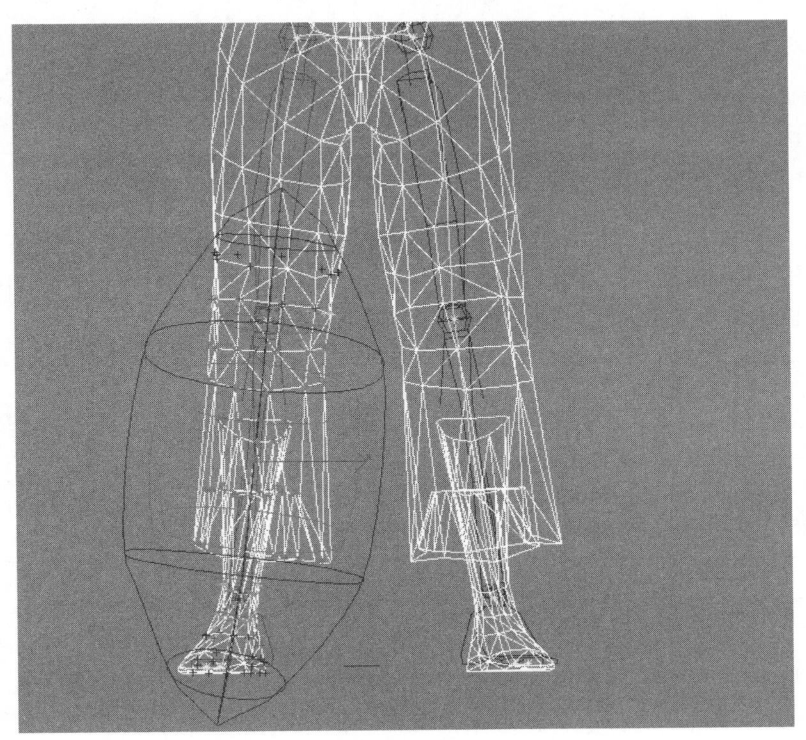

图 4-64　调节后的小腿封套

选择调好的右小腿部位链接，单击 Edit Command(编辑命令)选项组中 Copy(复制)按钮复制封套，然后选择对应的左小腿部位链接，单击 Paste(粘贴)按钮粘贴封套，如图 4-65 所示。

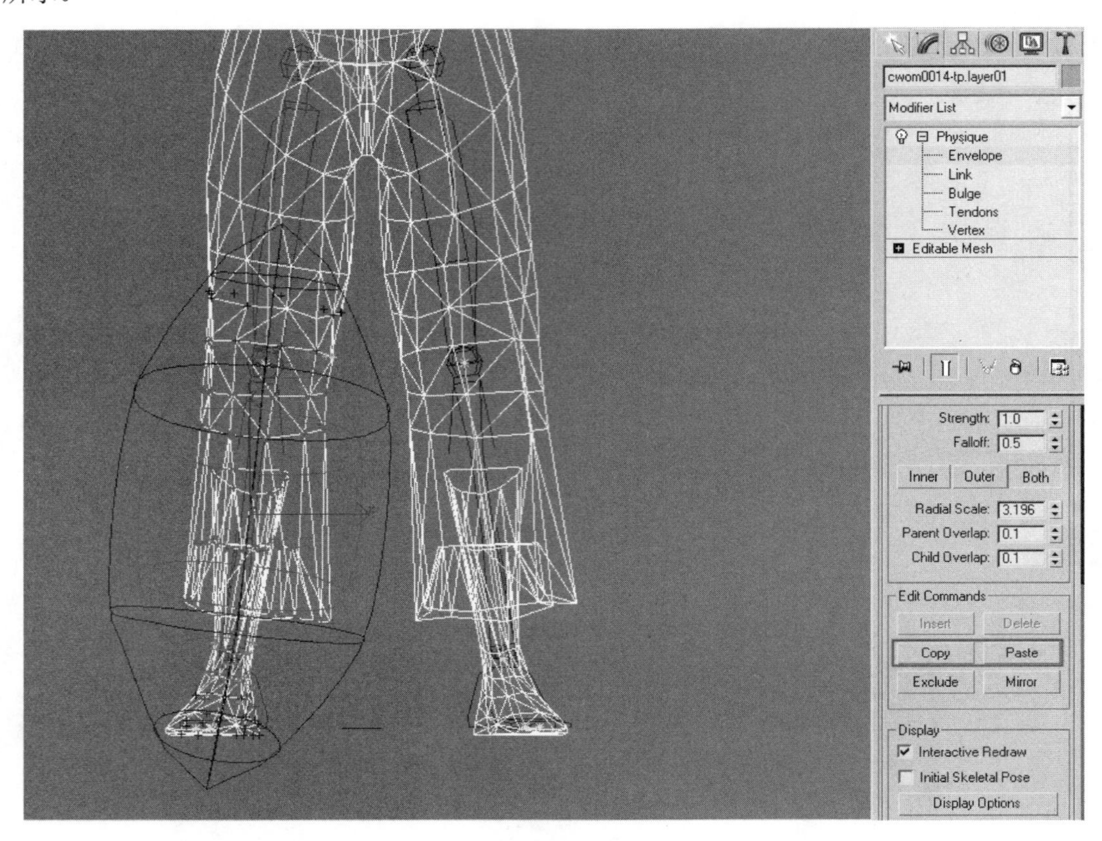

图 4-65　复制并粘贴小腿封套

依照该方法调节模型其他部位的链接封套，使人物模型上所有点都被包含在封套以内，即使骨骼摆出很大幅度的动作，模型上也不会出现错误信息点。

注意

(1) 在通过参数调节封套大小的同时，也可以通过缩放工具来调节封套的某一轴向大小。在调节一部分封套的同时，不要让该部分的封套影响到其他部位模型上的点。

(2) 除使用 Envelope Parameter(封套参数)选项组中的相关参数修改封套以外，还可以使用缩放工具对封套的单方向进行调节。

4.3.2　人物行走动画的制作方法

在建筑动画中，人物的行走动作是最常用也是最简单的，下面介绍人物行走动画的创建。

(1) 创建复合足迹。选择人体任意一节骨骼，依次单击“运动面板”按钮和“足迹模式”按钮，展开 Footstep Creation(足迹创建)卷展栏，选择“行走模式”按钮，单击“创建复合足迹”按钮，弹出 Create Multiple Footsteps: Walk(创建复合足迹)对话框，参数设置如图 4-66 所示。

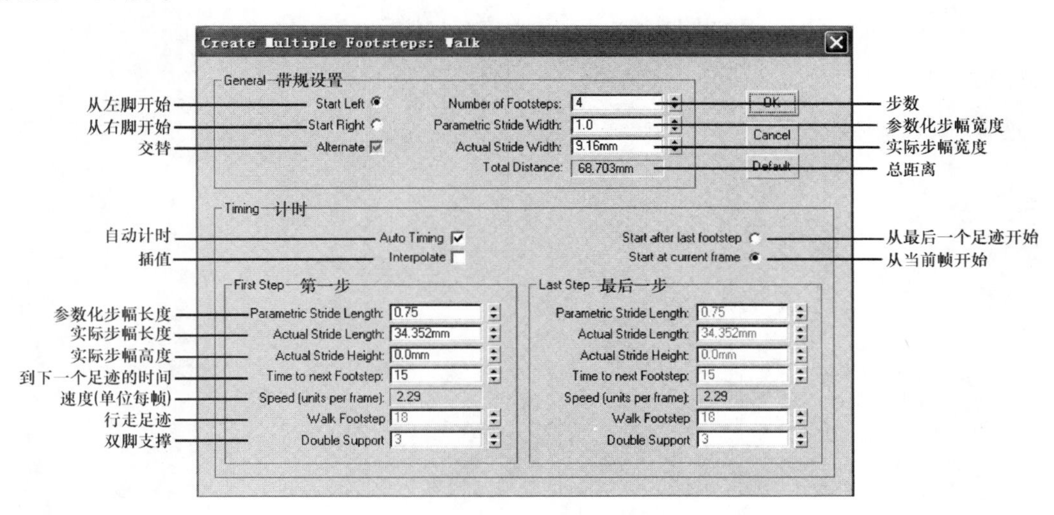

图 4-66　创建复合足迹

将 Number of Footsteps(步数)值设置为 16，单击 OK 按钮确认，在视口中模型前方出现 16 个脚部足迹，如图 4-67 所示。这时只有足迹，没有动画，人物还是不能运动，是因为足迹是非活动状态存在。

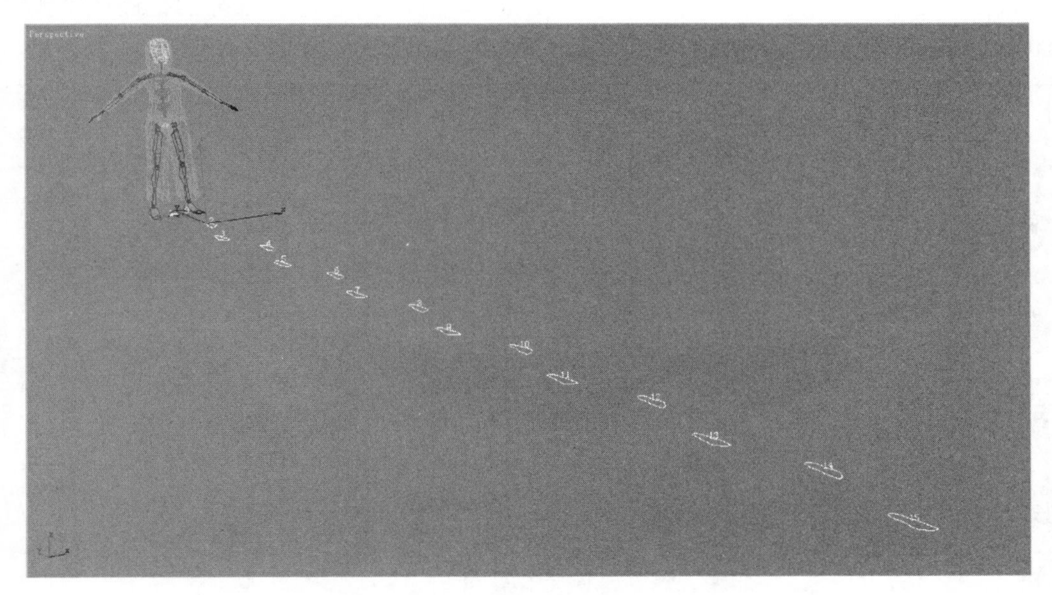

图 4-67　视口中创建的足迹

(2) 创建关键帧。展开 Footstep Operations(足迹操作)卷展栏，单击(创建关键帧于非活动状态足迹)按钮，将非活动状态足迹转化为关键帧，这时播放动画可观看到角色的行走，如图 4-68 所示。

图 4-68　角色的行走

(3) 调整人物的行走步伐。在“足迹模式”下到视口中选择部分或全部足迹，调整 Footstep Operations(足迹操作)卷展栏中的 Bend(弯曲)值可使选择部分的足迹产生弧度，Scale(大小)值可以整体缩放选择部分足迹的步伐长度和宽度，如图 4-69 所示。

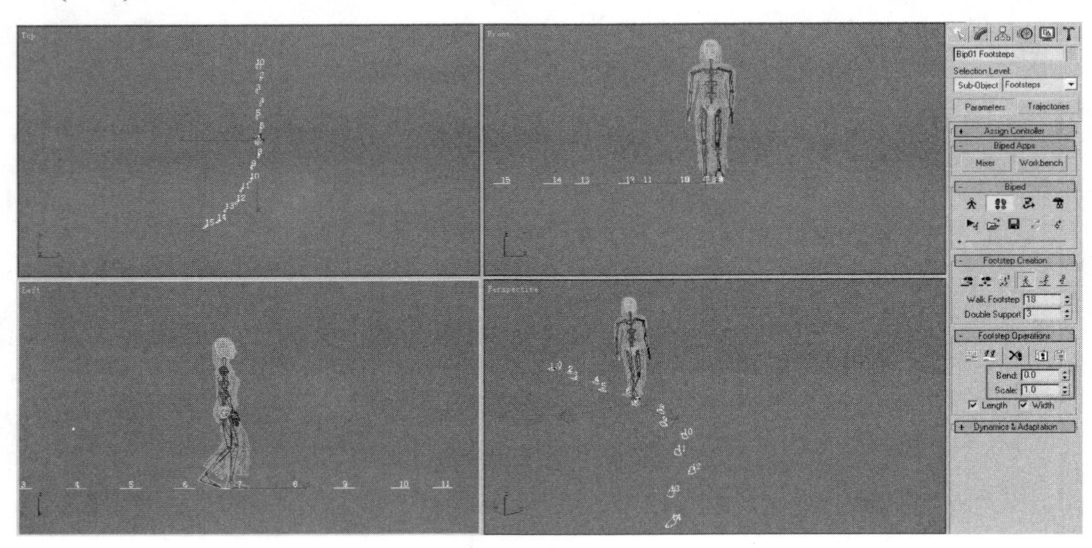

图 4-69　调整人物的行走步伐

提示	在 Footstep Operations(足迹操作)卷展栏中调节 Scale(大小)值时，也可以取消选中 Length(长度)复选框单独调整步伐的宽度或取消选中 Width(宽度)复选框单独调整步伐的长度，这样可以满足不同人物在不同场景中的动画需求。

(4) 调整动画播放时间。一般默认情况下，人物动画创建都从第 0 帧开始，但如果场景

中有多个人物，都从第 0 帧开始会给人一种人物同时行走的感觉，因此要通过改变动画的播放时间来打破这种感觉。

选择 Graph Editors(图解编辑)→Track View - Dope Sheet(轨迹视图-射影表)命令，弹出 Track View - Dope Sheet(轨迹视图-射影表)窗口。在窗口中单击“编辑范围”按钮，横向移动运动轨迹线调整开始帧的位置，如图 4-70 所示。

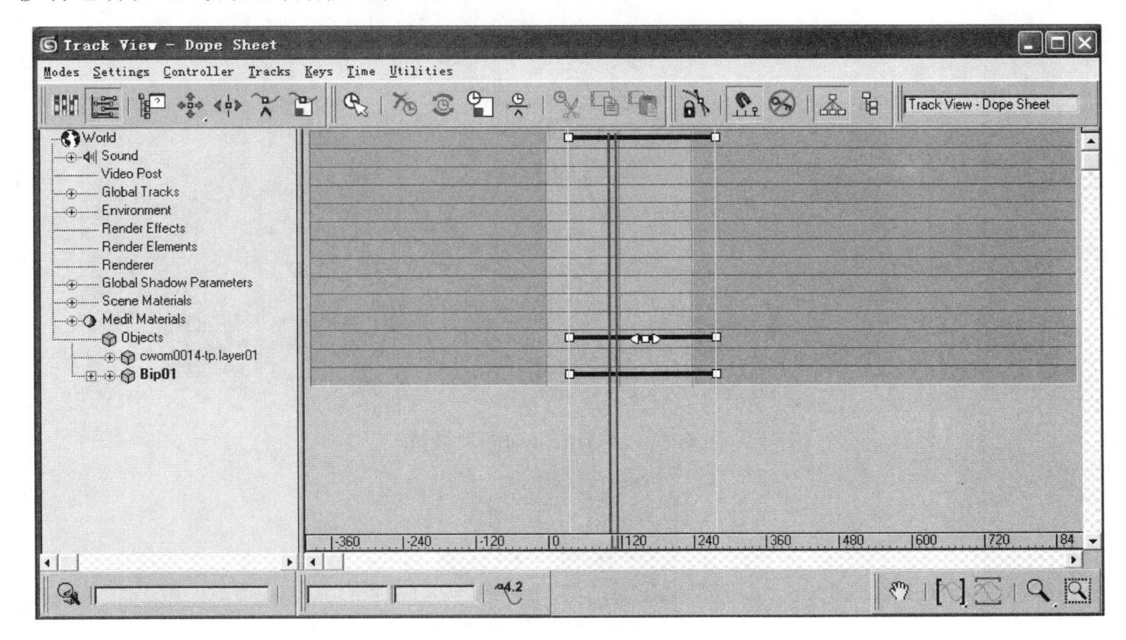

图 4-70　调整动画播放时间

4.3.3　角色运动动画的制作方法

在建筑动画中，如果只有人物角色的行走动画显得过于单一，就需要人物动作的多样化，下面在上一小节人物行走动画的基础上添加调整打招呼的动作。

(1) 调节头部动画。为方便骨骼动画的调节，先将人物蒙皮隐藏。选择颈部和头部骨骼，将第 120～200 帧之间的关键帧删除。单击 Auto Key(自动创建关键帧)按钮，将时间滑块滑到第 130 帧处，旋转颈部和头部骨骼，使头部向右看。按住 Shift 键，移动第 130 帧处关键帧，并将其复制到第 180 帧处，如图 4-71 所示。调节完成后再次单击 Auto Key(自动创建关键帧)”按钮取消激活。

(2) 调节动画为原地播放。由于动画角色在不断行走，位置在不断变化过程中，这样很难看到动画的整体细节效果。展开 Biped(Biped 骨骼系统)卷展栏下的扩展菜单，单击“原地播放”按钮，如图 4-72 所示。这时足迹在不断地移动以保证人物动画始终在一个位置上播放，可以使观者在一个视口中看到完整的动画细节而避免了不断移动视角的麻烦。

(3) 调节腰部动画。选择腰部骨骼，将第 120～200 帧之间的关键帧删除。单击 Auto Key(自动创建关键帧)按钮，将时间滑块滑到第 130 帧处，将腰部骨骼向右转。按住 Shift 键，移动第 130 帧处关键帧，将其复制到第 180 帧处，如图 4-73 所示。

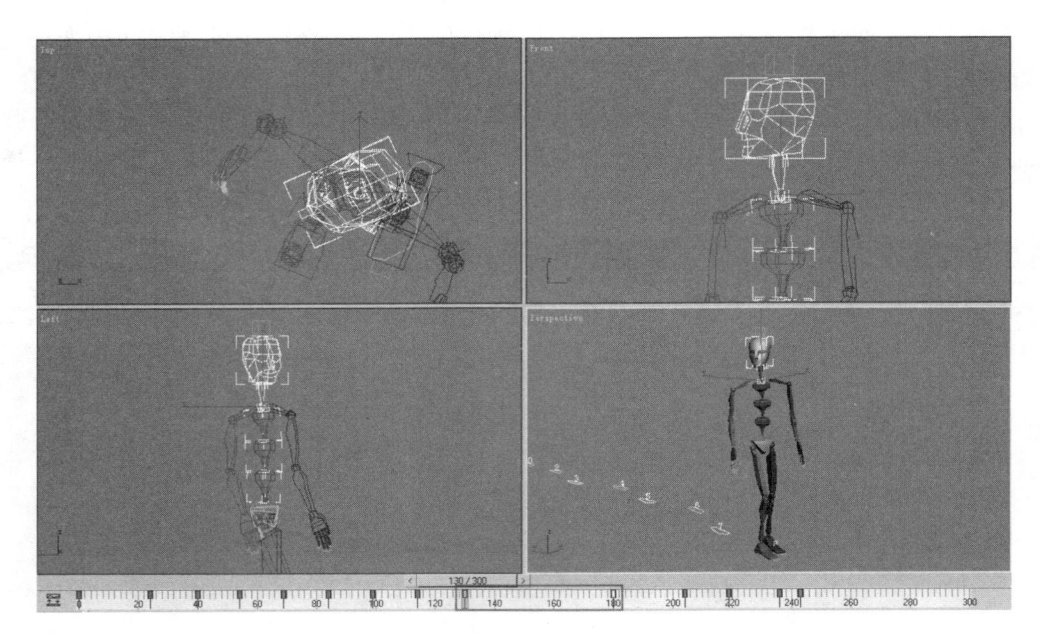

图 4-71　调节头部动画关键帧

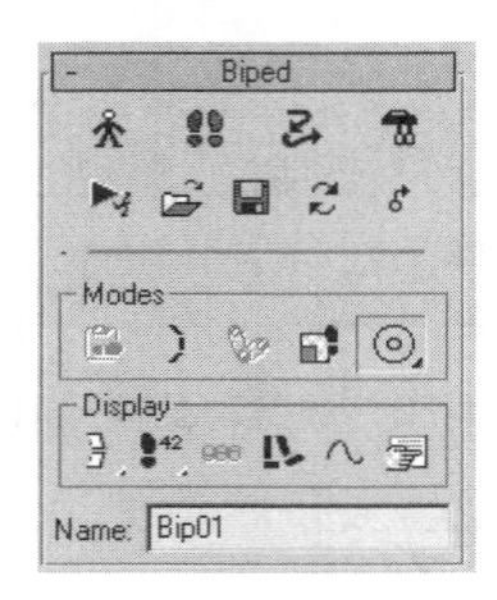

图 4-72　调整动画原地播放

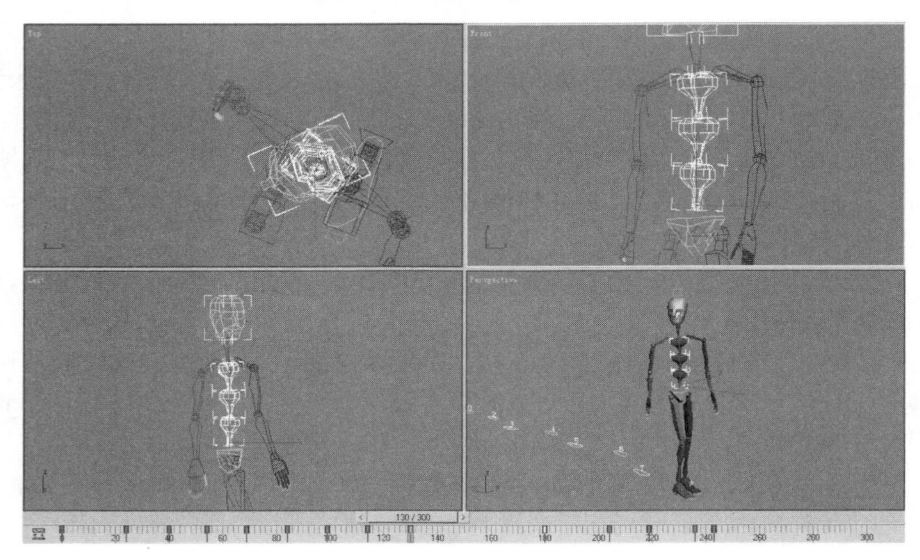

图 4-73　调节腰部动画

(4) 调整手臂动画。选择右手臂及手掌骨骼，将第 135～180 帧之间的关键帧删除。单击 Auto Key(自动创建关键帧)按钮，将时间滑块移到第 135 帧处，旋转并移动手臂骨骼，如图 4-74 所示。

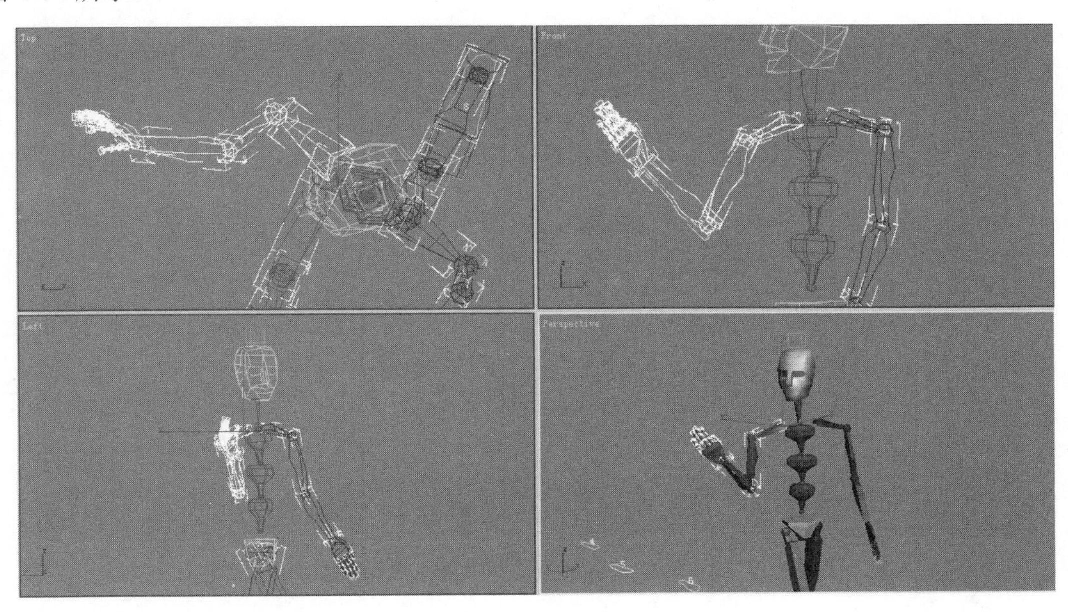

图 4-74　第 135 帧处手臂动作

将时间滑块滑到第 150 帧处，调整手臂骨骼，如图 4-75 所示。

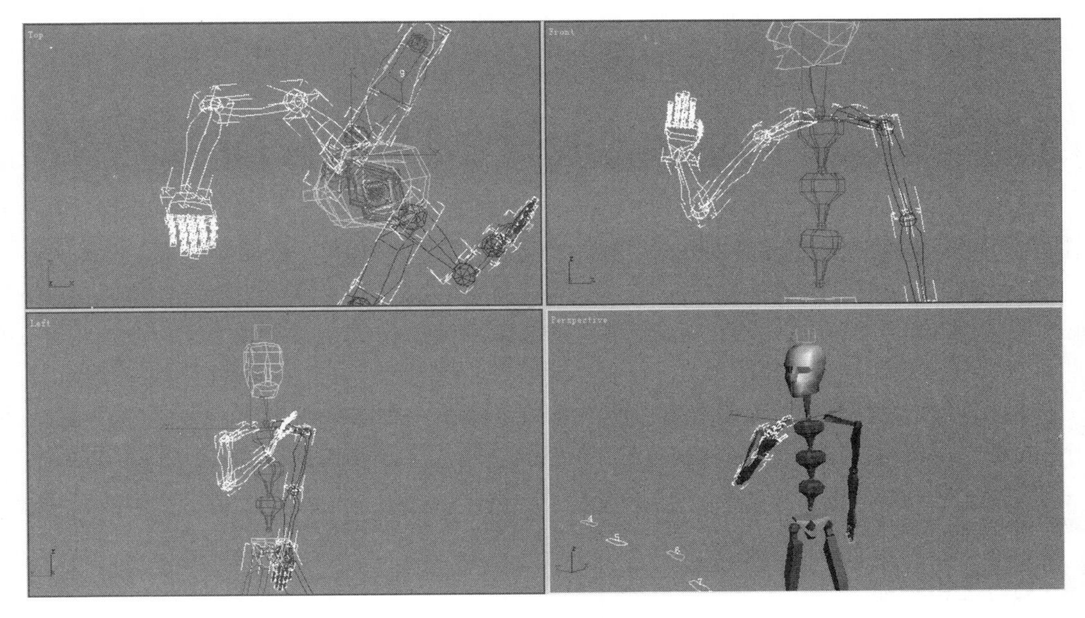

图 4-75　第 150 帧处手臂动作

同时选择第 135～150 处关键帧，按住 Shift 键，移动到第 165～180 帧，对关键帧进行复制。

(5) 最终处理。将人物蒙皮显示，在最终渲染时将骨骼隐藏，最终效果如图 4-76 所示。

图 4-76　最终模型效果

4.4　其他配景角色动画的制作

4.4.1　电梯动画的制作方法

在体现商业环境的场景中，扶手电梯常与人物相结合来体现商圈繁荣的景象。现在介绍扶手电梯动画的制作方法。

(1) 建立电梯扶手模型。勾勒电梯扶手的侧面轮廓线形，添加 Extrude(挤压)修改器挤压出一定的厚度。用此方法分别制作出电梯底部金属架、电梯皮带和电梯玻璃 3 部分，如图 4-77 所示。这部分制作较简单，在前面章节中已经提到过，这里主要讲解梯级的滚动动画。

(2) 建立电梯滚动的路径。依次单击“创建面板”按钮和“二维创建”按钮，利用 Line(线)工具勾勒电梯滚动的路径(一条与电梯侧面底座相同的路径)，如图 4-78 所示。

注意

后面台阶就是按照这条路径的勾勒方向来运动的。顺时针勾勒为下楼扶梯，逆时针勾勒为上楼扶梯。

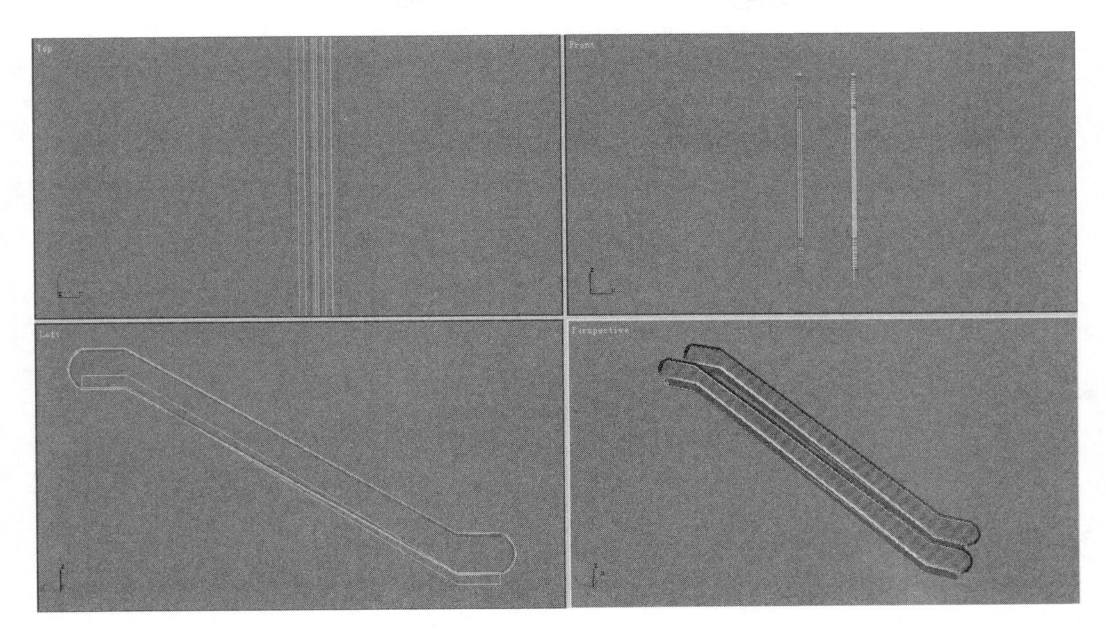

图 4-77　电梯扶手模型

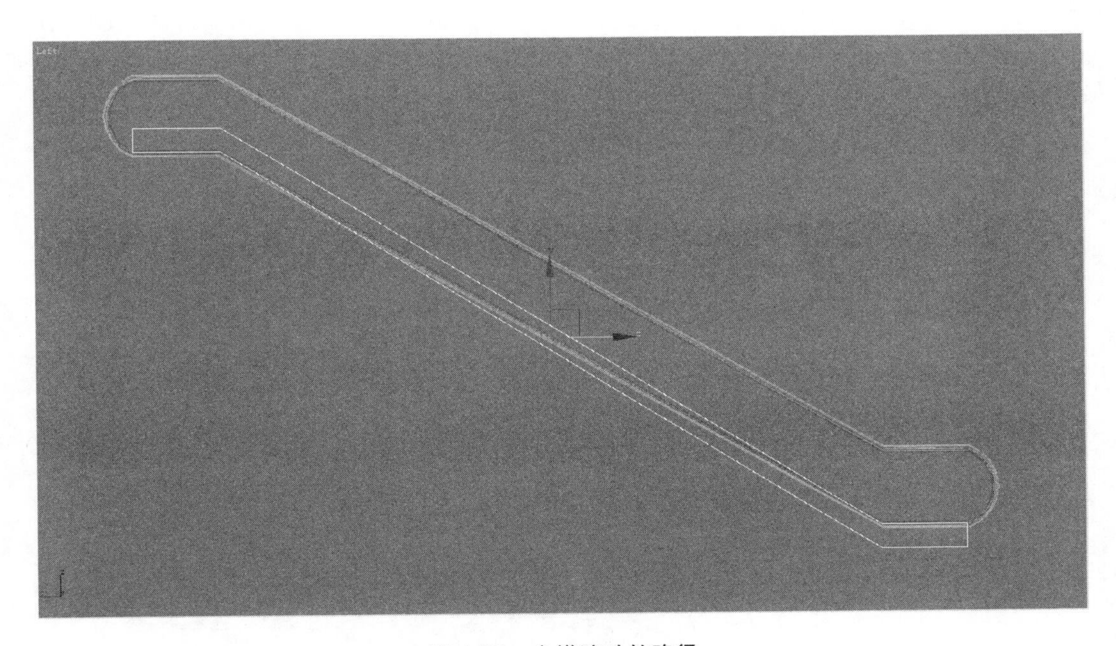

图 4-78　电梯滚动的路径

(3) 建立电梯一个梯级的动画。创建一个 Box(方体)作为电梯的一个梯级，依次选择 Animation(动画)→Constraints(约束)→Path Constraint(路径约束)命令，到视口中拾取刚刚创建的电梯滚动路径线。此时这一梯级被约束在路径上，并自动生成两个关键帧，如图 4-79 所示。

图 4-79　一个梯级的路径约束

(4) 复制电梯的其他梯级。按住 Shift 键对电梯的其他梯级进行复制。为了确保复制出梯级位置的准确性，复制过程中移动时间滑块，使复制分几次进行，保证每次复制都在平缓的斜坡上进行，否则在电梯路径的拐角处可能出现梯级的错乱，直到铺满整个路径，如最后有一点误差则需要手动进行调节，最终效果如图 4-80 所示。

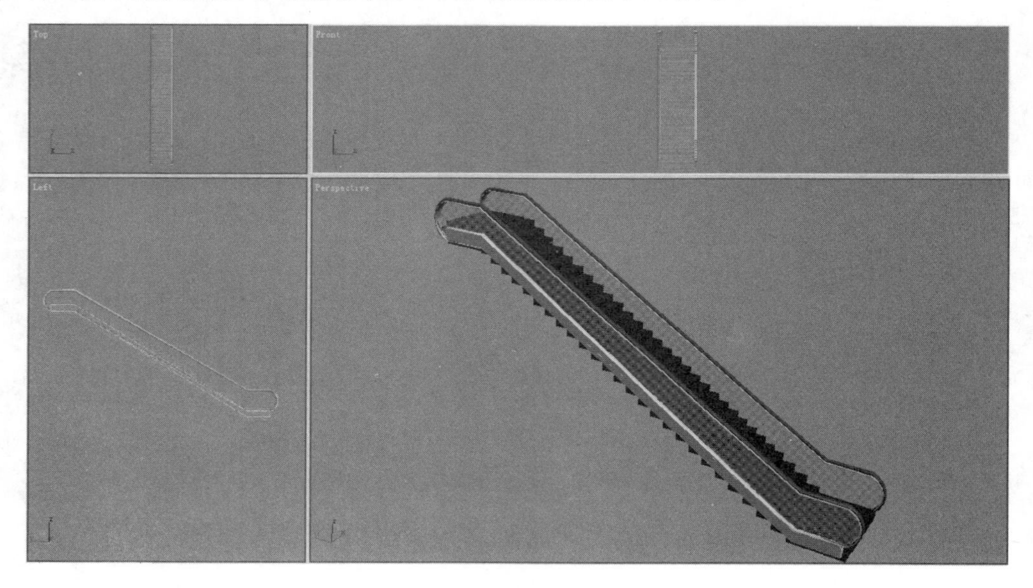

图 4-80　电梯其他梯级的复制

(5) 调节动画的播放速度。这时电梯就在滚动了，但由于动画时间轴太短，所以动画的播放速度过快，单击动画关键帧控制区的“时间配置”按钮，弹出 Time Configuration(时间配置)对话框，在 Animation(动画)选项组中将 End Time(结束时间)设置为 500，如图 4-81

所示。最后框选所有的梯级，将第 100 帧处的关键帧移动到第 500 帧处，此时再次播放动画，速度将减慢。

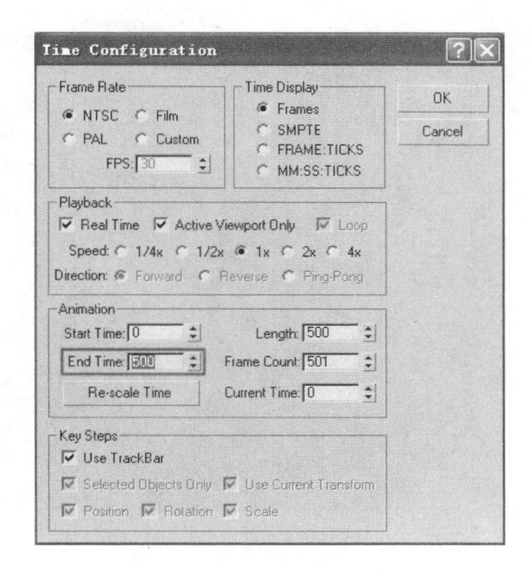

图 4-81　动画播放速度的调节

4.4.2　汽车动画的制作方法

在建筑动画中汽车是常被使用的，对于鸟瞰或比较远的视角，汽车并不用表现得很精细，只要移动的速度适宜就可以了。然而，对于车库等需要用汽车加强表现效果的场景，就需要对汽车的动画进行精细的调节。下面以图 4-82 所示的模型为例对精细汽车动画的调节进行讲解。

图 4-82　汽车精模

(1) 建立汽车简模。先建立与实际使用的精模车大小相同的汽车简模，用多边形建模简单地挤出汽车的形状(因为动画的调节实际与模型无关，用简模来做动画，可以有效地加快动画制作过程中计算机的运行速度)。车轮圆柱的段数可低一点，这样做动画时可以看出轮子的转动，如图 4-83 所示。记住轮子的半径，待动画时使用。

图 4-83　创建汽车简模

注意

模型建立后不要旋转，否则会影响物体的坐标轴向。

(2) 建立车轮与车身的父子级关系。单击“链接”按钮，从轮子上拖出一条虚线链接到车身上，使其成为车身的子物体，随车身一起运动。

(3) 制作车身的移动动画。选择车身，单击 Auto Key(自动创建关键帧)按钮自动录制关键帧，将时间滑块拖至最后，移动车身向前运动，如图 4-84 所示，调节完成后再次单击 Auto Key(自动创建关键帧)按钮取消激活。

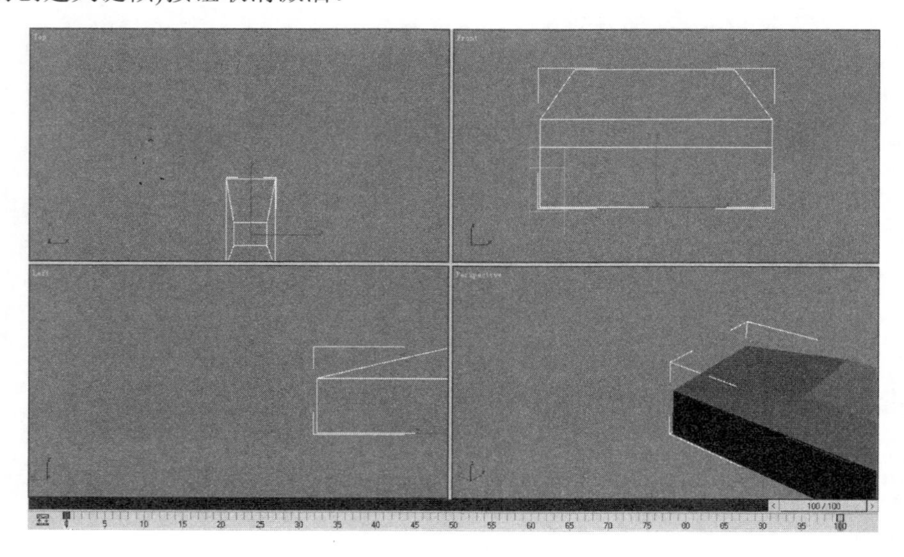

图 4-84　创建车身的移动动画

(4) 使车轮转动自动与车身的行进相匹配。选择车轮物体，展开“运动面板”中的 Assign Controller(指定控制器)卷展栏，选择 Rotation: Euler XYZ(旋转：XYZ 轴)的 Y Rotation: Bezier Float(Y 轴旋转：贝赛尔浮点值)子级后，单击“指定控制器”按钮，弹出 Assign Float Controller(指定浮点控制器)对话框，在其中选择 Float Expression(浮点表达式控制器)后单击 OK 按钮确认，弹出 Expression Controller：Cylinder01\ Y Rotation(表达式控制：圆柱 01\Y 轴旋转)对话框。

提示	表达式控制器是指用一个计算公式来说明变量与变量之间的关系，在这里通过表达式来建立车轮旋转角度与车身行进距离之间的关系。

在 Expression Controller：Cylinder01\ Y Rotation(表达式控制：圆柱 01\Y 轴旋转)对话框的 Expression 文本框中输入表达式 Ix/Ir，如图 4-85 所示。

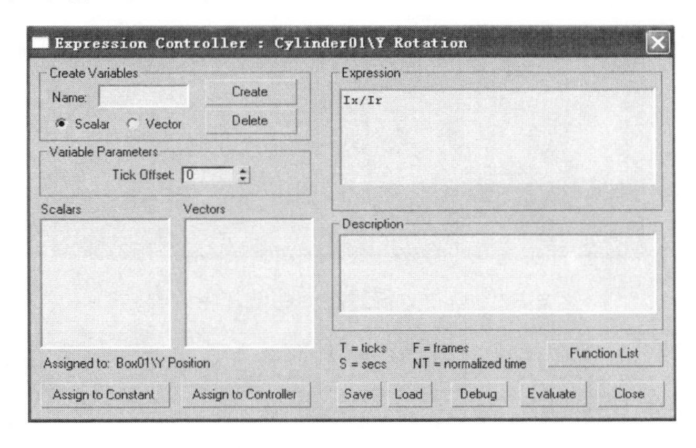

图 4-85　写入表达式

提示	由于 Q(车轮旋转的角度)=Ix(车轮行进的路程)/Ir(车轮半径)，所以在 Expression Controller：Cylinder01\ Y Rotation(表达式控制：圆柱 01\Y 轴旋转)对话框的 Expression 文本框中输入表达式 Ix/Ir。

输入的表达式中存在两个变量(车轮行进的路程和车轮半径)，因此接下来就要创建变量。在 Create Variables(创建变量)选项组的 Name(名称)文本框中输入变量名 Ix，然后单击 Create(创建)按钮，则在 Scalars(数量)列表框中将会出现 Ix，如图 4-86 所示。

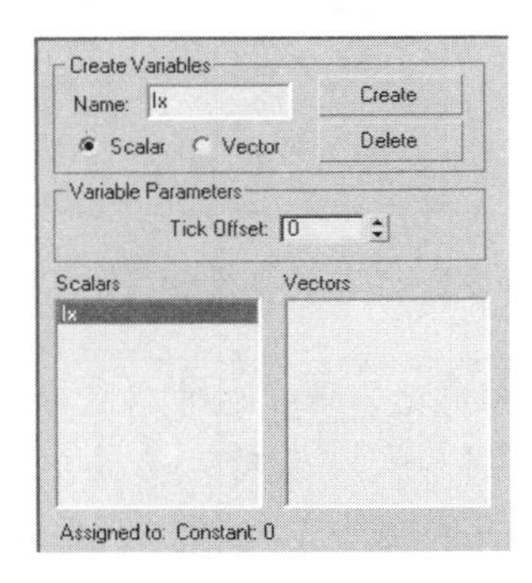

图 4-86　创建车轮行进路程的变量

因为 Ix(车轮行进的路程)是一个时时变化的值，所以单击 Assign to Controller(指定控制值)按钮，弹出 Track View Pick(轨迹视图拾取)对话框，在其中选择 Box01(方体 01)节点下的 Y Position:Bezier Float(Y 轴位移：贝赛尔浮点值)选项后单击 OK 按钮确认，将控制值指定到车体的移动前进方向上，如图 4-87 所示。

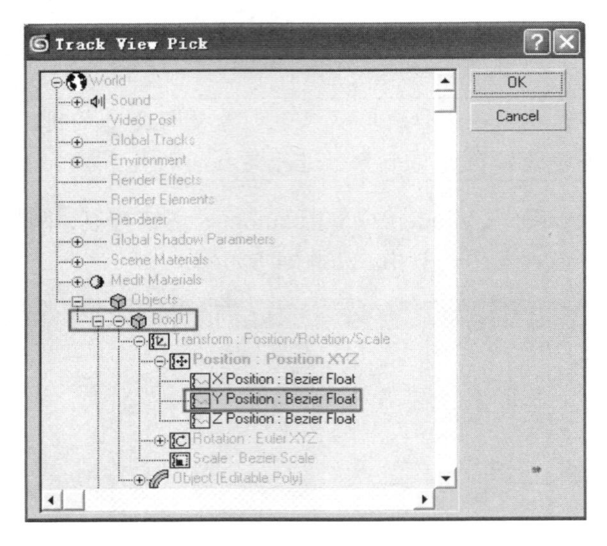

图 4-87　给车轮行进路程的变量指定参数

提示	车轮的行进是跟随车体行进的，车轮本身不存在动画，动画在车体上，所以在控制值指定上要指定到车体。

再创建另一个变量，在 Create Variables(创建变量)选项组的 Name(名称)文本框中输入变量名 Ir，然后单击 Create(创建)按钮，则在 Scalars(数量)列表框中将会出现 Ir。因为 Ir(车轮半径)是一个常量，所以单击 Assign to Constant(指定固定值)按钮，弹出 Ir 对话框，在 Scalar Value(数值)选项组中设置的固定值应为车轮(圆柱 01)的半径，如图 4-88 所示。设置完成后单击 OK 按钮确认，这时车轮就可以随车体行进而转动了。

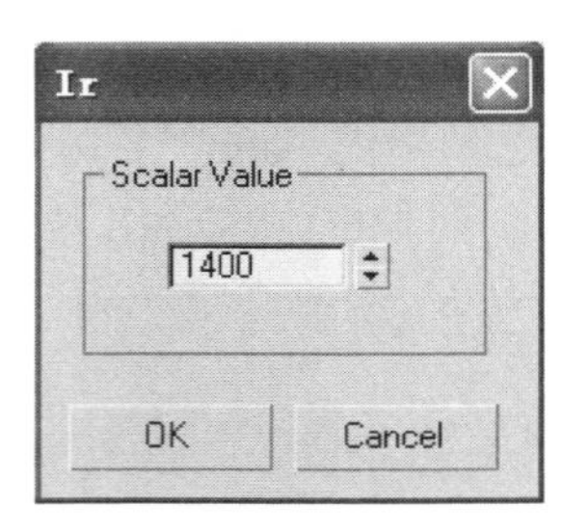

图 4-88　给车轮半径变量指定数值

提示	① 因这里的半径是一个固定值，所以也可以直接将数值写入表达式，而不设变量。 ② 如果转动方向相反，则需在“运动”面板中的表达式控制器上右击，在弹出的快捷菜单中选择 Properties(属性)命令重新调出 Expression Controller(表达式控制)，在表达式前加一个负号即可。

(5) 复制另外三个车轮，如图 4-89 所示。

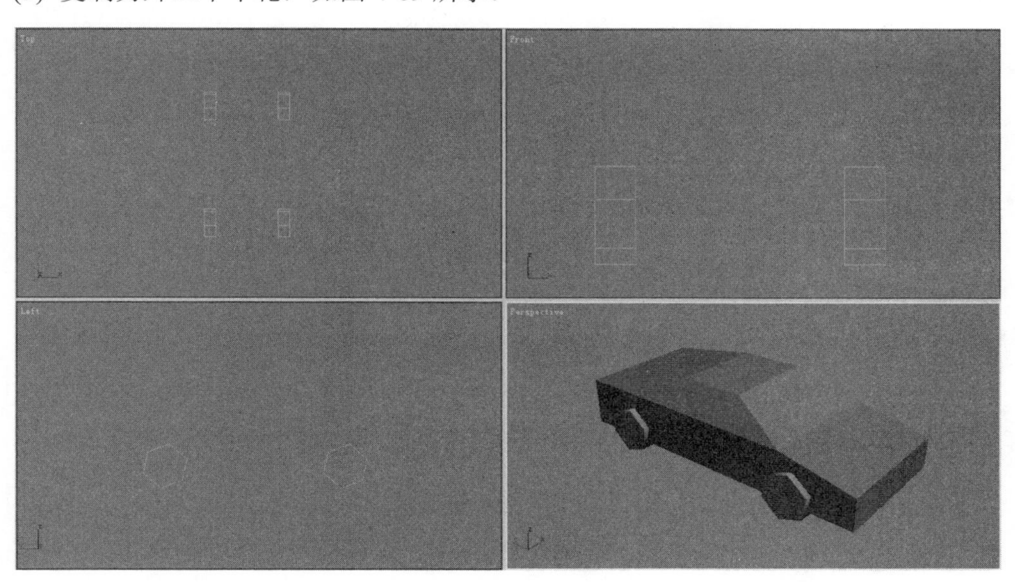

图 4-89　复制车轮

(6) 使精模车与简模车相匹配。将事先建好的精模车导入场景，放到与简模，对应的位置，依次将精模链接到简模上，如图 4-90 所示，最后将简模隐藏就可以了。

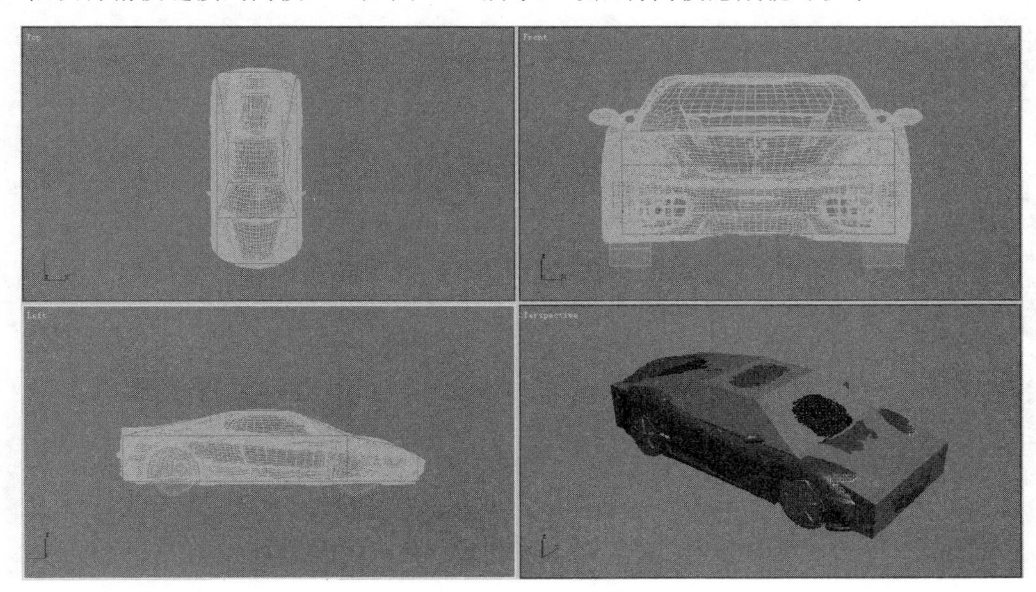

图 4-90　将精模车与简模车匹配

4.4.3　蝴蝶、游鱼、飞鸟动画制作方法

1. 蝴蝶动画的制作

蝴蝶常出现在花丛或草丛、灌木丛周边，用来体现芬芳的气息氛围，所制作效果如

图 4-91 所示。

图 4-91　飞舞的蝴蝶

(1) 建立蝴蝶模型。依次单击“创建面板”按钮和“二维创建”按钮，利用 Line(线)工具勾勒出蝴蝶翅膀，右击，在弹出的快捷菜单中选择 Convert to(转换)→Convert to Editable Poly(转换为可编辑多边形)命令，并用多边形建模将 Box(方体)改为蝴蝶的身体，将二者合为一体，并附材质，如图 4-92 所示。

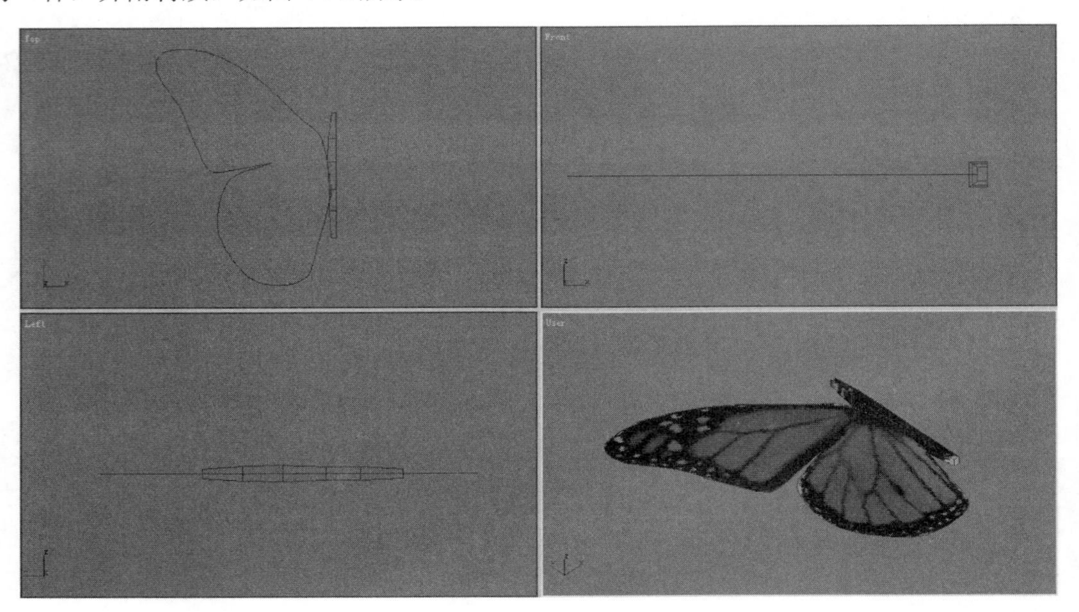

图 4-92　创建蝴蝶模型

注意

为使两面对称，只建一半的模型就可以了。

(2) 调整坐标中心。进入模型的 Element(体)子级别进行编辑，选择翅膀部分，添加 Xform(转换)修改器。进入 Xform(转换)修改器的 Center(中心)子级别，将中心点移到蝴蝶身体一侧(翅膀根部)，如图 4-93 所示。

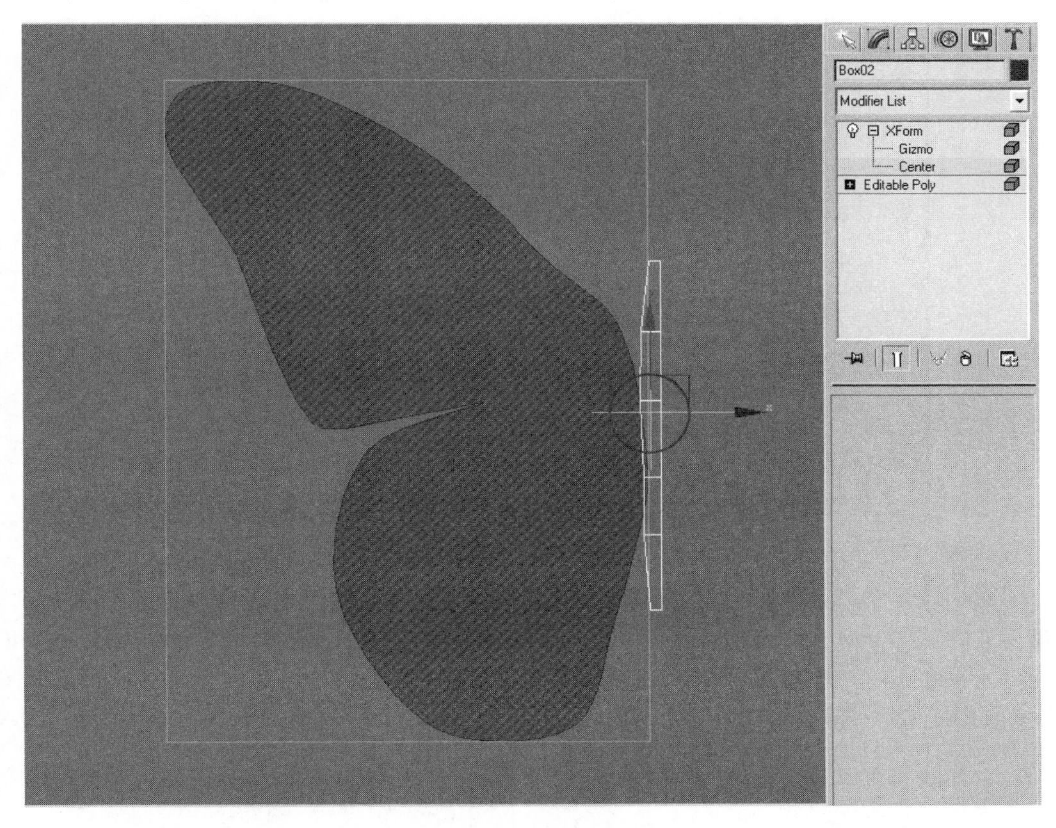

图 4-93　调整坐标中心

(3) 制作翅膀扇动的动画。在翅膀上右击，在弹出的快捷菜单中选择 Curve Editor(曲线编辑器)命令，弹出 Track View – Curve Editor(轨迹视图-曲线编辑器)窗口。这里要制作的蝴蝶翅膀的扇动是一个不断循环的往复过程，直接在时间轴上做动画不易控制，在曲线上制作就会容易很多。

提示	① 曲线编辑器可将动画显示为功能曲线，将控制器随时间发生更改的值绘制成图。可以将关键点添加到尚未设置动画轨迹的功能曲线上。 ② 如打开的曲线编辑器中没有显示 Objects(物体)项，则需要手动调节将物体显示。打开 Track View - Curve Editor(轨迹视图-曲线编辑器)窗口中的 Display(显示)菜单，选择 Filters(过滤)命令，在弹出的 Filters(过滤)对话框中选中 Show(显示)选项组中的 Objects(物体)复选框，如图 4-94 所示，这样场景中的全部物体就会在 Track View - Curve Editor(轨迹视图-曲线编辑器)窗口中被显示。

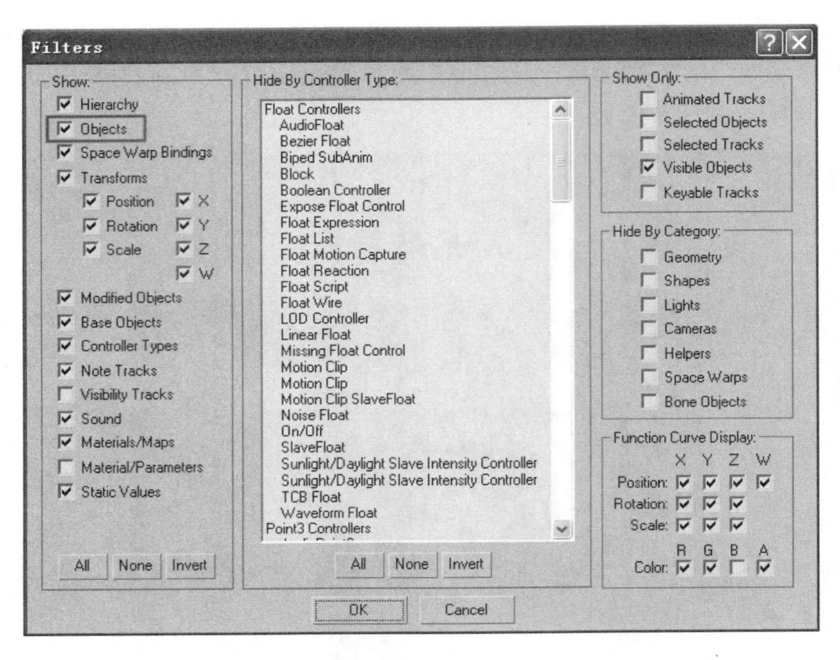

图 4-94　在曲线编辑器中显示物体

因为蝴蝶翅膀扇动实际就是翅膀在 Y 轴方向上的转动，所以到 Objects(物体)节点中找蝴蝶物体的名称→Modified Object(修改物体) →Xform(转换) →Y Rotation: Bezier Float(Y 轴旋转：贝赛尔浮点值)，利用“绘制曲线”工具在 Track View - Curve Editor(轨迹视图-曲线编辑器)窗口右侧的曲线绘制区域中点 3 个点，实际上就是添加 3 个关键帧，如图 4-95 所示。

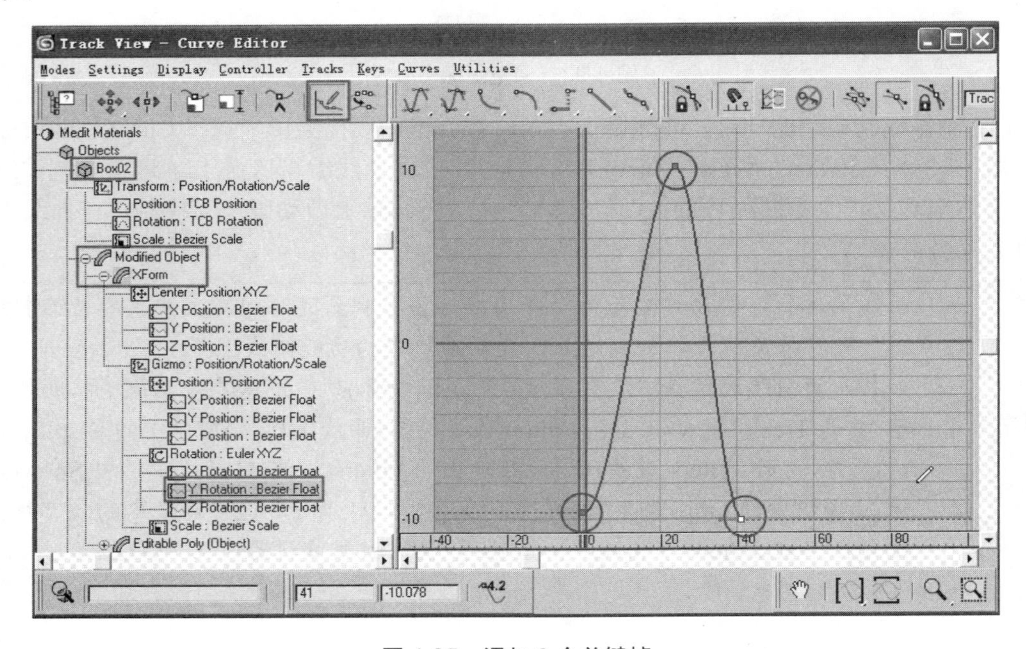

图 4-95　添加 3 个关键帧

下面介绍如何调节 3 个关键帧的参数。

选择第 1 个点，在参数输入区输入 0、60(第 0 帧时翅膀旋转 60 度)，如图 4-96 所示。

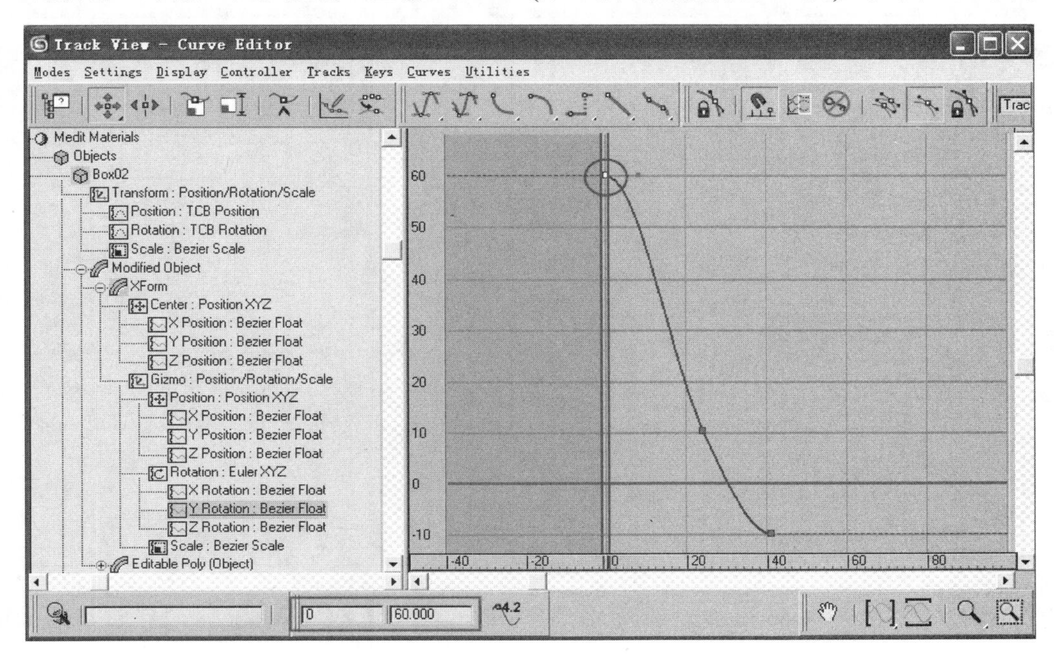

图 4-96　第 1 个点参数

选择第 2 个点，在参数输入区输入 3、-50(第 3 帧时翅膀旋转-50 度)，如图 4-97 所示。

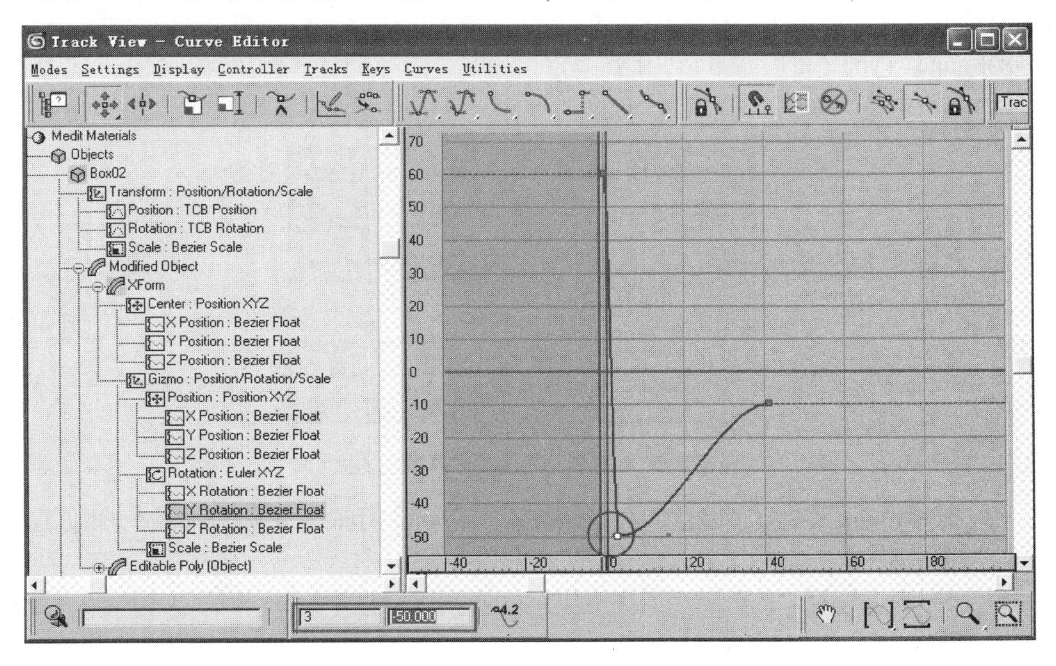

图 4-97　第 2 个点参数

选择第 3 个点，在参数输入区输入 6、60(第 6 帧时翅膀旋转 60 度)，如图 4-98 所示。

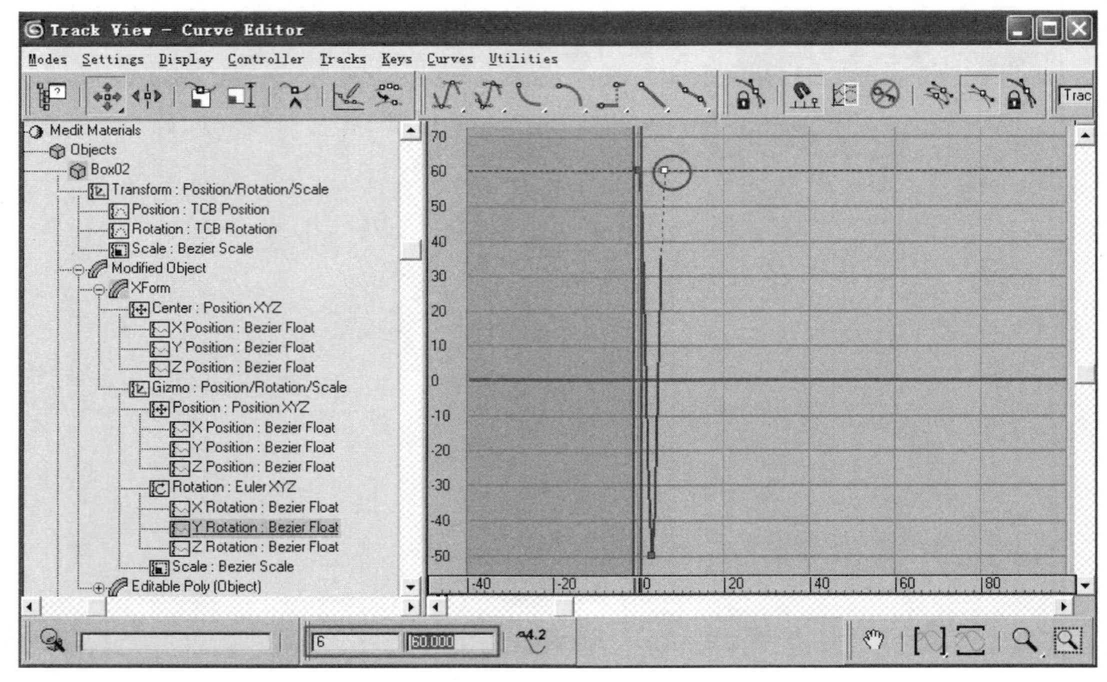

图 4-98 第 3 个点参数

蝴蝶翅膀扇动是一个不断循环的往复过程，然而只需要做一次循环的扇动就可以了，后面通过设置来使动画曲线自动延续。单击“曲线溢出范围类型”按钮，弹出 Param Curve Out-of-Range Types(曲线溢出范围类型)对话框，选择曲线的输入和输出方式分别为 Constant(固定)和 Loop(循环)，如图 4-99 所示。

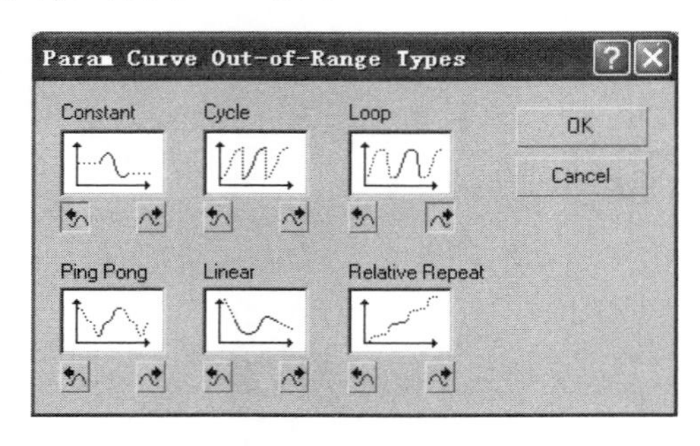

图 4-99 调节曲线的输入和输出方式

此时观测到动画曲线自动延续，如图 4-100 所示，关闭曲线编辑器，播放动画，看到蝴蝶翅膀在持续扇动。

(4) 对动画进行整合。给蝴蝶添加 Edit Mesh(编辑网格)修改器，对整个模型进行规整，使模型回到最初状态。

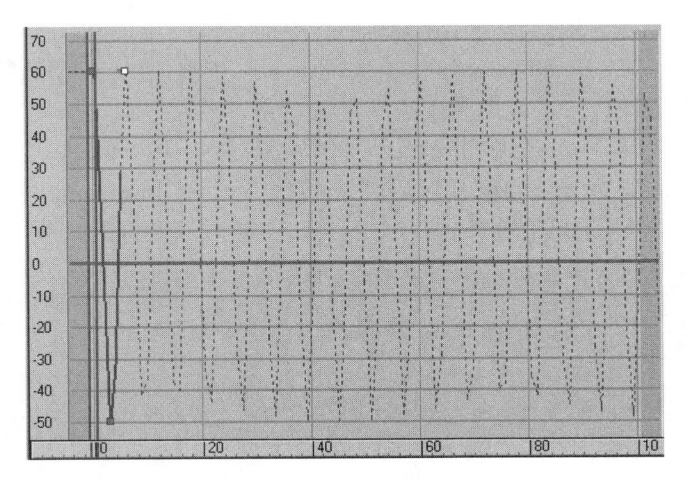

图 4-100　循环曲线

(5) 镜像蝴蝶的另一半。给蝴蝶添加 Symmetry(对称)修改器，展开“修改”面板中的 Parameters(参数)卷展栏，在 Mirror Axis(镜像轴)选项组中选择 Y 轴，进入 Symmetry(对称)修改器的 Mirror(镜像)子级别，利用“角度捕捉”工具进行旋转，转到一个合适的位置，如图 4-101 所示。

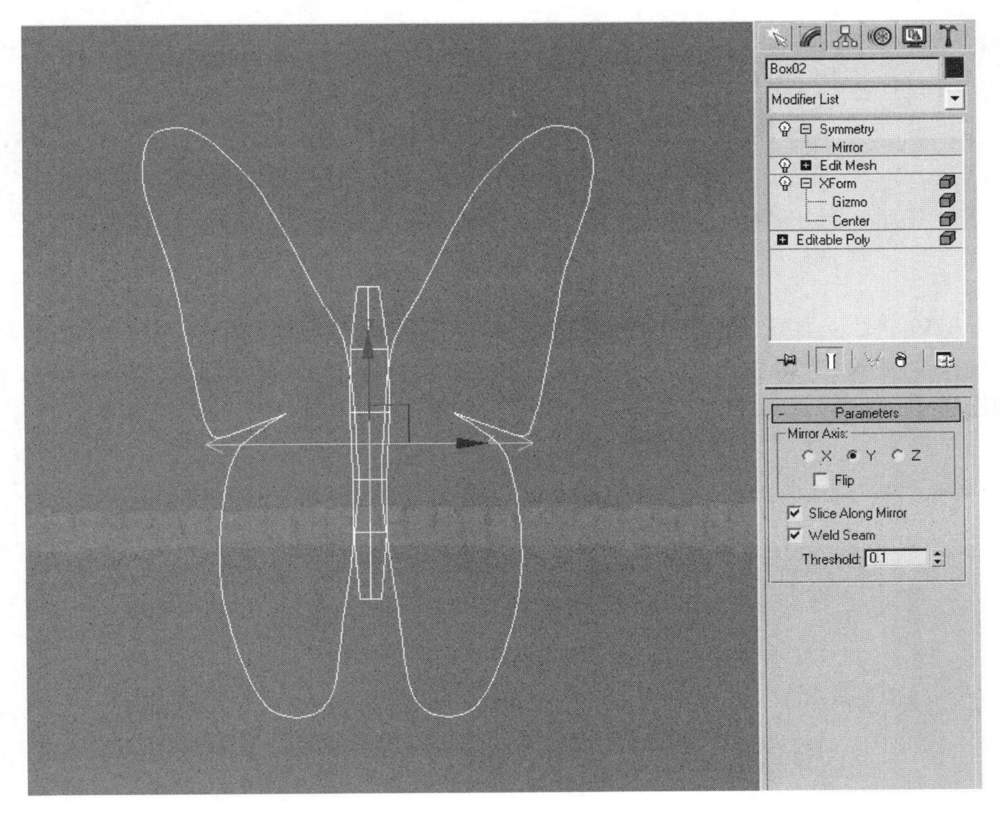

图 4-101　镜像蝴蝶

(6) 建立多只蝴蝶。依次单击“创建面板”按钮和“创建几何体”按钮，在下方的下拉列表框中选择 Particle Systems(粒子系统)选项，展开 Object Type(物体类型)卷展栏，单击 Pcloud(粒子云)按钮，在视口中创建一个长、宽、高近似相等的粒子云框。

改变粒子类型。展开 Particle Type(粒子类型)卷展栏，在 Particle Types(粒子类型)选项组中选中 Instanced Geometry(实例几何体)单选按钮，然后在 Instancing Parameters(实例参数)选项组中单击 Pick Object(拾取物体)按钮，到视口中拾取刚做好的蝴蝶，如图 4-102 所示。

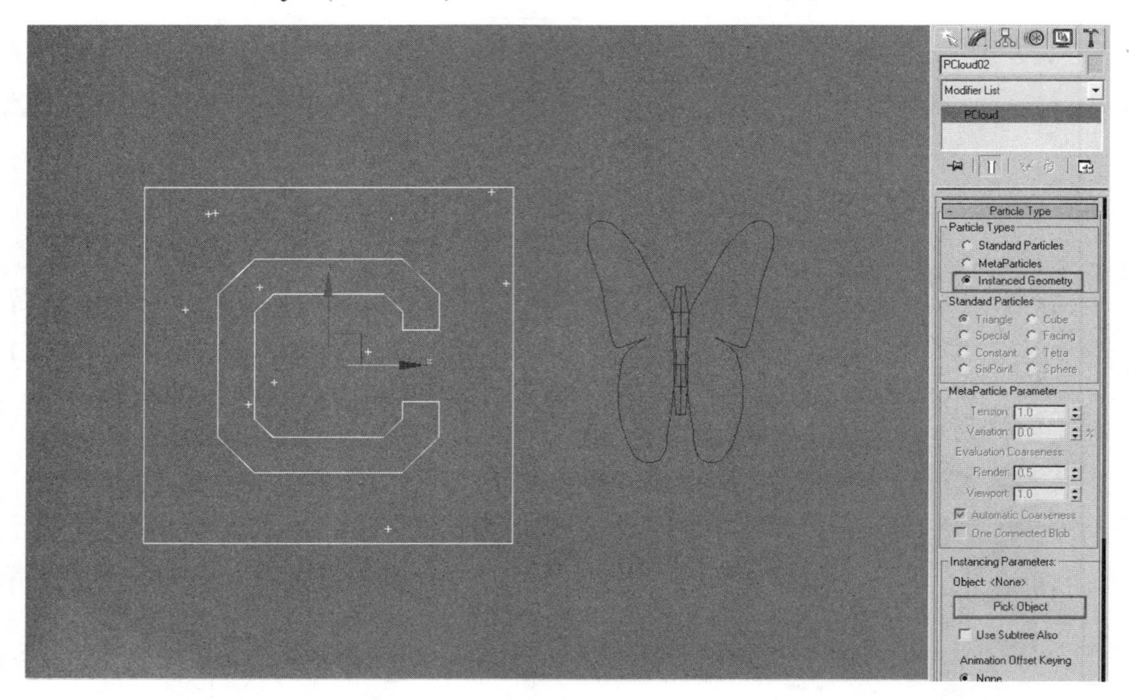

图 4-102　粒子云拾取蝴蝶

改变粒子显示类型。展开 Basic Parameters(基本参数)卷展栏，在 Viewport Display(视图显示)选项组中选中 Mesh(网格)单选按钮，如图 4-103 所示。此时可以看到粒子云中的粒子以蝴蝶显示，如图 4-104 所示。

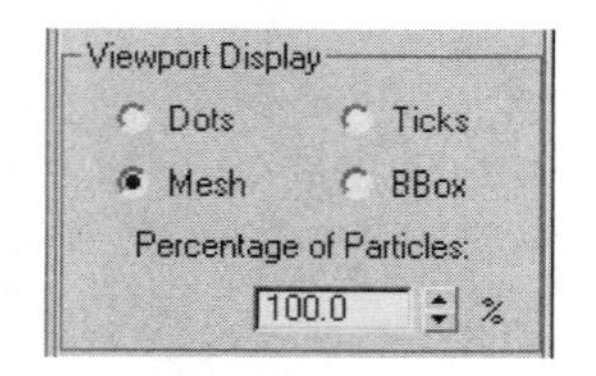

图 4-103　调节粒子显示类型

(7) 改变蝴蝶的大小及差异。展开 Particle Generation(粒子产生)卷展栏，在 Particle Size(粒子大小)选项组中设置 Size(大小)值为 0.3，Variation(变化量)值为 30%，如图 4-105 所示。

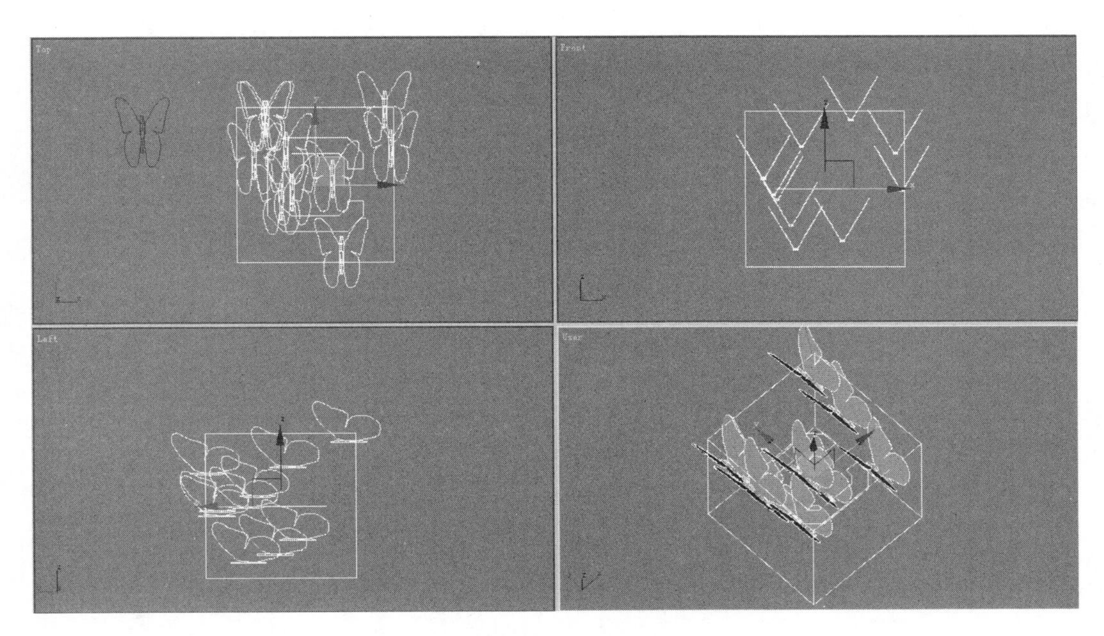

图 4-104　粒子系统中的蝴蝶网格

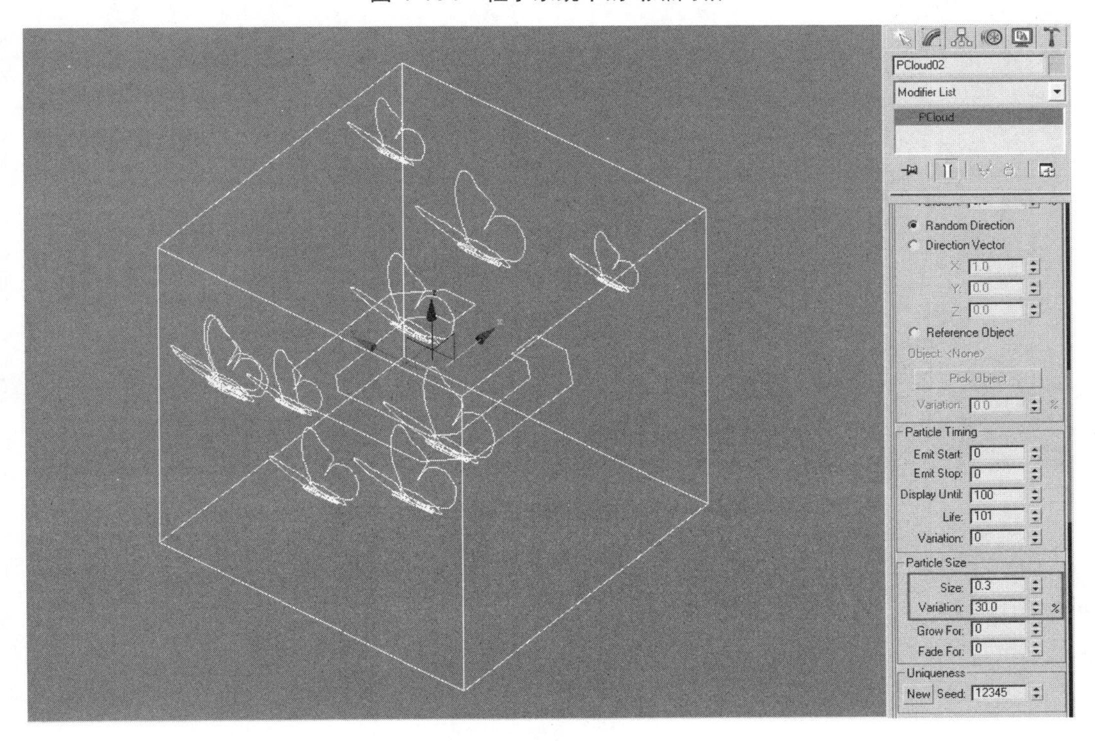

图 4-105　调节粒子大小及差异

(8) 改变动画播放帧错动，使蝴蝶翅膀扇动不一致。展开 Particle Type(粒子类型)卷展栏，设置 Instancing Parameters(实例参数)选项组中的 Animation Offset Keying(动画帧错动)为 Random(随机)，Frame Offset(帧错动)为 20，如图 4-106 所示，效果如图 4-107 所示。

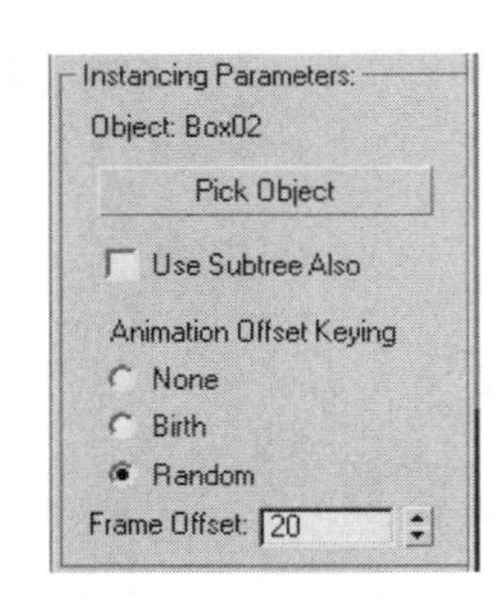

图 4-106　调节动画播放帧错动

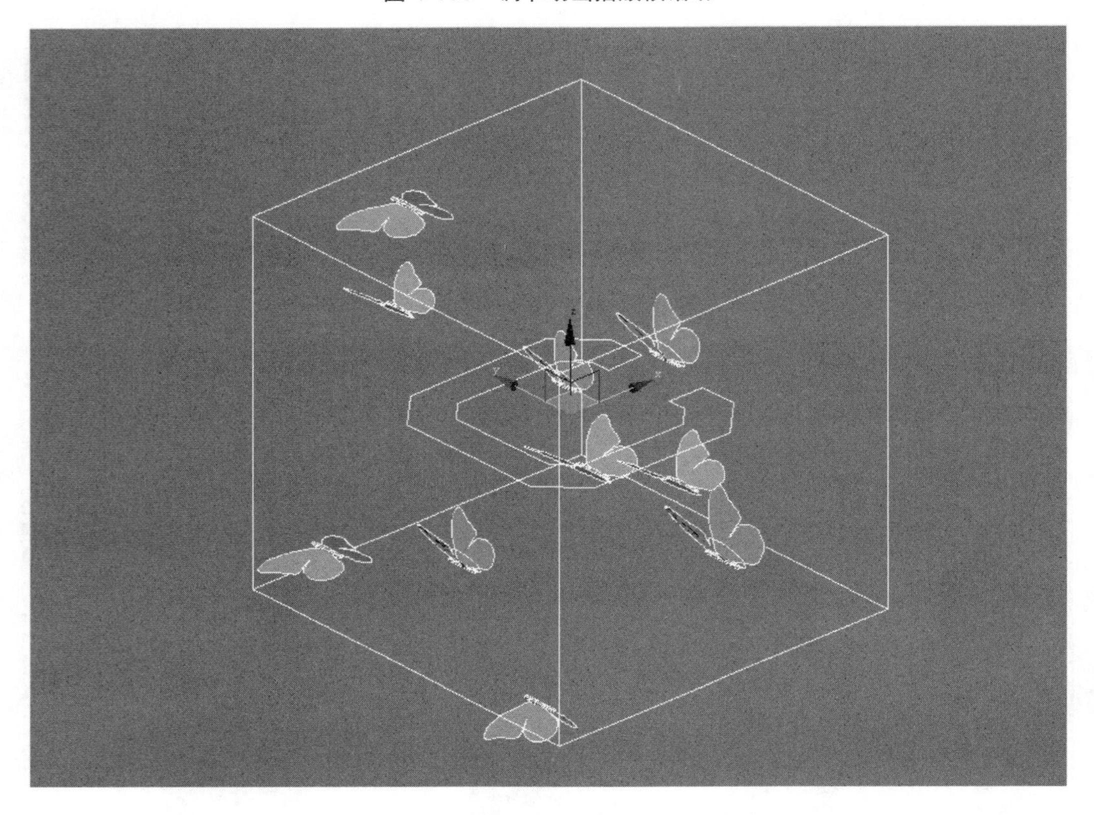

图 4-107　调节动画播放帧错动后的蝴蝶

(9) 使蝴蝶飞动有一定的幅度。展开 Bubble Motion(冒泡运动)卷展栏，设置相关参数，如图 4-108 所示，调节后蝴蝶的飞舞产生浮动变化。

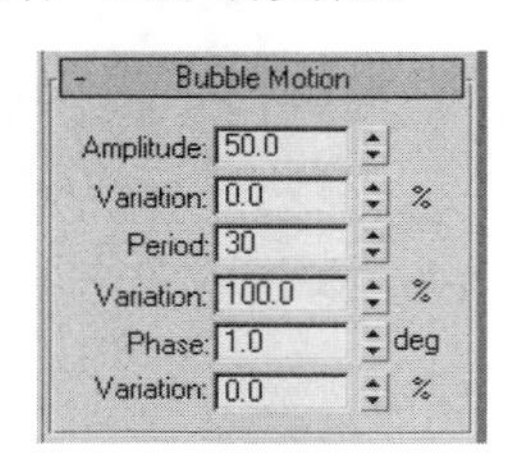

图 4-108　调节蝴蝶飞动幅度

(10) 使粒子物体变为实体。依次单击“创建面板”按钮和“创建几何体”按钮，在下方的下拉列表框中选择 Compound Objects(复合物体)选项，展开 Object Type(物体类型)卷展栏，单击 Mesher(网格)按钮，到视口中创建一个 Mesher(网格物体)。切换到“修改”面板，展开 Parameters(参数)卷展栏，单击 Pick Object(拾取物体)选项下的 None(无物体)按钮，到视口中拾取粒子云，如图 4-109 所示。

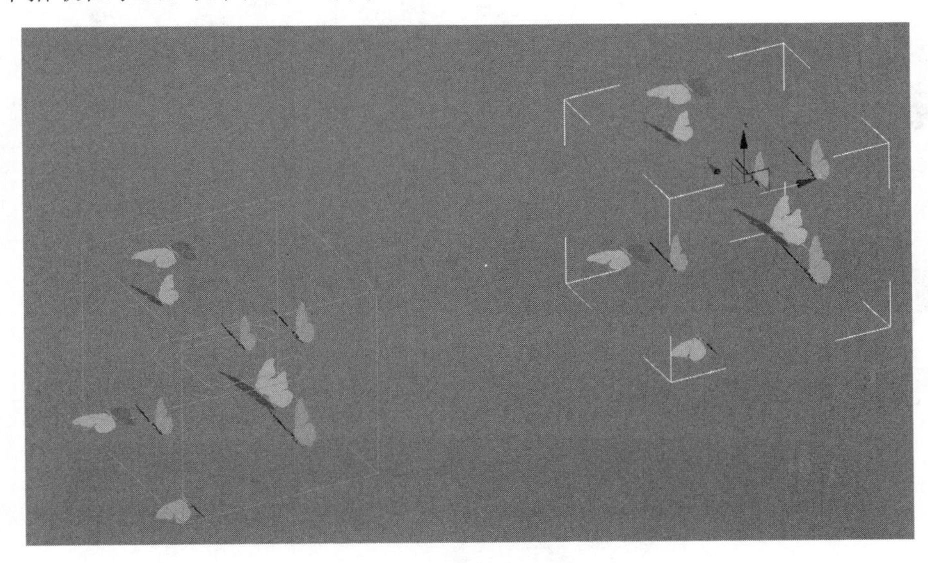

图 4-109　网格物体拾取粒子云

(11) 录制点缓存文件，做整体动画整合，可加快计算机运行速度。给 Mesher01(网格物体 01)添加 Point Cache(点缓存)修改器，展开 Parameters(参数)卷展栏，设置 Start Time(开始时间)和 End Time(结束时间)，然后单击 Record Cache(录制点缓存)选项组中的 Record(录制)按钮，如图 4-110 所示，存储一个*.pts 格式的文件。

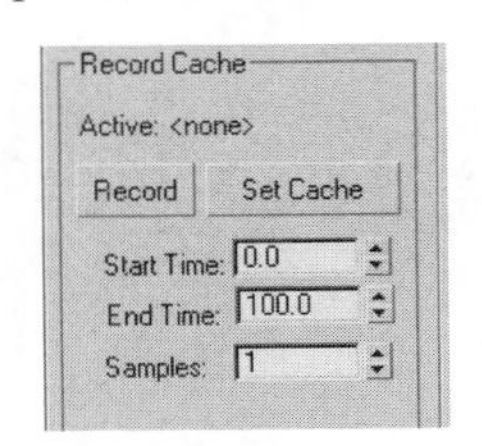

图 4-110　录制点缓存文件

录制完成后将 Mesher01(网格物体 01)塌陷，并重新添加 Point Cache(点缓存)修改器，单击 Record Cache(录制点缓存)选项组中的 Set Cache(设置点缓存)按钮，找回刚录制好的点缓存文件，如图 4-111 所示。此时只保留 Mesher01(网格物体 01)即可，粒子云和单个的蝴蝶都可以删除。

注意

存储在外部的*.pts 点缓存文件一定要保留，不能丢失。当文件路径改变时，可单击 Set Cache(设置点缓存)按钮找回外部的点缓存文件。

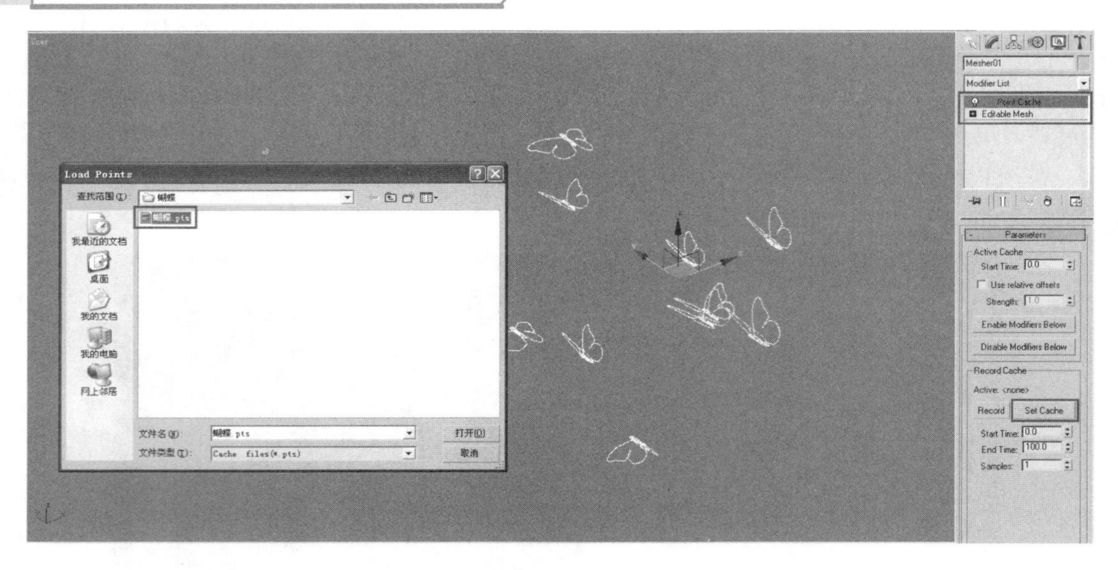

图 4-111　找回点缓存文件

(12) 给最后的 Mesher01(网格物体 01)蝴蝶附加材质，最终效果如图 4-112 所示。

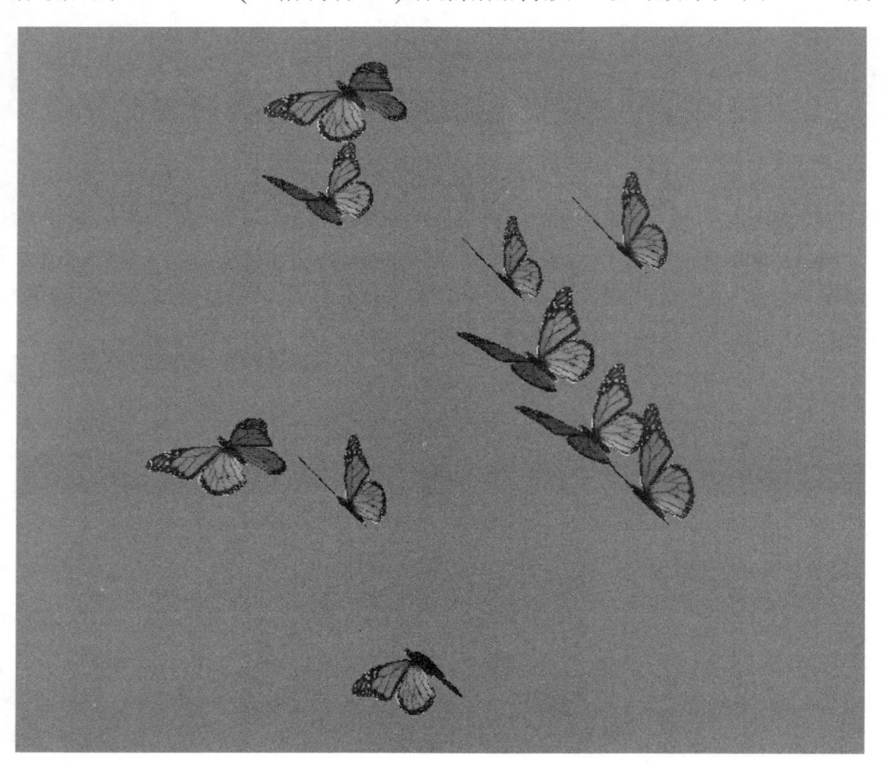

图 4-112　给蝴蝶附加材质

2. 游鱼动画的制作

游鱼常出现在地产项目的水池、池塘中，用以体现小区的高品位生活环境，效果如图 4-113 所示。

图 4-113　游鱼的效果

(1) 建立简易的鱼头。用多边形建模将一个 Box(方体)修成一个简易的鱼头形状，如图 4-114 所示。

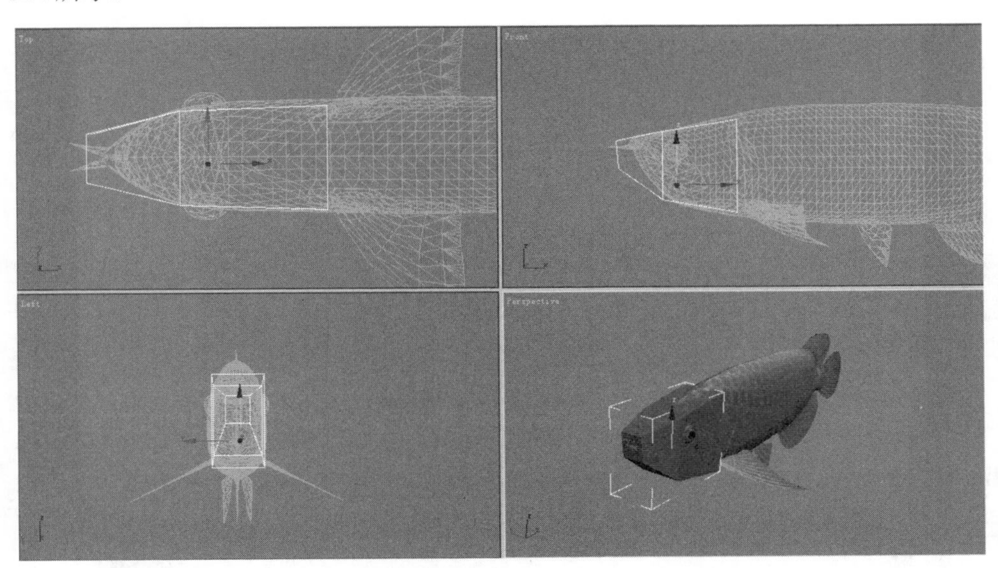

图 4-114　创建简易鱼头

(2) 建立鱼的游走路径。依次单击“创建面板”按钮和“二维创建”按钮，利用 Line(线)工具勾勒一条鱼的游走路径，如图 4-115 所示。

(3) 使建立的简易鱼头沿路径运动。选择鱼头物体，展开“运动面板”中的 Assign Controller(指定控制器)卷展栏，选择 Position: Position XYZ(位移：XYZ 轴位移)子级后，单击“指定控制器”按钮，弹出 Assign Float Controller(指定浮点控制器)对话框，在其中选择 Path Constraint(路径约束控制器)后单击 OK 按钮确认。

提示	路径约束控制器属于控制器的一种，是可以将一个物体约束在一条路径上运动的控制器。

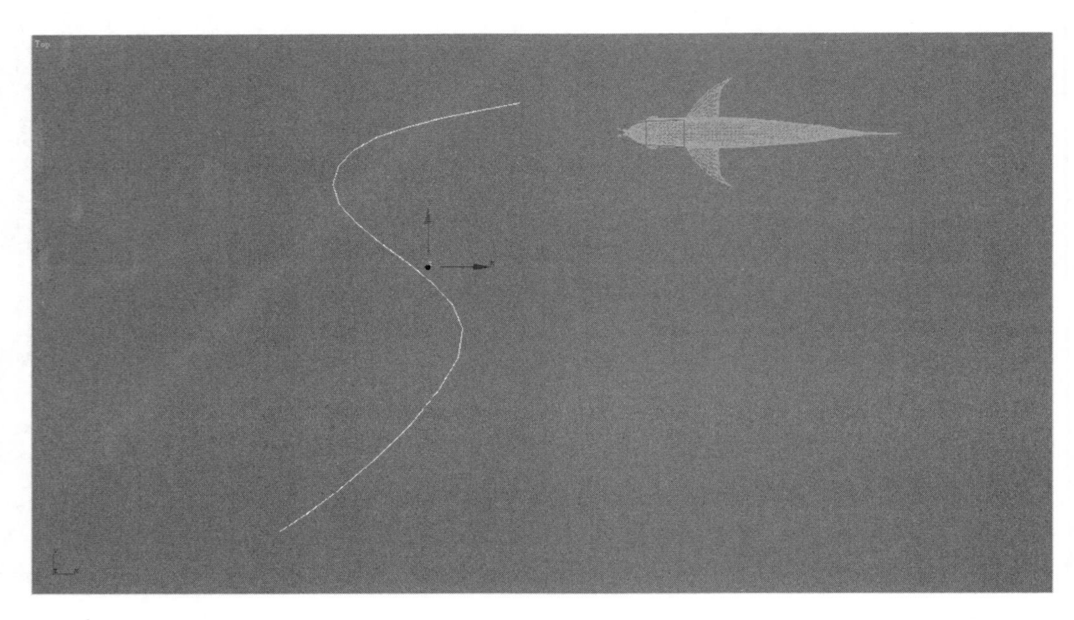

图 4-115　创建鱼的游走路径

展开“运动面板”中的 Path Parameters(路径参数)卷展栏，单击 Add Path(添加路径)按钮，到视口中拾取刚勾勒的线形为路径，然后选中 Path Options(路径操控)选项组中的 Follow(跟随)和 Constant Velocity(匀速)复选框，在 Axis(轴向)选项组中选择一个合适的轴向，如方向反转则选中 Flip(反向)复选框，如图 4-116 所示。

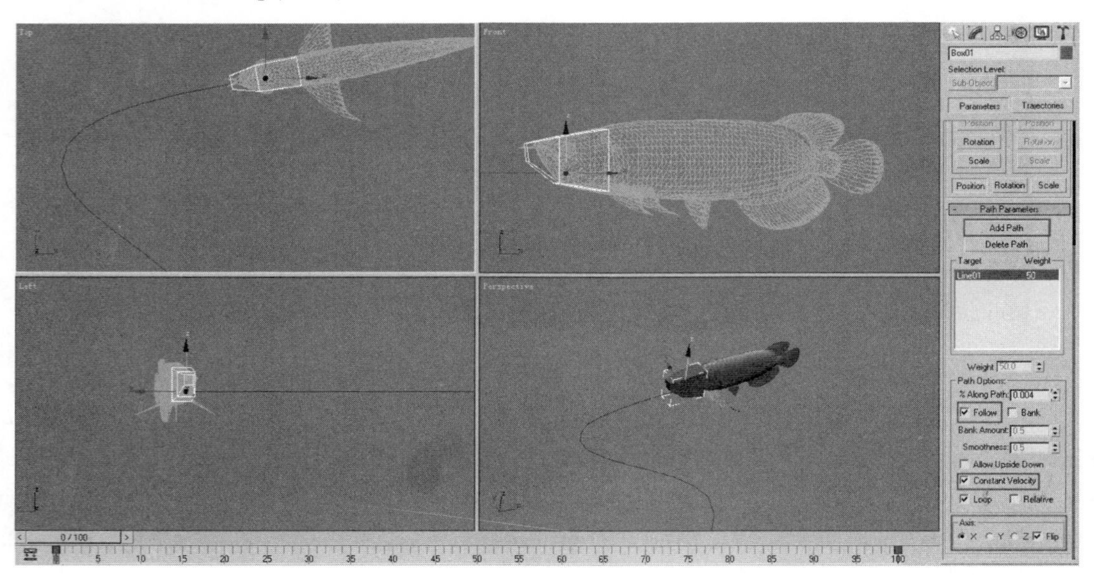

图 4-116　将简易鱼头约束到路径上

(4) 模拟鱼在游动过程中头部的晃动。展开“运动面板”中的 Assign Controller(指定控制器)卷展栏，选择 Rotation: Euler XYZ(旋转：XYZ 轴)的 X Rotation: Bezier Float(X 轴旋转：贝赛尔浮点值)子级别，单击“指定控制器”按钮，弹出 Assign Float Controller(指定浮点控制器)对话框，在其中选择 Noise Float(噪波约束器)后单击 OK 按钮确认，弹出 Noise Controller：Box01\X Rotation(噪波控制：方体 01\X 轴旋转)对话框。

提示	噪波控制器也属于控制器的一种。噪波控制器可以模拟物体不规则的运动。

在 Noise Controller：Box01\X Rotation(噪波控制：方体 01\X 轴旋转)对话框中减小噪波。取消选中 Fractal Noise(二级噪动)复选框，将 Strength(强度)值设置为 30，如图 4-117 所示。

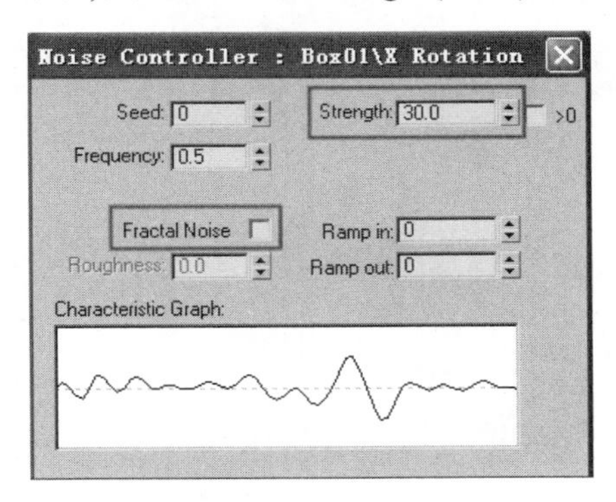

图 4-117　噪波约束器模拟鱼头晃动

(5) 制作鱼身中心线。勾勒一条与鱼身等长的线，进入 Line(线)的 Segment(段)子级别，将 Divide(均分)按钮后的参数值设置为 7，然后单击 Divide(均分)按钮均匀地添加 7 个点，如图 4-118 所示。利用“链接”工具将线链接到鱼头物体上。

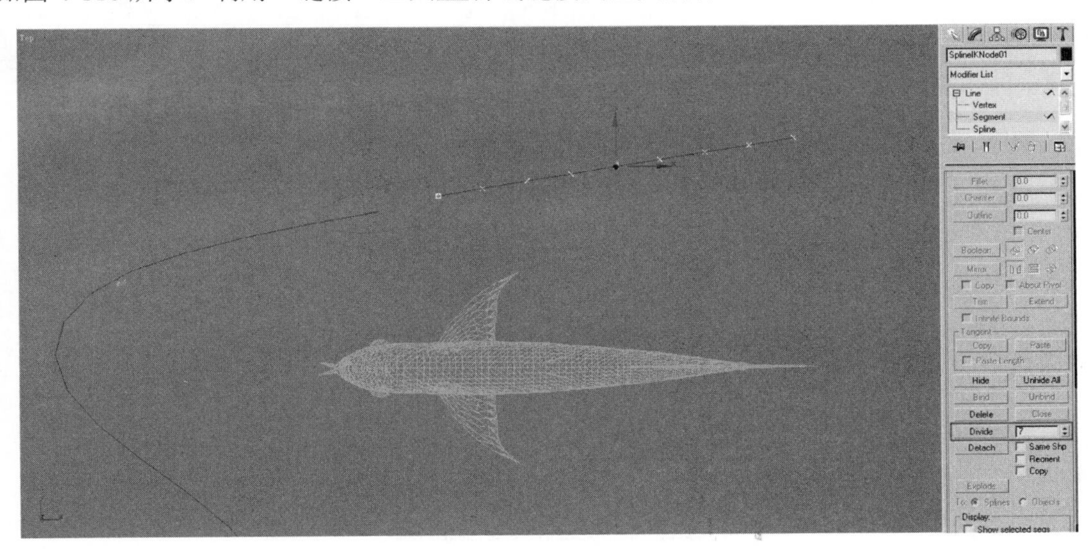

图 4-118　创建鱼身中心线

(6) 模拟鱼身的转弯柔软度。给鱼身中心线 line02(线 02)添加 Flex(柔化)修改器，进入 Flex(柔化)修改器的 Center(中心)子级别，将柔化中心移动到鱼头一侧，展开 Parameters(参数)卷展栏，设置 Flex(柔化)值为 0.3，Strength(强度)值为 0.3，Sway(摇摆)值为 7，效果如图 4-119 所示。

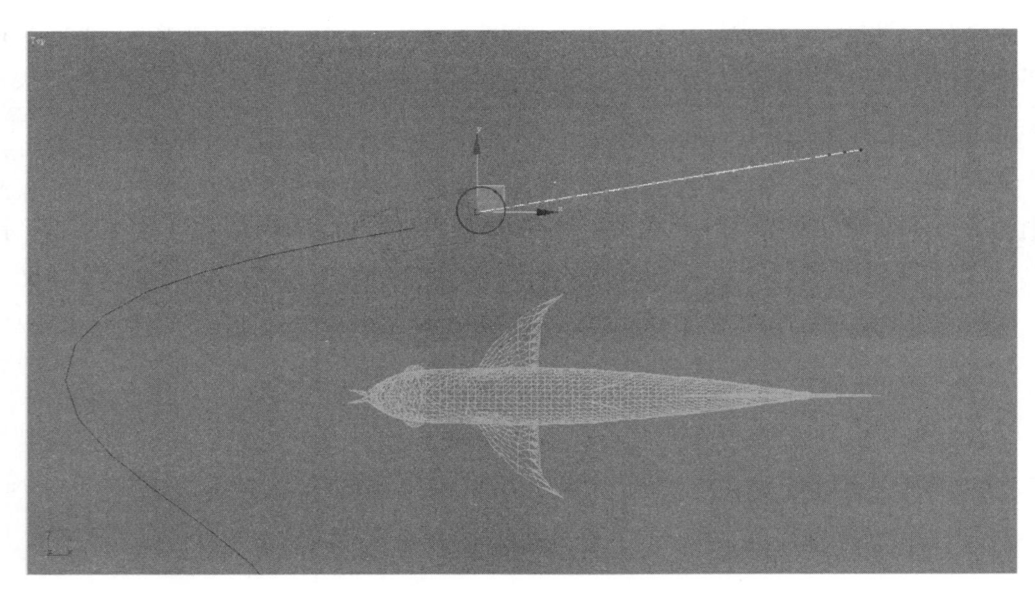

图 4-119 给鱼身中心线添加柔软度

(7) 创建鱼骨骼。依次单击“创建面板”按钮、“系统创建”按钮和 Bones(骨骼)按钮，展开 IK Chain Assignment(IK 解算链指派)卷展栏，在 IK Solver(IK 解算链)中选择 SplineIKSolver(线形 IK 解算链)，选中 Assign To Children(指派到子物体)和 Assign To Root(指派到父物体)复选框，单击“2.5 维捕捉”按钮，捕捉线上的点创建骨骼，创建到最后一节右击结束，弹出 Spline IK Solver(线形 IK 解算链)对话框，将 Spline Options(线形操控)选项组中的 Number of Spline Knots(线形控制体数量)设置为 5，如图 4-120 所示。

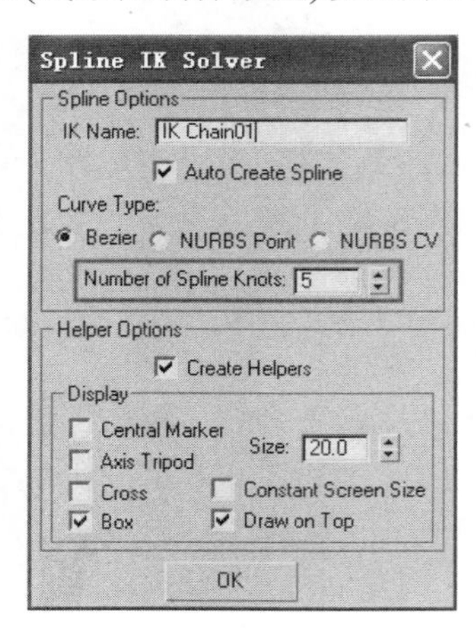

图 4-120 鱼骨骼的 Spline IK Solver 对话框

(8) 将控制体约束到鱼身中心线上。选择第 1 个控制体，展开“运动面板”按钮的 Assign Controller(指定控制器)卷展栏，选择 Position: Position XYZ(位移：XYZ 轴位移)子级后，单击“指定控制器”按钮，弹出 Assign Float Controller(指定浮点控制器)对话框，在其中选择 Path Constraint(路径约束控制器)后单击 OK 按钮确认。展开 Path Parameters(路径参数)卷展栏，单击 Add Path(添加路径)按钮，到视口中拾取鱼身中心线为路径，再取消选中 Path Options(路径操控)选项组中的 Loop(循环)复选框，如图 4-121 所示。

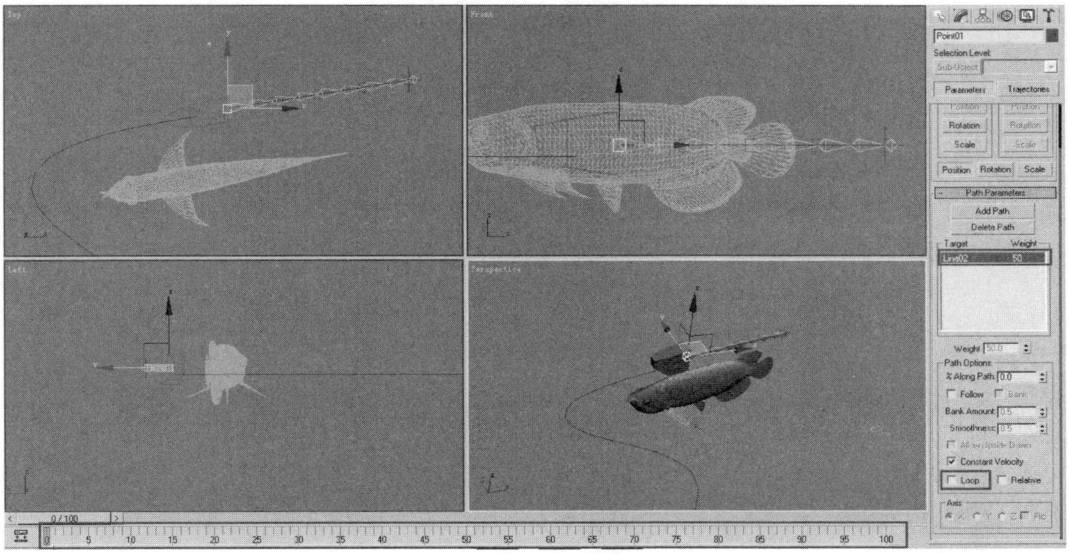

图 4-121　约束控制体到鱼身中心线

注意

添加路径约束控制器后时间轴上会自动添加两个动画关键帧，一定要删掉。

对第 2～5 个控制体做同样的操作，但将 Path Options(路径操控)选项组中的%Along Path(沿路径%)值依次设置为 25、50、75、100，第 2 个控制体的参数值如图 4-122 所示。

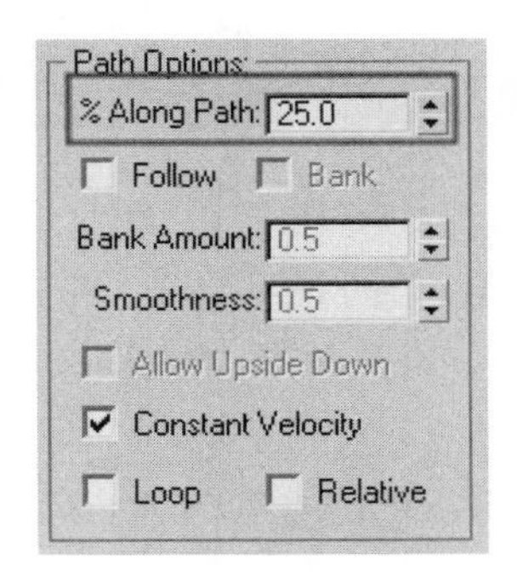

图 4-122　调节第 2～5 个控制体的位置

(9) 编辑鱼骨，使骨骼更像鱼的骨头。选中所有鱼骨，选择 Character(角色)→Bone Tools(骨骼工具)命令，弹出 Bone Tools(骨骼工具)对话框，展开 Fin Adjustment Tools(鳍调整工具)卷展栏，选中 Fins(鳍)选项组中的 Side Fins(侧鳍)复选框，调节侧鳍参数如图 4-123 所示，调节后鱼骨如图 4-124 所示。

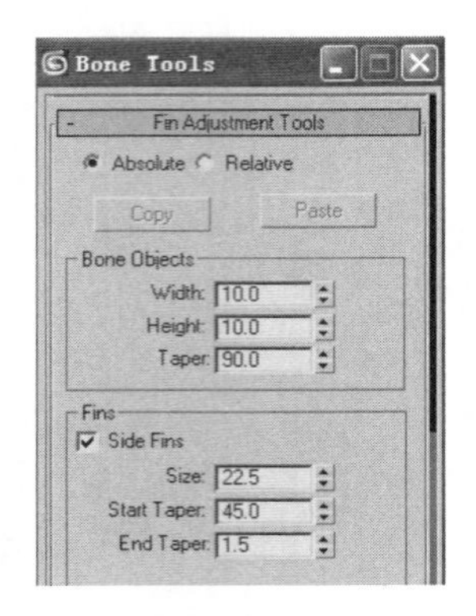

图 4-123　添加并调节侧鳍

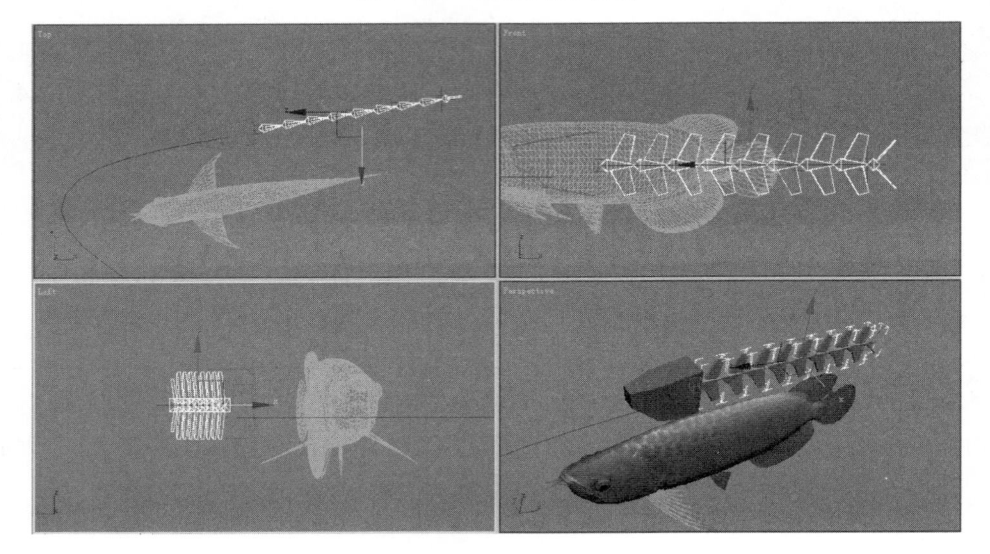

图 4-124　添加侧鳍后的鱼骨

(10) 匹配骨骼。将鱼模型摆到鱼骨的对应位置，添加 Skin(蒙皮)修改器，展开“修改”面板中的 Parameters(参数)卷展栏，单击 Add(添加)按钮，添加鱼头和所有的鱼骨，如图 4-125 所示。

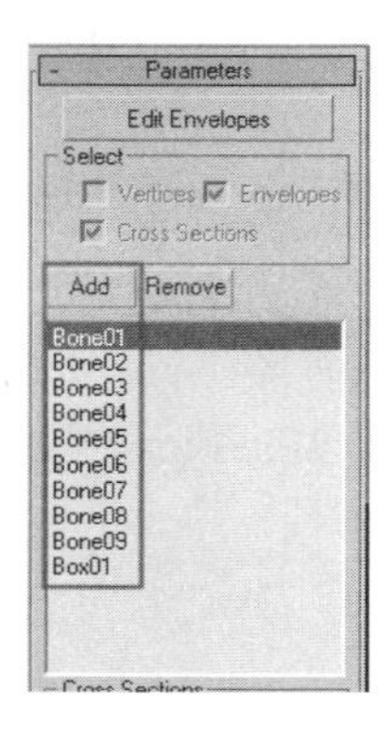

图 4-125　匹配骨骼

进入 Skin(蒙皮)修改器的 Envelope(封套)子级别编辑，调节封套大小，使鱼的模型整个被包裹在封套内，如图 4-126 所示。

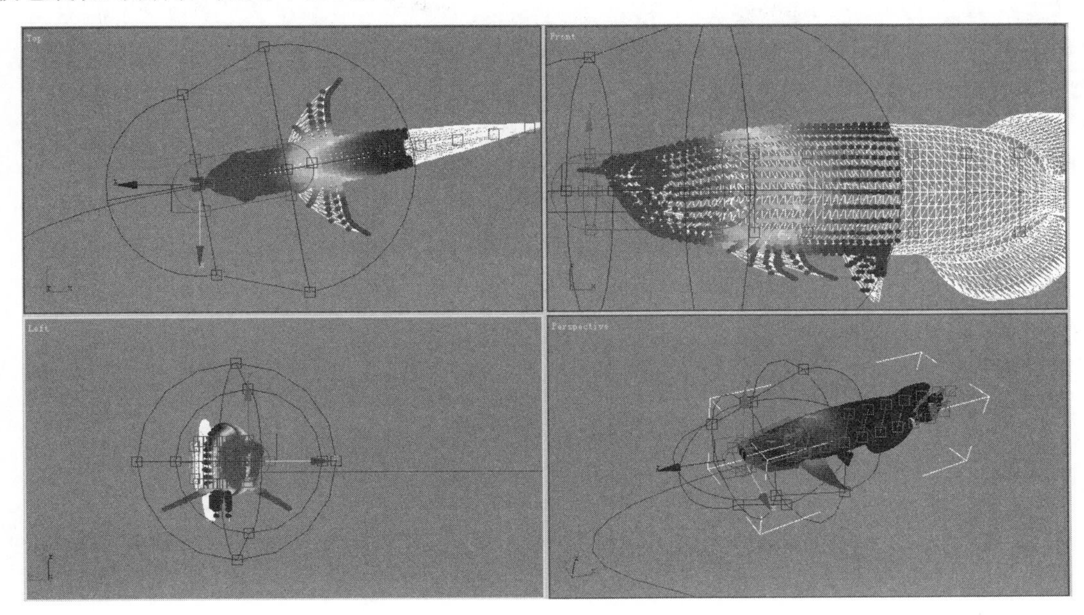

图 4-126　查看调节封套

(11) 录制点缓存文件。给鱼的身体添加 Point Cache(点缓存)修改器录制点缓存，录制完成后鱼骨和游走路径可以隐藏或删除，但录制在外部的*.pts 格式的文件一定要保留。

3. 飞鸟动画的制作

飞鸟被广泛运用于建筑动画中，一般为远景，所以不用特别精细的建模，有大致的形状即可，效果如图 4-127 所示。

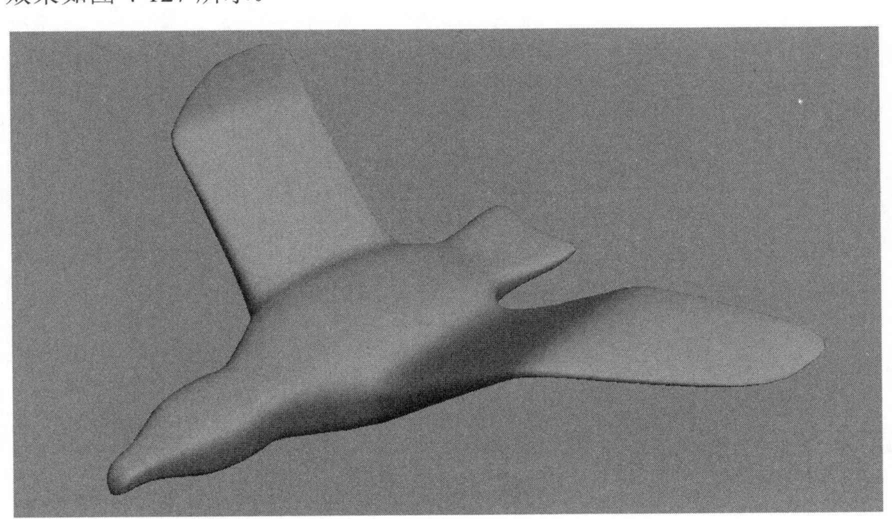

图 4-127　飞鸟的最终模型

(1) 用多边形建模，建一个类似鸟的简模，如图 4-128 所示，只建一半即可。

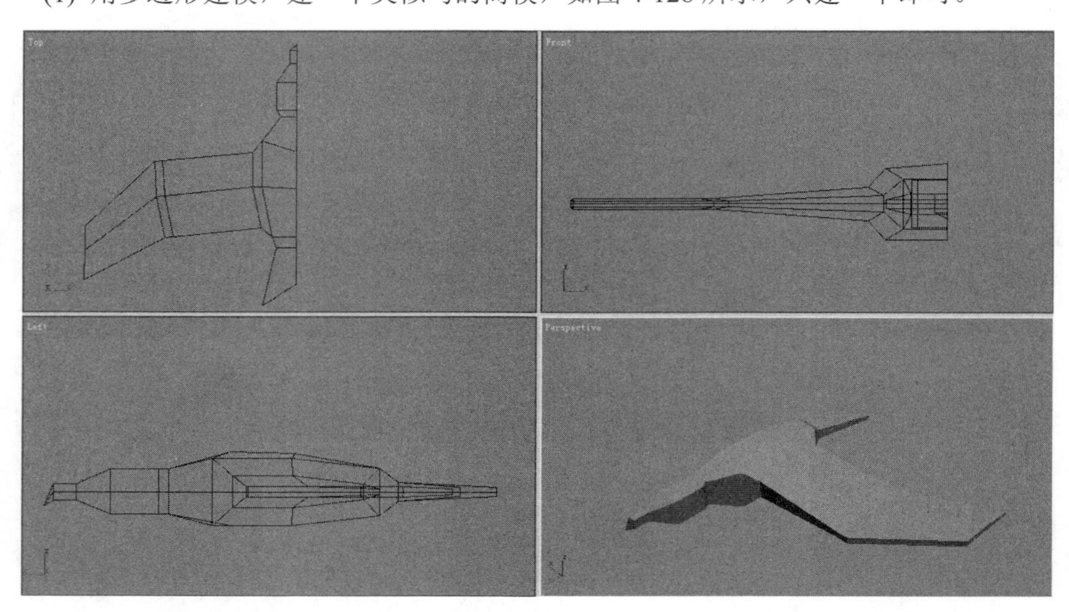

图 4-128　鸟简模

(2) 制作鸟翅膀尖端的动画。选择鸟翅膀尖端的点，添加 Bend(弯曲)修改器，进入 Bend(弯曲)修改器的 Center(中心)子级别进行编辑，将中心移至中间关节处，展开“修改”面板中的 Parameters(参数)卷展栏，沿 X 轴方向，在第 0 帧时将 Angle(角度)值设置为 106，第 5 帧时设置为−26。

在第 0 帧，如图 4-129 所示。

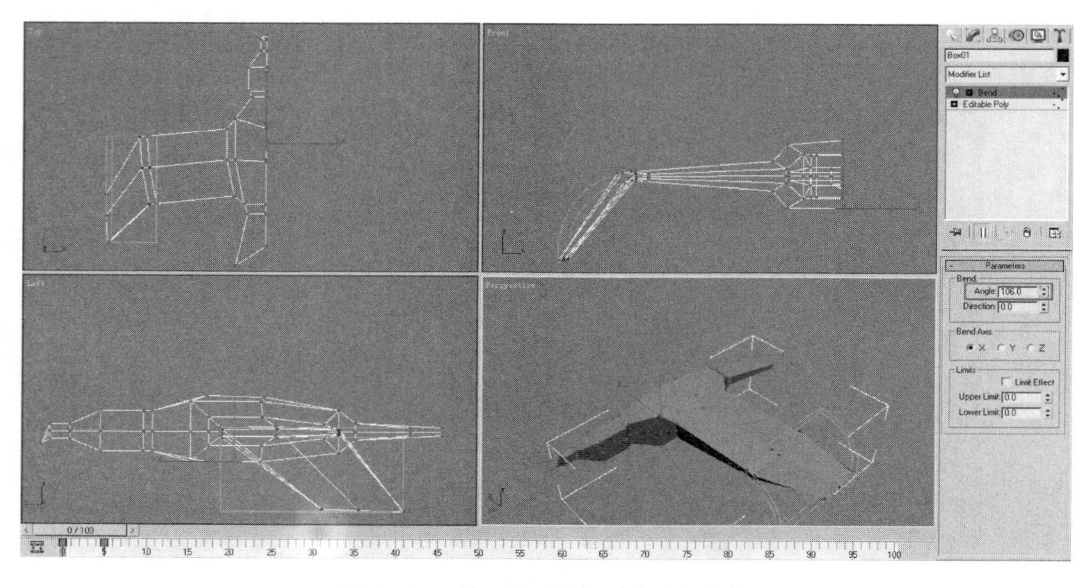

图 4-129　第 0 帧时鸟翅膀尖端的弯曲

在第 5 帧，如图 4-130 所示。

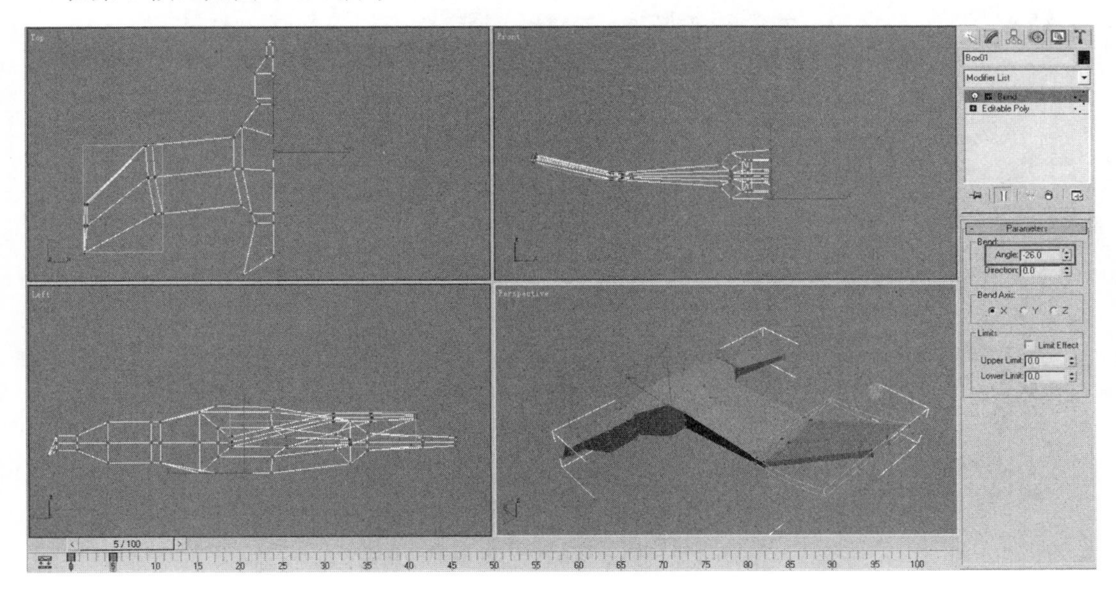

图 4-130　第 5 帧时鸟翅膀尖端的弯曲

在模型上右击，在弹出的快捷菜单中选择 Curve Editor(曲线编辑器)命令，弹出 Track View - Curve Editor(轨迹视图-曲线编辑器)窗口，到 Objects(物体)节点中找到鸟物体名称→Modified Object(修改物体)→Bend(弯曲)→Angle(角度)，单击“曲线溢出范围类型”按钮，弹出 Para Curve Out-of-Range Types(曲线溢出范围类型)对话框，选择曲线的输入和输出方式分别为 Constant(固定)和 Ping Pong(往复)，如图 4-131 所示。

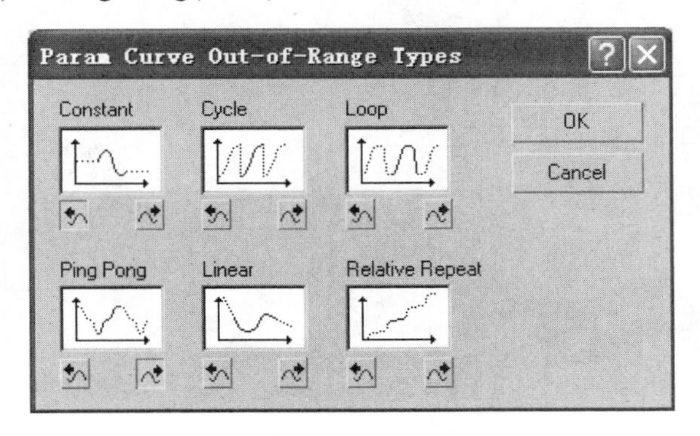

图 4-131　调节鸟翅膀尖端动画曲线的输入和输出方式

(3) 制作鸟翅膀根部的动画。添加 Mesh Select(网格选择)修改器，对前面的动画做一下整合，重新选择点到鸟的翅膀根部，再次添加 Bend(弯曲)修改器，进入 Bend(弯曲)修改器的 Center(中心)子级别进行编辑，将中心移至翅膀根部，展开“修改”面板中的 Parameters(参数)卷展栏，选中 Limit Effect(限制效果)复选框，设置 Upper Limit(上限)值为 2.71，Lower Limit(下限)值为-1.79，沿 X 轴方向，在第 0 帧时将 Angle(角度)值设置为-108，第 5 帧时设置为-25.5。

在第 0 帧，如图 4-132 所示。

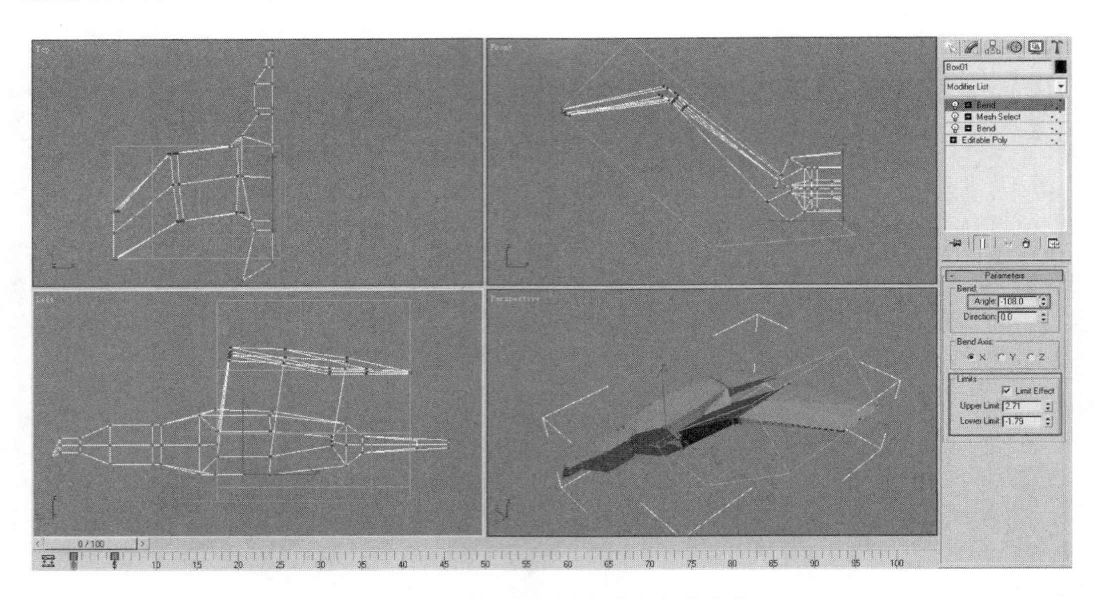

图 4-132　第 0 帧时鸟翅膀根部的弯曲

在第 5 帧，如图 4-133 所示。

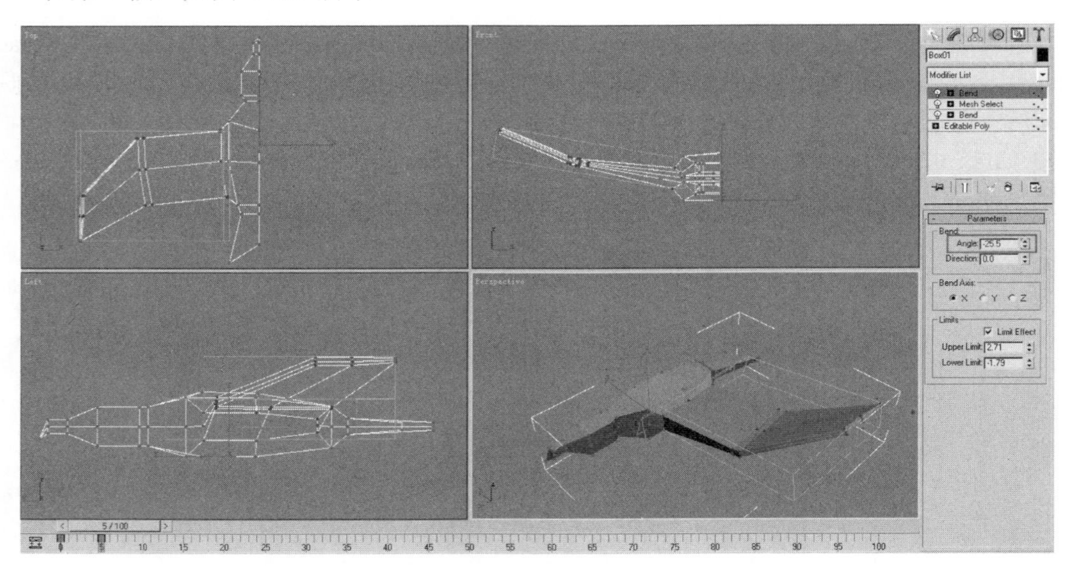

图 4-133　第 5 帧时鸟翅膀根部的弯曲

在模型上右击，在弹出的快捷菜单中选择 Curve Editor(曲线编辑器)命令，弹出 Track View - Curve Editor(轨迹视图-曲线编辑器)窗口，到 Objects(物体)节点下找到鸟物体名称→Modified Object(修改物体)→Bend(弯曲)(第 2 个)→Angle(角度)，单击“曲线溢出范围类型”按钮，弹出 Para Curve Out-of-Range Types(曲线溢出范围类型)对话框，选择曲线的输入和输出方式分别为 Constant(固定)和 Ping Pong(往复)，如图 4-134 所示。

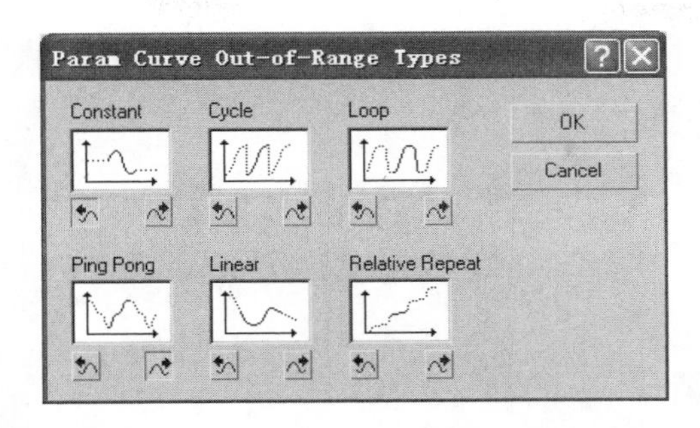

图 4-134　调节鸟翅膀根部动画曲线的输入和输出方式

(4) 镜像鸟的另一半。给鸟添加 Symmetry(对称)修改器，展开"修改"面板中的 Parameters(参数)卷展栏，在 Mirror Axis(镜像轴)选项组中选择 Y 轴，进入 Symmetry(对称)修改器的 Mirror(镜像)子级别，利用“角度捕捉”工具进行旋转，转到一个合适的位置，如图 4-135 所示。

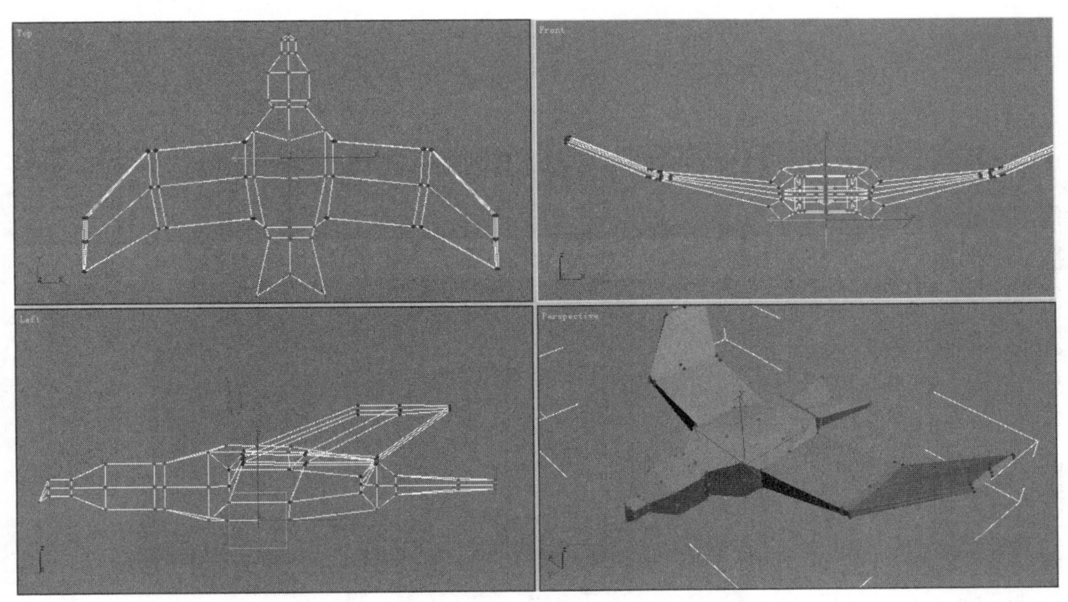

图 4-135　镜像鸟的另一半

(5) 制作鸟飞行身体的动画。再次添加 Mesh Select(网格选择)修改器，整合前面动画，重新选择点到鸟的身体，添加 Ripple(涟漪)修改器，使飞行时身体部位产生起伏，展开“修改”面板中的 Parameters(参数)卷展栏，设置 Amplitude1(振幅 1)值为 1，Amplitude2(振幅 2)值为-1，Wave Length(波长)值为 65，Phase(相位)在第 0 帧时值为 0，在第 5 帧时值为 0.1。

在第 0 帧，如图 4-136 所示。

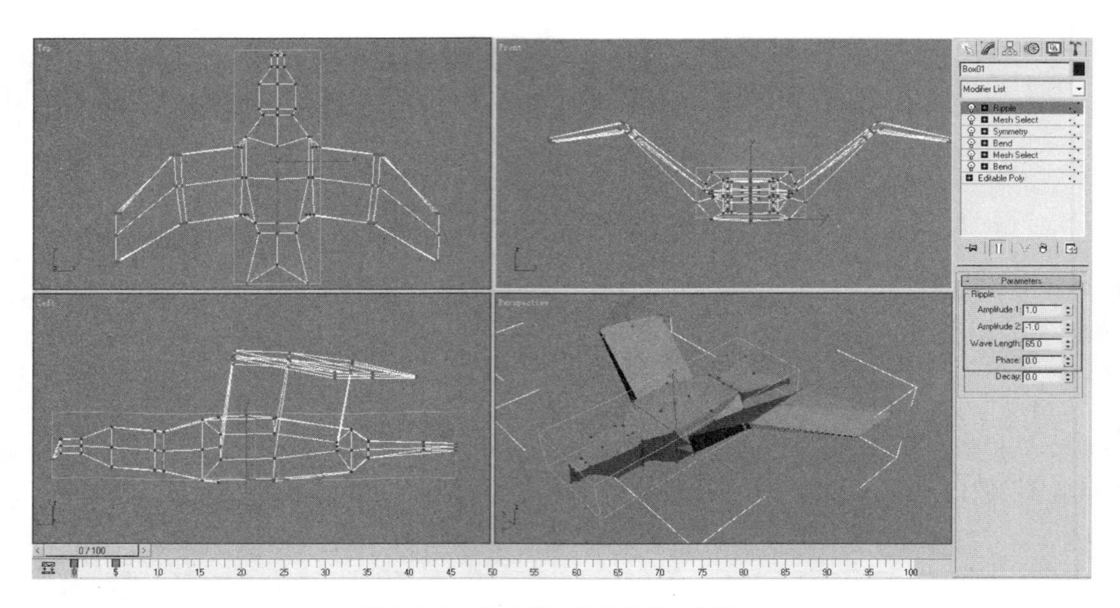

图 4-136　第 0 帧时鸟身体的飞行状态

在第 5 帧，如图 4-137 所示。

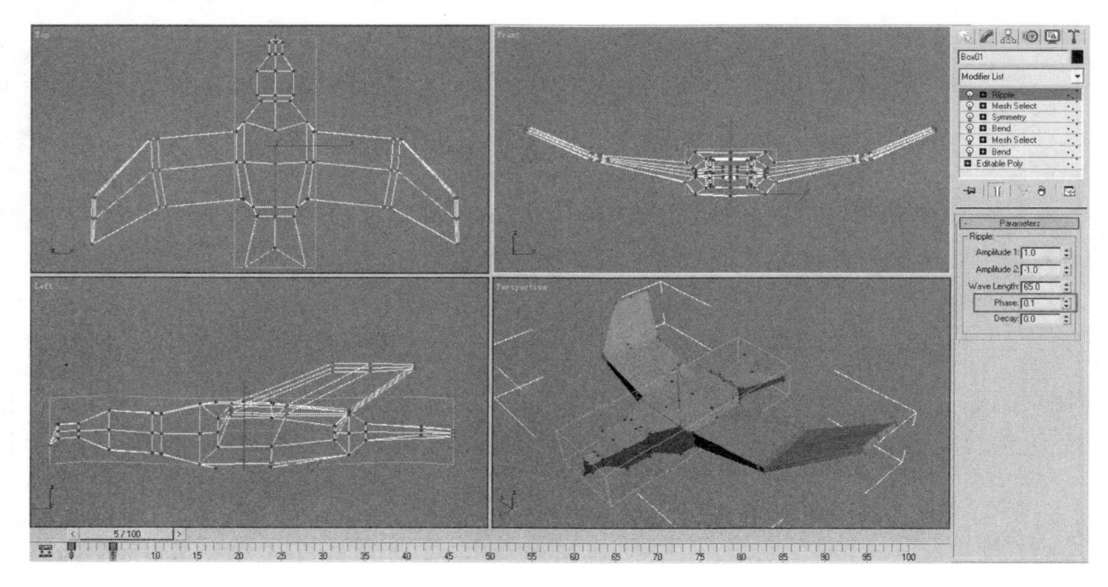

图 4-137　第 5 帧时鸟身体的飞行状态

在模型上右击，在弹出的快捷菜单中选择 Curve Editor(曲线编辑器)命令，弹出 Track View - Curve Editor(轨迹视图-曲线编辑器)窗口，到 Objects(物体)节点下找到鸟物体名称→Modified Object(修改物体)→Ripple(涟漪)→Phase(相位)，单击“曲线溢出范围类型”按钮，弹出 Para Curve Out-of-Range Types(曲线溢出范围类型)对话框，选择曲线的输入和输出方式分别为 Constant(固定)和 Ping Pong(往复)，如图 4-138 所示。

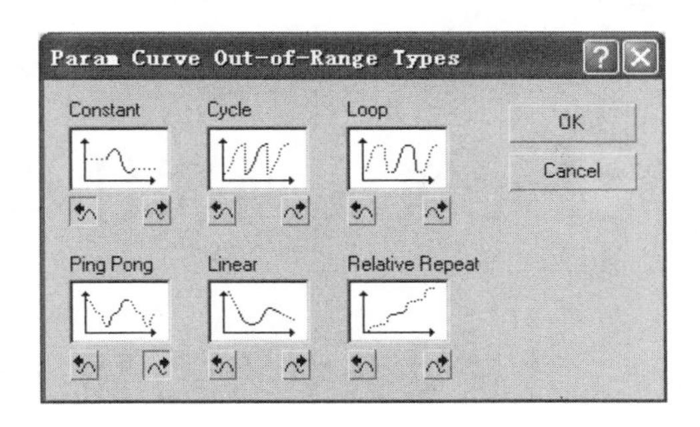

图 4-138　调节鸟飞行时身体动画曲线的输入和输出方式

(6) 平滑模型。添加 TurboSmooth(平滑)修改器，使身体平滑，展开“修改”面板中的 TurboSmooth(平滑)卷展栏，设置 Iterations(细分指数)值为 2，如图 4-139 所示。

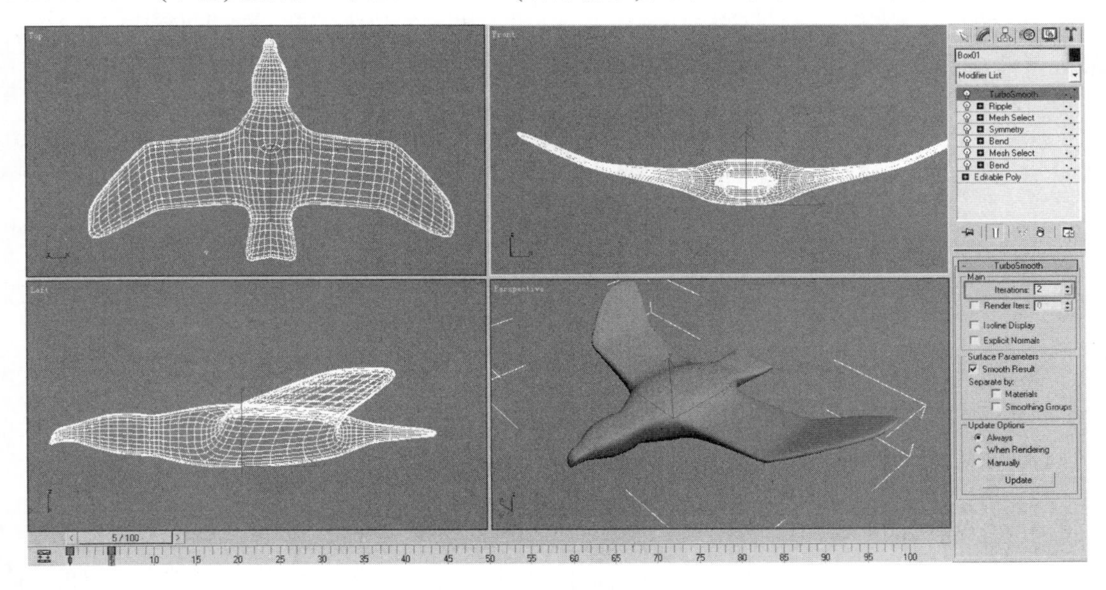

图 4-139　平滑模型

第5章　建筑动画插件及特效

5.1　建筑动画中的常用插件

5.1.1　Speed Tree 插件的使用

在建筑动画的近镜头表现中，需要表现镜头中植物的清晰真实感，从而达到良好的视觉效果，但是又不能用面数较高的真实模型，会影响机器的渲染速度。这时，使用 Speed Tree 插件就能在两者之间达到一种较好的平衡，实现需求，如图 5-1 所示。

图 5-1　Speed Tree 的最终效果

Speed Tree 插件具有以下特点。

(1) 适合近景和中景的植物创建，能达到很好的视觉效果。

(2) 可以选择树种，并通过参数调节树木的形状和大小。

(3) 可以创建出真实的树叶随风飘动的效果。

使用时的具体步骤如下。

(1) 创建 Speed Tree 树。Speed Tree 插件安装成功后，依次单击“创建面板”按钮和“创建几何体”按钮，在下方的下拉列表框中选择 IDV Software(IDV 软件)选项，展开 Object Type(物体类型)卷展栏，单击 Speed Tree4 按钮，到透视图视口中单击即可创建出一棵简易树形，如图 5-2 所示。

图 5-2　创建 Speed Tree 树

(2) 选择树种。展开“修改”面板中的".spt" Data(".spt" 数据)卷展栏，单击 Import ".spt" file(导入".spt"文件)按钮，弹出 Open Speed Tree File(打开 Speed Tree 文件)对话框，找到配套光盘中的对应 Standard Library(标准树木库)文件夹(位置：光盘\CH5\SpeedTree\SpeedTree 4.1 for max 7-9\Stardard Library)，在其中选择合适的树种。图 5-3 所示为选择 BroadLeaves(阔叶树)文件夹中的 American Holly(美国冬青)，效果如图 5-4 所示。

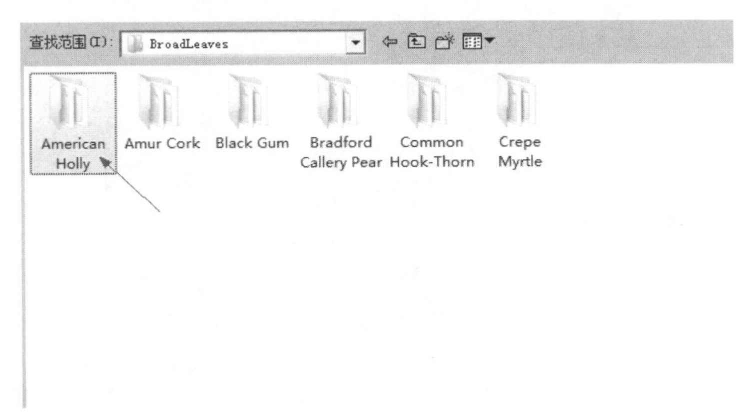

图 5-3　选择树种

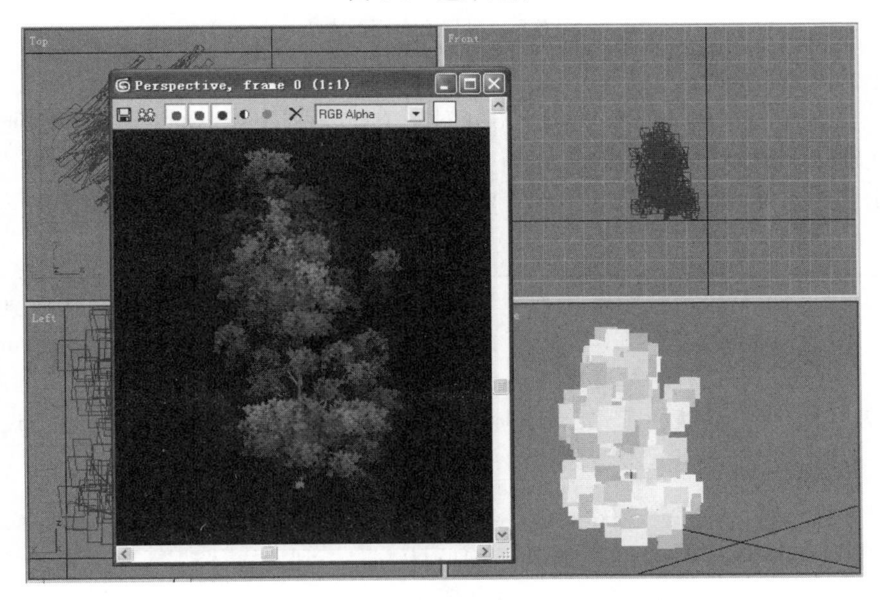

图 5-4　导入“美国冬青”后的效果

提示	Standard Library 是 Speed Tree 插件的配套树木库，其中植物分为 6 大类，存放在 6 个文件夹中。每个树种文件名加“_HD”为高精度模型，文件名加“_RT”为低精度模型，文件名加“_MD”为模型精度介于两者之间。通常情况下，近景模型为了达到较高的视觉效果，可以使用高精度模型，中远景植物为了节约面数，应选择使用低精度模型。

(3) 设置植物模型大小。选择要设置的植物模型，展开“修改”面板中的 Size(尺寸)卷展栏，根据场景大小比例关系设置树的 Size(尺寸)参数，以和场景相匹配，设置完成后单击 ".spt " Data(".spt" 数据)卷展栏中的 Compute(计算)按钮，使设置尺寸重新生效，如图 5-5 所示。

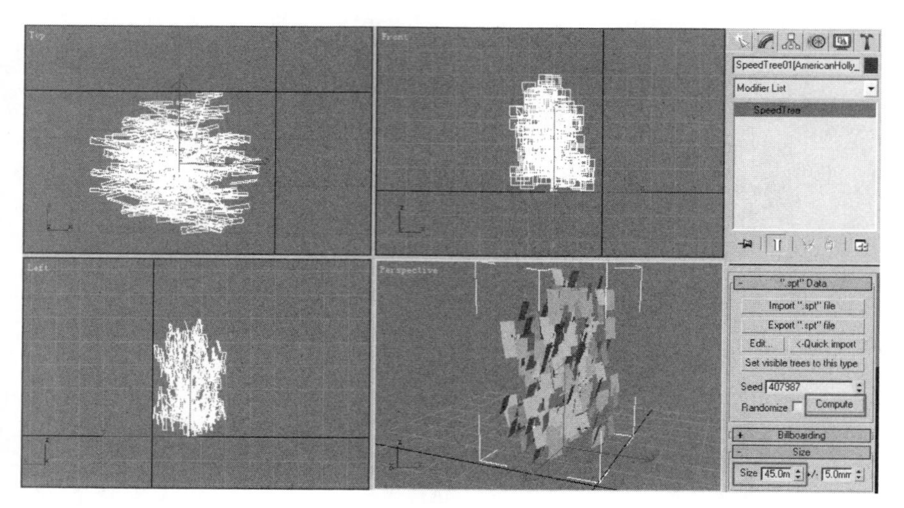

图 5-5　调节植物模型大小

(4) Speed Tree 树的复制。自然界中同种植物的形状和大小是不相同的。

".spt" Data(".spt"数据)卷展栏中的 Seed(种子值)参数代表树形的随机姿态，通过对此值的设置可以选择树形为不同的状态。

在 Size(尺寸)卷展栏中的 Size(尺寸)值确定的基础上，图标 后面的微调框代表正负误差。

提示	① 复制过程中树形的差异变化：在复制 Speed Tree 树时，如使用 Copy(复制)命令，模型的姿态随机变化会自动产生，如图 5-6 所示；如使用 Instance(实例)命令，则这种随机变化不产生。 ③ 树木大小的随机变化：由图标 后面的微调框值来控制，如果将该值设置为 0，则表示所有树木模型保持同一大小。

(5) 创建风。依次单击“创建面板”按钮 和“空间扭曲”按钮 ，利用 Wind(风)工具在顶视图中创建风。图标箭头方向表示风吹的方向。利用“移动”工具 、“旋转”工具 调整风向到一个合适的角度，如图 5-7 所示。

在视图中选择 Wind01(风 01)，展开“修改”面板中的 Parameters(参数)卷展栏，设置 Force(力)选项组中的 Strength(强度)值，如图 5-8 所示，以控制风力的大小。

(6) 建立 Speed Tree 树与风之间的联系。选择创建的树文件 SpeedTree01 [AmericanHolly_HD]，展开“修改”面板中的 Wind(风)卷展栏，单击 Pick wind space warp(拾取风空间扭曲)按钮，到视口中选择刚刚创建的 Wind01(风 01)，如图 5-9 所示。此时播放动画就可以看到树叶在随风飘动。

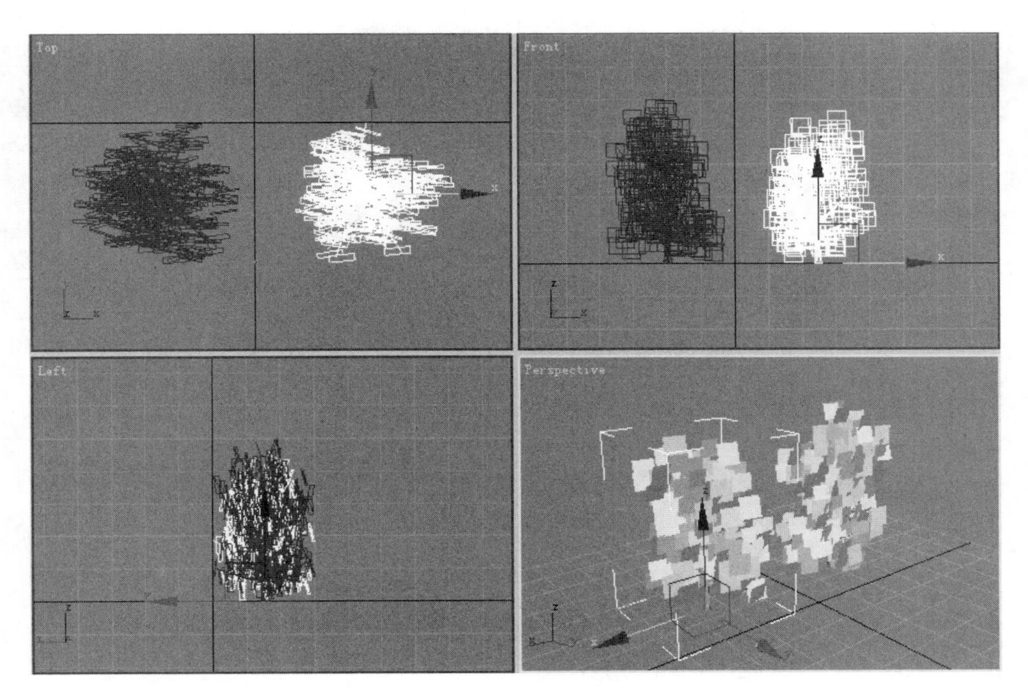

图 5-6　树的拷贝复制

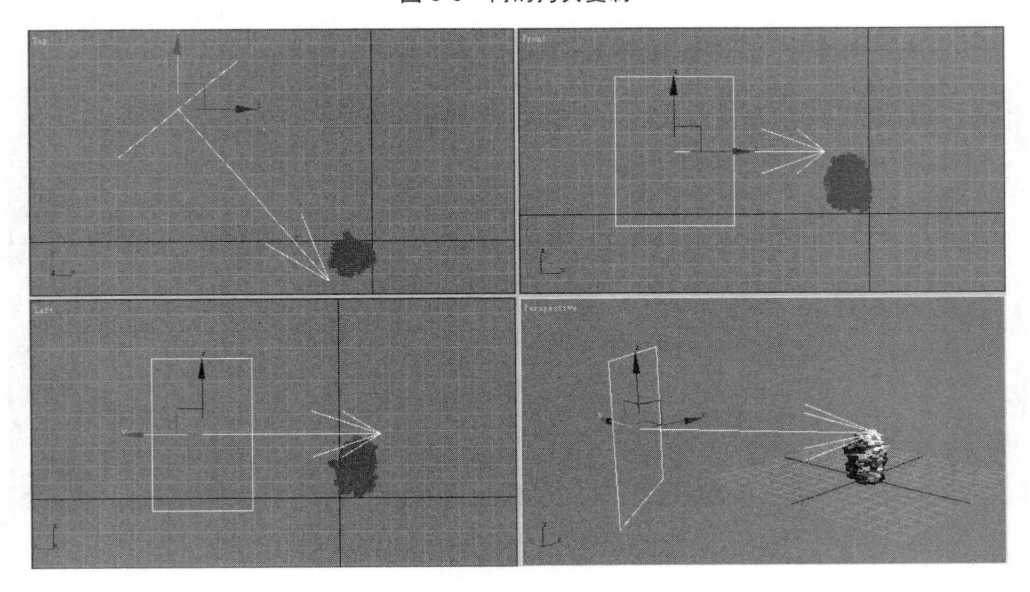

图 5-7　创建风

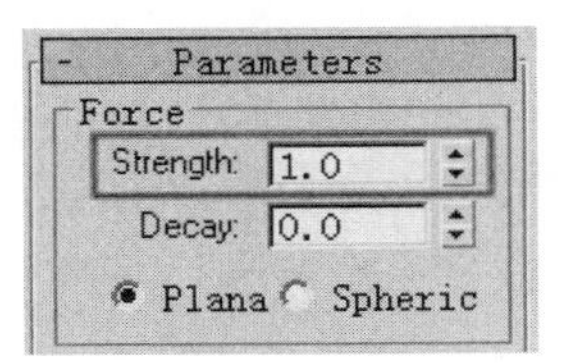

图 5-8　设置风力大小

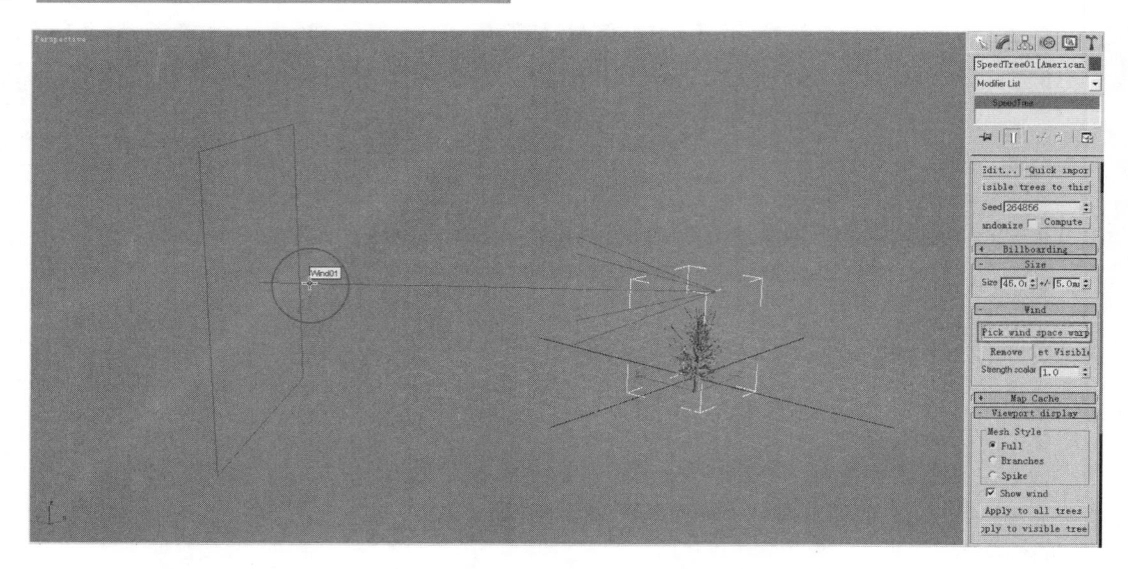

图 5-9　建立 Speed Tree 树与风之间的联系

5.1.2　Forest Pro 插件的使用

Forest Pro 是一个制作森林的插件，可以在短时间内做出大面积树林、草丛、人群等，适合园林等面对大量植物群的场景，也适合中远景植物群的创建，如图 5-10 所示。

图 5-10　Forest Pro 的最终效果

(1) 勾勒出需要种树的场景范围。依次单击“创建面板”按钮和“二维创建”按钮，根据场景需要利用 Line(线)工具在顶视图中勾勒出将要种树的范围区域。

(2) 分别合并树群的范围以及将来树群里要挖空的范围的线。选择一条外围范围线，打开“修改”面板，单击 Attach(合并)按钮，到视口中单击拾取其他所有的外围线，右击结束拾取，这时所有的树木外围范围线被合并成一条，将此线取名为“种树的外围线”。

用同样的方法将树群内部要挖空的范围线也合并为一条，取名为“要挖空的线”。如图 5-11 所示，黄色线为“种树的外围线”，棕色线为“要挖空的线”。

图 5-11　树群的范围线

(3) 使用 Forest Pro 插件种树。Forest Pro 插件安装成功后，依次单击“创建面板”按钮和“创建几何体”按钮，在下方的下拉列表框中选择 Itoo Software(Itoo 软件)选项，展开 Object Type(物体类型)卷展栏，单击 Forest Pro 按钮并到视口中拾取“种树的外围线”，即在外围线范围内创建出一片树林，如图 5-12 所示。

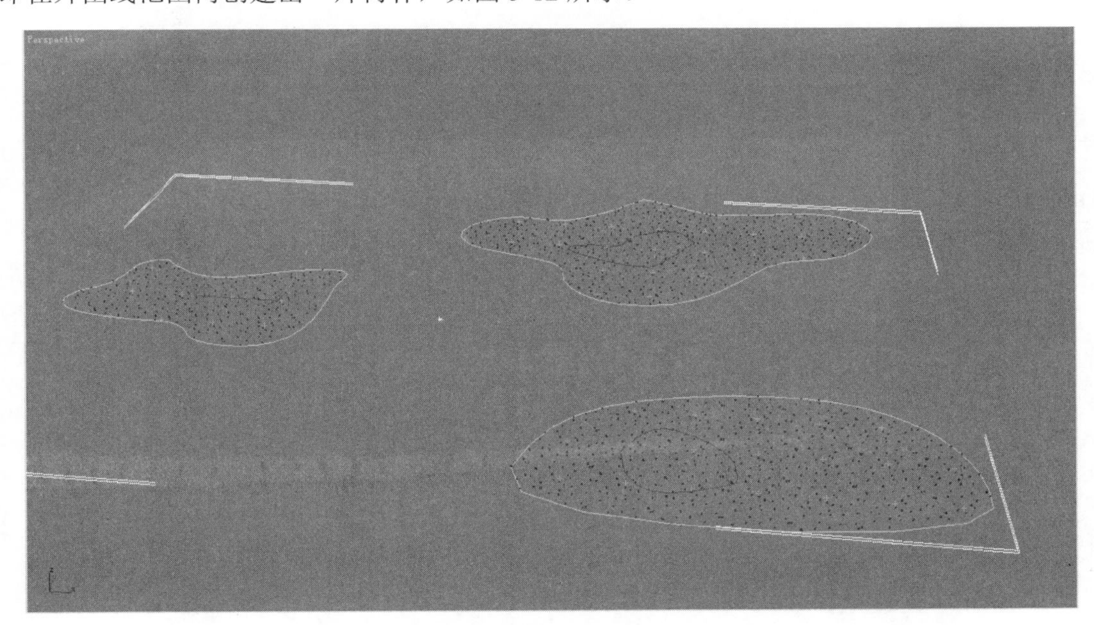

图 5-12　创建 Forest Pro 树

(4) 调节树的大小。在视口中选择 Forest01 物体，展开“修改”面板中的 Tree Properties(树木属性)卷展栏，设置 Size(尺寸)选项组中的 Width(宽度)和 Height(高度)值，如图 5-13 所示，以设置场景中树木的大小。

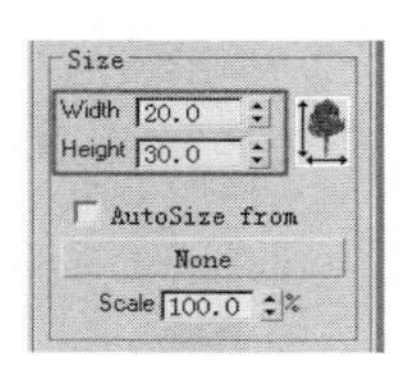

图 5-13 设置树的大小

(5) 排除中间的镂空区域。展开“修改”面板中的 Area(区域)卷展栏，单击 Exclude(排除)选项组中的 Pick(拾取)按钮，到视口中拾取“要挖空的线”，此时“要挖空的线”内部的树去除，如图 5-14 所示。

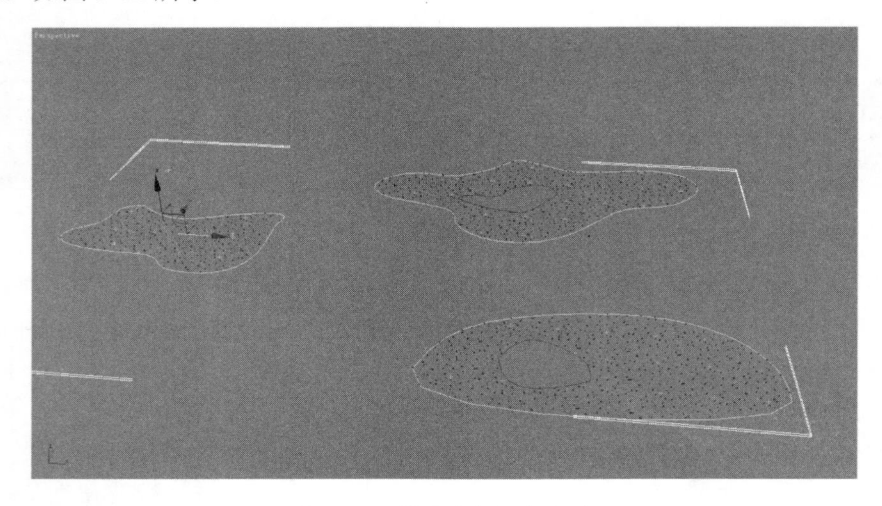

图 5-14 排除中间镂空区域

(6) 建立摄像机跟随。依次单击“创建面板”按钮和“创建摄像机”按钮，利用 Target(目标摄像机)工具在视口中创建并调整摄像机的位置，如图 5-15 所示。

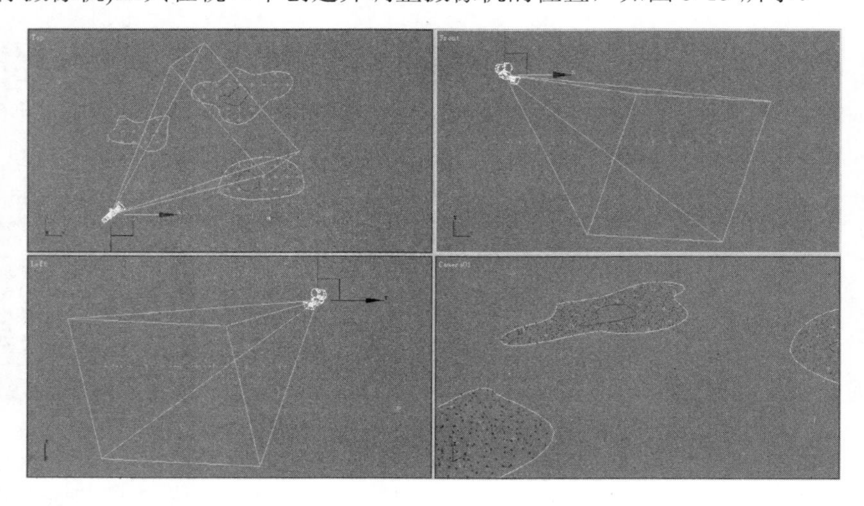

图 5-15 创建摄像机

选择 Forest01 物体，展开“修改”面板中的 Camera(摄像机)卷展栏，单击 Pick(拾取)按钮，到视口中拾取摄像机，此时场景中的 Forest 树正对着拾取的摄像机，并随着摄像机的旋转而进行自身旋转，始终正对着摄像机。选中 Area(区域)选项组中的 Limit to visibility(限制可见度)复选框，将摄像机视线以外看不到的 Forest 树隐藏，如图 5-16 所示。

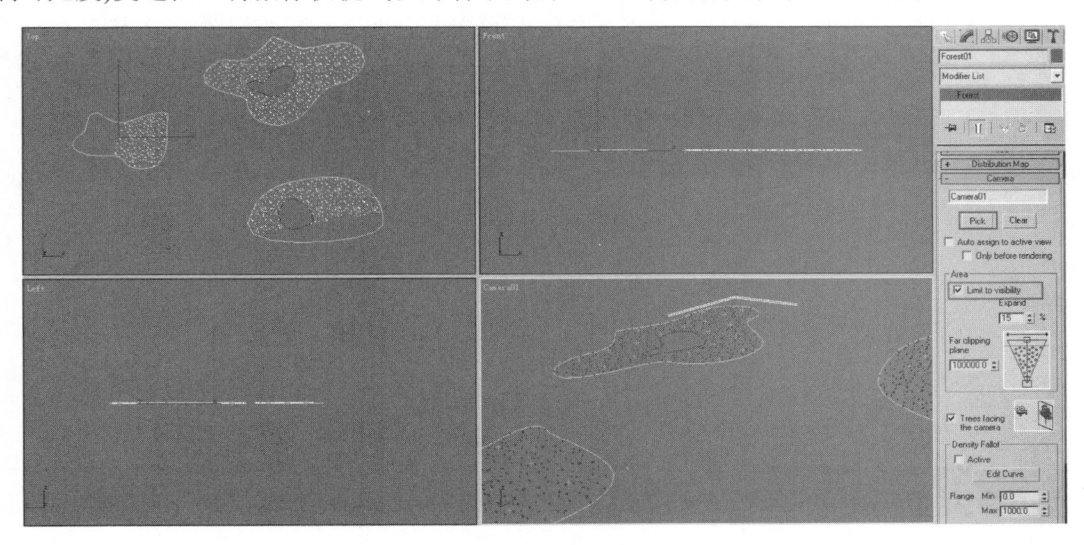

图 5-16　建立摄像机跟随

(7) 调节树的排布方式。选择 Forest01 物体，展开“修改”面板中的 Distribution Map(分布贴图)卷展栏，在 Bitmap(位图)选项组的下拉列表框中有十几种树群排布组合方式的位图可供选择，如图 5-17 所示，通过图示可以对树木的排布进行预览，根据场景的需要选择合适的树木排布方式。

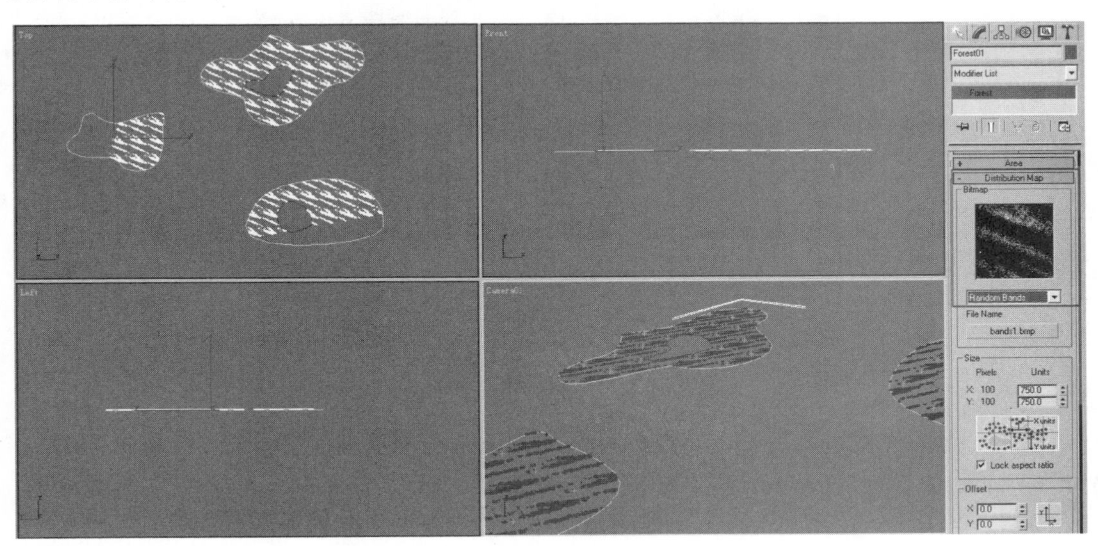

图 5-17　调节树的排布方式

(8) 给树群附加材质。打开材质编辑器，单击 Standard(标准材质)按钮，在弹出的 Material/Map Browser(材质/贴图浏览器)对话框中选择 Multi/Sub-Object(多维子材质)选项。依次选择 Multi/Sub-Object Basic Parameters(多维子材质基本参数)卷展栏中的 6～10 号材质通道，单击 Delete(删除)按钮将其删除，只保留 5 个材质通道，如图 5-18 所示，意味着 Forest 树群将有 5 种树，树种的多少可以根据场景的不同需求而进行不同的设置。

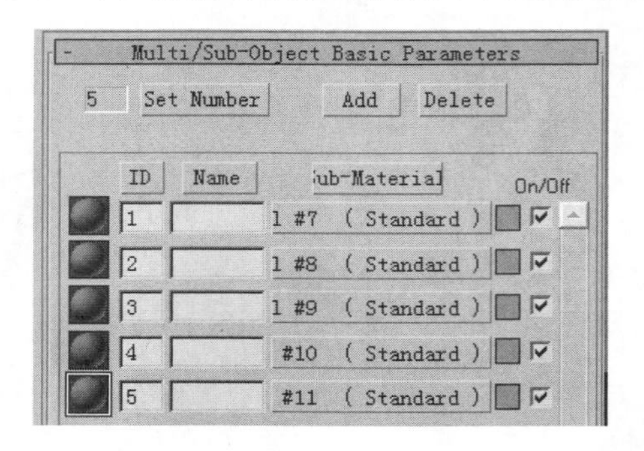

图 5-18　创建多维子材质

进入第一个子材质通道，单击 Diffuse(固有色)通道后方的参数设置按钮，在弹出的 Material/Map Browser(材质/贴图浏览器)对话框中选择 Bitmap(位图)选项，并选择一张如图 5-19 所示的树的彩色图添加到 Diffuse 通道里。

图 5-19　给固有色通道添加彩图

单击“返回”按钮返回上一级，再单击 Opacity(透明)通道后方的参数设置按钮，在弹出的 Material/Map Browser(材质/贴图浏览器)对话框中选择 Bitmap(位图)选项，并选择与彩色树图相对应的黑白图添加到 Opacity 通道里，如图 5-20 所示。

展开 Blinn Basic Parameters(Blinn 材质基本参数)卷展栏，将 Self-Illumination(自发光)选项组中的 Color(色彩)值调到 100，如图 5-21 所示。

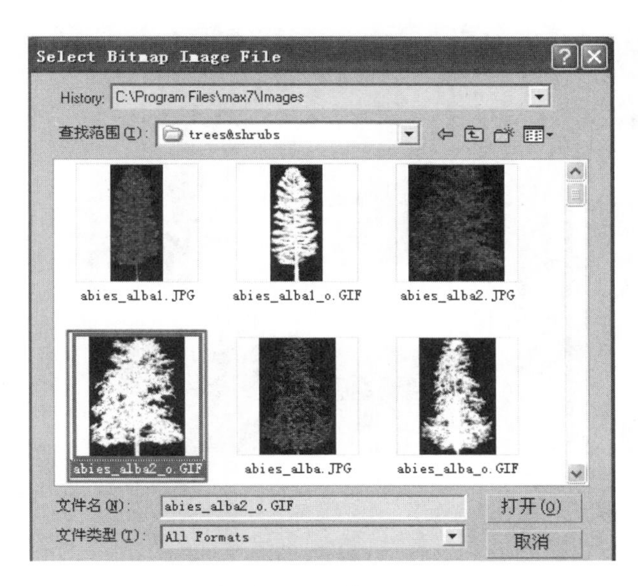

图 5-20　给透明通道添加黑白图

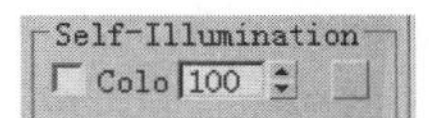

图 5-21　调节自发光

以同样的方法调节其他 4 个子材质，调整后材质如图 5-22 所示。选择 Forest01 物体，单击“赋予”按钮，将调好的材质赋予 Forest01 物体。

选择 Forest01，展开“修改”面板中的 Material(材质)卷展栏，选中 Random(随机)单选按钮，并在下方选项组中设置 From(从)值为 1，To(到)值为 5，如图 5-23 所示，此时树群里的树种在设置的 5 种树间随机变化，如图 5-24 所示。

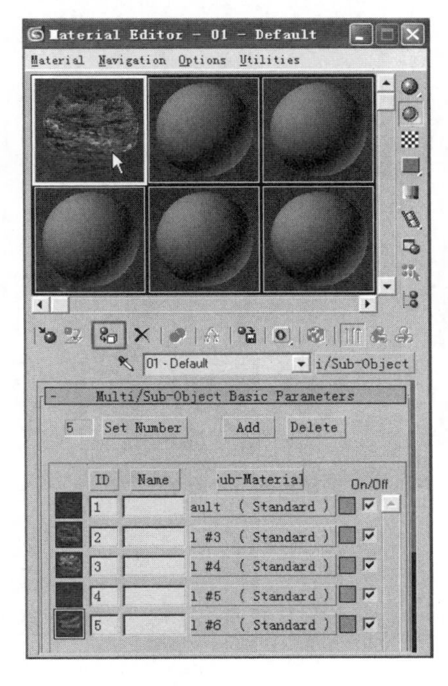

图 5-22　将调好的材质赋予物体

图 5-23　调节材质的随机变化

图 5-24　随机变化的材质

(9) 设置树木大小的随机变化。选择 Forest01 物体，展开“修改”面板中的 Transform(转换)卷展栏，设置 Scale(大小)选项组中的 Width Max(最大宽度)、Width Min(最小宽度)、Height Max(最大高度)、Height Min(最小高度)值，以百分比的形式进行设置，使树群里的树木大小在一定的范围内产生随机变化，如图 5-25 所示。

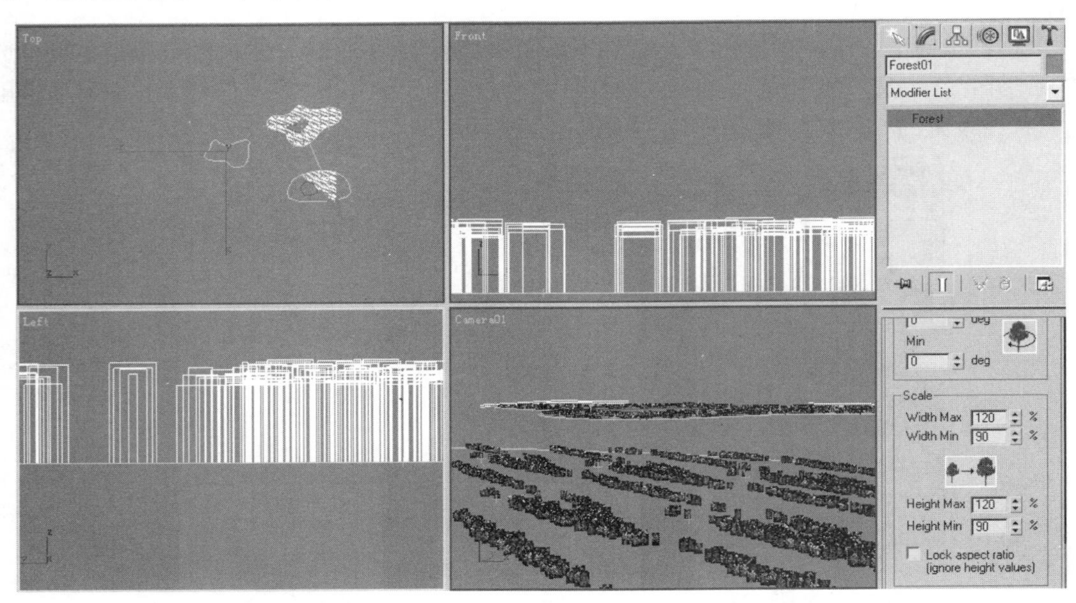

图 5-25　调节树木大小的随机变化

5.1.3　RPC 插件的使用

RPC 全息模型库是建筑动画不可缺少的制作利器，其功能强大，可以轻松地为三维场景加入人物、动物或植物等有生命的配景以及车辆、动态喷泉和各种生活中常用的设施。RPC 操作极其简单，用鼠标拖曳即可完成模型的创建工作，并能在灯光下产生真实的投影和反射效果。动态的模型库甚至可以轻而易举地给人物车辆等创建动作，渲染速度非常快，为建筑动画的制作提供了极大的方便。图 5-26 所示为同一 RPC 人物在不同视角中的渲染效果。

图 5-26　RPC 人物

下面了解 RPC 插件的使用。

(1) 创建 RPC 模型。RPC 插件安装成功后，依次单击“创建面板”按钮和“创建几何体”按钮，在下方的下拉列表框中选择 RPC 选项，单击 Object Type(物体类型)卷展栏中的 RPC 按钮，并在 RPC Selection(RPC 选择)卷展栏的下拉列表框中选择需要的 RPC 物体，到透视图中拖曳便可以建立一个 RPC 模型，如图 5-27 所示。

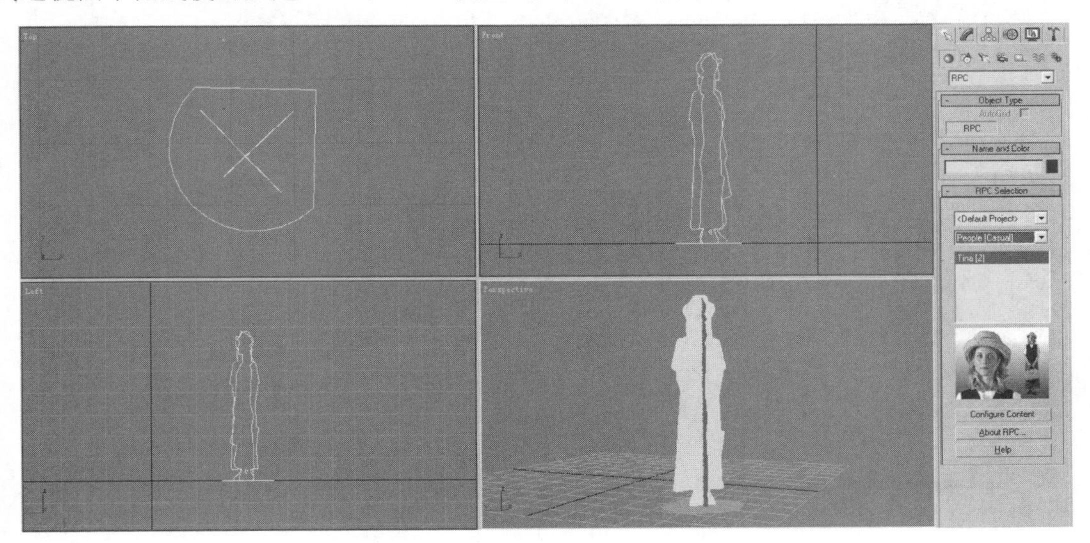

图 5-27　创建 RPC 模型

注意

安装 RPC 插件后，插件自带的模型种类不多，需要另外自行添加。请读者到 www.zkww.com.cn/sc/下载扩展名为.RPC 的文件，并将这些文件直接复制到 3ds Max 安装路径下的 maps 文件夹中即可使用。

(2) RPC 模型的调整。选择 RPC 模型，展开“修改”面板中的 RPC Parameters(RPC 参数)卷展栏，在 Parameters(参数)选项组中设置 Height(高度)值来调节 RPC 模型的大小，如图 5-28 所示。RPC 模型也可以通过“移动”工具和“旋转”工具来调整模型在场景中的位置和角度。

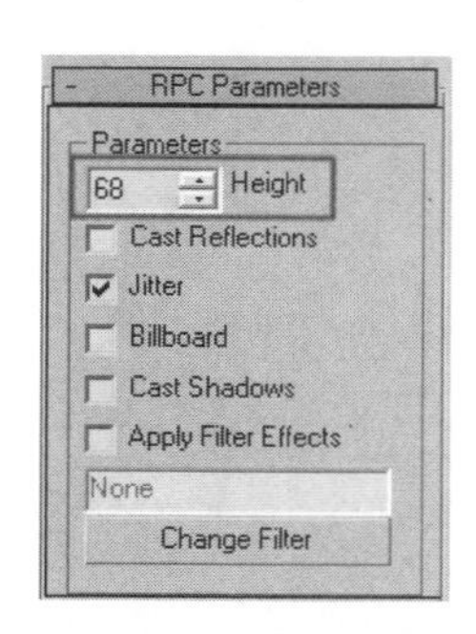

图 5-28　RPC 模型的高度调整

5.1.4　Greeble 插件的使用

Greeble 是一款能够在模型表面生成大量程序化立方体及定义形状的插件，常用于鸟瞰城市楼体模型，如图 5-29 所示为 Greeble 创建的楼体模型。

图 5-29　Greeble 创建的楼体模型

(1) 创建楼群范围。依次单击“创建面板”按钮和“创建几何体”按钮，利用 Plane(面片)工具在顶视图中创建一个面片，这个面片的大小决定要建出的城市建筑的范围，长宽段数都增加到 10。在面片上右击，在弹出的快捷菜单中选择 Convert to(转换)→Convert to Editable Mesh(转换为可编辑网格)命令。

(2) 删除作为街道的面。进入面片物体的 Polygon(面)子级别，到视口中选择要作为街道的面，按 Delete 键删除，如图 5-30 所示。

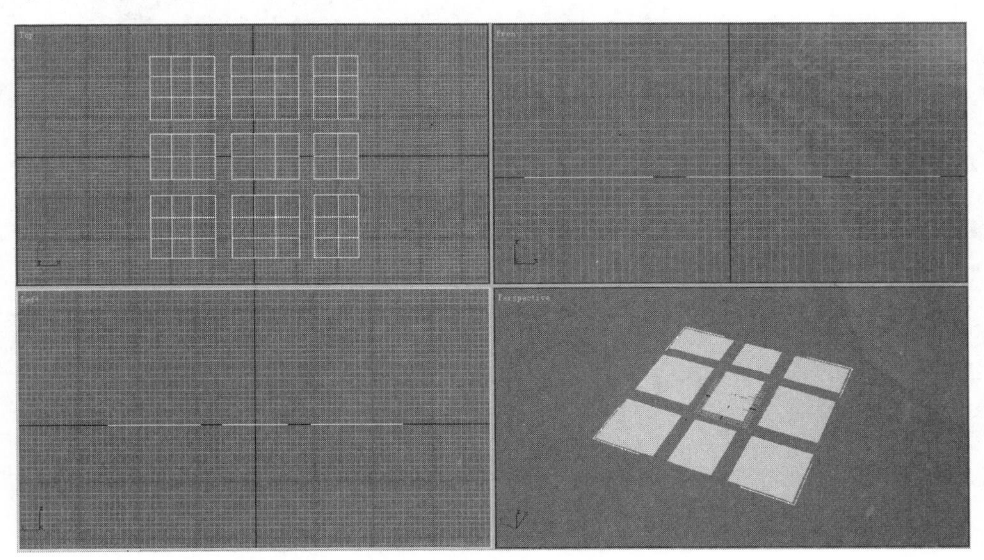

图 5-30　创建地形

(3) 创建楼与楼之间的间隔。给物体添加 Greeble 修改器，展开“修改”面板中的 Parameters(参数)卷展栏，取消选中 Widgets(装饰物)选项组中的 Generate(发生)复选框。此处为了创建楼与楼之间的间隙，因此这里添加的 Greeble 修改器不需要高度，将 Panels(镶嵌板)选项组中的 Min. Height(最小高度)设置为 0、Max. Height(最大高度)设置为 0， Taper(锥化)设置为 25。选中 Select Tops(选择顶面)复选框，为下一步做准备，如图 5-31 所示。

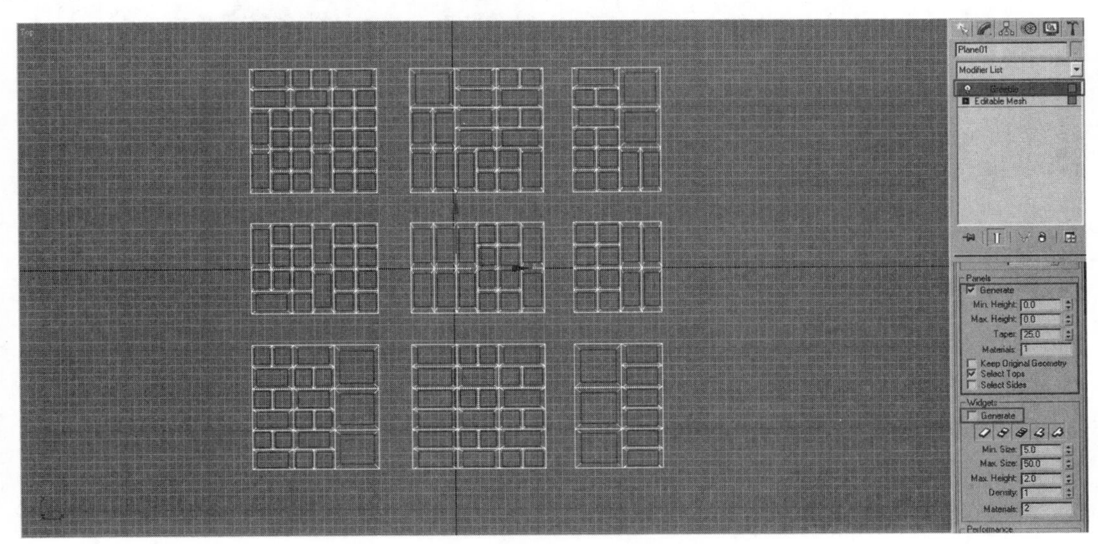

图 5-31　创建楼与楼之间的间隔

(4) 模型规整。给物体添加 Edit Mesh(编辑网格)修改器，将模型规整到最初状态。然后选择 Edit Mesh(编辑网格)修改器的 Polygon(面)子级别，可以看到上一步操作中选中 Select Tops(选择顶面)复选框的效果，所有新被创建的顶面被自动拾取，如图 5-32 所示。

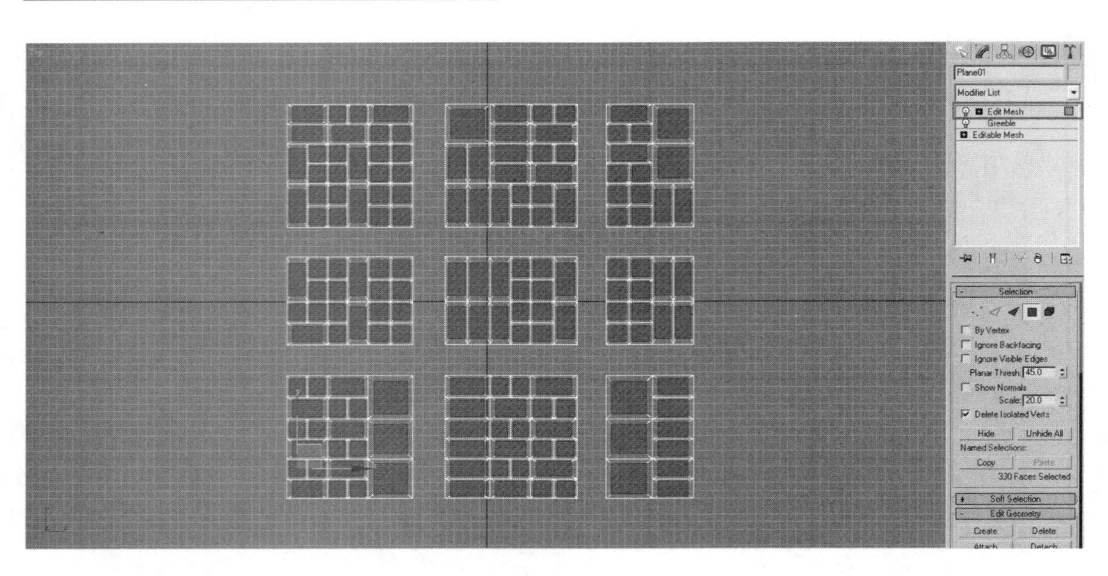

图 5-32　模型规整

(5) 创建楼体底层商铺。再次添加 Greeble 修改器，展开“修改”面板中的 Parameters(参数)卷展栏，取消选中 Widgets(装饰物)选项组中的 Generate(发生)复选框。此处创建的是底层商铺，因此 Greeble 修改器的高度不需要很高。将 Panels(镶嵌板)选项组中 Min.Height(最小高度)设置为 4、Max. Height(最大高度)设置为 12、Taper(锥化)设置为 5。为了附加材质时有材质 ID 号的区分，因此将 Panels(镶嵌板)选项组中的 Materials(材质)设置为 2。同样选中 Select Tops(选择顶面)复选框，为下一步做准备，如图 5-33 所示。

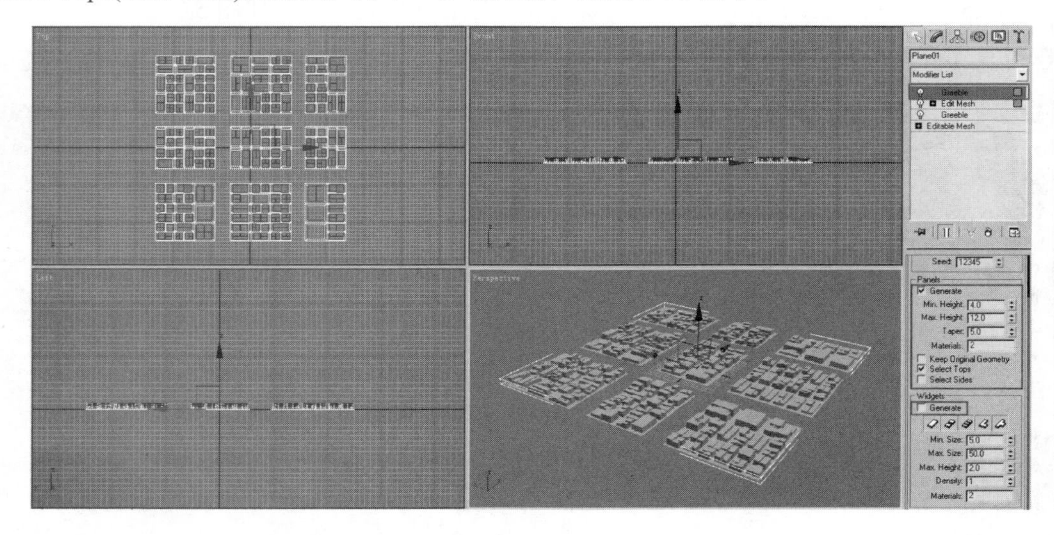

图 5-33　创建楼体底层商铺

注意

这里添加 Greeble 修改器时，一定要保证前面的 Edit Mesh(编辑网格)修改器处于 Polygon(面)子级别下，并且只有顶面被选择，否则会出现面的混乱。

(6) 模型规整。重复步骤(4)的操作，添加 Edit Mesh(编辑网格)修改器，将模型规整到最初状态，进入 Polygon(面)子级别，保证所有的顶面被拾取，如图 5-34 所示。

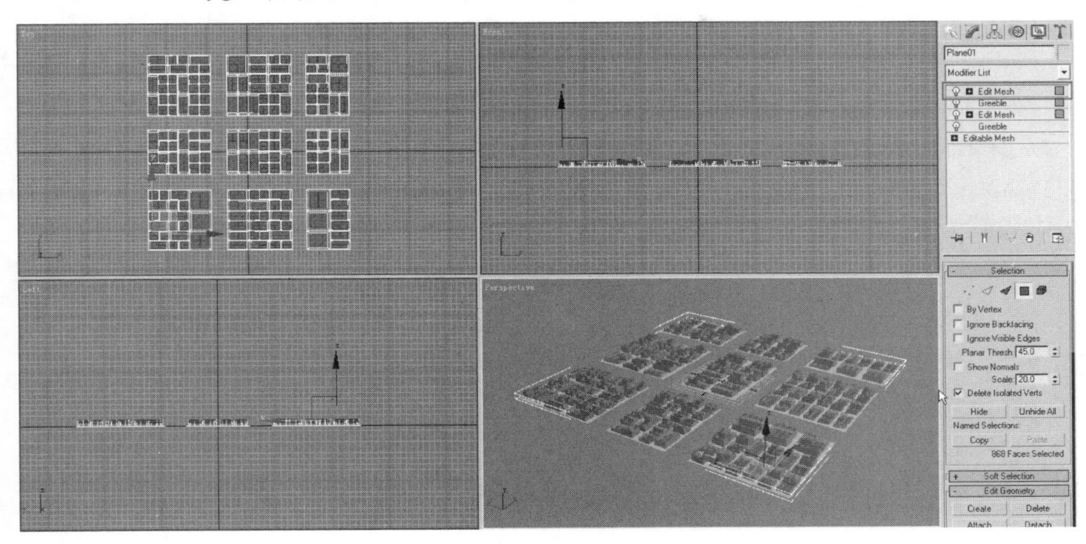

图 5-34　模型规整

(7) 创建楼的主体。再次添加 Greeble 修改器，展开“修改”面板中的 Parameters(参数)卷展栏，取消选中 Widgets(装饰物)选项组中的 Generate(发生)复选框。此处创建的是楼的主体，要体现出高低错落的层次感，因此 Greeble 修改器的高度要有一定的差距，将 Panels(镶嵌板)选项组中的 Min. Height(最小高度)设置为 2、Max. Height(最大高度)设置为 30、Taper(锥化)设置为 5。为了附加材质时有材质 ID 号的区分，因此将 Panels(镶嵌板)选项组中的 Materials(材质)设置为 3。同样选中 Select Tops(选择顶面)复选框，为下一步做准备，如图 5-35 所示。

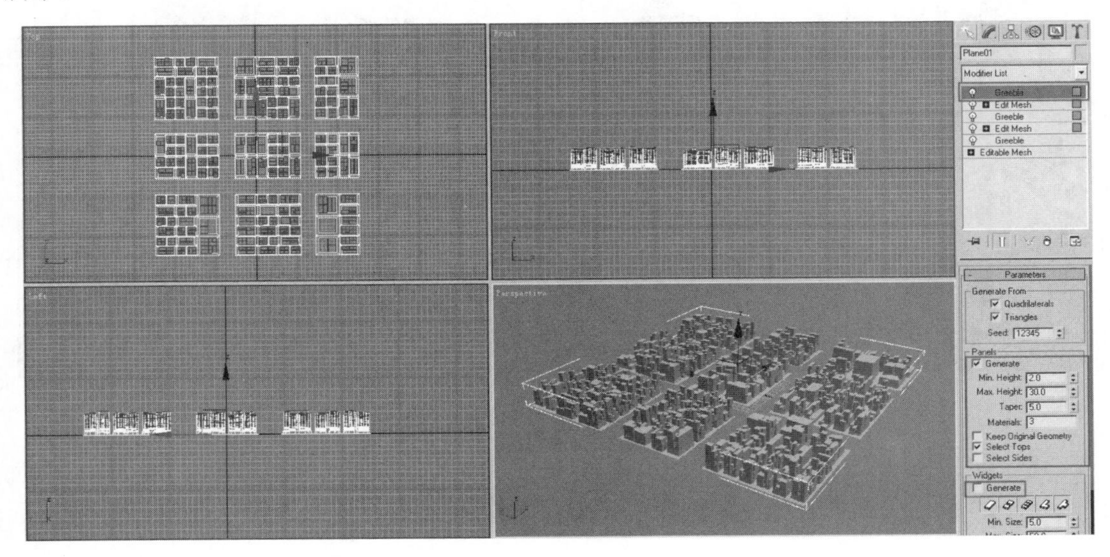

图 5-35　创建楼的主体

注意

这里添加 Greeble 修改器时，一定要保证前面的 Edit Mesh(编辑网格)修改器处于 Polygon(面)子级别下，并且只有顶面被选择，否则会出现面的混乱。

(8) 制作楼顶女儿墙。给物体添加 Edit Mesh(编辑网格)修改器，将模型规整到最初状态。然后选择 Edit Mesh(编辑网格)修改器的 Polygon(面)子级别，保证所有的顶面被拾取，为区分材质，展开 Surface Properties(表面属性)卷展栏，将 Material(材质)选项组中的 Set ID(设置 ID 号)设置为 4，如图 5-36 所示。

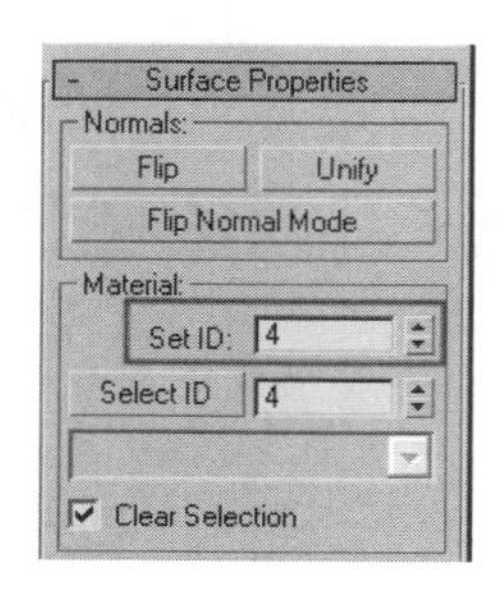

图 5-36　调节女儿墙材质 ID 号

展开 Edit Geometry(编辑几何体)卷展栏，单击 Extrude(挤压)按钮，挤压出女儿墙的高度，再结合利用 Extrude(挤压)和 Bevel(倒角)按钮，制作出女儿墙的厚度，最后再次单击 Extrude(挤压)按钮，向内挤压出女儿墙的内陷，如图 5-37 所示。

图 5-37　制作女儿墙的内陷

再次展开 Surface Properties(表面属性)卷展栏，为区分选择面的材质，将 Material(材质)选项组中的 Set ID(设置 ID 号)设置为 5，这部分面为楼顶的材质，如图 5-38 所示。

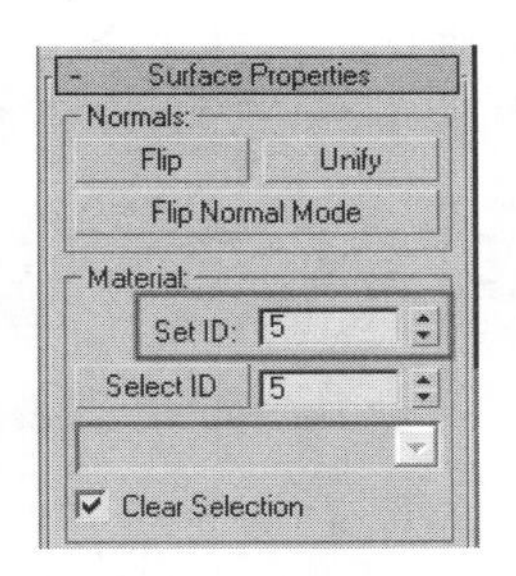

图 5-38　调节楼顶材质 ID 号

(9) 创建楼顶水箱。继续添加 Greeble 修改器，因为创建的是楼顶水箱，不需要楼整体顶面的高度变化，所以展开“修改”面板中的 Parameters(参数)卷展栏，取消选中 Panels(镶嵌板)选项组中的 Generate(发生)复选框。这时顶面消失，选中 Keep Original Geometry(保持原有几何体)复选框使顶面重新显示，同样选中 Select Tops(选择顶面)复选框，为下一步作准备。水箱的形状一般都是规整的方体，所以在 Widgets(装饰物)选项组中，只保留按钮被激活，将其他按钮的激活状态关闭，将 Min. Size(最小尺寸)设置为 20、Max. Size(最大尺寸)设置为 50、Max. Height(最大高度)设置为 3，为了附加材质时有材质 ID 号的区分，将 Materials(材质)设置为 6，这是水箱的材质 ID 号，如图 5-39 所示。

图 5-39　创建楼顶水箱

注意

这里添加 Greeble 修改器时，一定要保证前面的 Edit Mesh(编辑网格)修改器处于 Polygon(面)子级别下，并且只有顶面被选择，否则会出现面的混乱。

(10) 给水箱顶面附加材质 ID 号。添加 Edit Mesh(编辑网格)修改器，将模型规整到最初状态。进入 Polygon(面)子级别，此时水箱顶面和楼体顶面同时被拾取了，这并不是想要的结果，需要的是只有水箱顶面被拾取从而进行水箱女儿墙的模型制作。因此选择 Edit(编辑)

→Select Invert(反选择)命令，反选其他面，展开“修改”面板中的 Selection(选择)卷展栏，单击 Hide(隐藏)按钮，将反选择的所有面隐藏，如图 5-40 所示。

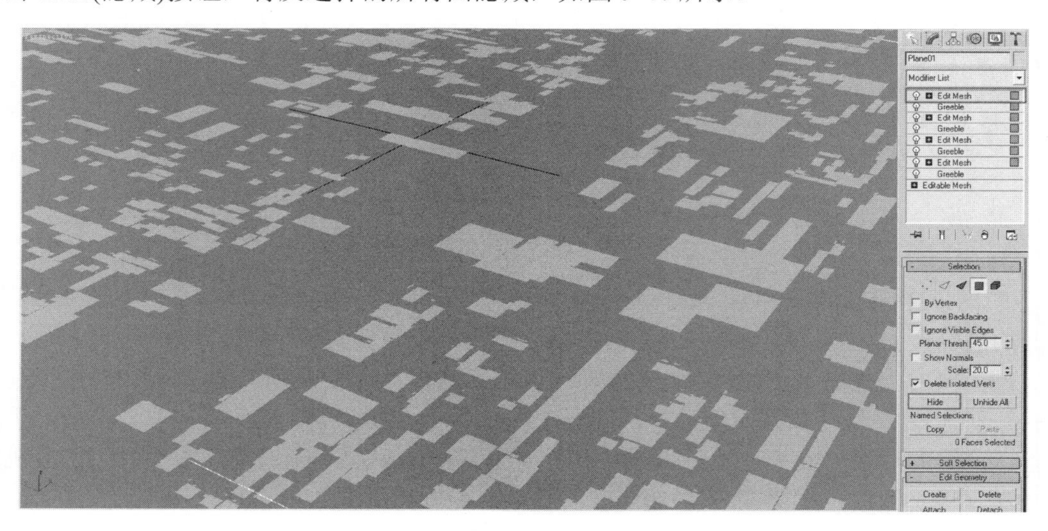

图 5-40　隐藏楼体

展开 Surface Properties(表面属性)卷展栏，将 Material(材质)选项组中的 Select ID(选择 ID 号)设置为 5，然后单击 Select ID(选择 ID 号)按钮，代表选择材质 ID 号为 5 的面，也就是作为屋顶的面，如图 5-41 所示。再次展开 Selection(选择)卷展栏，单击 Hide(隐藏)按钮，将选择的面隐藏，如图 5-42 所示。

图 5-41　选择楼顶

框选剩余的面，展开 Surface Properties(表面属性)卷展栏，将 Material(材质)选项组中的 Set ID(设置 ID 号)设置为 7，这部分面为水箱女儿墙的材质，如图 5-43 所示。展开 Selection(选择)卷展栏，单击 Unhide All(全部不隐藏)按钮，将前面隐藏的所有面显示，如图 5-44 所示。

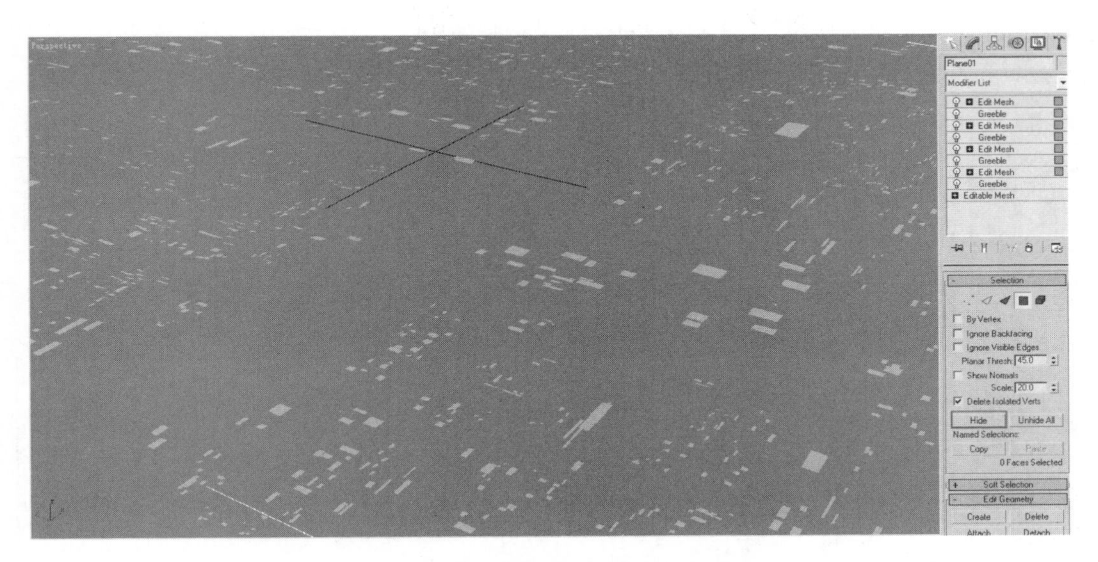

图 5-42　隐藏楼顶

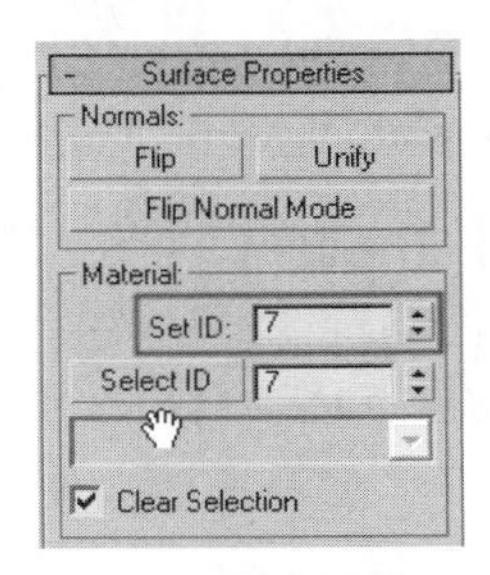

图 5-43　调节水箱顶材质 ID 号

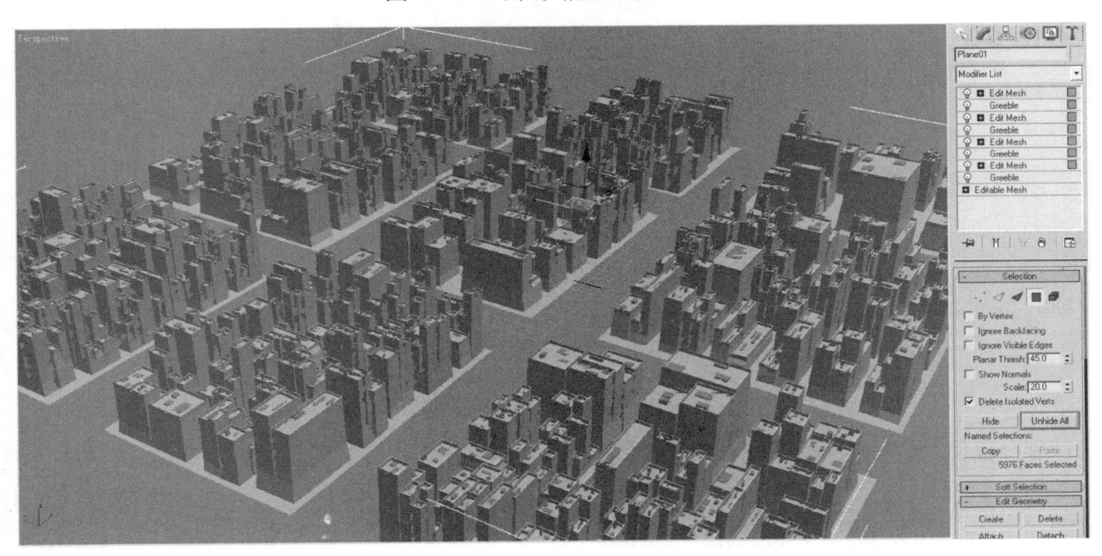

图 5-44　显示所有隐藏模型面

(11) 制作水箱女儿墙。用与制作楼体女儿墙相同的方法制作水箱女儿墙。并展开 Surface

Properties(表面属性)卷展栏，将 Material(材质)选项组中 Set ID(设置 ID 号)设置为 8，这部分面为水箱顶的材质，如图 5-45 所示。

图 5-45　创建水箱女儿墙

(12) 给楼群附加材质。打开材质编辑器，单击 Standard(标准材质)按钮，在弹出的 Material/Map Browser(材质/贴图浏览器)对话框中选择 Multi/Sub-Object(多维子材质)选项。选择 Multi/Sub-Object Basic Parameters(多维子材质基本参数)卷展栏中的 9、10 号材质通道，单击 Delete(删除)按钮删除，只保留 8 个材质通道，如图 5-46 所示。

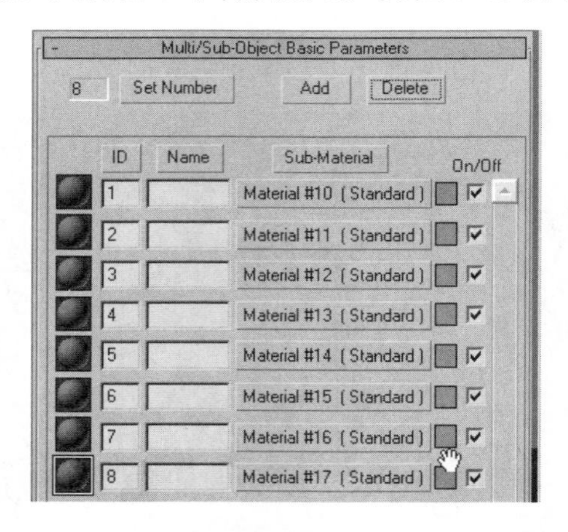

图 5-46　创建多维子材质

在 Name(名称)栏为每一个子材质写上与其对应的名字，以免混淆，并调节子材质色块的颜色，以区分每个子材质在模型上所占据的位置，如图 5-47 所示。选择楼体模型，单击“赋予”按钮，将所调材质赋予楼体。

单击进入 2 号“底商铺”子材质通道，单击 Diffuse(固有色)通道后方的参数设置按钮，在弹出的 Material/Map Browser(材质/贴图浏览器)对话框中选择 Bitmap(位图)选项，选择一张如图 5-48 所示的“底商铺”贴图添加到 Diffuse 通道里。激活“显示贴图”按钮使贴图在视口中显示。

图 5-47　调节每个子材质

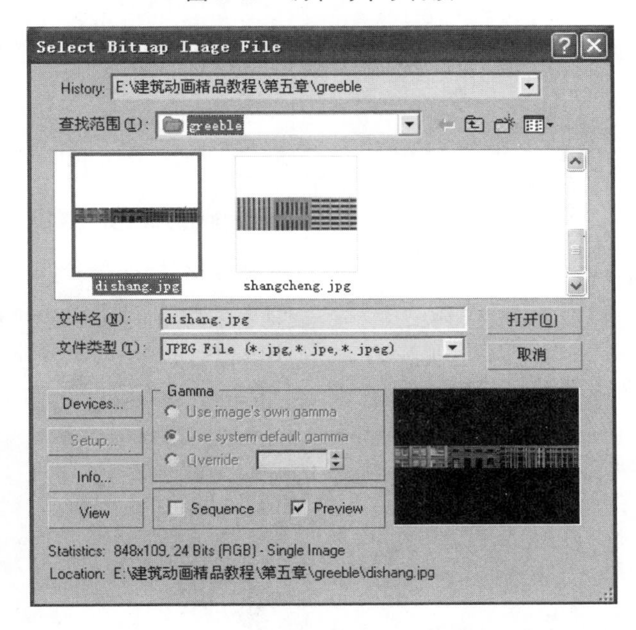

图 5-48　给“底商铺”子材质通道加贴图

注意

为了体现出底商建筑的不同，最好在 Photoshop 中提前将不同颜色风格的多张墙面图片合并成一张，一起添加到 Diffuse 通道。

单击“返回”按钮返回上一级，单击进入 3 号“楼主体”子材质通道，选择一张如图 5-49 所示的“楼主体”贴图添加到 Diffuse 通道里。

注意

为了体现出楼主体的不同，最好在 Photoshop 中提前将不同颜色风格的多张墙面图片合并成一张，一起添加到 Diffuse 通道。

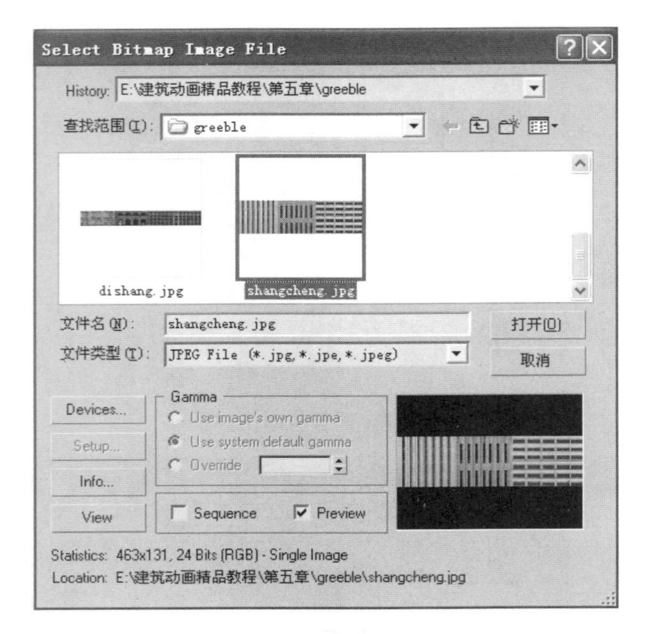

图 5-49　给“楼主体”子材质通道加贴图

(13) 调整贴图坐标。给物体添加 Edit Mesh(编辑网格)修改器，将模型规整到最初状态。再添加 UVW Map(贴图坐标)修改器，展开“修改”面板中的 Parameters(参数)卷展栏，在 Mapping(贴图)选项组中设置贴图平展方式为 Box(长方体)，并分别设置 Length(长)、Width(宽)、Height(高)3 个值，使贴图比例处于一个合适的状态，如图 5-50 所示。

图 5-50　调整贴图坐标

5.2　建筑动画中的常见特效

5.2.1　Environment 雾效的制作

雾环境效果是向建筑场景中添加大气的效果，使对象随着摄影机距离的增加逐渐褪光(标准雾)，或提供分层雾效果，使所有对象或部分对象被雾笼罩。只有摄影机视图或透视图中会渲染雾效果，正交视图或用户视图不会渲染雾效果。

下面用 5.1.4 节中制作的 Greeble 楼体模型介绍雾环境效果的制作，效果如图 5-51 和图 5-52 所示。

图 5-51　没有添加雾效的效果

图 5-52　添加雾效后的效果

(1) 添加雾效。选择 Rendering(渲染)→Environment(环境)命令，弹出 Environment and Effects(环境和特效)对话框，展开 Atmosphere(大气)卷展栏，单击 Add(添加)按钮，弹出 Add Atmosphere Effect(添加大气特效)对话框，选择 Fog(雾效)选项后单击 OK 按钮确定。

(2) 调节雾效参数。选择添加 Fog 雾效后，在 Environment and Effects(添加大气特效)对话框中增添了 Fog Parameters(雾效参数)卷展栏，可在其中设置相关的雾效参数。

Fog(雾效)选项组中，Type(类型)栏包括 Standard(标准层)和 Layered(分组层)两个单选按钮，Standard(标准层)指根据与摄影机的距离使雾变薄或变厚，Layered(分组层)指使雾在上限和下限之间变薄和变厚。这里选中 Layered(分组层)单选按钮，选后 Layered(分组层)选项组被激活。

Layered(分组层)选项组中，Top 微调框用于设置雾层的上限(使用世界单位)，Bottom 微调框用于设置雾层的下限(使用世界单位)，Density 微调框用于设置雾的总体密度。

Falloff(衰减)栏用于添加指数衰减效果，其中选中 Top 单选按钮表示使密度在雾范围的“顶”减小到 0，Bottom 单选按钮表示使密度在雾范围的“底”减小到 0，None 单选按钮表示不衰减。

这里设置的参数如图 5-53 所示，只作为参考，根据场景不同，要表现的效果不同，参数设置也应随之发生变化。

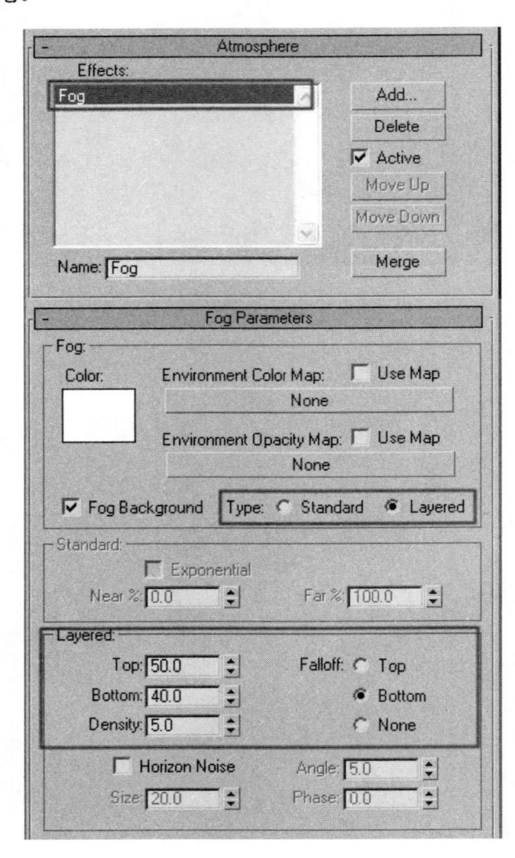

图 5-53　雾效的参数设置

5.2.2　路灯辉光效果的制作

路灯辉光效果的制作需要体积光特效的应用。体积光特效提供泛光灯的径向光晕、聚光灯的锥形光晕和平行光的平行雾光束等效果。如果使用阴影贴图作为阴影生成器，则体积光中的对象可以在聚光灯的锥形中投射阴影。只有摄影机视图或透视图中会渲染体积光效果，正交视图或用户视图不会渲染体积光效果。下面介绍路灯辉光效果的制作过程。效果如图 5-54 和图 5-55 所示。

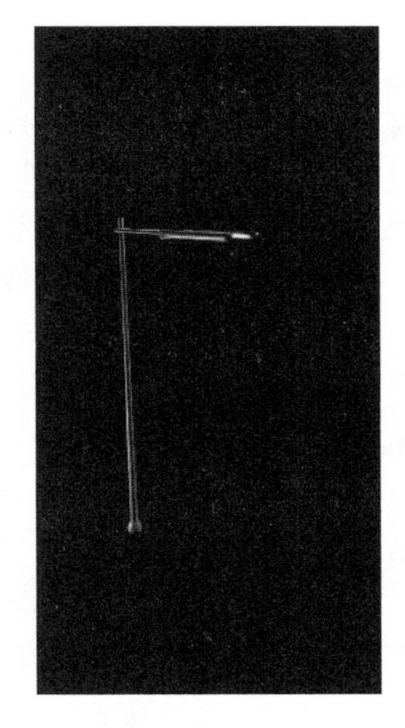

图 5-54　没有添加体积光的效果

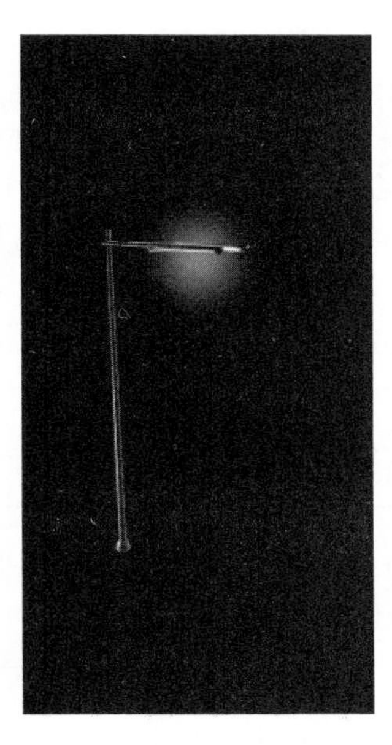

图 5-55　添加体积光后的效果

(1) 创建体积光灯。创建一盏泛光灯放置于路灯灯罩的下方，开启光圈远距离衰减，灯光位置及衰减范围如图 5-56 所示。

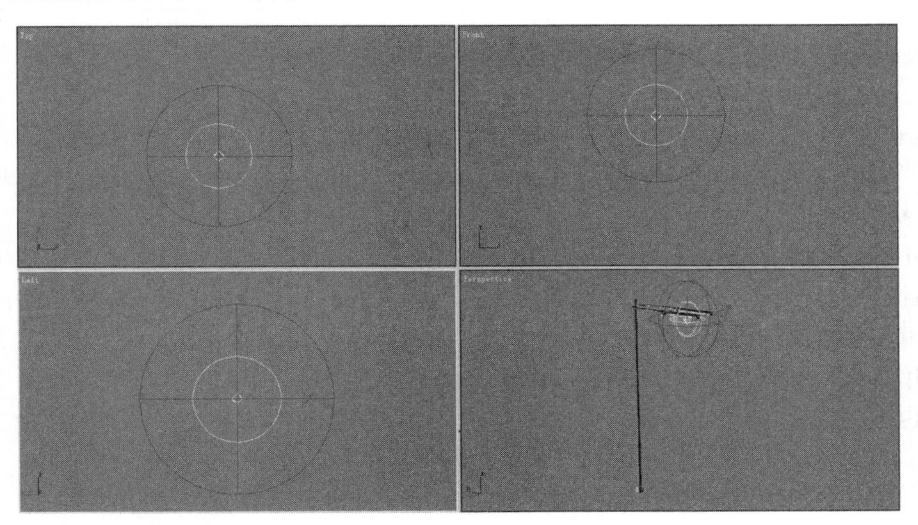

图 5-56　创建体积光灯

(2) 添加体积光特效。选择 Rendering(渲染)→Environment(环境)命令，弹出 Environment and Effects(环境和特效)对话框，展开 Atmosphere(大气)卷展栏，单击 Add(添加)按钮，弹出 Add Atmosphere Effect(添加大气特效)对话框，选择 Volume Light(体积光)选项后单击 OK 按钮确定。

(3) 调节体积光参数。选择添加 Volume Light 体积光后，在 Environment and Effects(环境和特效)对话框中增添了 Volume Light Parameters(体积光参数)卷展栏，可在其中设置相关的体积光参数。单击 Light(灯光)选项组中的 Pick Light(拾取灯光)按钮，并到视口中单击拾取要形成光晕的泛光灯。

Volume(体积)选项组中的参数如下。

Density(密度)微调框用于设置雾的密度。雾越密，从体积雾反射的灯光就越多。密度为 2%～6%可能会获得最具真实感的雾体积。

Max Light%(最大亮度%)微调框用于设置可以达到的最大光晕效果(默认设置为 90%)。如果减小此值，可以限制光晕的亮度，以便使光晕不会随距离灯光越来越远而越来越浓，导致出现一片全白。

注意

如果场景的体积光内包含透明对象，请将 Max Light%设置为 100%。

Min Light %(最小亮度%)微调框用于设置最小光晕效果，如果 Min Light %大于 0，光体积外面的区域也会发光。

注意

Min Light %意味着开放空间的区域(在该区域，光线可以永远传播)将与雾颜色相同(就像普通的雾一样)。如果雾后面没有对象，若设置 Min Light %的值大于 0(无论实际值是多少)，场景将总是像雾颜色一样明亮。这是因为雾进入无穷远，利用无穷远进行计算。同时应确保通过几何体封闭场景。

Atten. Mult(衰减倍增)微调框用于调整衰减颜色的效果。

Attenuation(衰减)选项组中的参数如下。

Start %(开始%)微调框用于设置灯光效果的开始衰减，与实际灯光参数的衰减相对。默认设置为 100%，意味着在开始范围点开始衰减。如果减小此参数，灯光将以实际开始范围值(即更接近灯光本身的值)的减小的百分比开始衰减。

End %(结束%)微调框用于设置照明效果的结束衰减，与实际灯光参数的衰减相对。通过设置此值低于 100%，可以获得光晕衰减的灯光，此灯光投射的光比实际发光的范围要远得多。默认设置为 100%。

这里设置的参数如图 5-57 所示，只作为参考，根据场景不同，要表现的效果不同，参数设置也应随之发生变化。

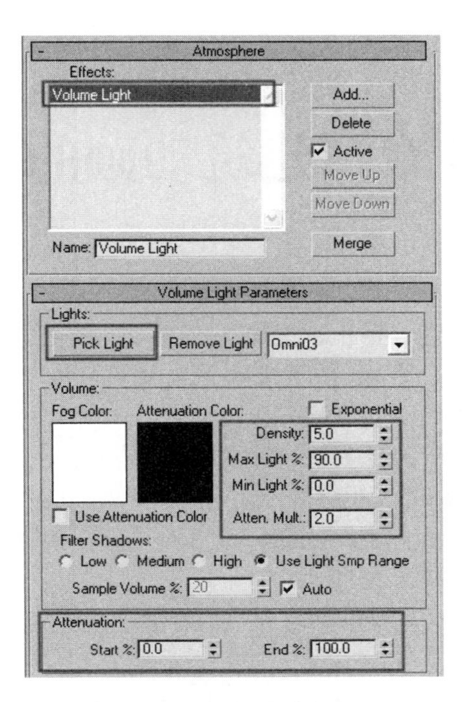

图 5-57　体积光的参数设置

第 6 章　建筑动画的合成

在制作建筑动画的过程中，后期处理占有重要的地位，是必不可少的。后期处理是指对渲染好的序列图片进行校色、修正、添加特效以及最后的剪辑合成等，它是对一件艺术品进行二次加工的过程。灵活地应用好后期处理，还可以实现在三维制作中不易实现的效果，让我们的工作事半功倍。

目前影视后期软件主要分为合成和剪辑两类。合成软件中，Adobe 公司的 After Effects 和 Autodesk 公司的 Combustion 使用得最广泛，技术应用最成熟。而 Adobe 公司的 Premiere Pro、Sony 公司的 Vegas、Canopus 公司的 EDIUS 都是剪辑类软件中的佼佼者。如何灵活使用这些软件是制作完美动画必需的利器。

现在让我们一起进入后期处理的世界中。

6.1　After Effects CS5

6.1.1　After Effects CS5 的界面与布局

After Effects CS5 不但具有强大的特效合成功能，而且具有非常人性化的用户界面，有助于用户方便快捷地掌握它。其界面与布局如图 6-1 所示。

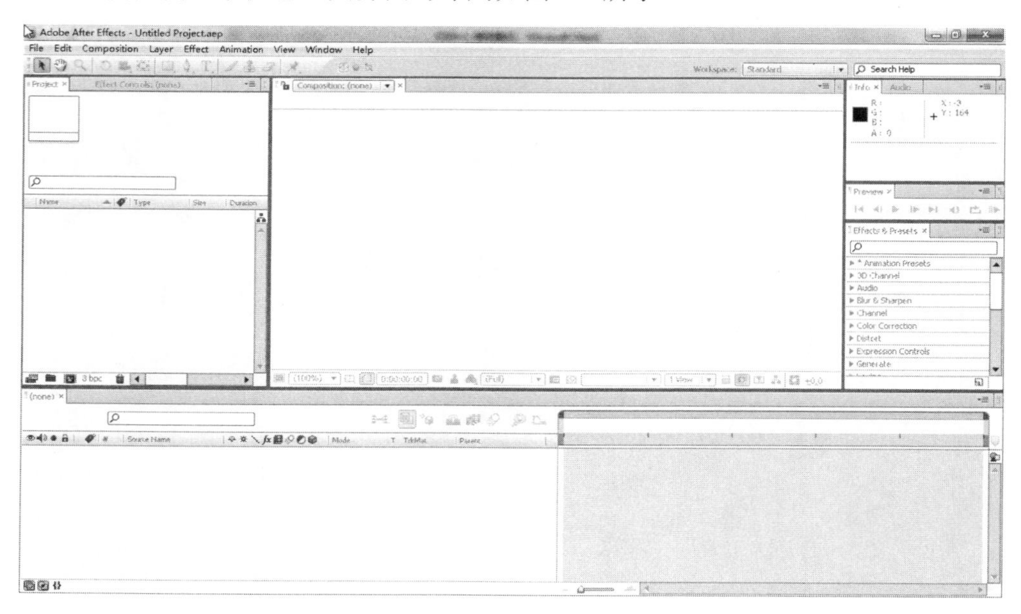

图 6-1　After Effects CS5 的界面与布局

下面简单介绍一下 After Effects CS5 界面中的常用控件。

1. Project(项目)面板

Project (项目)面板用于存放素材和创建的所有合成文件，同时还会显示有关素材的文件名称、类型和大小等信息，如图 6-2 所示。

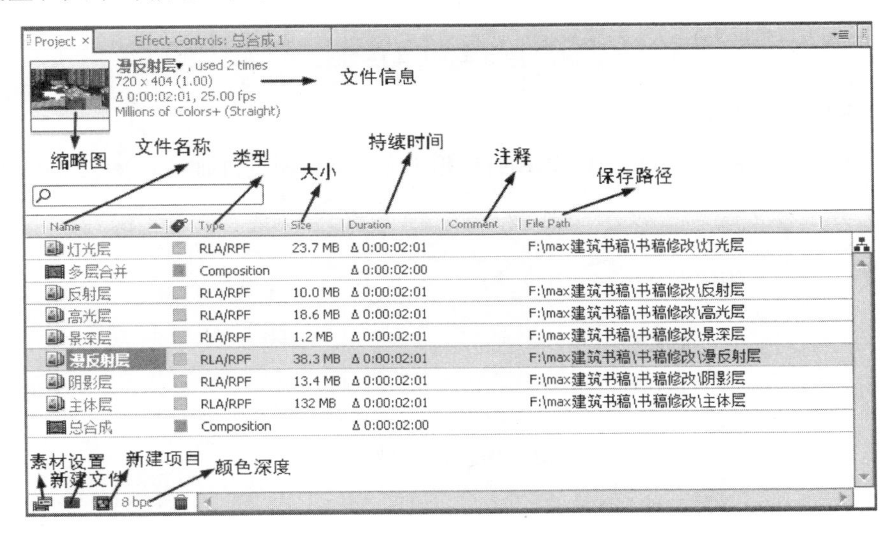

图 6-2　Project 面板

2. Composition(合成图像)面板

Composition(合成图像)面板用于显示和制作素材合成、特效及运动，如图 6-3 所示。

图 6-3　Composition 面板

3. Tools(工具栏)

Tools(工具栏)中存放着软件制作与修改的工具，如图 6-4 所示。

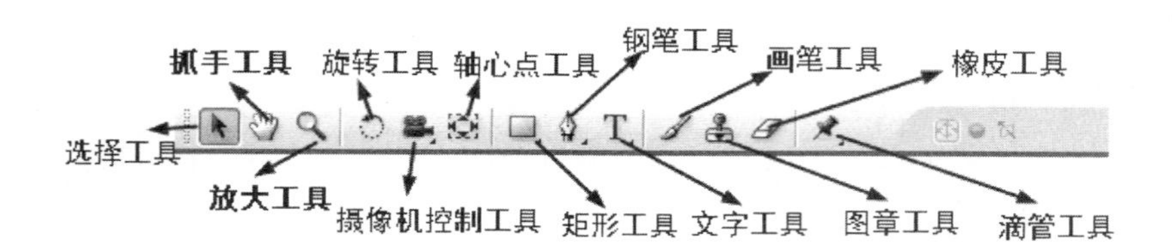

图 6-4 工具栏

4. Preview(预览)面板

Preview(预览)面板用于对制作编辑的视频做预览观察和进行播放，如图 6-5 所示。

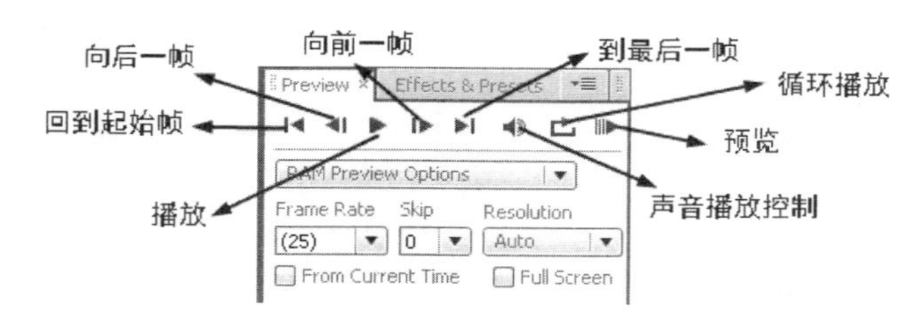

图 6-5 Preview(预览)面板

5. Effect Controls(效果控制)面板

Effect Controls(效果控制)面板用于存放图层所应用的特效，用户可以在此 Preview(预览)面板中调节修改特效参数，如图 6-6 所示。

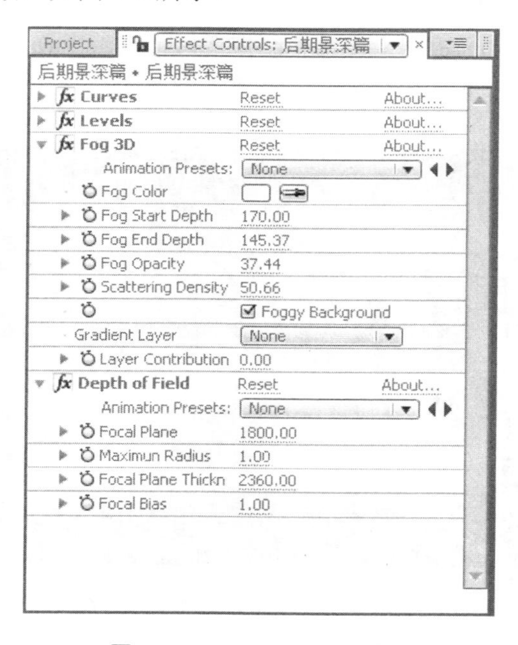

图 6-6 Effect Controls 面板

6. Time Line(时间线)面板

Time Line(时间线)面板用于调节图层属性和设置关键帧，几乎所有操作都可以在时间线上完成，如图 6-7 所示。

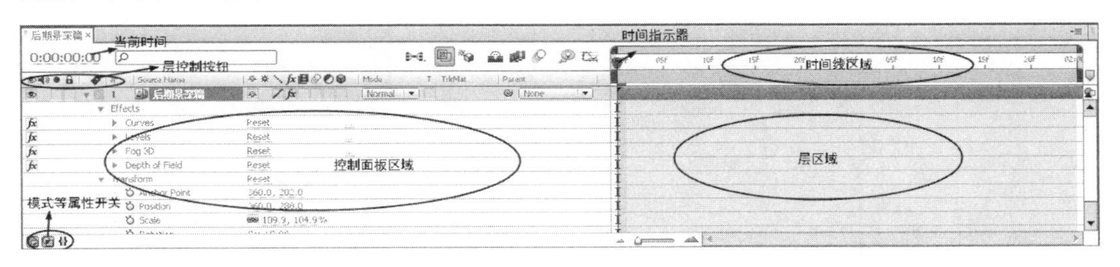

图 6-7　Time Line 面板

7. Effects & Presets(效果预设)面板

Effects & Presets(效果预设)面板中包括软件的所有效果滤镜，如图 6-8 所示。

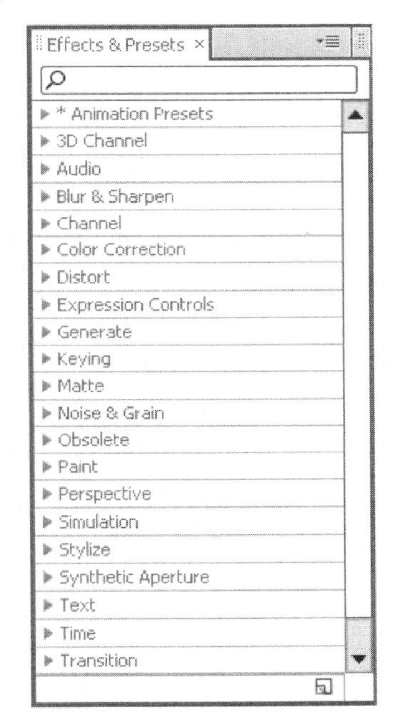

图 6-8　Effects & Presets 面板

8. 菜单栏

菜单栏中包含 File(文件)菜单、Edit(编辑)菜单、Composition(合成)菜单、Layer(层)菜单、Effect(效果)菜单、Animation(动画)菜单、View(检视)菜单、Window(窗口)菜单和 Help(帮助)菜单。

6.1.2　After Effects 基础操作

1. 新建合成

选择 Composition(合成)→New Composition(新建合成)命令或者按快捷键 Ctrl+N，会弹出如图 6-9 所示的 Composition Settings(合成设置)对话框。设置对话框里的 Composition

Name(合成名称)、Preset(制式)和 Duration(持续时间)等后单击 OK 按钮，这样就完成了新的合成项目的建立。

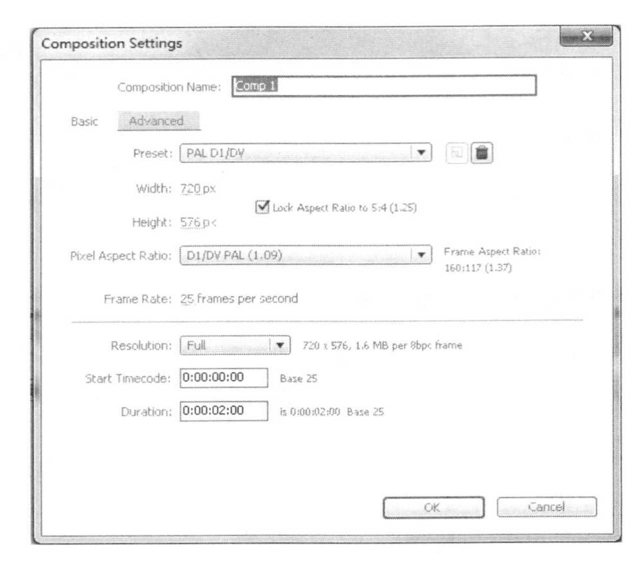

图 6-9　Composition Settings 对话框

2. 导入素材

当完成新建项目以后，要导入素材进行操作。导入的方法有多种：第一种方法，在弹出的快捷菜单中选择 File(文件)→Import(导入)→File(文件)命令找到需要的素材，单击打开即可；第二种方法，在 Project(项目)面板中双击，会弹出 Import File(导入文件)对话框，找到需要的素材单击“打开”按钮即可；第三种方法，在 Project(项目)面板中右击，在弹出的快捷菜单中选择 Import(导入)→File(文件)命令找到需要的素材，单击打开即可。

3. 为素材添加特效和关键帧

在 Time Line(时间线)面板中选择需要添加特效的层，选择 Effects(特效)→Blur&Sharpen(模糊&锐化)→Fast Blur(快速模糊)命令，或者在时间线的层上右击，在弹出的快捷菜单中选择 Effects(特效)→Blur&Sharpen(模糊&锐化)→Fast Blur(快速模糊)命令，这样就为时间线的层添加上特效了。

在时间线上选择某个层，展开层的 Transform(变换)参数，选择 Scale(缩放)参数。把时间指示器拖放到第 0 帧的位置，单击 Scale (缩放)参数前面的小钟表按钮，即可记录这一时间的缩放关键帧。把时间指示器拖放到第 5 秒的位置，再把层的 Scale (缩放)参数修改为 30%，这样就记录了第 5 秒的缩放关键帧。单击 Preview(预览)面板中的“回到起始帧”按钮，再单击“播放”按钮即可看到刚才做的缩放动画。

4. 在 Effect Controls(效果控制)面板中修改参数和添加关键帧

在时间线面板中选择添加完特效的层，除了可以在时间线上修改参数和记录关键帧外，也可以打开 Effect Controls(效果控制)面板，会出现该层的特效参数，可以任意修改参数，在 Composition(合成)面板中可看到特效参数变化时的效果，添加关键帧的方法同上一步相同。

5. 新建和保存合成项目

选择 File(文件)→New(新建)→New Project(新建合成项目)命令或者按快捷键 Ctrl+Alt+N，即可建立新的合成项目。选择 File(文件)→Save(保存)命令或者按快捷键 Ctrl+S，即可保存合成项目。

6. 渲染最后的成片

当做完需要的效果和动画后，要对成片进行输出渲染。选择 Time Line(时间线)面板，在菜单栏中选择 Composition(合成)→Make Movie(制作影片)命令或者按快捷键 Ctrl+M，Time Line(时间线)面板会自动跳转到 Render Queue(渲染序列)面板，这就是输出渲染面板，根据需要对它进行设置，最后单击 Render(渲染)按钮，就可以渲染输出了。

6.1.3 After Effects 经典实例制作

在建筑动画里经常会使用到流动光线的效果作为片头中的亮点，它可以通过三维软件来制作，但应用后期软件能缩短制作的时间和减少工作的复杂程度。下面我们通过这一实例来讲解一下 After Effects 的基础操作。

流动光线的最终效果如图 6-10 所示。

图 6-10　最终效果

(1) 流动光线制作。选择 Composition(合成)→New Composition(新建合成)命令新建一新的合成项目，设置 Preset(预设)为 PAL D1/DV、Width(宽度)为 720px、Height(高度)为 576px、Duration(持续时间)为 0:00:14:00，如图 6-11 所示。

(2) 选择 Layer(层)→New(新建)→Solid(固态层)命令，把时间指示器放到第 1 秒的位置上，按快捷键 Shift+[，调整开始时间，再次拖动时间指示器到第 11 秒的位置，按快捷键 Shift+]，调整结尾时间，如图 6-12 所示。

(3) 使用工具栏中的钢笔工具绘制图形，如图 6-13 所示，在时间线上单击按钮，展开 Black Solid 1 找到 Mask Path(遮罩路径)，在第 1 秒位置为其添加关键帧。

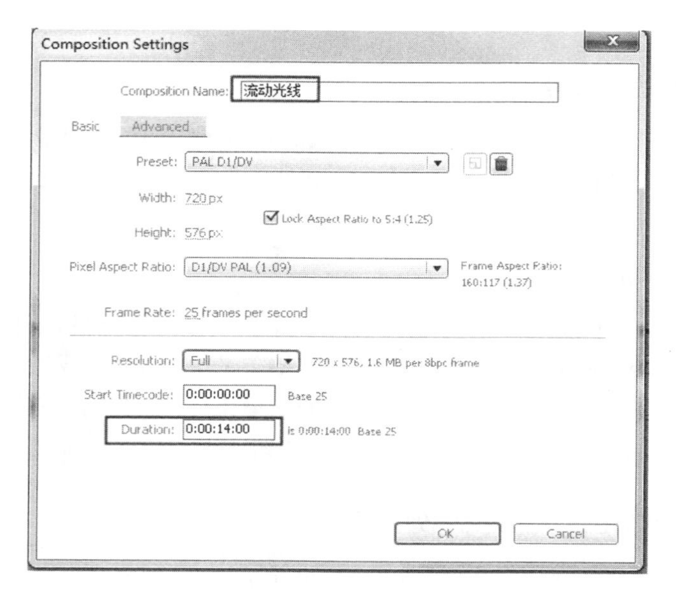

图 6-11　合成预设

图 6-12　调整固态层的时长

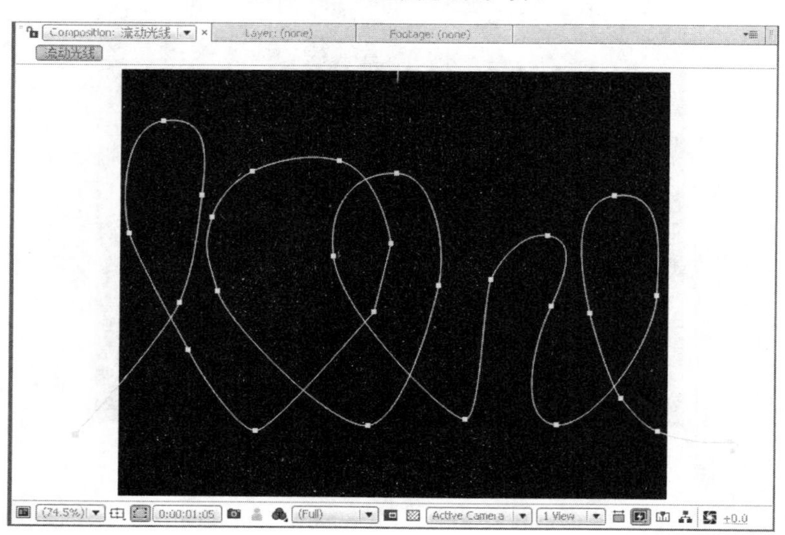

图 6-13　绘制路径

在时间线上把时间指示器拖动到最后一帧处，使用工具栏中的选择工具调整路径形状点，最终形状如图 6-14 所示。

(4) 选择 Black Solid 1(固态层)，选择 Effect(效果)→Generate(生成)→Stroke(描边)命令，如图 6-15 所示。

图 6-14　调整路径形状

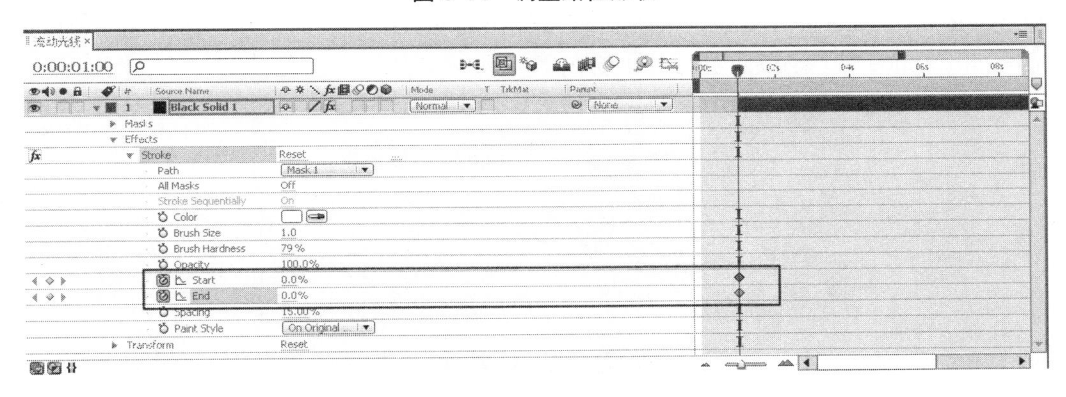

图 6-15　添加描边效果

(5) 激活 Start(开始)和 End(结束)参数前的“关键帧记录”按钮，分别在 1 秒处、6 秒处、11 秒处改变 Start(开始)和 End(结束)参数的数值。

1 秒处参数如图 6-16 所示。

图 6-16　关键帧 1 秒处

6 秒处参数如图 6-17 所示。

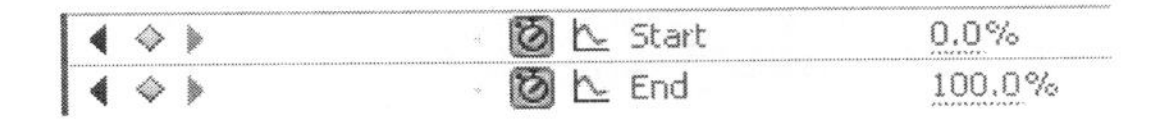

图 6-17　关键帧 6 秒处

11 秒处参数如图 6-18 所示。

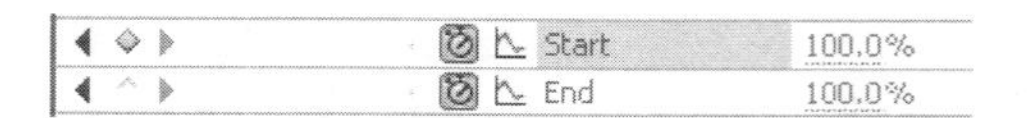

图 6-18 关键帧 11 秒处

(6) 把时间指示器拖动到第 1 秒的位置，选择 Effect(效果)→Blur& Sharpe(模糊&锐化)→Fast Blur(快速模糊)命令，并设置参数如图 6-19 所示。

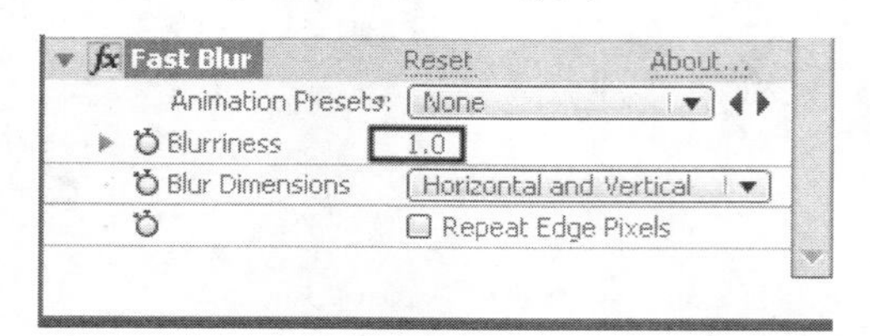

图 6-19 设置快速模糊参数

(7) 按住 Shift 键和鼠标左键，拖动渲染范围条，限制输出的范围为从第 1 秒到第 11 秒，如图 6-20 所示，选择 Composition(合成)→Make Movie(制作影片)命令，软件自动跳转到 Render Queue(渲染序列)面板，修改输出名称为“流动光线”，其他选项使用默认设置，单击 Render(渲染)按钮进行渲染输出。

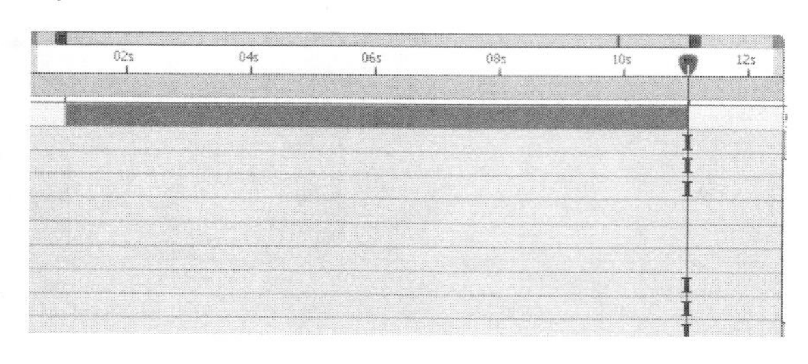

图 6-20 设置渲染范围

(8) 再次选择 Composition(合成)→New Composition(新建合成)命令，设置 Preset(预设)为 PAL D1/DV，尺寸为 720×576，Duration(持续时间)为 0:00:03:15，如图 6-21 所示。

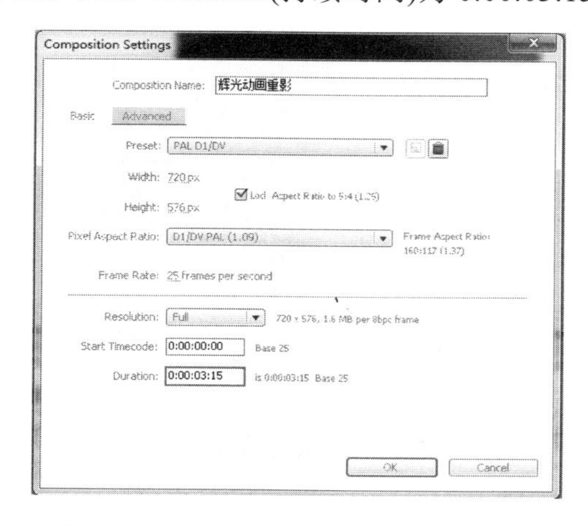

图 6-21 Composition Settings 对话框

(9) 导入刚才输出的“流动光线.avi”文件，单击 Time Line(时间线)面板左下角的“展开/隐藏持续时间长度”按钮，在 Stretch(拉伸)参数下改变流动光线的时间百分比为 36%，这样是为了加快光线的速度感，如图 6-22 所示。

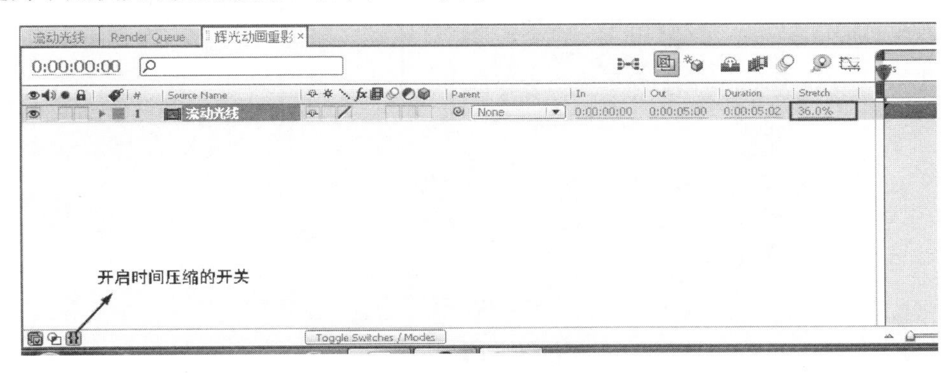

图 6-22　改变时长

(10) 选择 Effect(效果)→Time(时间)→Echo(时间延迟)命令，设置参数，如图 6-23 所示，效果如图 6-24 所示。

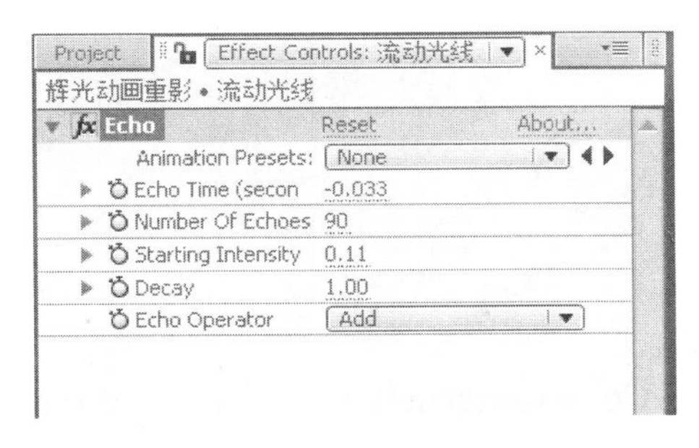

图 6-23　设置时间延迟参数

图 6-24　效果

(11) 选择 Effect(效果)→Stylize(风格化)→Glow(辉光)命令，参数设置如图 6-25 所示。

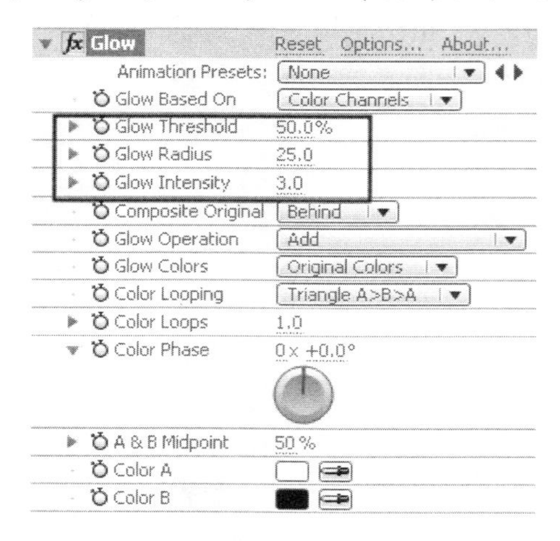

图 6-25 设置辉光参数

(12) 选择 Effect(效果)→Blur& Sharpen(模糊/锐化)→Fast Blur(快速模糊)命令，参数设置如图 6-26 所示。

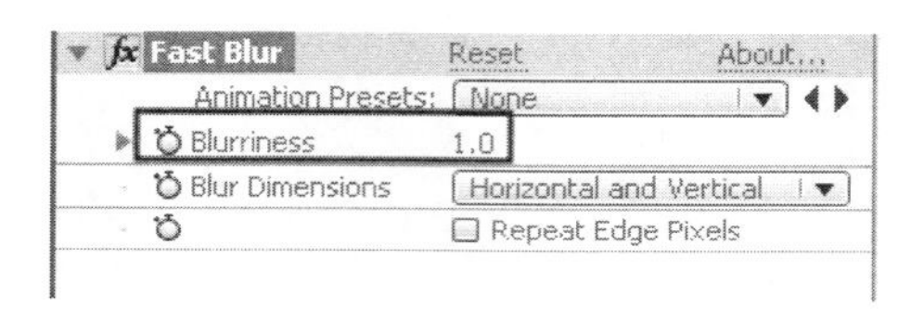

图 6-26 设置快速模糊参数

(13) 选择 Effect(效果)→Color Correction(颜色校正)→Hue/Saturation(色相/饱和度)命令，参数设置如图 6-27 所示。

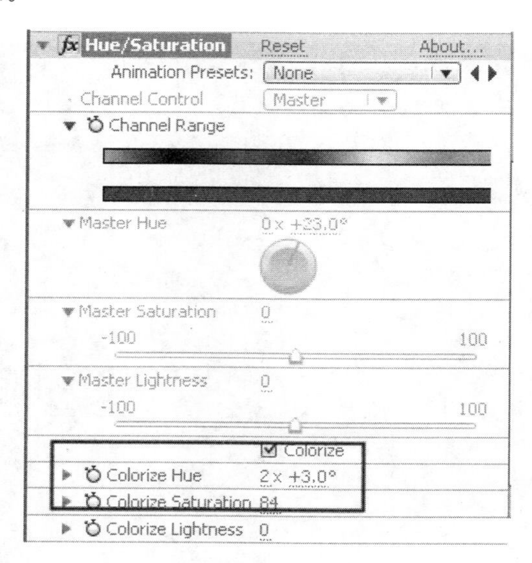

图 6-27 设置色相/饱和度参数

(14) 参数设置完毕后，选择 Composition(合成)→Make Movie(制作影片)命令，软件自动跳转到 Render Queue(渲染序列)面板，以默认设置进行渲染，单击 Render(渲染)按钮进行输出，最终效果如图 6-28～图 6-30 所示。

图 6-28　效果一

图 6-29　效果二

图 6-30　效果三

6.2　Combustion 操作技巧

在建筑动画的后期特效合成中，我们常使用 Combustion 进行序列图片的色彩校正和光影调节，与 After Effects 相比，它的调色效果更出色。

6.2.1　Combustion 的界面

Combustion 作为强大的合成软件，有着和 After Effects 一样强大的合成功能，具备层合成、遮罩、强大的调色、抠像等功能。同时 Combustion 有自己独特的优势，其节点合成功能比 After Effects 好用，Paint 绘画模块功能非常强大，多视图观察，和 3ds Max 的强大结合为 3ds Max 提供支持等。Combustion 的界面如图 6-31 和图 6-32 所示。

图 6-31 Combustion 启动界面

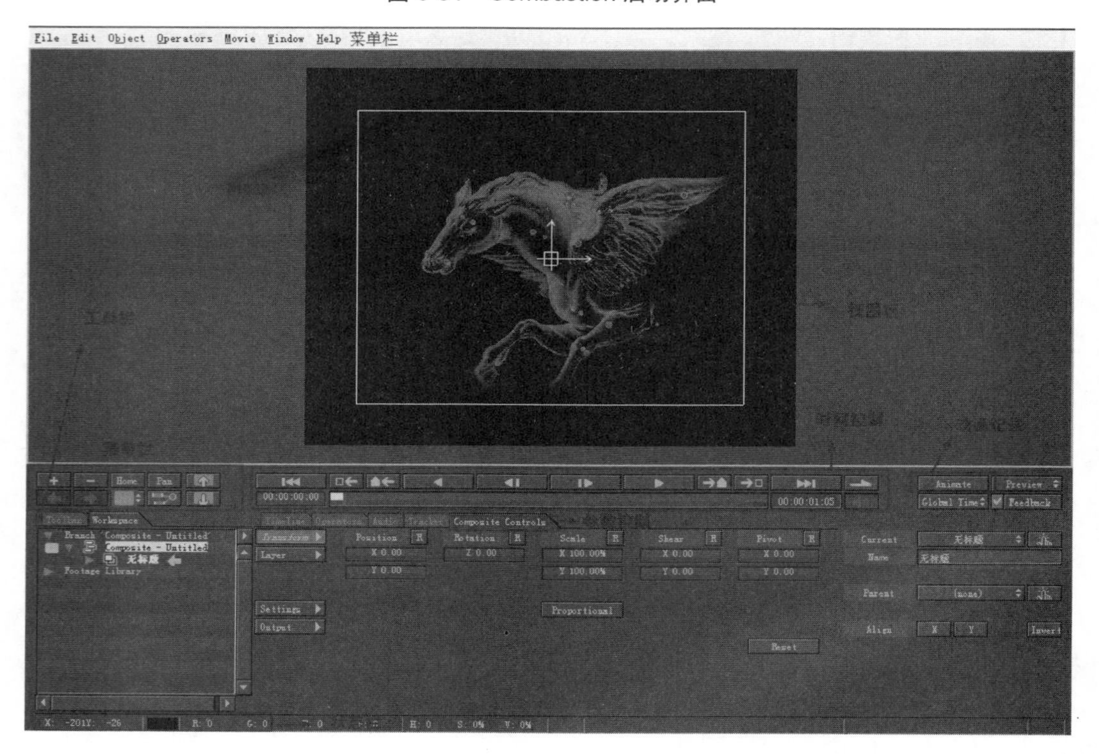

图 6-32 Combustion 工作界面和布局

下面是 Combustion 4 工作界面中各常用控件的介绍。

1. 菜单栏

Combustion 4 的菜单栏包括：File(文件)菜单、Edit(编辑)菜单、Object(物体)菜单、Operators(特效)菜单、Movie(影片)菜单、Window(窗口)菜单和 Help(帮助)菜单。在不同的操作状态下，菜单栏的内容也会有所不同。

2. 视图区

视图区显示的是源素材及整个制作过程的效果，可以改变视图的显示方式，也可以通过多视图来进行观察，如图 6-33 所示。

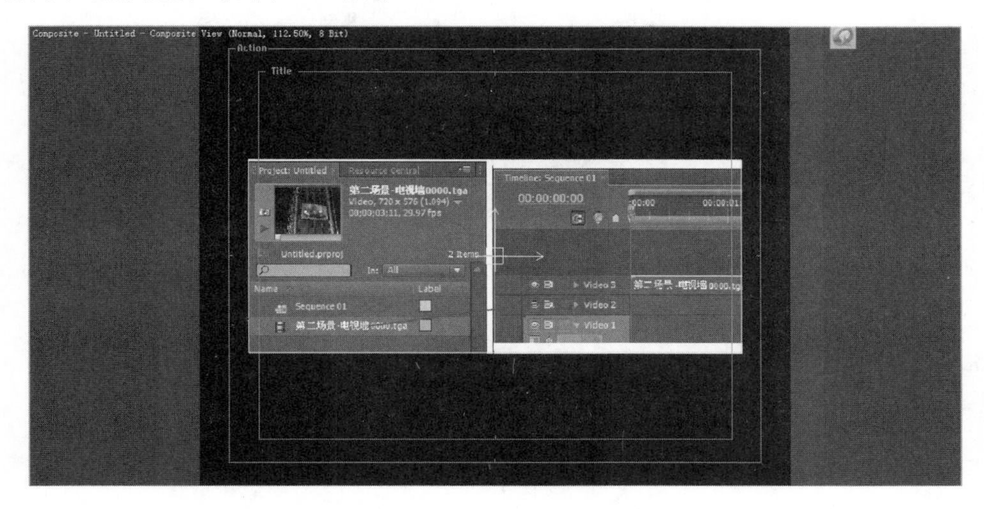

图 6-33　视图区

3. 视图控制区

视图控制区是对视图进行编辑操作的区域，如对视图进行缩放、移动及对视图属性的变化进行调节，如图 6-34 所示。

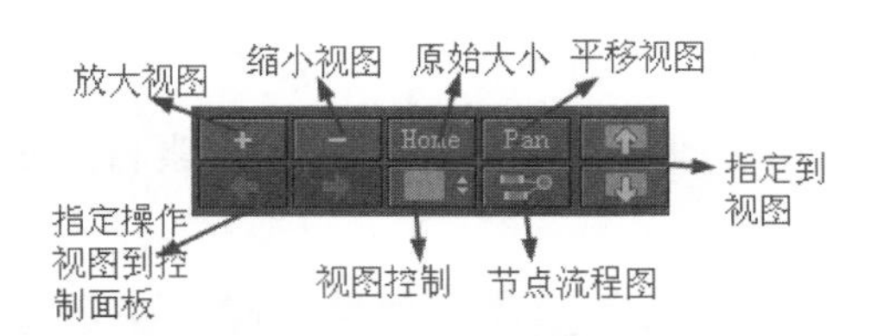

图 6-34　视图控制区

4. Workspace(工作区)面板

Workspace(工作区)面板是 Combustion 导入素材和编辑素材的地方，如图 6-35 所示。

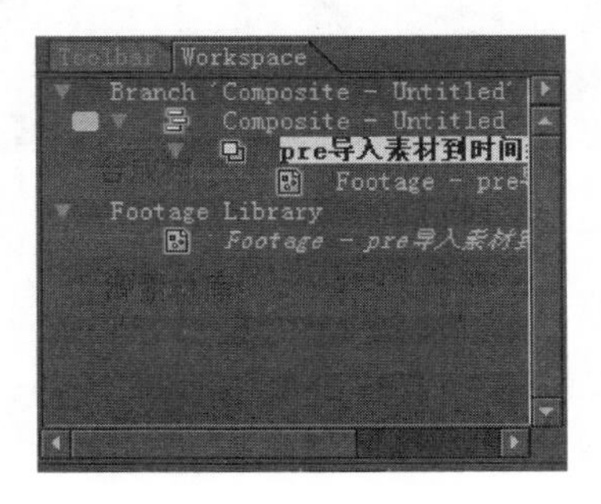

图 6-35　工作区

5. Toolbar(工具栏)面板

Toolbar(工具栏)面板里有进行操作的全部制作与修改工具，如图 6-36 所示。

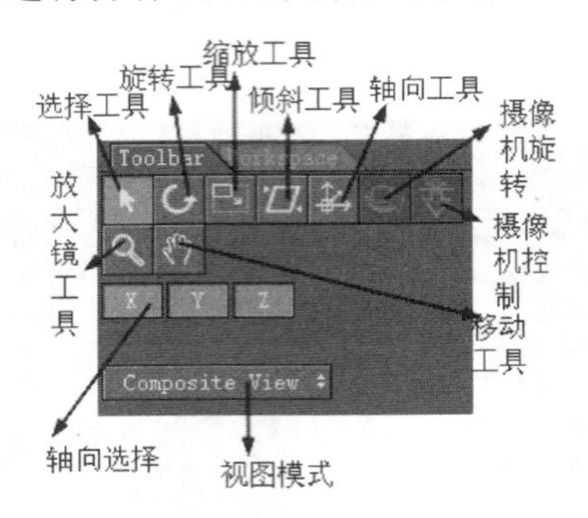

图 6-36　工具栏

6. 时间控制区

时间控制区用于控制影片的播放，检视不同时段的素材效果等，如图 6-37 所示。

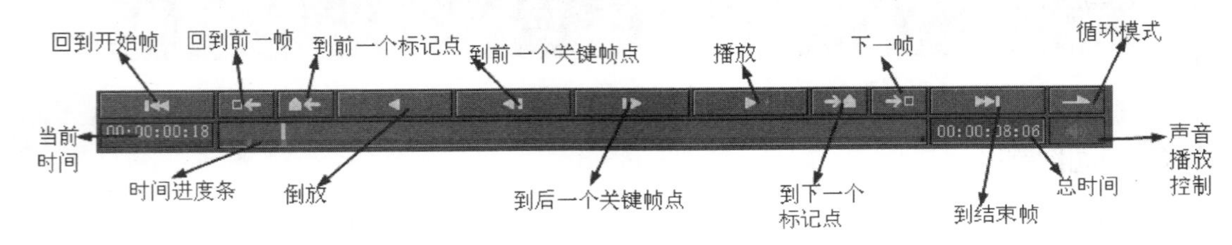

图 6-37　时间控制区

7. Composite Controls 面板

Composite Controls 面板用于改变 Combustion 中图层素材的属性、特效的参数及音频控制等参数，如图 6-38 所示。

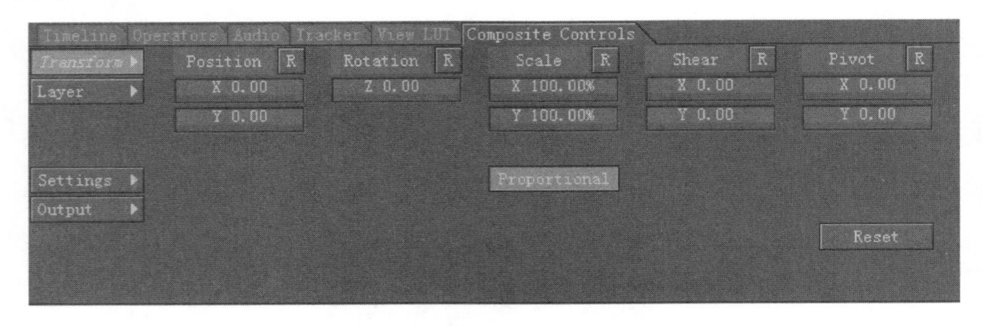

图 6-38　参数控制栏

8. 动画记录区

动画记录区用于记录图层的几何变换动画、参数数值动画和绘图对象的动画等，如图 6-39 所示。

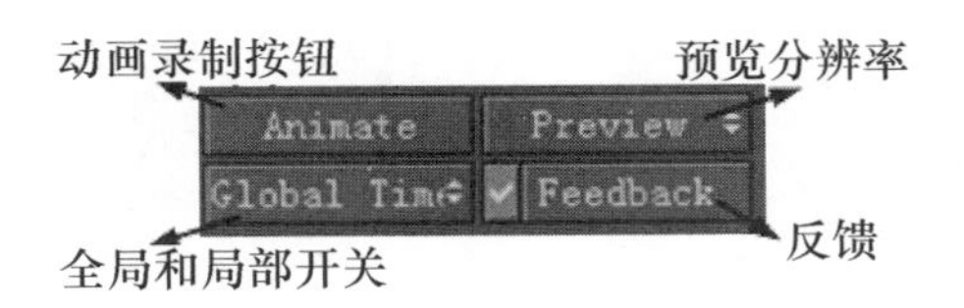

图 6-39　动画记录

6.2.2　Combustion 4 基础操作

1. 新建 Workspace(工作区)

在菜单栏中选择 File(文件)→New(新建)命令，或按快捷键 Ctrl+N，新建一个 Workspace(工作区)。在 New(新建)对话框中设置参数。Type(类型)下拉列表框中包括 Composite(合成项目)、Paint(绘画)、Text(文本)、Particles(粒子)、Edit(编辑)和 Solid(固态层)几种合成类型，在 Format Options(视频格式)下拉列表框中可选择自己需要的制式，还可以选择 Background Color(背景颜色)、Duration(持续时间)、Bit Depth(颜色深度)和 Model(合成模式)，如图 6-40 和图 6-41 所示。

图 6-40　新建工作区

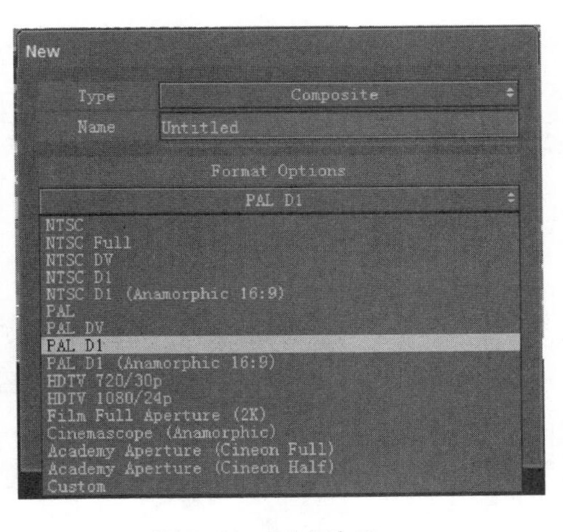

图 6-41　制式选择

Duration(持续时间)根据需要设定；Bit Depth(颜色深度)一般选择 8 位，做高清或电影级影片时可以选择 16 位，Background Color(背景颜色)默认是黑色，也可以根据需要选择；Mode(合成模式)可以选择 2D 和 3D 两种模式，如图 6-42 所示。

图 6-42　新建工作区参数

2. 导入素材

导入素材是把前期准备的需要合成的素材导入到 Combustion 中，为以后的合成做准备。导入方法有，在菜单栏中选择 File(文件)→Import Footage(导入素材)命令，或者在

Composite(合成项目)上右击，在弹出的快捷菜单中选择 Import Footage(导入素材)命令，或者使用快捷键 Ctrl+I。

3. 加入特效

根据工作需要添加特效，比如校色、抠像、光效等。在菜单栏的 Operators(特效)菜单中找到需要的特效就可以添加了，也可以在准备添加特效的素材层上右击，在弹出的快捷菜单中选择 Operators(特效)命令下的子命令进行添加，如图 6-43 和图 6-44 所示。

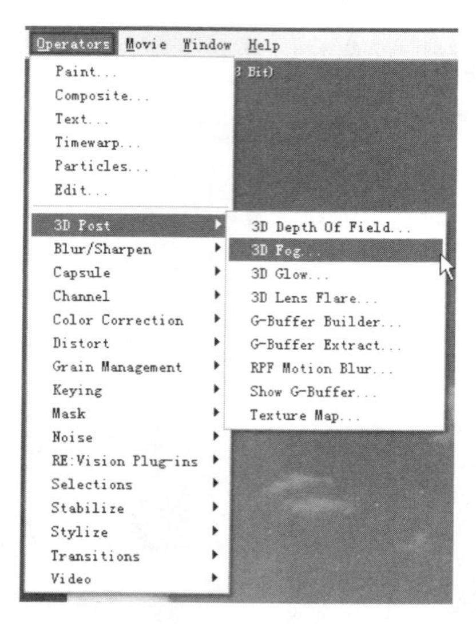

图 6-43　菜单添加特效

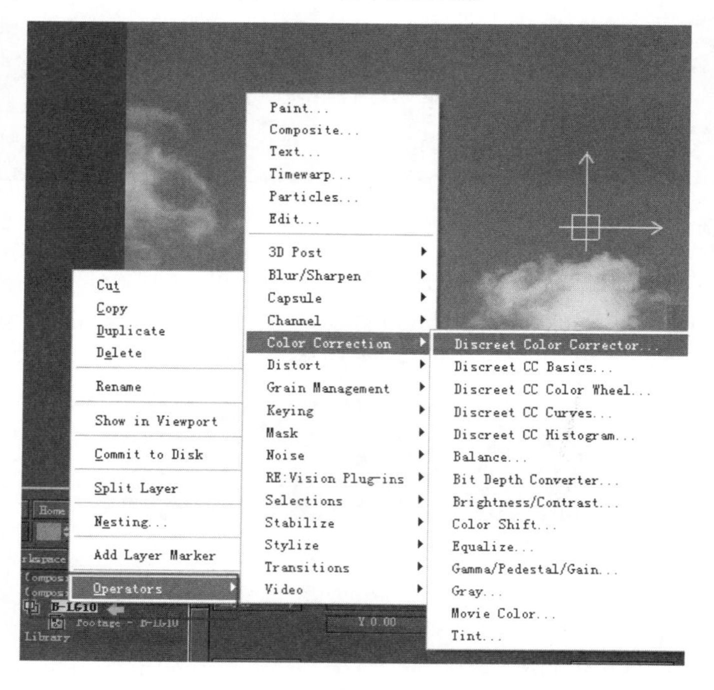

图 6-44　右击添加特效

4. 时间控制

时间控制区用于控制影片的播放、停止和循环播放等，还可以把时间指示器放到任意时间来预览这一帧的效果。第一次播放时，系统会把回放实时播放需要的数据存储在内存中，如果内存空间不够，就降低预览的品质。

5. 动画的添加

合成软件的一大功能就是做动画的合成，Combustion 的动画记录要在参数控制栏和 Timeline(时间线)面板中同时操作。具体步骤如下：首先在第 0 帧的位置单击 Animate 按钮，再把时间控制面板的时间指示器调到第 3 秒的位置，改变 Composite Controls 面板的参数，在 Time Line(时间线)面板中即可看到动画记录情况，如图 6-45 所示。

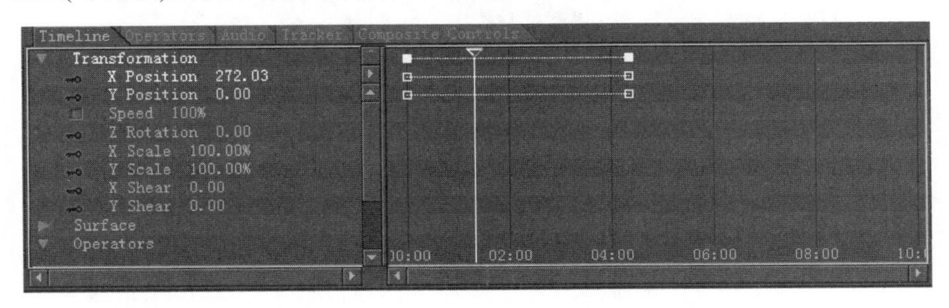

图 6-45　时间线参数

6. 渲染输出

要想输出制作完成的影片，可选择 File(文件)→Render(渲染)命令或者使用快捷键 Ctrl+R 进行渲染输出设置，会弹出 Combustion RenderQueue(渲染序列)对话框，在其中可以进行一些设置来定义输出影片的格式和最终输出时间等，如图 6-46 所示。

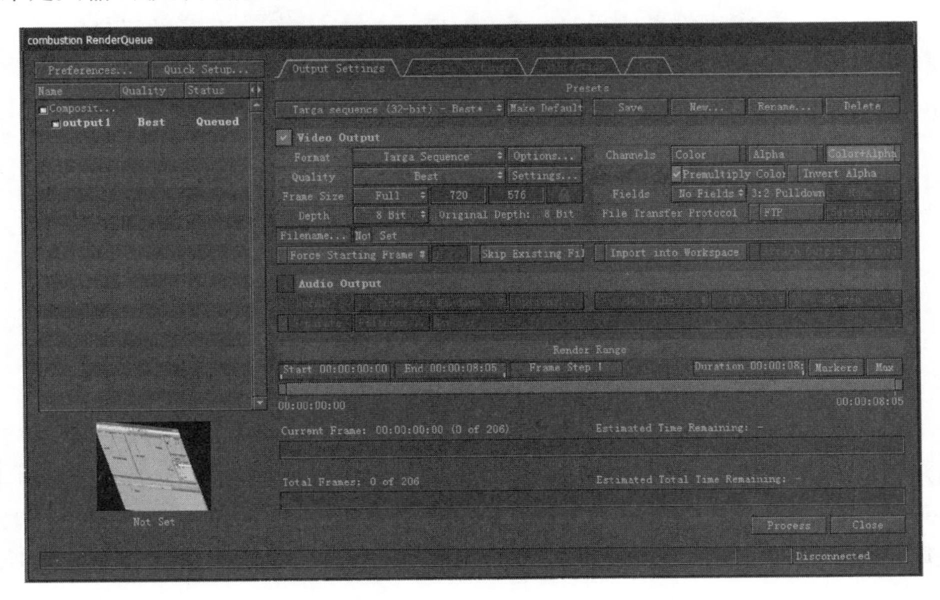

图 6-46　Combustion RenderQueue 对话框

6.2.3 黄昏校色实例

现在通过到实例的制作来进一步掌握Combustion的操作，最终渲染效果如图6-47所示。

图6-47 校色最终效果

(1) 选择File(文件)→New(新建)命令，在弹出的New(新建)对话框中设置Type(类型)为Composite(合成)、Name(名称)为“黄昏调色”、Format Options(选项类型)为PAL D1、Duration(持续时间)为00:00:02:01、Mode(合成模式)为2D合成，如图6-48所示。

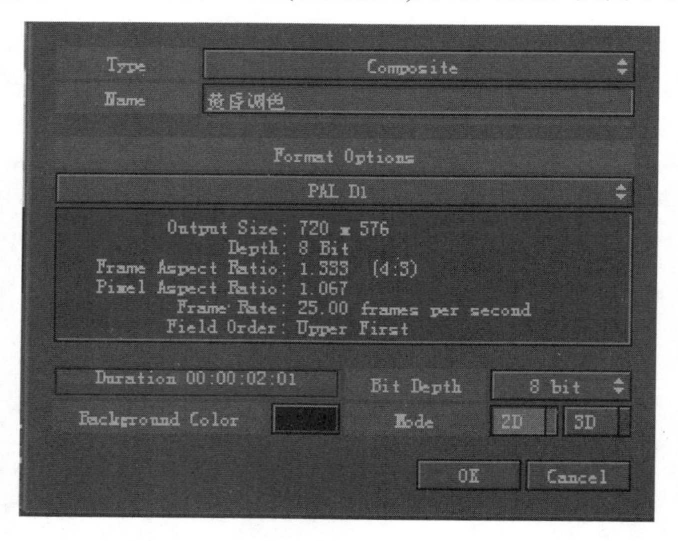

图6-48 新建合成

(2) 导入光盘中提供的“山城项目”素材(位置：光盘\CH9\第9章后期第二案例景深与雾 folder\(Footage)\后期景深篇\)，选择Operators(特效)→Color Correction(颜色校正)→Gray(灰度)命令，调整Gray Controls(灰度控制)的Amount(数量)参数为100。整个画面变为黑白色，效果如图6-49所示。

图 6-49　添加灰度特效

(3) 选择 Operators(特效) → Color Correction(颜色校正) → Discreet Color Corrector(Discreet 颜色校正)命令，使画面产生金黄的色调，参数设置如图 6-50～图 6-53 所示，画面效果如图 6-54 所示。

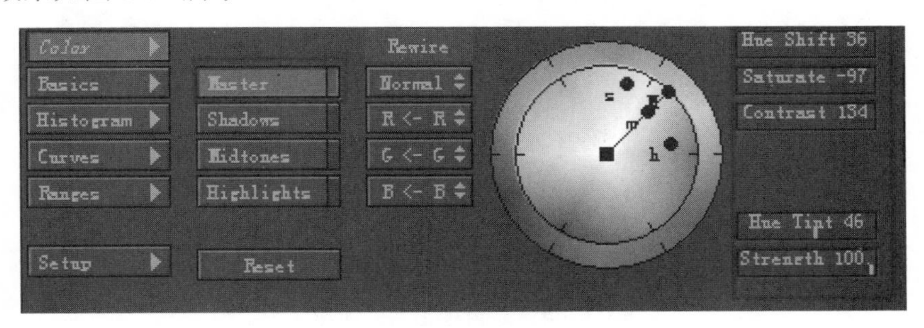

图 6-50　颜色校正参数一

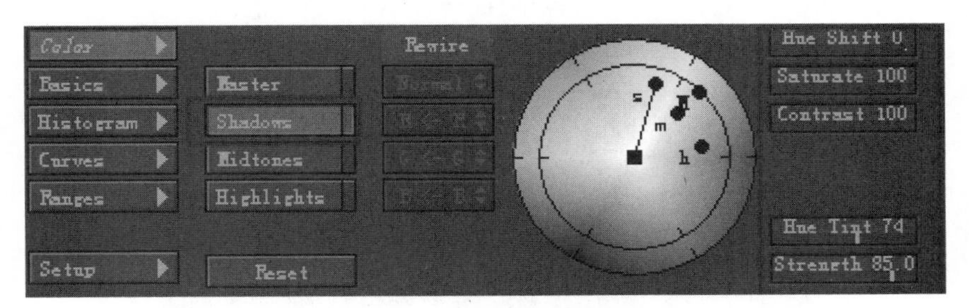

图 6-51　颜色校正参数二

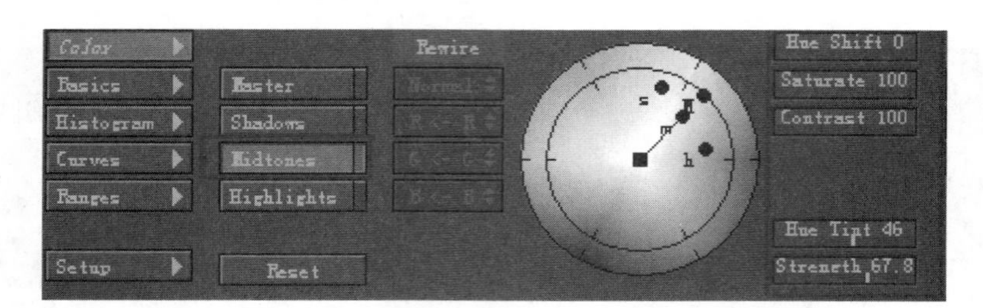

图 6-52　颜色校正参数三

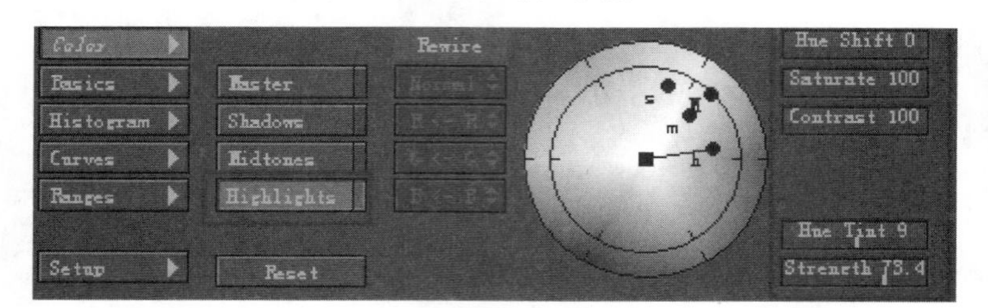

图 6-53　颜色校正参数四

图 6-54　颜色校正后的效果

(4) 选择 Operators(特效)→Stylize(风格化)→Glow(辉光)命令，表现黄昏产生的光晕效果，参数设置如图 6-55 所示。

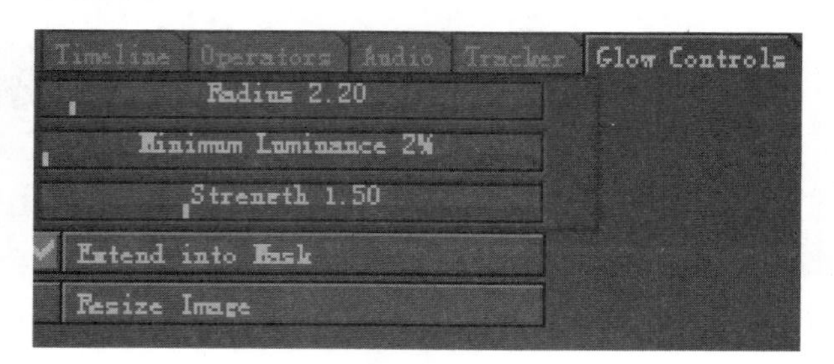

图 6-55　辉光特效参数

(5) 选择 Operators(特效)→Color Correction(颜色校正)→Discreet CC Curves(Discreet CC 曲线)命令，增加合成图像的对比度，参数设置如图 6-56 所示。

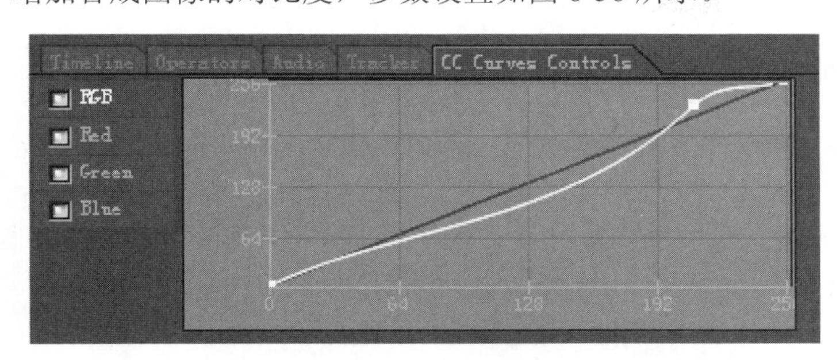

图 6-56　曲线形状

(6) 在 Workspace(工作区)面板中选择激活 Composite(合成项目)图标，选择 Operators(特效)→Stylize(风格化)→Lens Flare(镜头光斑)命令，产生镜头光斑效果，参数设置如图 6-57 所示。

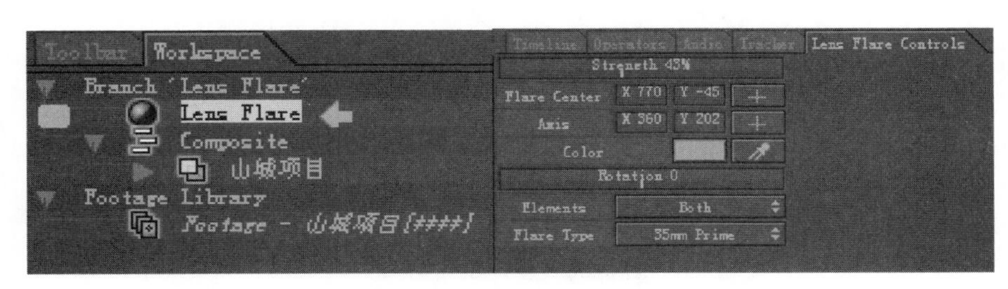

图 6-57　镜头光斑特效参数

(7) 激活 Animate(动画记录)按钮，使其呈现为红色状态，单击时间控制区中的“回到开始帧”按钮，并设置 Lens Flare(镜头光斑)的 Flare Center(光斑中心)数值为(770 -45)，再单击时间控制区中的“到结束帧”按钮，并设置 Lens Flare(镜头光斑)的 Flare Center(光斑中心)数值为(759, 298)，来模拟光线的变化，完成后关闭 Animate(动画记录)按钮使其恢复常态。动画抓帧效果如图 6-58 所示。

图 6-58　最后效果

6.3 Premiere Pro

6.3.1 Premiere Pro 软件的基础介绍

Premiere Pro 是剪辑类软件中的代表之一，以镜头组合快捷、制作字幕效果方便著称，对于音乐的混编也有独到的优势。

打开 Premiere Pro 软件，首先设置“位置”选项及其他参数并载入预设，参数设置如图 6-59 所示。接着会出现 Premiere 界面，如图 6-60 所示。

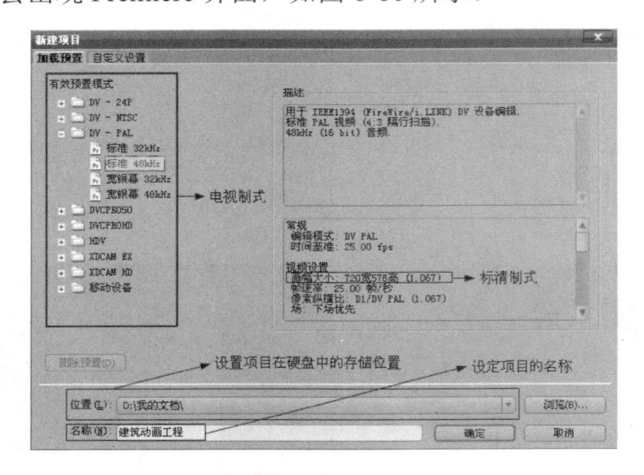

图 6-59 新建项目窗口

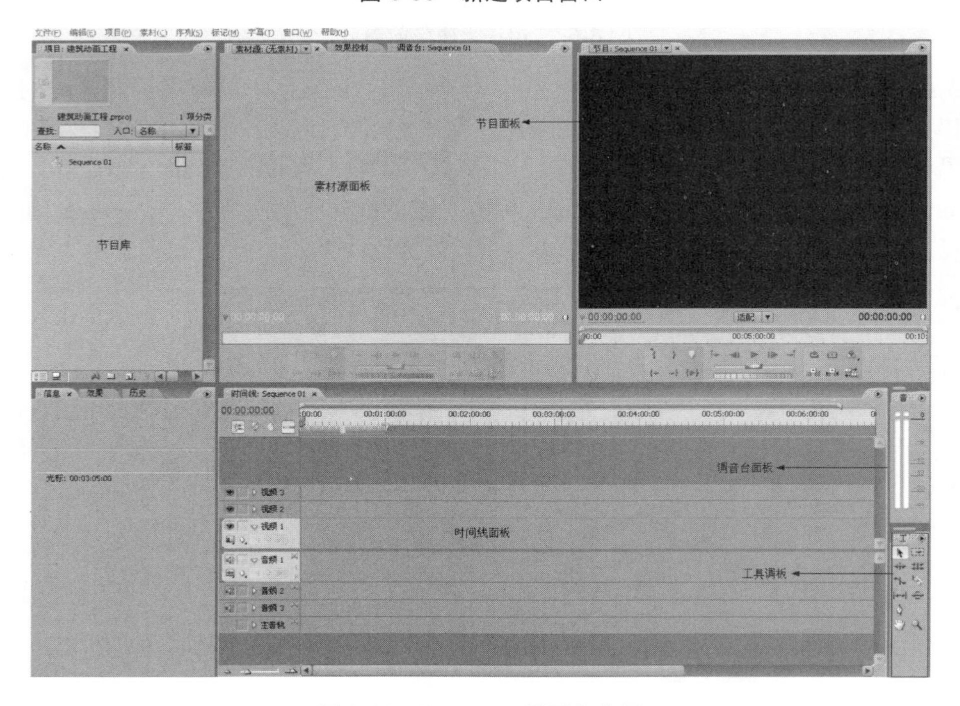

图 6-60 Premiere 界面和布局

1. 节目库

节目库是存放视频和音频素材的地方，通过节目库可以暂存素材，可以看到素材的缩略图、名称、大小、存储路径等，还可以通过节目库查找素材，建立文件夹管理素材等，如图 6-61 所示。

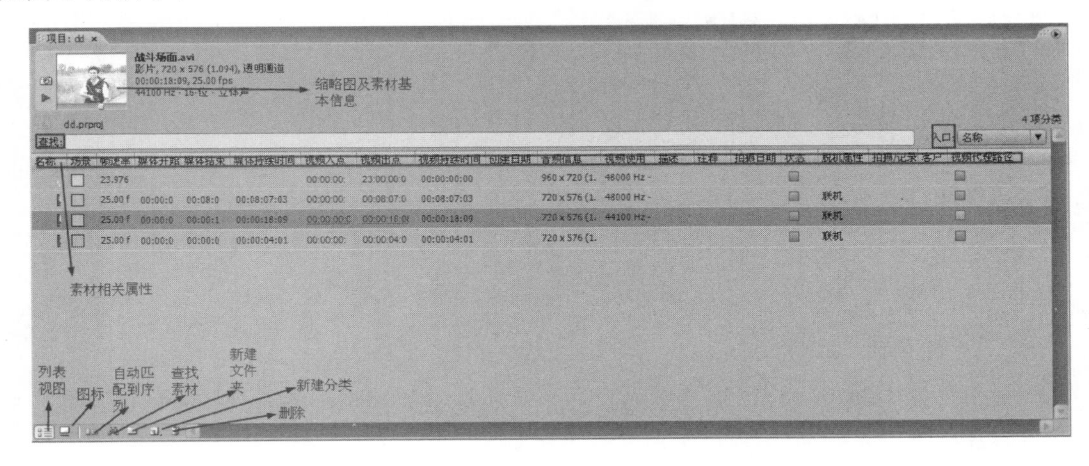

图 6-61　节目库

2. “节目”面板

“节目”面板中可以看到在时间线中的参数改变后的效果，也可以进行移动、旋转和绘制遮罩等操作，如图 6-62 所示。

图 6-62　“节目”面板

3. “时间线”面板

“时间线”面板是进行操作的主要区域，可以对素材进行剪辑，添加视频和音频特效，为两段素材添加转场，添加字幕等，还可以添加关键帧和修改参数等，如图 6-63 所示。

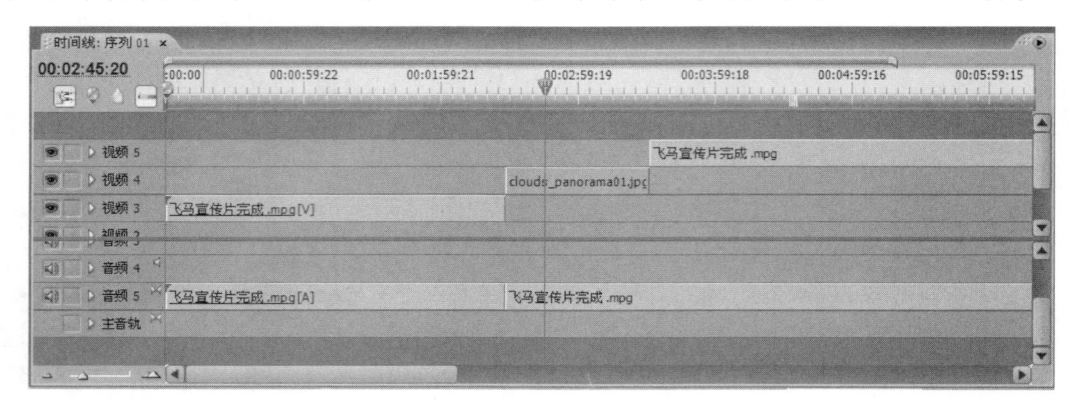

图 6-63 “时间线”面板

4. “效果控制”面板

“效果控制”面板中包括视音频素材的基本属性参数和添加的音视频特效的参数，可以通过添加关键帧来做动画，如图 6-64 所示

图 6-64 “效果控制”面板

5. “效果”面板

“效果”面板中存放着各种音视频特效，使用时把选中的特效直接拖曳到时间线上的素材上面即可，如图 6-65 所示。

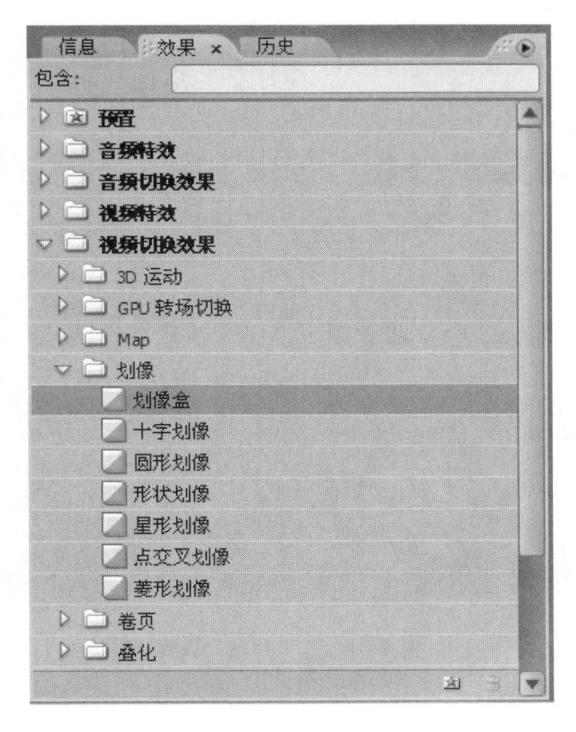

图 6-65　“效果”面板

6. “工具”面板

“工具”面板中的工具可对素材进行选择、旋转、缩放及绘制遮罩等操作，如图 6-66 所示。

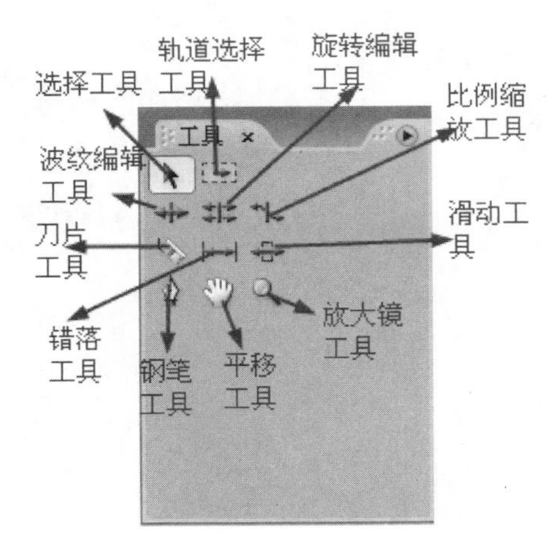

图 6-66　“工具”面板

7. “调音台”面板

“调音台”面板和硬件调音台很相似，可以通过手动调节来改变音频的音量大小、高低音等效果，如图 6-67 所示。

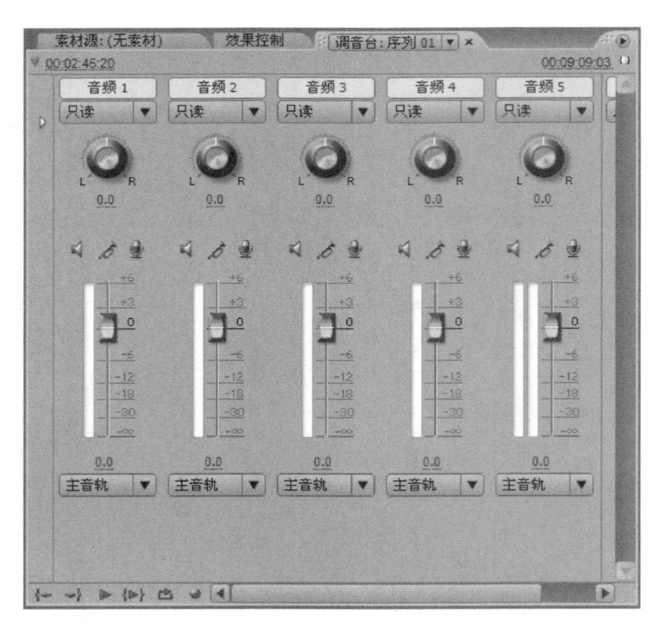

图 6-67　“调音台”面板

8. “素材源”面板

“素材源”面板是检视素材的地方，通过“素材源”面板可以看到最原始的素材的音视频特点，如图 6-68 所示。

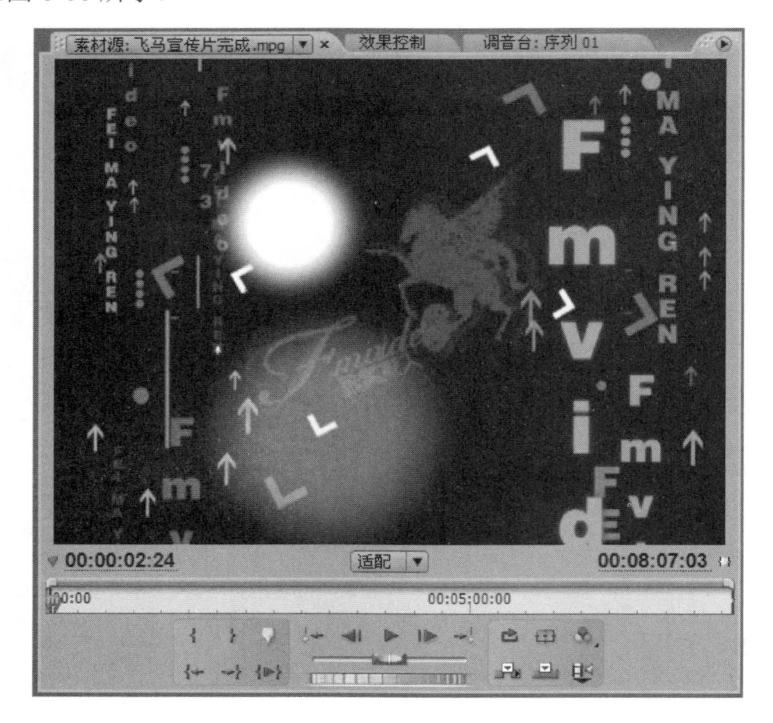

图 6-68　“素材源”面板

6.3.2　Premiere Pro 的常用操作

1. 导入素材

选择菜单栏中的“文件”→“导入”命令或者按快捷键 Ctrl+I，按住素材并把素材拖到时间线上，如图 6-69 所示。

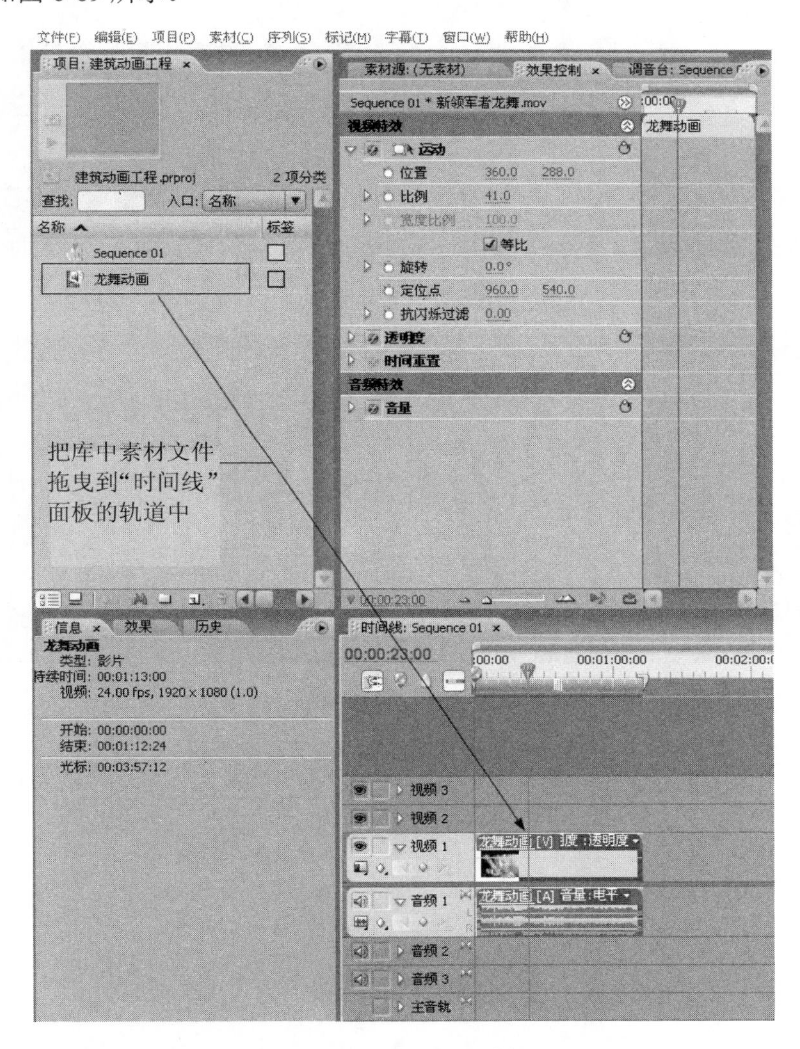

图 6-69　导入素材到时间线

2. 剪切素材

当需要把一段完整的素材分割开来进行处理时，可把时间指针放到需要剪辑开的地方，使用“工具”面板中的刀片工具，在时间指针处单击即可把素材分割开来，如图 6-70 所示。

3. 剪接素材

当两段素材需要剪接到一起时，最好用转场来实现，这样可以使两段素材的过渡更自然。方法是，打开“效果”面板，展开“视频切换效果”节点，并任意选择一个转场效果，拖动到两素材接合处即添加成功。当需要设置效果的参数时，在两素材之间的转场部分双击，激活“效果控制”面板，出现这个转场的参数选项，对其进行修改即可。如图 6-71 和图 6-72 所示。如果替换转场，选择新的视频切换转场拖动到旧转场上即可。

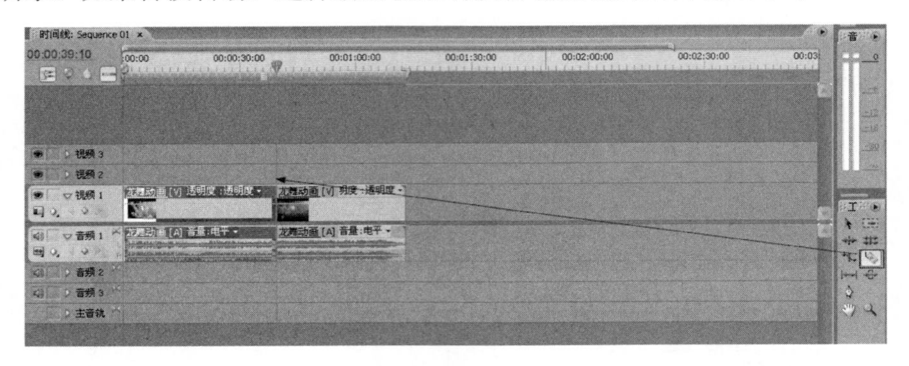

图 6-70 剪切素材

图 6-71 添加转场

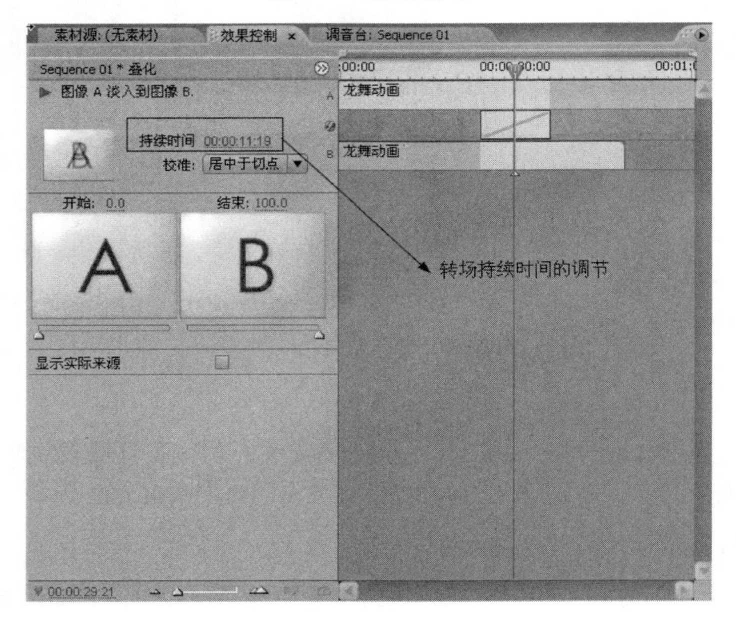

图 6-72 转场参数调节面板

4. 向素材添加特殊效果

当需要向素材添加特殊效果，如调色、模糊等时，可展开“效果”面板中的“视频特效”节点，选择其中任意效果，直接拖曳到素材上就可以添加成功。当需要修改特效的参数时，在素材的特效上双击，会出现“效果控制”面板，在这里可以修改这个特效的参数，如图 6-73 所示。

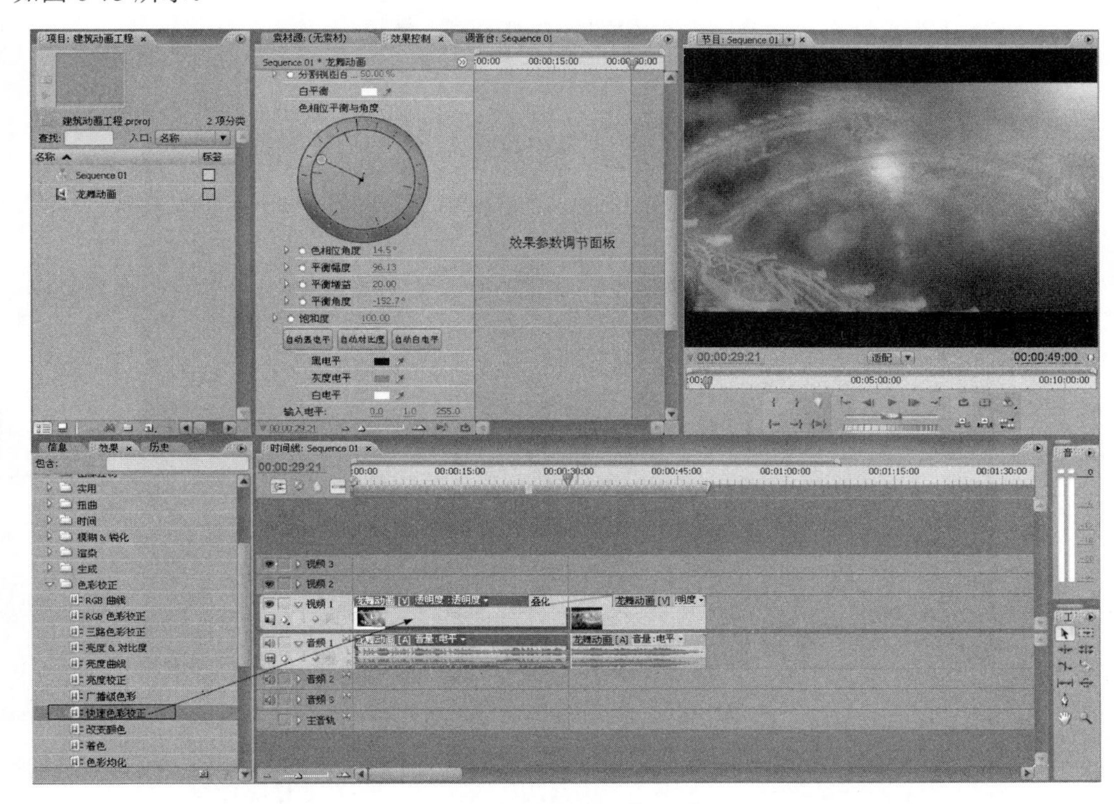

图 6-73　添加特效和特效控制台

5. 添加和处理音频素材

在节目库的空白处双击，导入音频文件，并拖曳其到时间线音频轨道上。音频调节最简单的是音量大小的调节。当需要调整整体音量的大小时，在“工具”面板中找到选择工具，使用选择工具把音频轨道的黄色线往上或者往下拖即可，向上拖时音量变大，向下则相反。当在不同的时段要不同的音量时，可以通过水平线关键帧的方法来调节声音的大小。把时间指针放在需要调节的地方，并单击“关键帧原点”按钮，或者在时间线中双击音频部分，在“特效控制台”面板的“音频特效”卷展栏中改变“电平”的参数即可，如图 6-74 和图 6-75 所示。

6. 字幕效果的制作

(1) 在空白轨道上制作静态字幕效果。

选择“字幕”→“新建字幕”→“静态字幕”命令，出现字幕参数对话框，在其中调整字幕的相关属性，完成后直接关闭对话框即可，参数设置如图 6-76 所示。

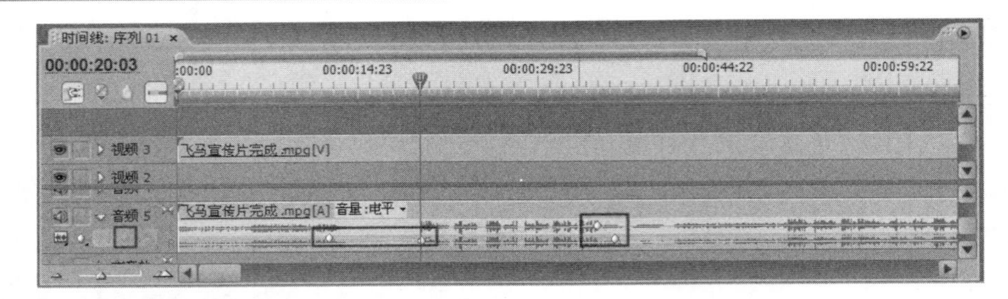

图 6-74 时间线上音频的调节

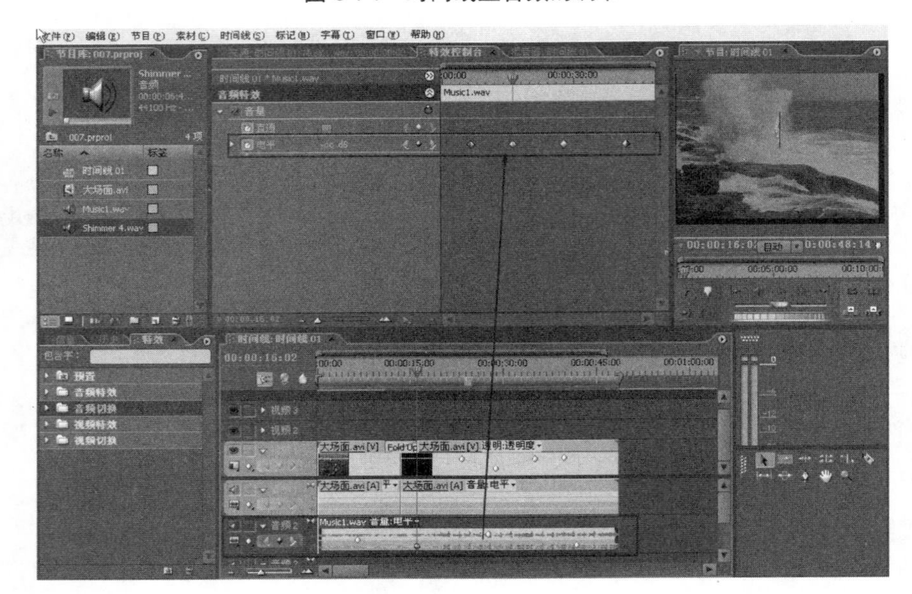

图 6-75 特效控制台音频的调节

图 6-76 字幕参数对话框

(2) 关闭字幕参数对话框后，字幕出现在节目库中，把字幕拖曳到需要添加字幕的素材上的空白视频轨道上，这样即可在“节目”面板中看到添加的字幕效果，如图 6-77 所示。

图 6-77　在时间线上添加字幕

(3) 在视频轨道上制作动态字幕。选择“字幕”→“新建字幕”→“垂直滚动/水平滚动”命令，也会出现字幕参数对话框。对于动态字幕，我们采用空格字数的多少来调节字幕进入画面的时间，如图 6-78 所示。

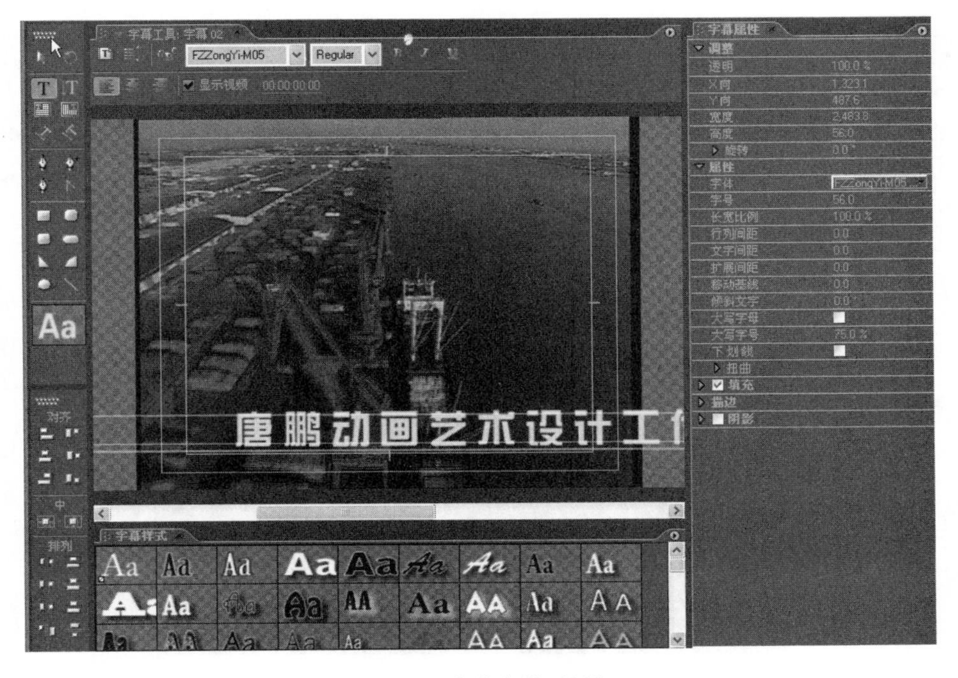

图 6-78　字幕参数对话框

7. 影片最终输出

剪辑完的影片要进行最后的渲染输出，完成最后的成片。点击时间线，选择“文件”→“导出”→“影片”命令，会出现“导出文件”对话框。如果不需要改变输出参数，则在“导出文件”对话框中给文件起名，单击“保存”按钮即可。如果需要修改输出参数，如视频格式、音频格式、输出范围等，则单击“导出文件”对话框中的“设置”，弹出如图 6-79 所示的“导出影片设置”对话框，在其中可对影片和视频等进行设置，设置完毕单击“确定”按钮。出现渲染进度条，等生成百分比到达 100%即可。

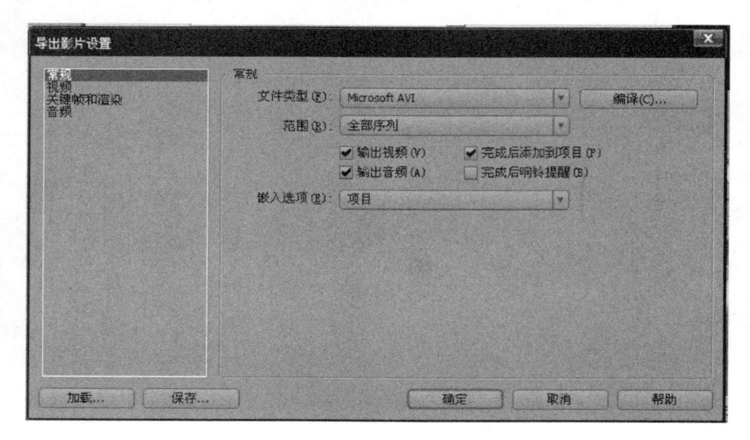

图 6-79　输出影片设置对话框

6.4　Vegas

6.4.1　Vegas 软件界面

Vegas 作为剪辑软件的新锐，有很多和 Premiere 相同的功能，只是它比 Premiere 更简洁，界面更直观友好，功能更强大，操作起来也很容易上手。Vegas 启动界面如图 6-80 所示。其工作界面包括菜单栏、工具栏、“时间轨道”面板、Explorer(资源管理器)面板、“界面检视”面板等，如图 6-81 所示。

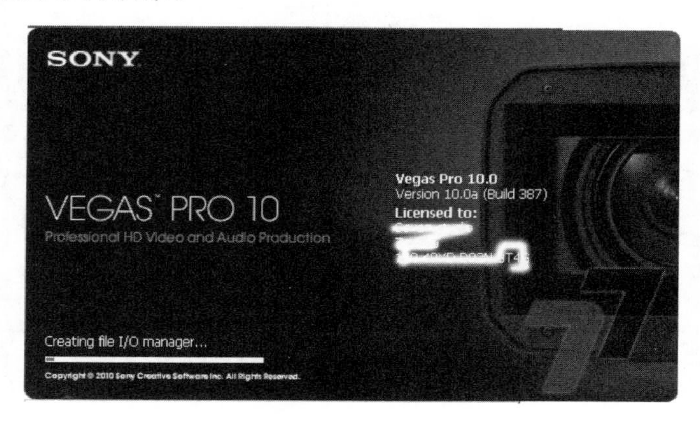

图 6-80　Vegas 启动界面

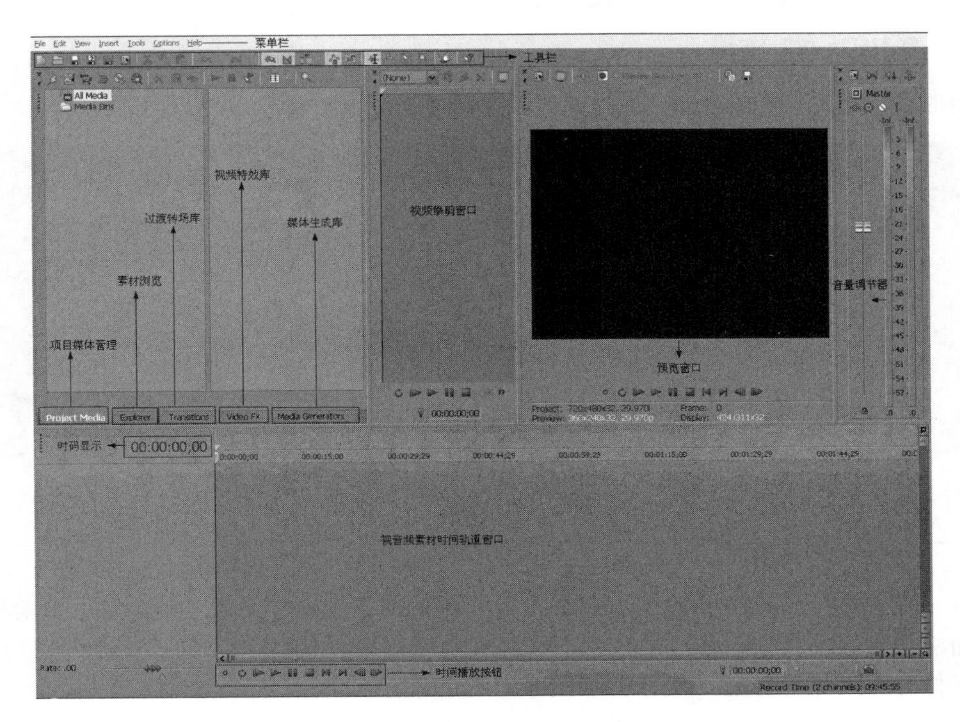

图 6-81　Vegas 工作界面和布局

1. Explorer(资源管理器)面板

通过 Explorer(资源管理器)面板可以直接看到电脑硬盘中的文件，只需要将选中的素材直接拖动到时间轨道上即可使用，如图 6-82 所示。

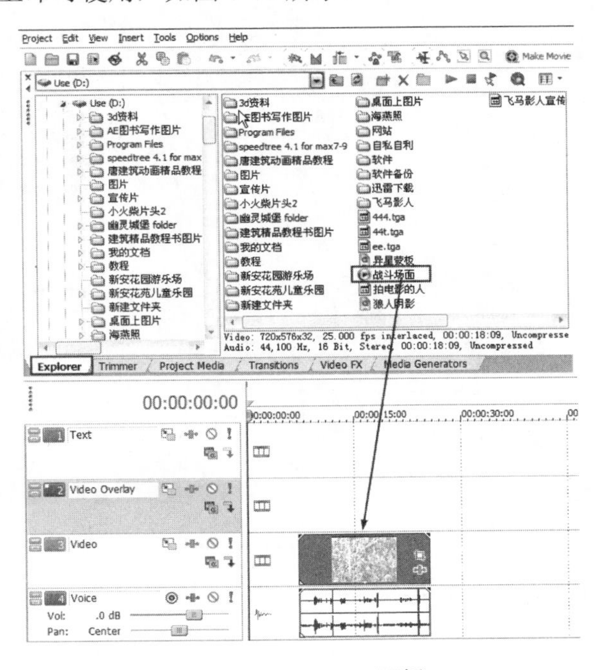

图 6-82　Explorer 面板

2. “时间轨道”面板

“时间轨道”面板同 Premiere 的“时间线”面板功能一样，如图 6-83 所示。

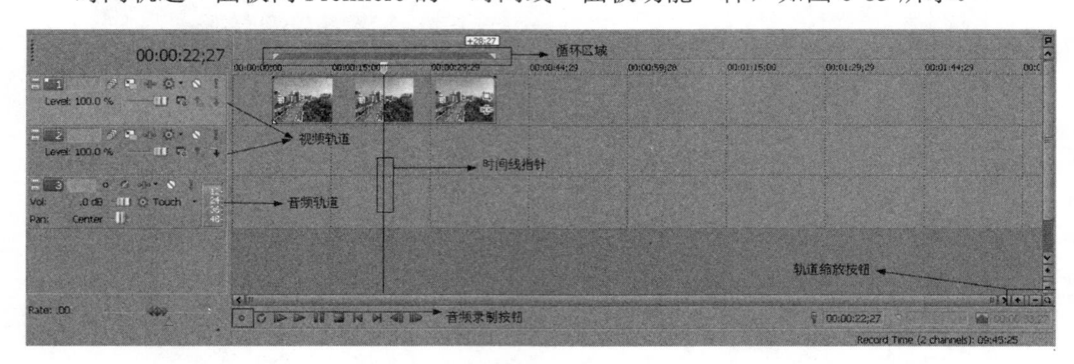

图 6-83 “时间轨道”面板

3. Trimmer(修剪器)面板

Trimmer(修剪器)面板相当于 Premiere Pro 中的“素材源”面板，我们可以把素材拖动到此面板中进行素材的粗编。通过限定选择范围滑块来对素材进行区域选择，然后拖动选定的素材范围到时间线上，如图 6-84 所示。

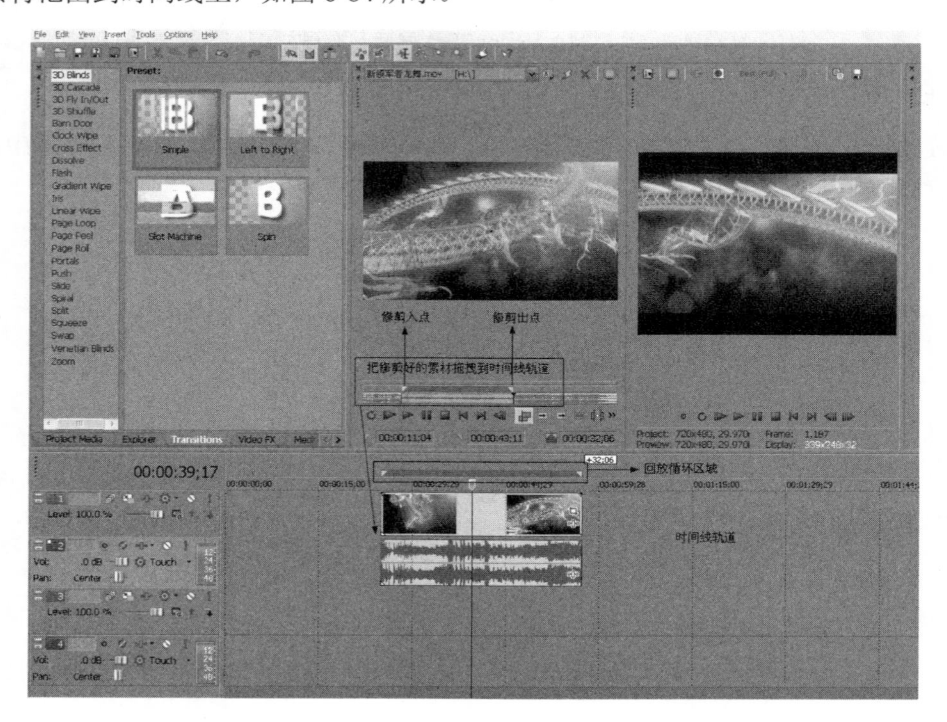

图 6-84 Trimmer 面板

4. Project Media(项目媒体)面板

在 Vegas 中导入过的素材都会出项在 Project Media(项目媒体)面板中，以便于管理，如图 6-85 所示。

图 6-85 Project Media 面板

5. Transitions(转场)面板

当两个镜头剪接在一起的时候，它们之间无法产生自然的过渡，这时就会在两个镜头之间添加转场效果来冲淡视频之间生硬的跳跃感。在 Vegas 的 Transitions(转场)面板中集成了众多的转场效果，我们可以选择一种跟影片相匹配的转场方式把它拖曳到时间线轨道上的两段视频之间即可，如图 6-86 所示。

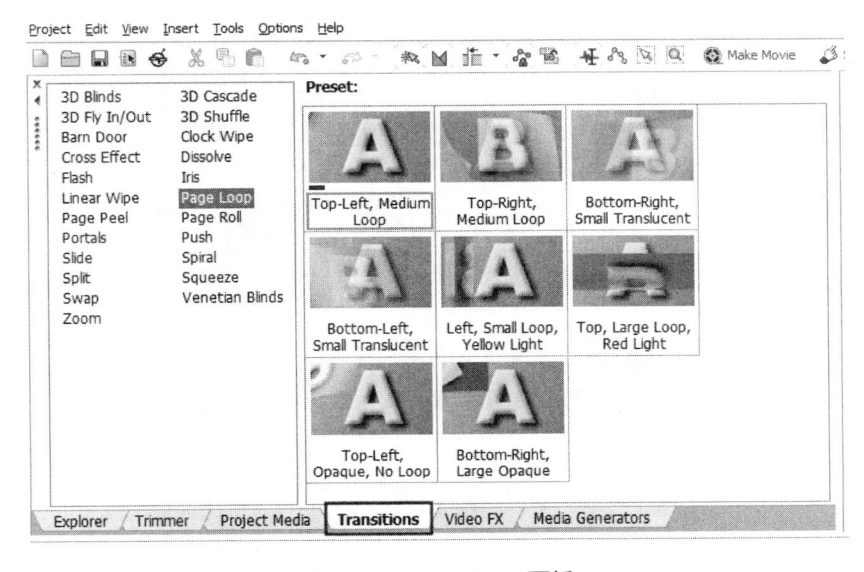

图 6-86 Transitions 面板

6. Video FX(视频特效)面板

Video FX(视频特效)面板与 Premiere Pro 中的“效果”面板的功能是相同的，但更直观，通过图解化的视图可以观察最终结果，如图 6-87 所示。

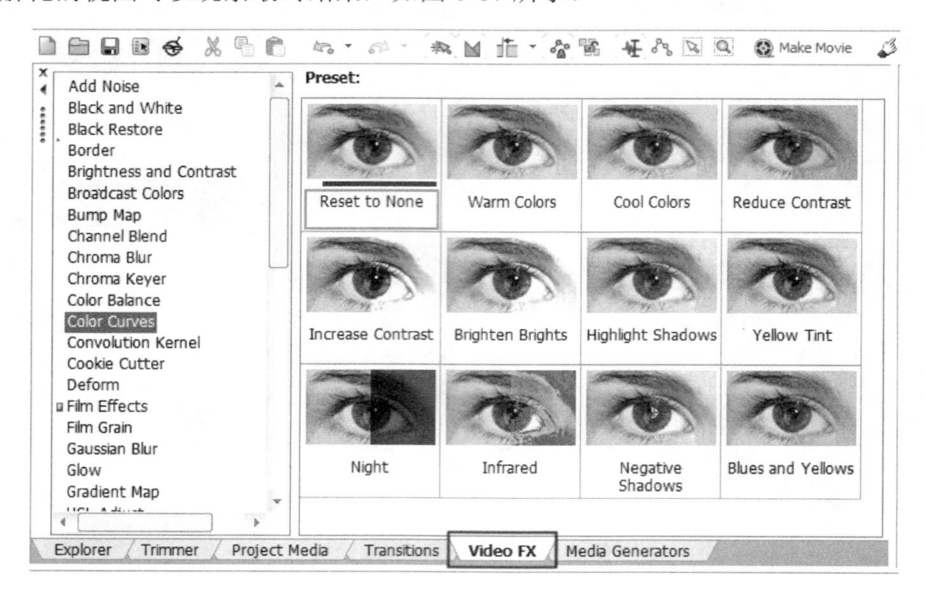

图 6-87　Video FX 面板

7. Media Generators(媒体生成)面板

Media Generators(媒体生成)面板中集成了众多的设置好的效果，可以从软件系统中直接调用，如图 6-88 所示。

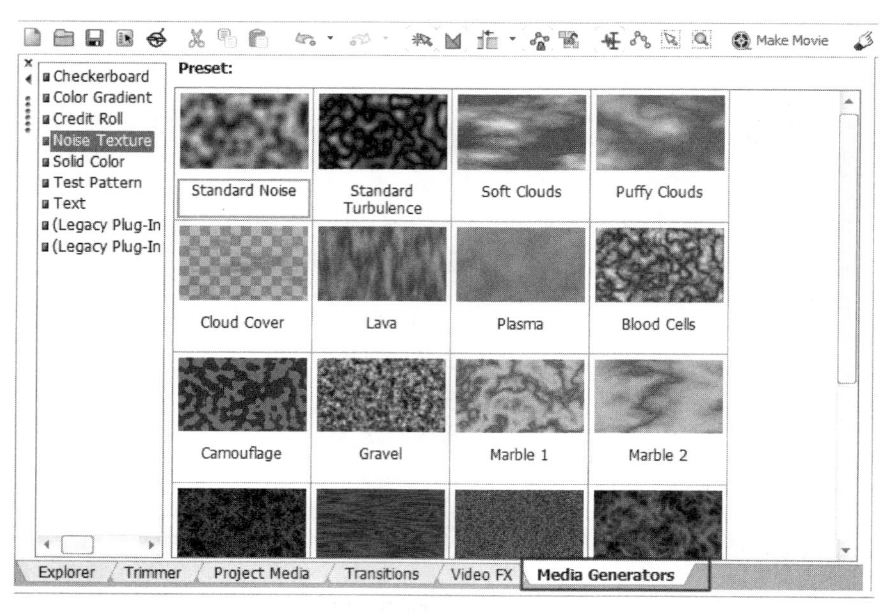

图 6-88　Media Generators 面板

6.4.2　通过镜头之间的衔接了解转场的特点

(1) 从 Explorer(资源管理器)面板中选择素材文件，并拖曳到时间轨道上。在 Transitions 转场中选择合适的转场，并直接拖动到两段素材之间，如图 6-89 所示。

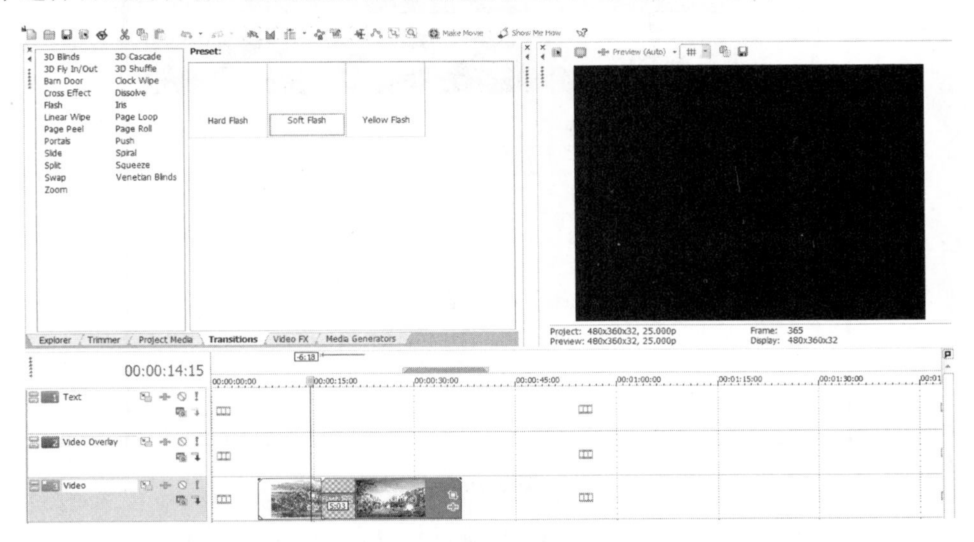

图 6-89　添加转场

(2) 如果想要修改转场的参数，可以单击素材之间的按钮，这时弹出 Video Event Fx(视频特效条件管理器)对话框，在其中可以进行参数修改并能够对参数进行动画关键帧的设置，如图 6-90 所示。

图 6-90　Video Event Fx 对话框

(3) 替换视频转场时只需重新选择新转场到旧转场上即可。

6.4.3 Vegas 软件的基本操作技巧

(1) 打开 Sony Vegas 软件，设置项目路径及项目名称，如图 6-1 所示。

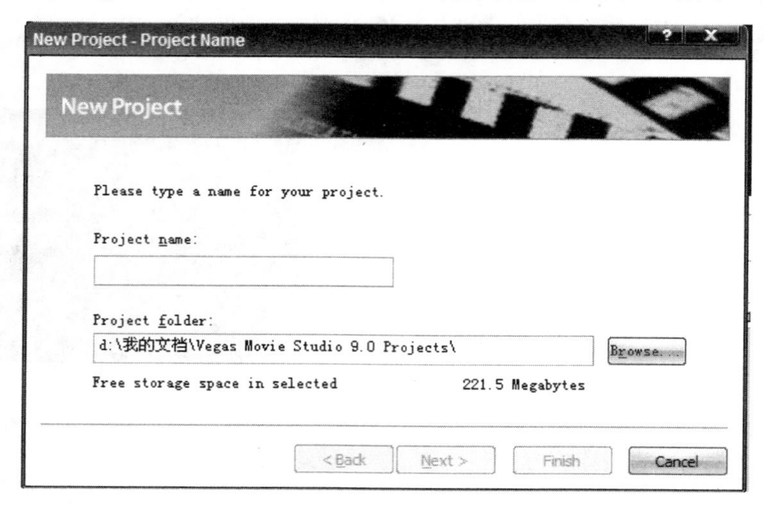

图 6-91　New Project 对话框

(2) 设置项目预设参数。选择 Project(项目)→Properties(属性)命令，弹出 Project Properties(项目属性)对话框，如图 6-92 所示。

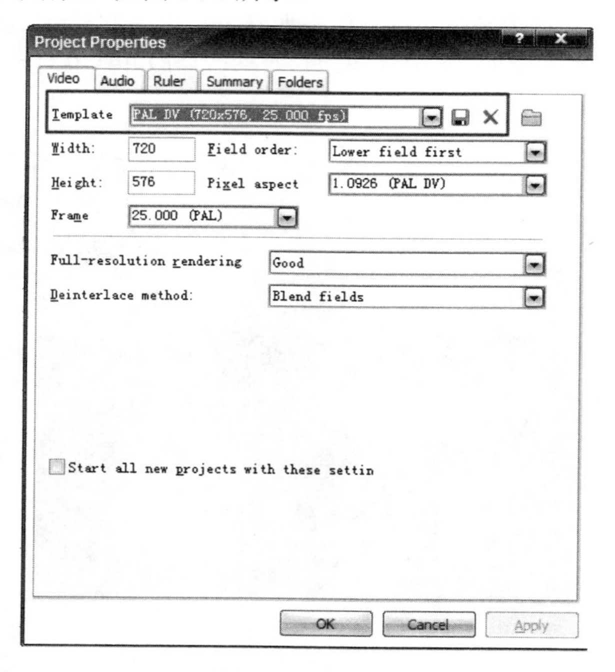

图 6-92　Project Properties 对话框

(3) 在 Explorer(资源管理器)面板中选择素材，并拖动到时间线轨道上，如图 6-93 所示。

图 6-93　向时间线添加素材

(4) 选择 Insert(插入)→Text Media(文本)命令，创建文字效果，如图 6-94 所示。

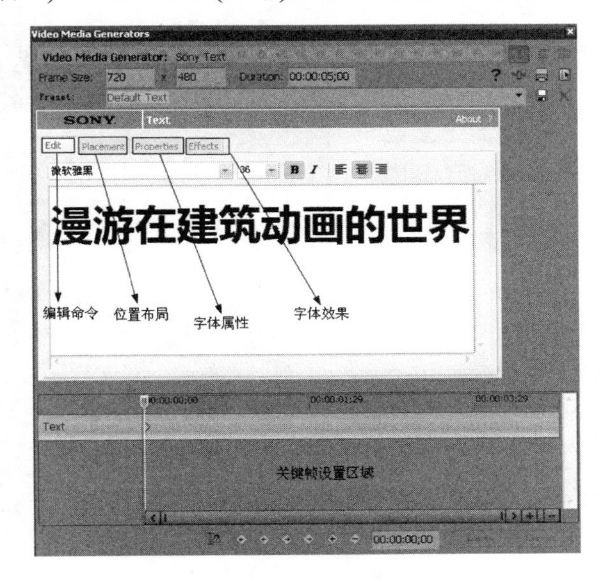

图 6-94　文本设置对话框

(5) 把字幕放到专用的字幕轨道上，如图 6-95 所示。

(6) 创建完字幕后，可以通过单击字幕素材上的按钮▣来修改，并设置文字动画，如图 6-96 所示。

图 6-95　向时间线添加字幕

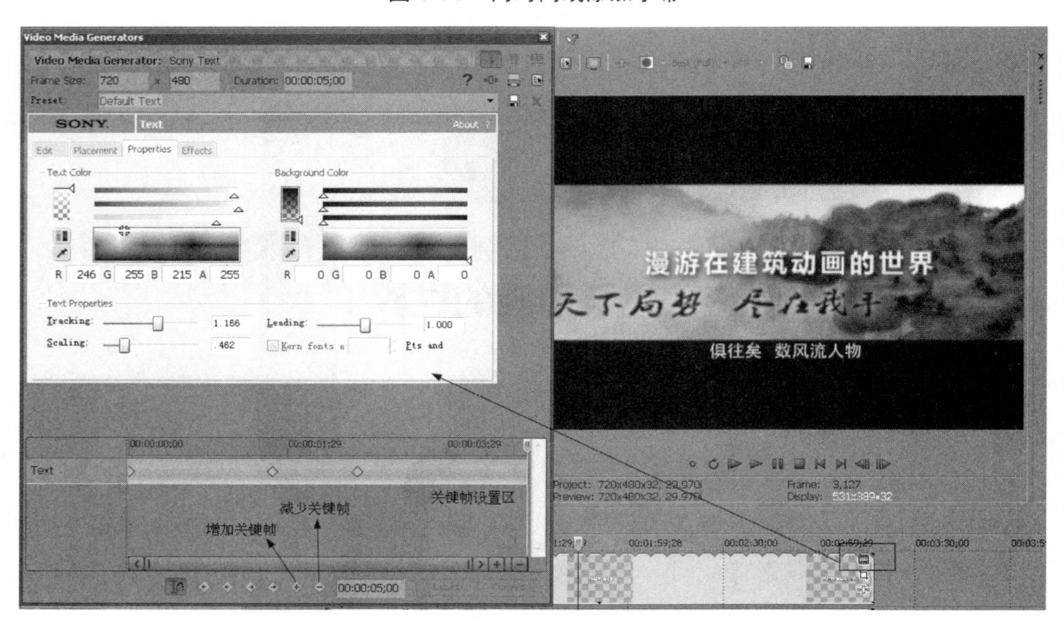

图 6-96　文本设置对话框

(7) 拖动字幕素材两端会出现透明调整曲线，字幕产生渐入渐出的效果，如图 6-97 所示。

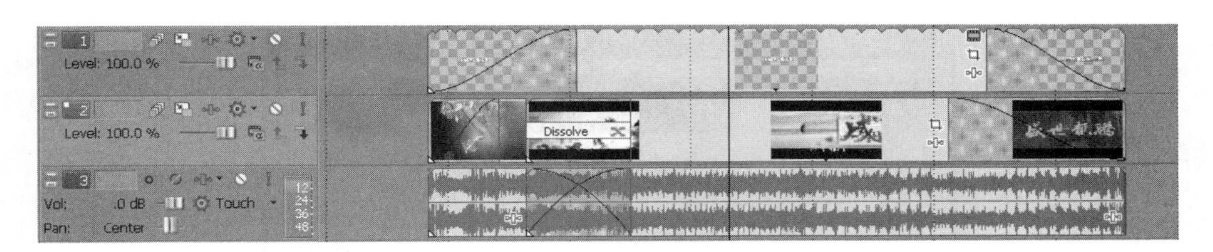

图 6-97　字幕的渐出和渐入

(8) 为轨道区视频素材添加视频特效。单击按钮可以重新设置参数，如图 6-98 所示。

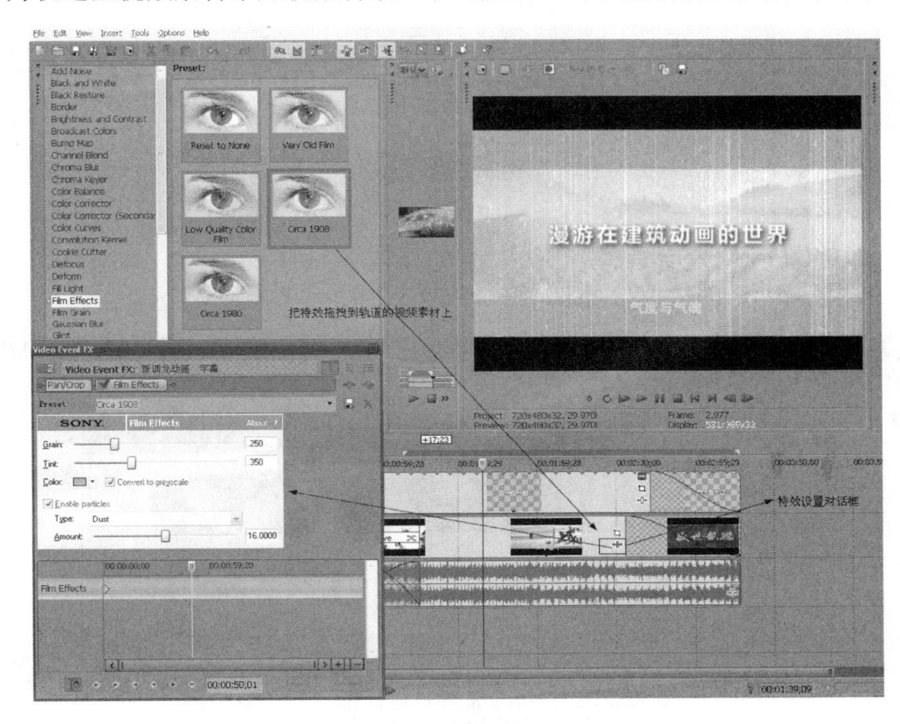

图 6-98　视频特效设置对话框

(9) 利用输出限定区域范围条来限定输出的影片范围，如图 6-99 所示。

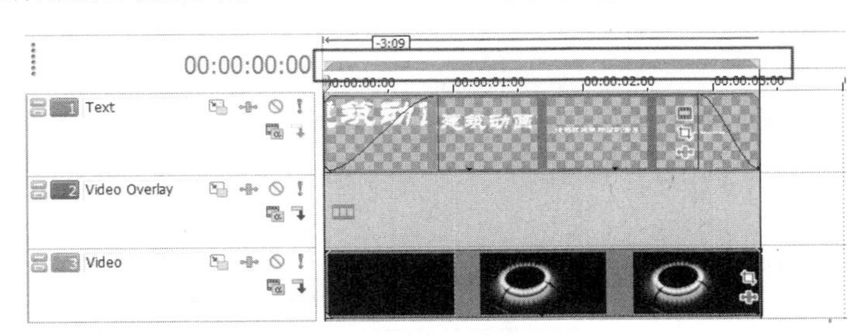

图 6-99　设定输出范围

(10) 最终输出。选择 Project(项目)→Make Movie(制作影片)命令，弹出 Make Movie-Select Destination(制作影片-选择目的)对话框，如图 6-100 所示。

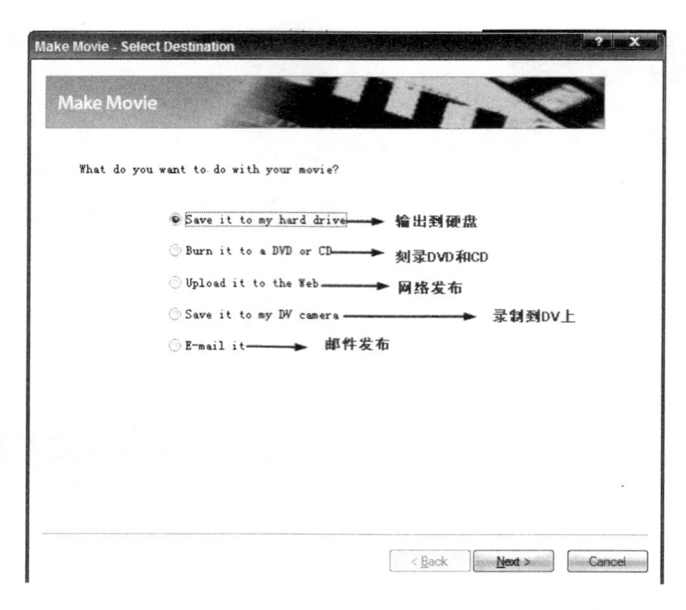

图 6-100　Make Movie-Select Destination 对话框

通常情况下，我们选择输出到电脑硬盘上，弹出的 Make Movie-Render Settings 对话框如图 6-101 所示。

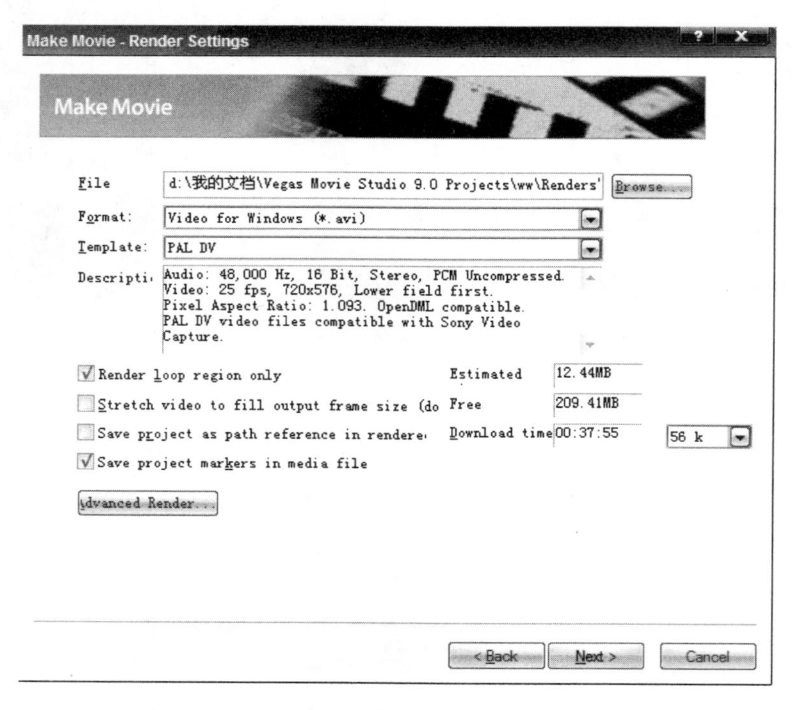

图 6-101　Make Movie-Render Settings 对话框

在 Format(保存类型)下拉列表框中选择需要的格式。常用输出格式包括以下几种：Main Concept MPEG-1，为 VCD 输出格式；Main Concept MPEG-2，为 DVD 输出格式；Video for

Windows，为微软公司开发的应用于 PC 机上的视频格式；Quick Time (MOV)，为苹果机上的视频格式，可以广泛应用于 PC 和苹果系统之间的交互上。

最后单击 Next 按钮即可渲染输出！

6.5 建筑动画的剪辑经验

很多初学者对剪辑都存在一定的误区，认为剪辑很简单，只要把片段组合起来就可以了。

这种想法其实是错误的，剪辑技术入门容易，但如何“剪出戏来”却是需要相当深厚的功底的，也就是所谓的入门简单，掌握困难！

建筑动画剪辑是一门新的学科，既不同于传统的影视剪辑也不同于一般意义上的动画片剪辑。建筑动画主要是宣传广告性质的，在剪辑手法上注重表现式的蒙太奇。

剪辑是一门技术，是一种要通过大量的练习才可以掌握的技能。我们认为目前最好的学习方法就是摹片。学员可以自己使用摄像机拍摄来练习镜头感和剪辑。

建筑动画的剪辑注重表现多一些，相对叙事较少。要起掌握好剪辑，首先要了解一些基本的剪辑理论。

1. 剪辑的概念

剪辑在英语里是“编辑”之意；在德语中是“裁剪”之意；在法语中是“组合”，即“蒙太奇(montage)”之意。

剪辑多用于书面，我们有时使用剪接更通俗易懂。剪辑是一种主要用于图像组合的手段，它将模拟或想象的空间关系以一般人可以接受的方式组合，以达到叙事、抒情以及表现的目的。

2. 剪辑的依据

什么才是好的剪辑是困扰着每一个剪辑人员的问题。剪辑的手法和形式多样，并没有一个统一的做法。但有一点是所有剪辑得以存在的最基本的规律，那就是“一般人的心理可以接受”，这也是剪辑规律发展变化的依据。

3. 表现式蒙太奇

在建筑动画中以表现式为多，不以镜头时空的连续为准则来排列镜头，而是以渲染气氛、制造情绪为镜头连接的准则，从而达到叙事的目的。剧情因素被淡化，这种方法选择镜头的依据不是连续性，而是强烈的主观性。表现式蒙太奇的特点是：强调自我意识及主观性。

4. 镜头间的组

剪辑可以简单解释为组合，镜头之间的组合有以下一些规律可以遵循。

(1) 错位：景别和拍摄角度的交换就是错位——将画面所表现对象的方位错开，不能将两个拍摄位置相同或相近的画面连接在一起，相连接的两个画面其景别和拍摄角度必须有较大的区别。

(2) 动接动：是指将一个完整的动作断开，以两个不同景别或角度的画面来表现同一动作。动作连接的关键在于剪接点的寻找，一般的依据来自于人物动作幅度的最大化和观众期望值的最大化。

(3) 方向：画面中物体相对于画面四条边框所表现出的位移和指向。

画面中运动的方向主要有四种：物体运动、背景运动、模拟视线运动、摄像机运动。

当你需要用两个镜头来表示一个运动的时候，并且在第一个镜头中你要表现的运动物体已经出画，那么在下一个镜头中，这个物体就需要入画，入画的方向同上一个镜头中出画的方向要保持一致。

(4) 轴线：轴线是影片分别表现有交流的双方时，它们之间假想的连线

关于剪辑的详细介绍可以参考上海人民美术出版社出版的《动画剪辑》(聂欣如著)及中国广播电视出版社出版的《数字影视剪辑艺术与实践》(李停战，周炜著)。

建筑动画剪辑需要我们不断吸收理论知识，用创造性的眼光去观察世界，不断地练习才能取得进步。

建筑动画案例综合篇

第 7 章　经典场景制作

本章通过一些实例的制作来进一步掌握 3ds Max 的操作。

7.1　湖水场景的制作

湖水场景的最终效果如图 7-1 所示。

图 7-1　湖水场景最终效果

7.1.1　天空的制作

(1) 打开 3ds Max 软件，选择 Customize(设置)→Unit Setup(单位设置)命令，打开 Unit Setup(单位设置)对话框。单击 System Unit Setup(系统单位设置)按钮，在打开的 System Unit Setup(单位设置)对话框中将系统单位设置为 Millimeters(毫米)，设置完毕后单击 OK 按钮，如图 7-2 所示。

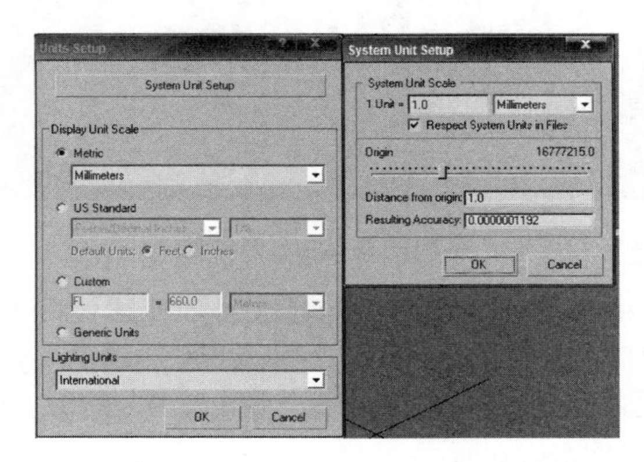

图 7-2　System Unit Setup 对话框

(2) 在主面板中依次单击“创建面板”按钮、“创建几何体”按钮和 Plane(面片)按钮，在顶视图中创建一个基础平面，并命名为“湖水”。在 Parameters(参数)卷展栏中将 Length(长度)和 Width(宽度)设为 20000，将 Length Segs(长段数)和 Width Segs(宽段数)设为 50，并将 Render Multipliers(渲染倍增)选项组中的 Density(密度)设为 8，如图 7-3 所示。

(3) 选择“湖水”平面，在工具栏中的“移动”按钮上右击，弹出 Move Transform Type-In(移动变换坐标)对话框，将对话框中的数值全部归零，使平面处于系统坐标系原点的位置，如图 7-4 所示。

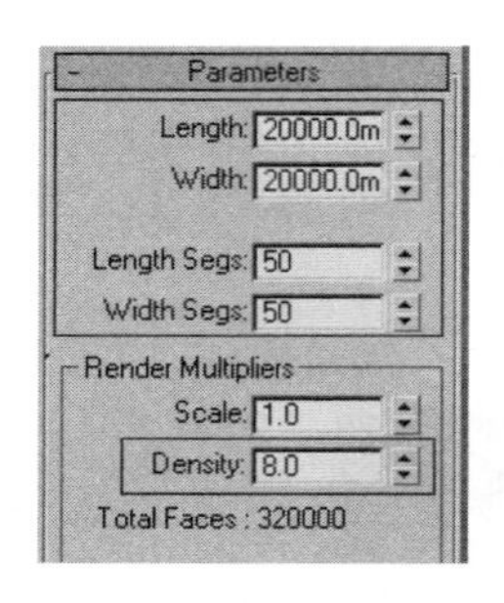

图 7-3　平面建立参数

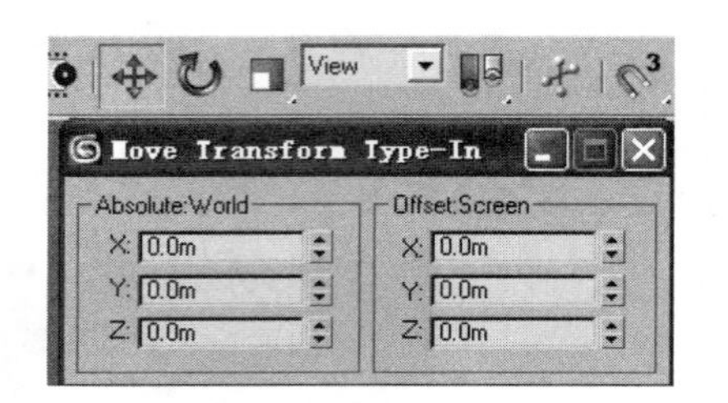

图 7-4　Move Transform Type-In 对话框

(4) 在顶视图中创建一个半径为 10000 的球体，在前视图中稍稍下移，如图 7-5 所示。

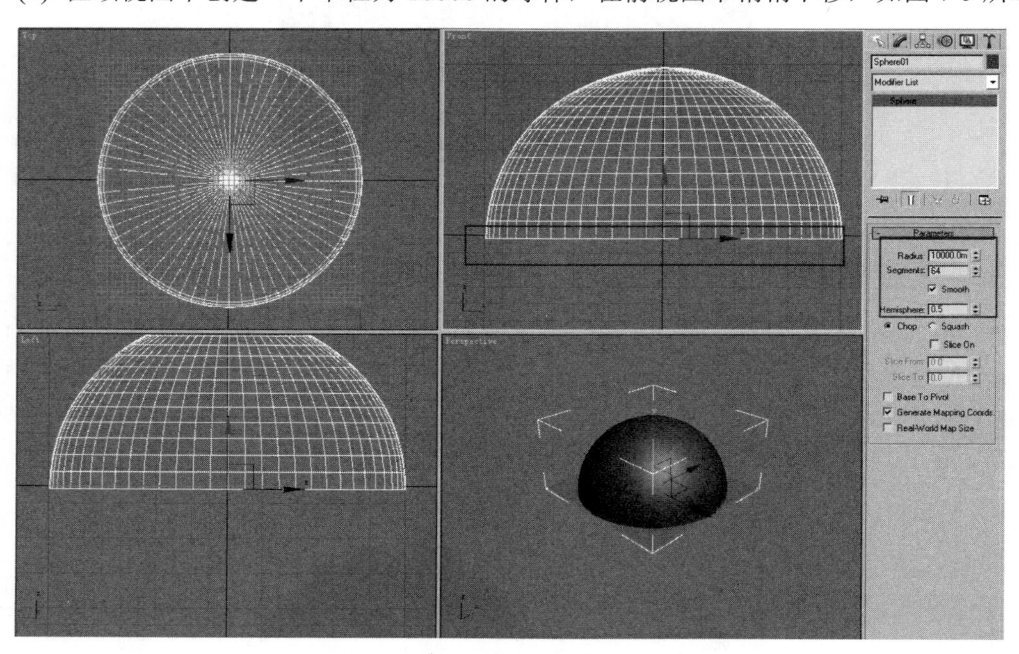

图 7-5　球体位置及参数

(5) 在修改器列表中添加 Normal(法线)修改器，使球体内部可见。再添加 UVW Mapping(贴图坐标)修改器，在其 Parameters(参数)卷展栏中选中 Cylindrical(圆柱包裹方式)单选按钮，并单击 Fit(适配)按钮，如图 7-6 所示。使用工具栏中的“不等比缩放”按钮将球体的高度压缩为原高度的 60%左右。

(6) 在修改器列表中添加 Vol. Select(体积选择)修改器，在其 Parameters(参数)卷展栏的

Stack Selection Level(堆栈选择级别)选项组中选中 Vertex(点)单选按钮，在 Soft Selection(软选择)卷展栏中选中 Use Soft Selection(使用软选择)复选框，设置 Falloff(衰减)为 16900，Pinch(挤压)为 1，如图 7-7 所示。

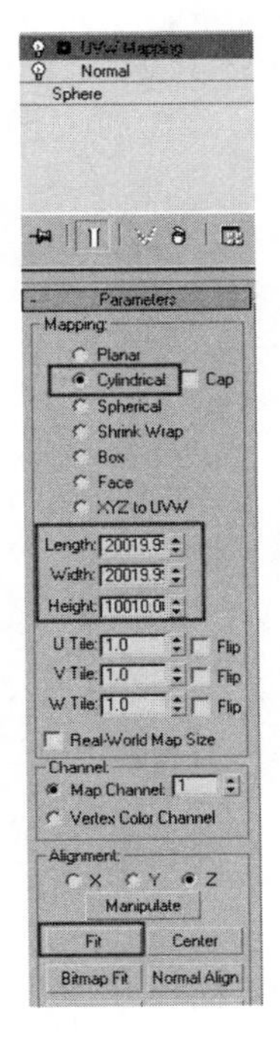

图 7-6　UVW Mapping 参数设置

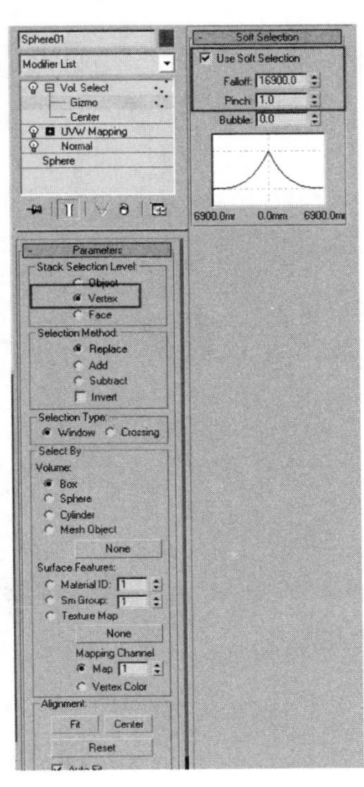

图 7-7　Vol. Select 参数设置

(7) 在修改器列表中添加 XForm(变形)修改器，并单击“时间配置”按钮，弹出 Time Configuration(时间配置)对话框，设置 Length(时间长度)为 200，如图 7-8 所示。

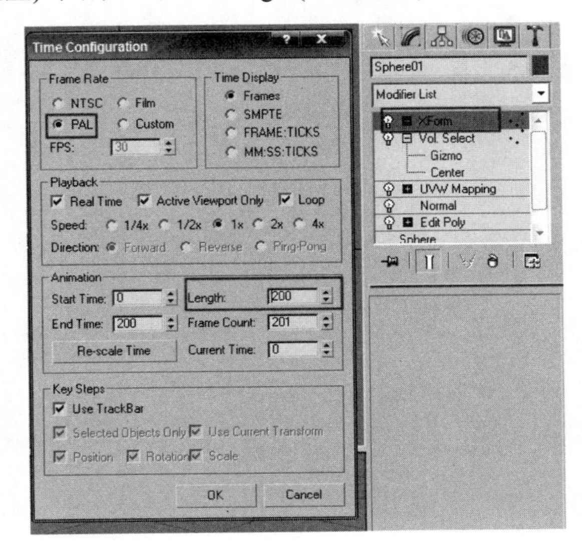

图 7-8　Time Configuration 对话框

(8) 单击 Auto Key 按钮，把时间滑块拖动到第 200 帧处，进入 XForm(自由变形)修改器的 Gizmo(线框)子级别，使用“旋转”工具旋转 30 度左右的角度，如图 7-9 所示。

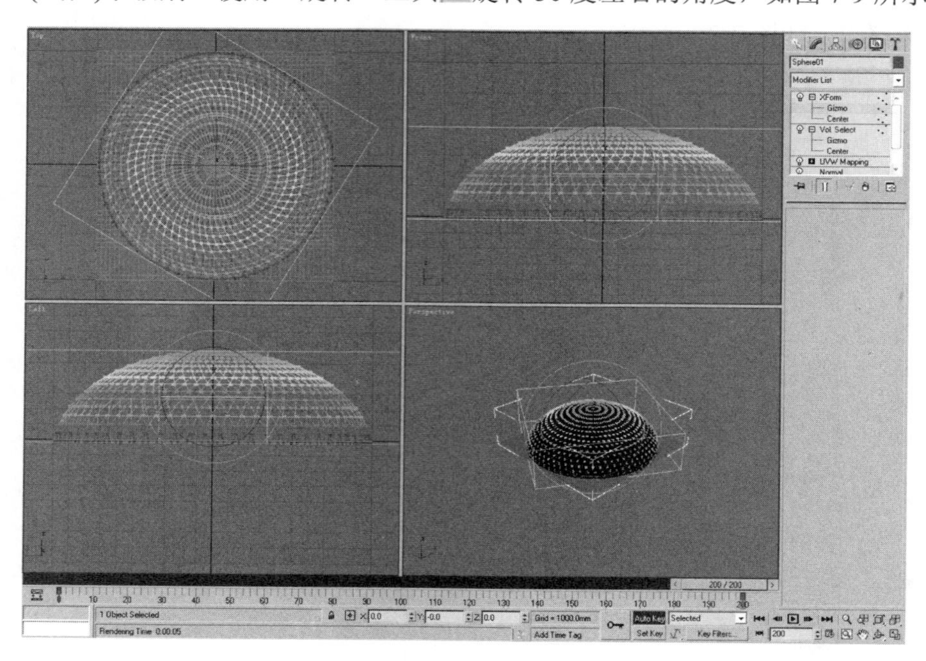

图 7-9　记录动画和旋转角度

(9) 在前视图中添加 Free Camera(自由摄像机)，并在“修改”面板中调节其参数，将透视图转换为摄像机视图，如图 7-10 所示。

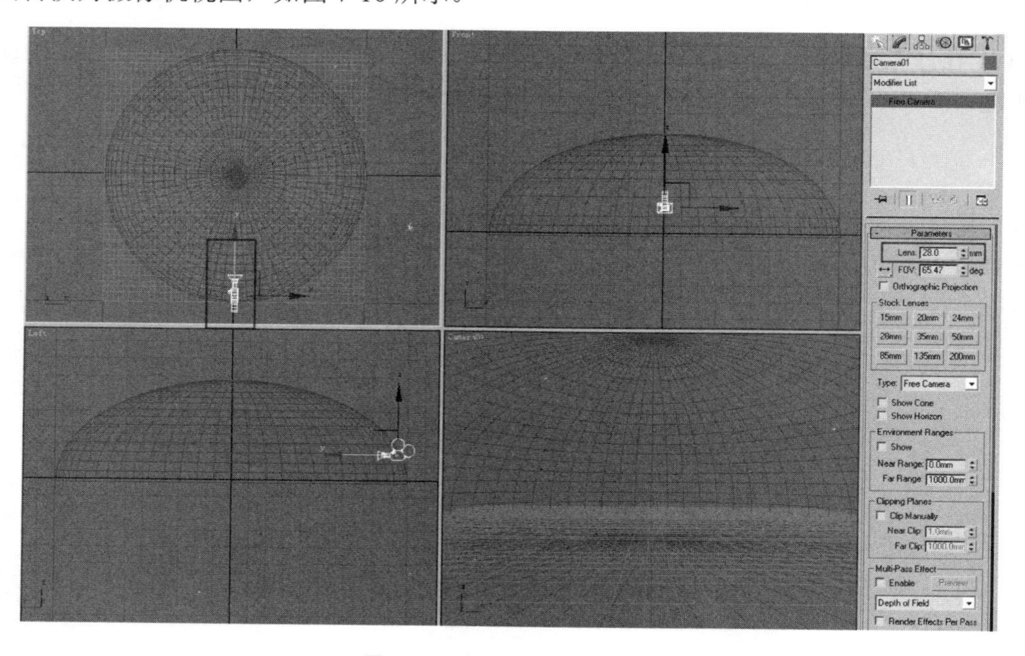

图 7-10　摄像机位置和参数

(10) 调节天空材质。打开材质编辑器，选择第一个材质球，命名为“天空”。在 Maps(贴图)卷展栏中选择 Self-illumination(自发光)选项，单击其右侧的 None(无)按钮，在弹出的 Material/Map Browser(材质贴图浏览器)对话框中选择 Bitmap(位图)选项，打开 Select Bitmap Image File(选择位图文件)对话框，找到“光盘\CH7\湖水工程文件\Decohstructing. the. Elements.with.3DS.MAX.6.ebook.maps.files\Bitmap.Files\clouds_panorama01.jpg”文件，单击“打开”按钮，如图 7-11 所示。回到 Maps(贴图)卷展栏，将自发光贴图复制到 Diffuse(固有色)贴图上。在场景中找到“天空”物体，把刚才的材质赋予它。

图 7-11　天空材质设置

7.1.2　湖水动画的制作

(1) 选择“湖水”平面，在修改器列表中添加 Vol.Select(体积选择)修改器，在其 Parameters 卷展栏的 Stack Selection Level(堆栈选择级别)选项组中选中 Vertex(点)单选按钮，在 Select By(选择方式)下的 Volume(体积)选项组中选中 Cylinder(圆柱)单选按钮。在 Soft Selection(软选择)卷展栏中选中 Use Soft Selection(使用软选择)复选框，并设置 Falloff(衰减)为 12000，进入 Vol. Select(体积选择)修改器的 Gizmo(线框)子级别，使用“不等比缩放”工具缩小选择范围，再使用“移动”工具在顶视图中向下拉动线框中心点，如图 7-12 所示。

(2) 为“湖水”平面添加 Noise(噪波)修改器，修改参数如图 7-13 所示。进入 Noise(噪波)修改器的 Gizmo(线框)子级别，使用“旋转”工具在左视图中沿 Z 轴旋转 60 度，在顶视图中沿 Z 轴旋转 45 度，效果如图 7-14 所示。

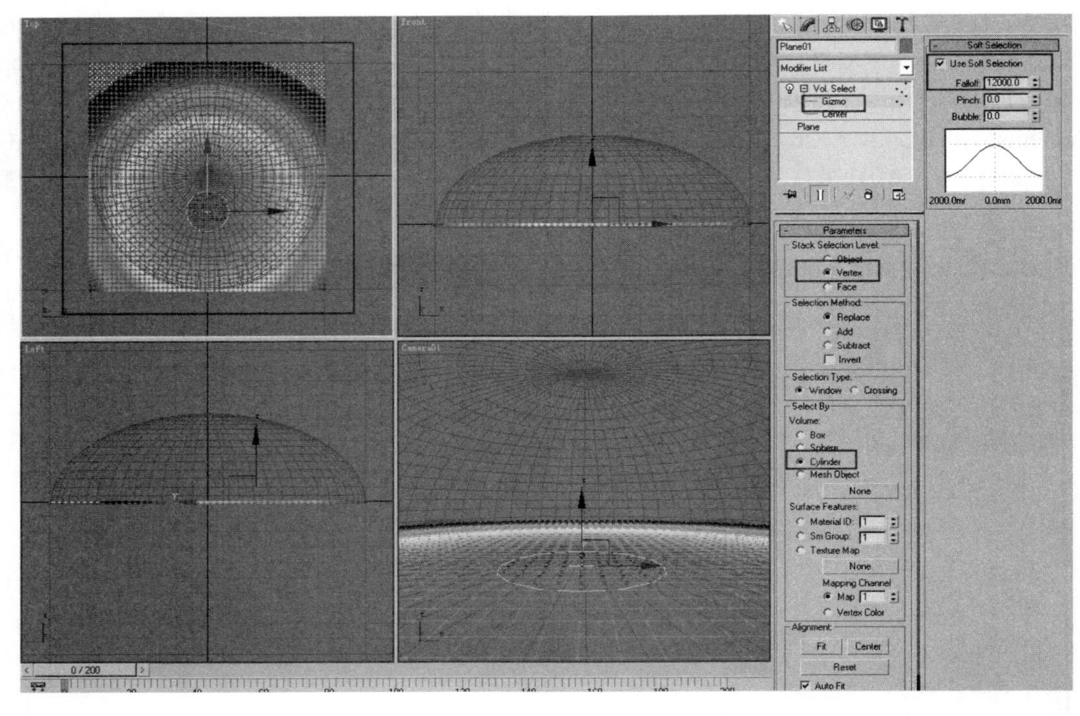

图 7-12　Vol. Select 参数设置

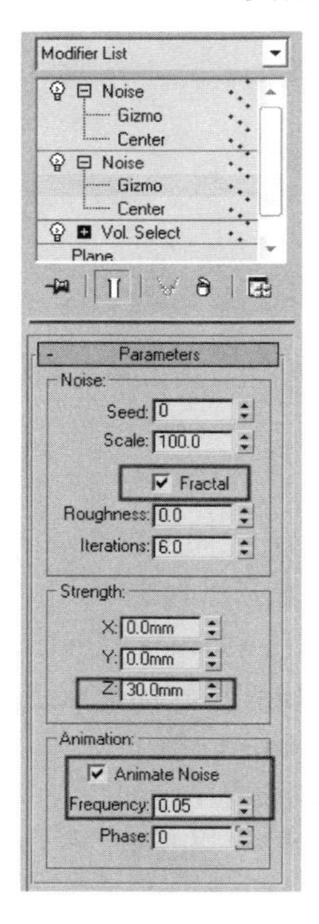

图 7-13　Noise 参数设置

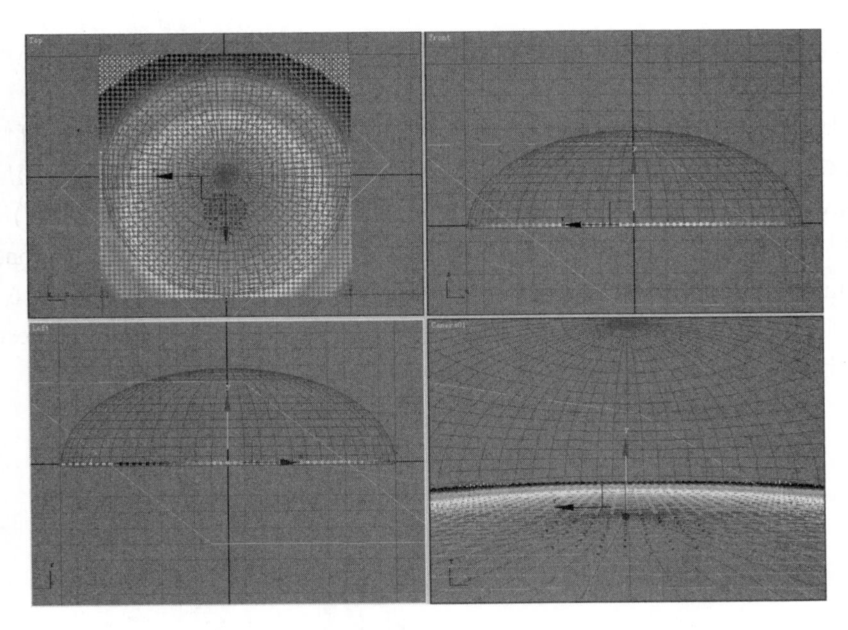

图 7-14　旋转线框后效果

(3) 再次添加 Noise(噪波)修改器，进入其 Gizmo(线框)子级别，在顶视图中使用“旋转”工具沿 Z 轴旋转 90 度，如图 7-15 所示。这个 Noise(噪波)修改器和前一个方向相反。

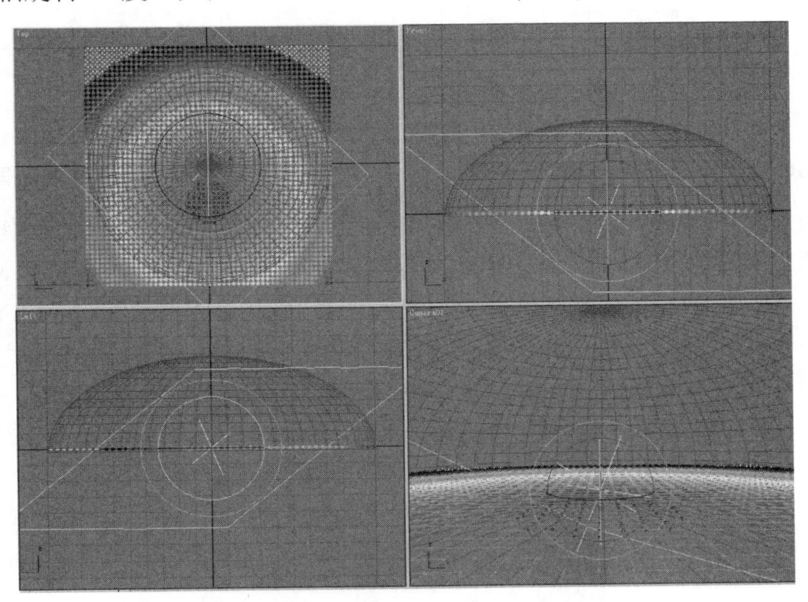

图 7-15　旋转噪波二的线框后效果

(4) 进入第一个 Noise(噪波)修改器的 Gizmo(线框)子级别，单击 Auto Key 按钮，把时间滑块拖动到第 200 帧处，选择顶视图，在工具栏中的“移动”按钮上右击，在弹出的 Move Transform Type-In(移动变换坐标)对话框中将 Offset：Screen(编程：屏幕)选项组中的 X 设为–2000，Y 设为–2000。进入第二个 Noise(噪波)修改器的 Gizmo(线框)子级别，选择顶视图，在“移动”按钮上右击，在弹出的 Move Transform Type-In(移动变换坐标)对话框中将

Offset:Screen(偏移：屏幕)选项组中的 X 设为 2000，Y 设为–2000，这样就有了一个从右到左的水流动画。

(5) 复制“湖水”平面，命名为“湖水平面方向”，删掉以前添加的所有修改器，在 Parameters(参数)卷展栏中把 Render Multipliers(渲染倍增)选项组中的 Density(密度)设为 1。重新添加 Noise(噪波)修改器，在其 Parameters(参数)卷展栏中选中 Noise(噪波)选项组中的 Fractal(分形)复选框，将 Strength(强度)选项组中的 Z 设为 10，并选中 Animation(动画)选项组中的 Animate Noise(噪波动画)复选框，将 Frequency(频率)设为 0.1，如图 7-16 所示。

(6) 在顶视图中选择“湖水平面方向”，在其上右击，打开 Object Properties(物体属性)对话框，取消选中 Renderable(可渲染)复选框，单击 OK 按钮，如图 7-17 所示。

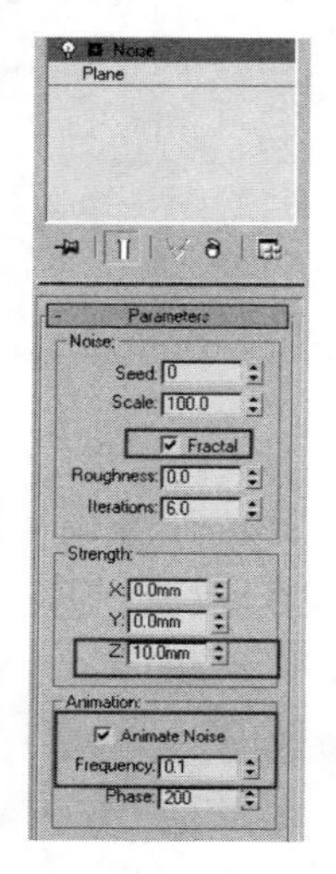

图 7-16　复制的湖水平面的噪波参数

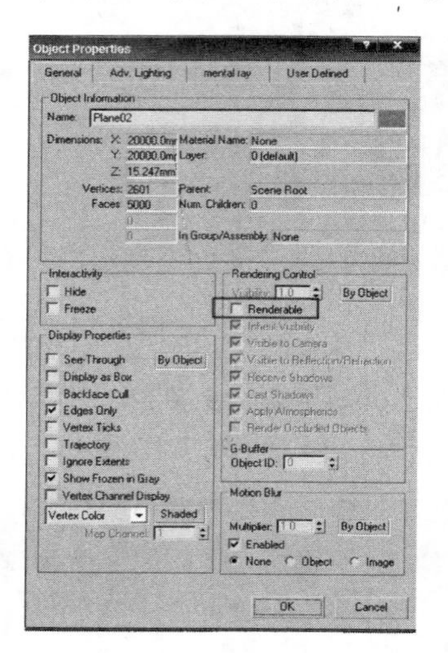

图 7-17　Object Properties 对话框

(7) 在场景中增加一个虚拟物体。依次单击“创建面板”按钮、“辅助物体”按钮和 Dummy(虚拟物体)按钮，在 Camera(摄像机)视图中创建一个虚拟物体。展开 Motion(运动)面板中的 Assign Controller(对齐控制器)卷展栏，选择 Position(位置):Position XYZ 选项，单击 Assign Controller(对齐控制器)按钮，弹出 Assign Position Controller(指定位置控制器)对话框，选择 Attachment(附件)选项，单击 OK 按钮，如图 7-18 所示。

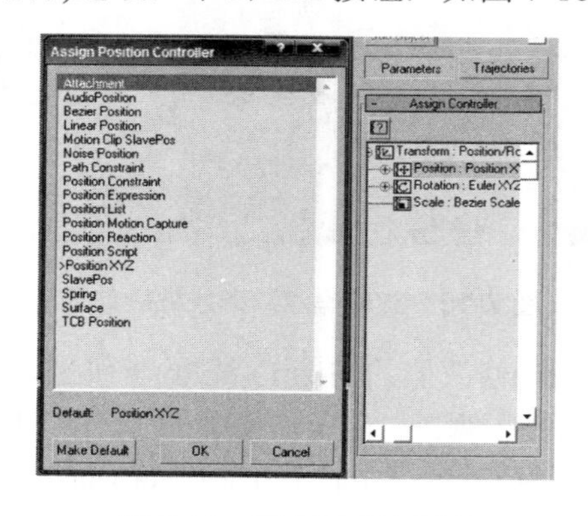

图 7-18　指定运动控制器

(8) 返回 Motion(运动)面板，单击 Attachment Parameter(附件参数)卷展栏下的 Pick Object(拾取物体)按钮，在顶视图中选择“湖水”平面，如图 7-19 所示。在 Attachment Parameter(附件参数)卷展栏中单击 Key Info(帧信息)中的 Set Position(设置位置)按钮，再在顶视图中单击摄像机，这时虚拟物体就被定位在摄像机的位置。再次单击 Set Position(设置位置)按钮，选择摄像机并使用 Select and Link(选择和链接)工具，将摄像机连接到虚拟物体上，如图 7-20 所示。

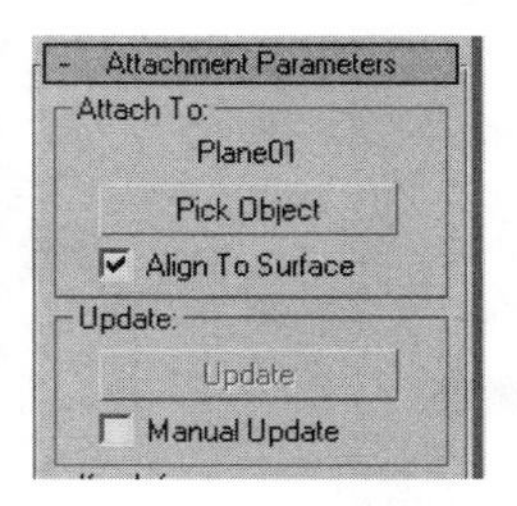

图 7-19　拾取 Plane01

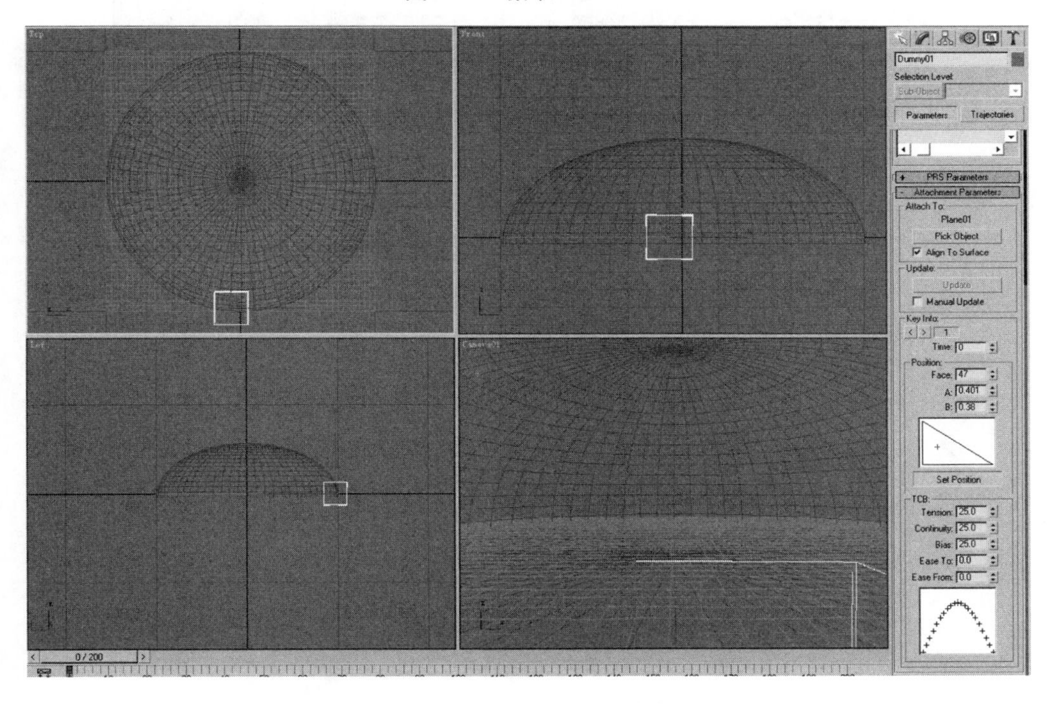

图 7-20　“运动”面板参数

(9) 调节“湖水”材质。打开材质编辑器，选择一个新的材质球，并命名为“湖水”，将其赋予场景中的“湖水”平面。展开 Blinn Basic Parameters(Blinn 材质基本参数)卷展栏，单击 Diffuse(固有色)选项右侧的色块，在弹出的对话框中设置其颜色为 R:23；G:42；B:50。回到材质编辑器，将 Specular Levels(高光级别)设为 200、Glossiness(光泽度)设为 30，如图 7-21 所示。单击 Diffuse(固有色)色块旁的空白按钮，弹出 Material/Map Browser(材质/贴图浏览器)对话框，选择 Falloff(衰减)选项，单击 OK 按钮，添加 Falloff(衰减)贴图。在 Falloff Parameters(衰减参数)选项组中的卷展栏中设置 Falloff Type(衰减类型)为 Fresnel(菲涅耳)，将

Fresnel Parameters(菲涅耳参数)选项组中的 Index of Refraction(折射率)设为 0.6，如图 7-22 所示。单击 Falloff Parameters(衰减参数)卷展栏下的 Front: Side(前：边)选项组中的第二个贴图栏，选择 Raytrace(光线追踪)贴图类型，如图 7-23 所示。单击 Go To Parent(向上方)按钮返回“湖水”材质编辑器，展开 Maps(贴图)卷展栏，将 Reflection(反射)设为 75，效果如图 7-24 所示。

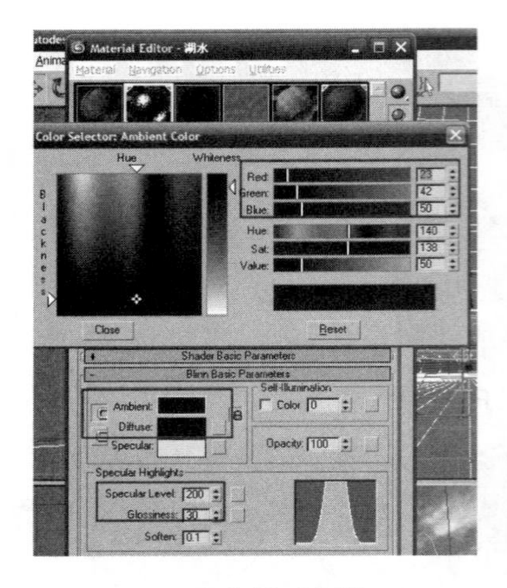

图 7-21　湖水材质参数一

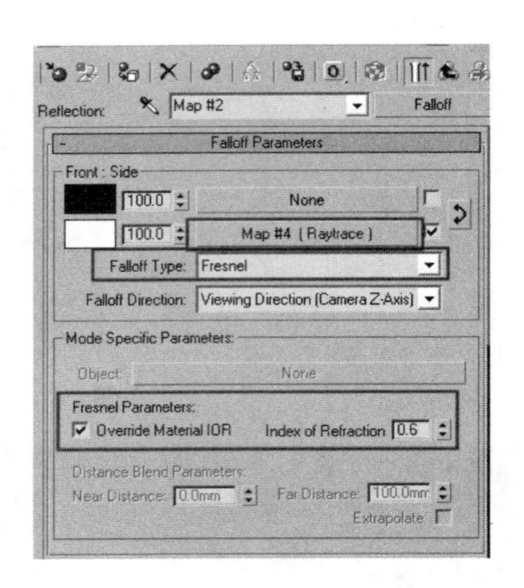

图 7-22　湖水材质参数二

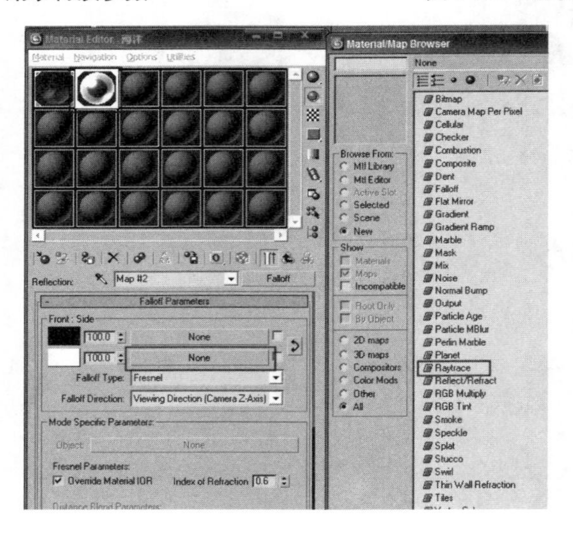

图 7-23　湖水材质参数三

(10) 在 Maps(贴图)卷展栏中单击 Bump(凹凸)贴图按钮，在弹出的 Material/Map Browser(材质/贴图浏览器)对话框中选择 Mask(蒙版)贴图，单击 OK 按钮。展开 Mask Parameters(蒙版参数)卷展栏，单击 Map(贴图)选项右侧的 None 按钮，选择 Smoke(烟雾)贴图，单击 OK 按钮，如图 7-25 所示。在 Coordinates(坐标)卷展栏中的 Source(源)下拉列表框中选择 Explicit Map Channel(球形贴图通道)选项。在 Smoke Parameter(烟雾参数)卷展栏中，将 Size(大小)设为 0.005、Iterations(迭代次数)设为 20、Exponent(指数)设为 0.4，单击 Color #2 选项右侧的色块，调整其颜色为白色，如图 7-26 所示。

图 7-24　湖水材质效果

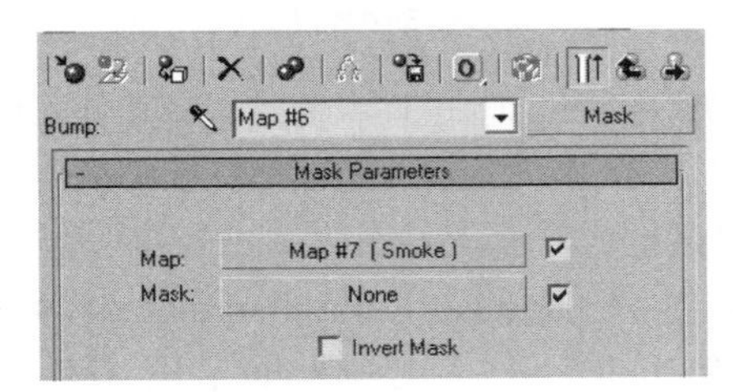

图 7-25　Bump 参数

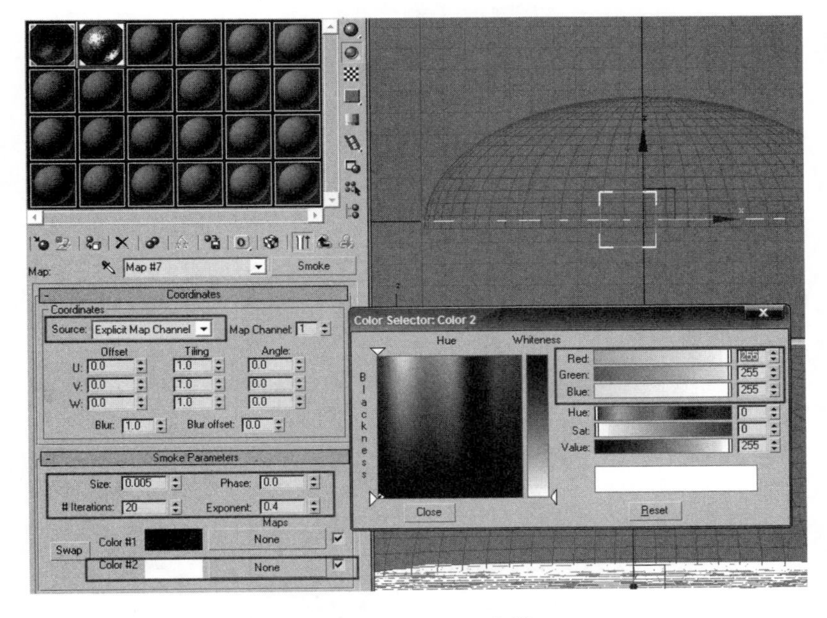

图 7-26　Smoke 参数

(11) 把时间滑块拖动到第 200 帧处，单击 Auto Key 按钮，将材质编辑器中 Smoke Parameter(烟雾参数)卷展栏中的 Phase(相位)设为 10，关闭 Auto Key 按钮。在时间线的第 200 帧处右击，在弹出的快捷菜单中选择“湖水：Phase”命令，弹出“湖水：Phase”对话框，在 Time(时间)微调框中分别输入–1 和 200，如图 7-27 所示。

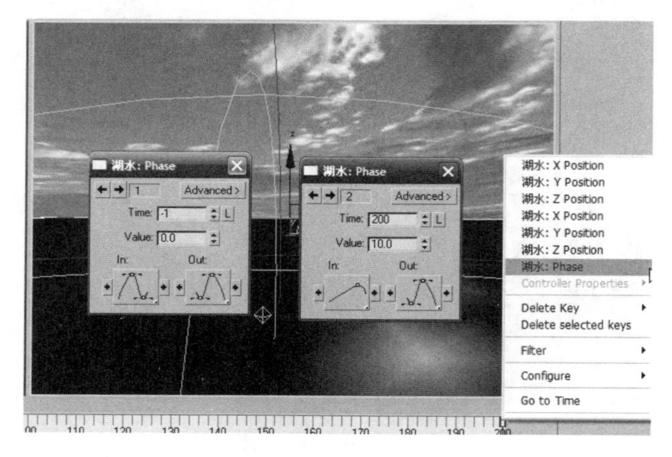

图 7-27　湖水运动相位形状调节对话框

(12) 打开材质编辑器，展开 Maps(贴图)卷展栏，单击 Bump(凹凸)贴图按钮，在 Mask Parameters(蒙版参数)卷展栏中，单击 Mask(蒙版)选项右侧的 None 按钮，弹出 Material/Map Browser(材质/贴图浏览器)对话框，选择 Gradient Ramp(渐变坡度)贴图，单击 OK 按钮，把材质命名为“凹凸距离控制”。在 Gradient Ramp Parameters(渐变坡度参数)卷展栏中，设置 Gradient Type(渐变类型)为 Radial(辐射)。在 Output(输出)卷展栏中，选中 Invert(反选)复选框，如图 7-28 所示。

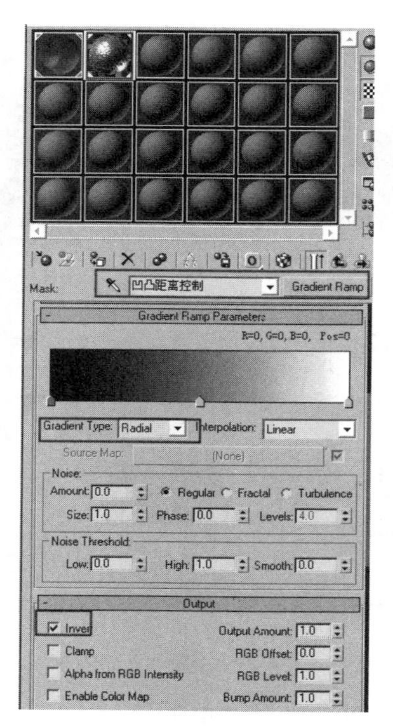

图 7-28　凹凸距离控制参数设置

7.1.3　天空光的设置

(1) 设置天光。依次单击“创建面板”按钮 和“创建灯光”按钮 ，并在下方的下拉列表框中选择 Standard(标准)选项，利用 Omni(泛光灯)工具创建一盏泛光灯并命名为“太阳”，位置如图 7-29 所示。然后在主面板上单击 Skylight(天空光)按钮，建立一个天光，灯光位置和参数如图 7-30 所示。单击 Auto Key 按钮，记录泛光灯从左到右的移动动画，使它的移动和天空云的变化一致。

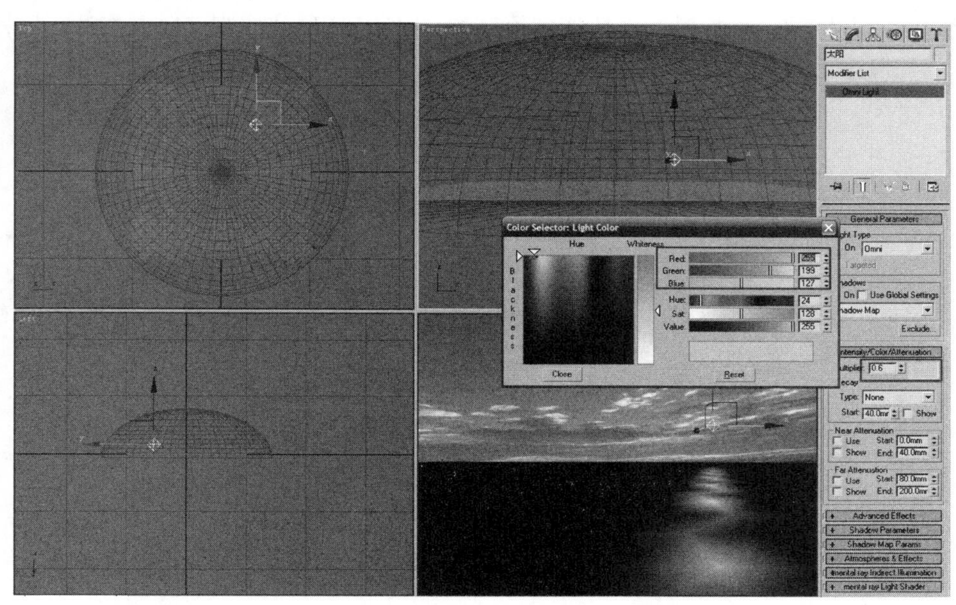

图 7-29　太阳的位置和颜色

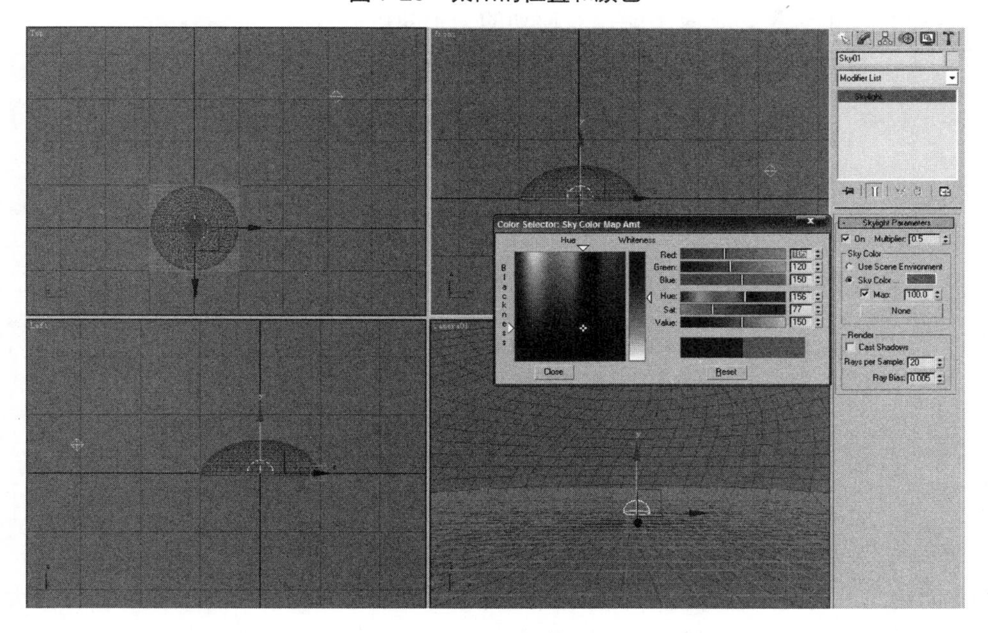

图 7-30　天光的参数和位置

(2) 找到光盘提供的“CH7\芦苇.max”文件，选择 File(文件)→Import(输入)→Merge (合并)命令，把芦苇文件合并到场景里。适当缩放芦苇的大小并放置到镜头前，复制几个使它们呈现如图 7-31 所示的样子，选择所有芦苇，再选择 Group(群组)→Group(群组)命令，弹出 Group(群组)对话框，将群组名称设为“芦苇”，单击 OK 按钮，把所有的芦苇组合成一个组。单击“修改面板”按钮，在 Modifier List(修改器列表)下拉列表框中选择 FFD 4×4×4(自由变形)修改器，在 FFD4×4×4(自由变形)修改器列表中单击 Control Points(控制点)子级别。在第 0 帧的位置单击 Auto Key 按钮，把时间滑块拖到第 50 帧处，选择芦苇最顶部的控制点，在前视图中向左拖动，再把时间滑块拖到第 100 帧处，把顶部控制点向右拖动，这样就制作出芦苇随风摆动的动画。

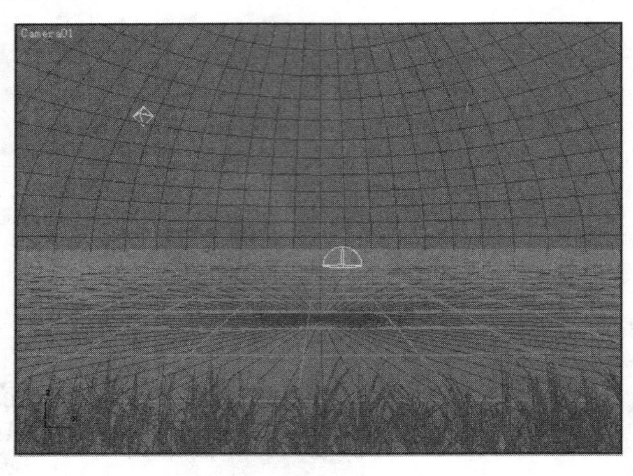

图 7-31　芦苇的位置

(3) 找到光盘提供的“CN7\船.max”文件，经过和上一步相同的步骤，将船合并到场景中如图 7-32 所示的位置，记录下船左右摆动的动画即可。

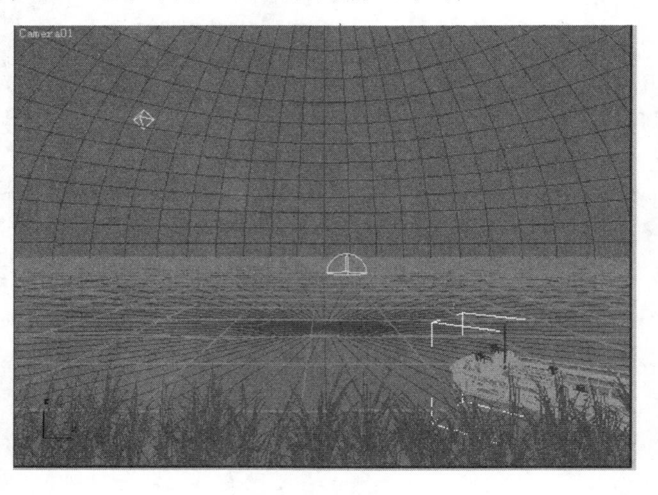

图 7-32　船的位置和大小

(4) 创建面板选择线，在顶视图中随意用线勾出一个最远处大陆的形状，命名为“大陆”。单击“修改面板”按钮，在 Modifier List(修改器列表)下拉列表框中选择 Extrude(挤压)修改器，在 Parameters(参数)卷展栏中将 Amount(数值)设为 300 左右。打开材质编辑器，任意选择一个空白材质球，指定给“大陆”，单击 Diffuse(固有色)色块旁边的空白按钮，为其添加一个石材的材质。选择“大陆”物体，添加 UVW Map(贴图坐标)修改器，在 Parameters(参数)卷展栏中将 U Tile、V Tile、W Tile 设为 100，如图 7-33 所示。

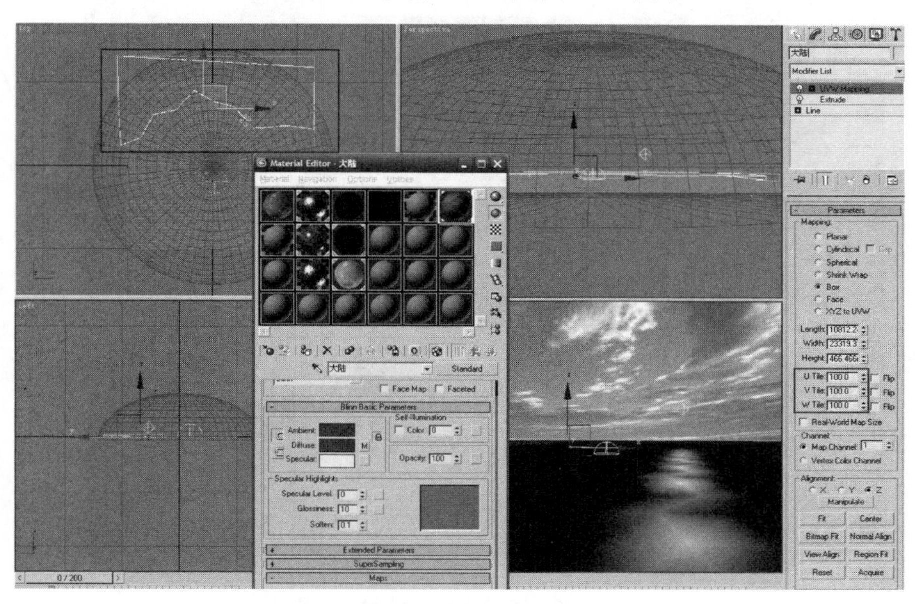

图 7-33　大陆的位置和材质

(5) 适当缩放天空的大小，以扩大视野。在大陆上创建几个 Box(方体)，放到如图 7-34 所示的位置，打开材质编辑器赋予图中的材质。

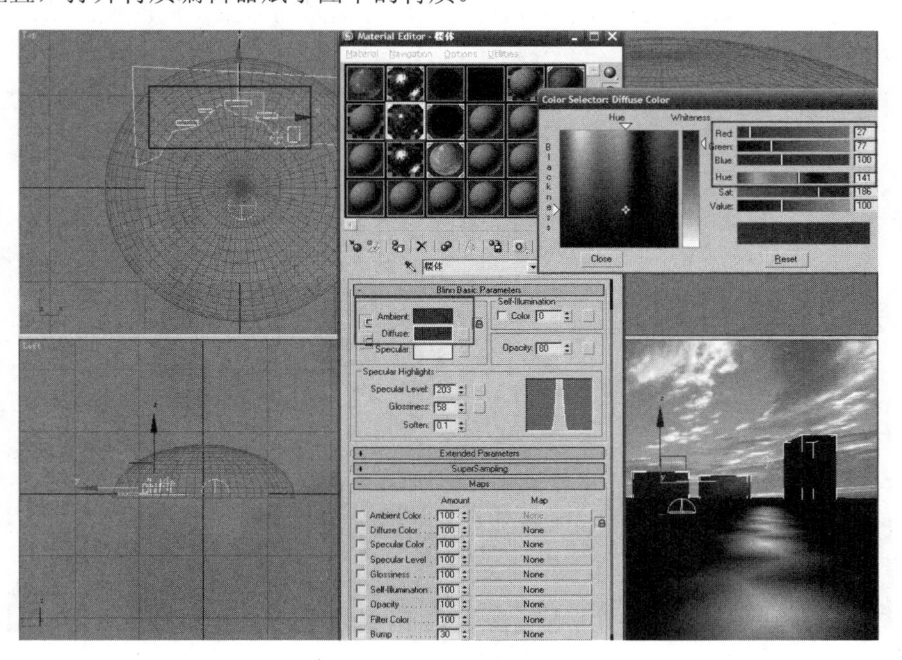

图 7-34　楼体的位置和材质

(6) 选择所有楼体，按住 Shift 键使用“移动”工具原地复制楼体，在弹出的 Clone Options(复制权限)对话框的 Object(物体)选项组中选中 Copy(复制)单选按钮，并命名为“玻璃黑线楼”，单击 OK 按钮。打开材质编辑器赋予楼体材质，如图 7-35 所示。

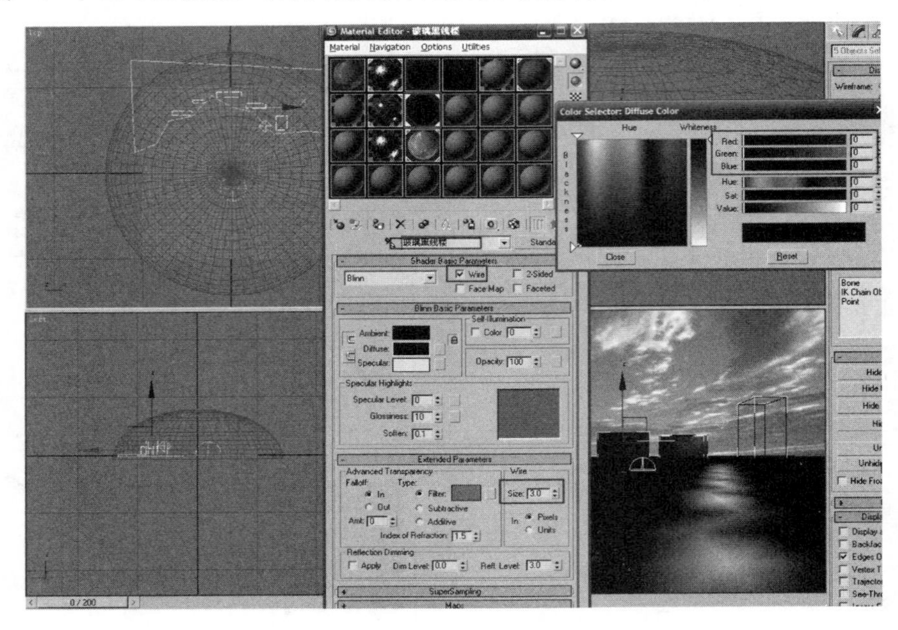

图 7-35 玻璃黑线楼的材质参数

(7) 添加一个辅助光源。依次单击“创建面板”按钮和“创建灯光”按钮，并在下方的下拉列表框中选择 Standard(标准)选项，利用 Omni(泛光灯)工具在芦苇的位置添加一盏泛光灯，选择参数如图 7-36 所示。这可产生海洋退晕的效果，同时使芦苇的光线符合环境。

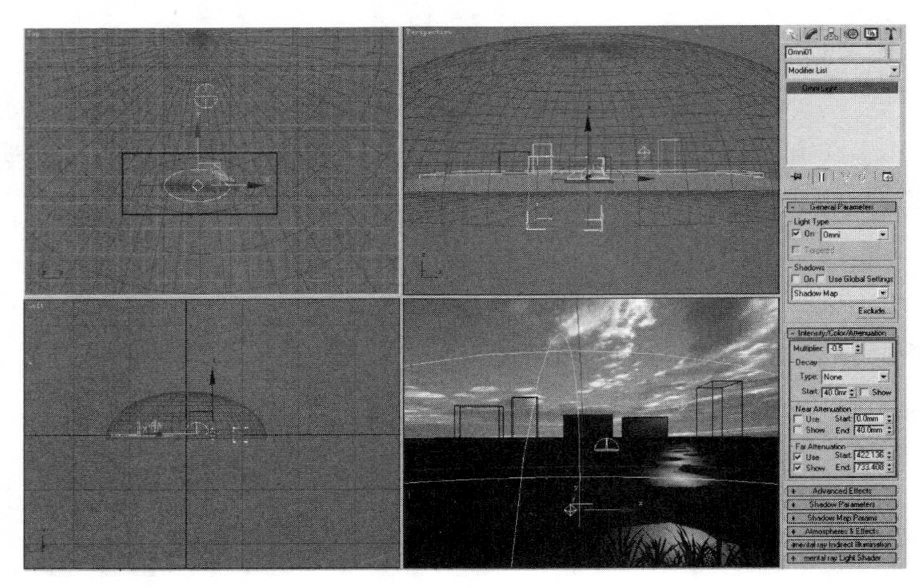

图 7-36 辅助光源的设置

(8) 最后要不断反复调整湖水模型动画和材质参数，最终参数参考光盘中“CH7\湖水工程文件\湖水工程文件.max”文件，渲染最终效果如图 7-37 所示。

图 7-37　湖水最终效果图

7.2　雪山场景的制作

雪山场景的最终效果如图 7-38 所示。

图 7-38　雪山场景最终效果

7.2.1　创建山地模型

(1) 选择 Customize(设置)→Unit Setup(单位设置)命令，打开 Unit Setup(单位设置)对话框。单击 System Unit Setup(系统单位设置)按钮，在打开的 System Unit Setup(单位设置)对话框中将系统单位设置为 Inches(英尺)，设置完毕后单击 OK 按钮 在顶视图中新建一个 Plane(面片)物体，命名为“山地”。在 Parameters(参数)卷展栏中将 Length(长度)设为 2000，Width(宽度)设为 2000、Length Segs(长段数)设为 50、Width Segs(宽段数)设为 50，在 Render

Multipliers(渲染倍增)选项组中将 Density(密度)设为 20，如图 7-39 所示。然后使用“移动”工具将物体的坐标移动到原点。

(2) 选中新建的“山地”平面，进入“修改”面板，添加 Displace(置换)修改器，右击 Displace(置换)选项，在弹出的快捷菜单中选择 Rename(重命名)命令，将其命名为“地形置换”，并调节参数，将 Strength(强度)设为 200。再次添加一个 Displace(置换)修改器并命名为“峰顶置换”，调节参数，将 Strength(强度)设为 1000，如图 7-40 所示。

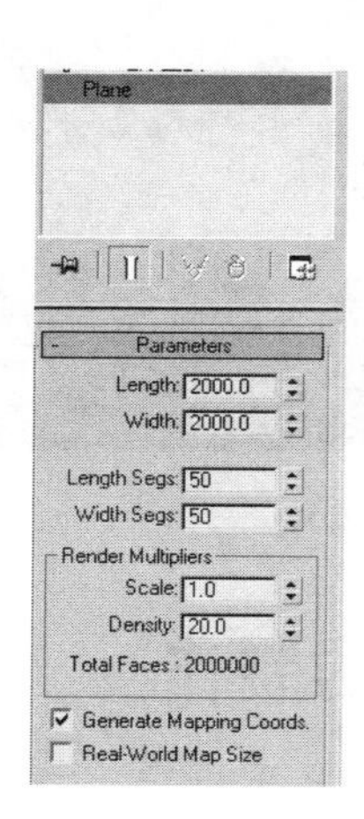

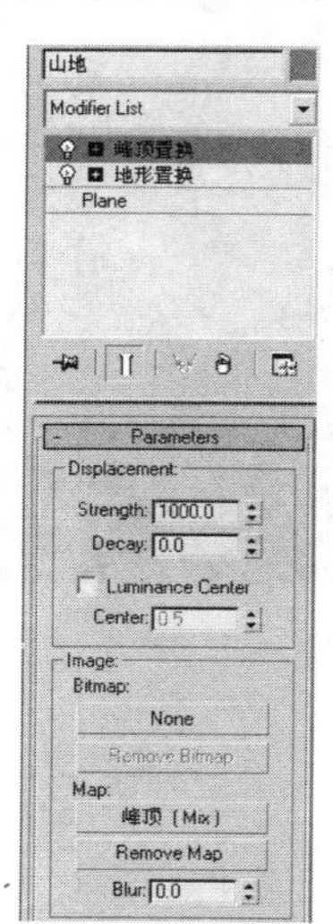

图 7-39 Plane 参数

图 7-40 峰顶置换参数

(3) 打开材质编辑器。选择“地形置换”修改器，展开 Maps(贴图)卷展栏，单击第一个 None(无)按钮并选择 Noise(噪波)作为其贴图。把 Maps(贴图)中的贴图拖曳到一个材质球上，弹出 Instance/Copy Map(实例/复制贴图)对话框，选择 Copy(关联复制)选项，单击 OK 按钮。将这个材质命名为“地形”，调节 Noise(噪波)参数，在材质编辑器的 Coordinates(坐标系)卷展栏下的 Source(源)下拉列表框中选择 Explicit Map Channel(球形贴图通道)选项。展开 Noise Parameters(噪波参数)卷展栏，选中 Noise Type(噪波类型)选项组中的 Fractal(分形)单选按钮，在 Noise Threshold(噪波阀值)选项组中，将 High(高)设为 0.87，Low(低)设为 0.35，Size(大小)设为 0.3。单击 Swap(交换)按钮，交换 Color #1 和 Color #2 的颜色。在 Output(输出)卷展栏中选中 Enable Color Map(使用贴图颜色表)复选框，并在曲线图上加入新的点，把曲线图修改为如图 7-41 所示的形状。

(4) 选择“峰顶置换”修改器，展开其 Maps(贴图)卷展栏，单击第一个 None(无)按钮并选择 Mix(混合)作为其贴图，将其关联复制到新的材质球上，并命名为“峰顶”。展开 Mix Parameters(混合参数)卷展栏，单击“Color #1”右侧的 None(无)按钮，选择 Gradient Ramp(渐变坡度)贴图，并命名为“峰顶形状”。展开 Gradient Ramp Parameters(渐变坡度参数)卷展栏，删除“峰顶形状”渐变条上中间的点，将 0 位置上的点的颜色设为白色，100 位置上的点的颜色设为黑色，并在 Gradient Type(渐变类型)下拉列表框中选择 Radial(辐射)选项。在 Noise(噪波)选项组中，将 Amount(数量)设为 0.1、Size(大小)设为 10，并选中 Turbulence(动荡)单选按钮。再展开 Output(输出)卷展栏，选中 Enable Color Map(使用贴图颜色表)复选框，并把曲线图修改为如图 7-42 所示的形状。

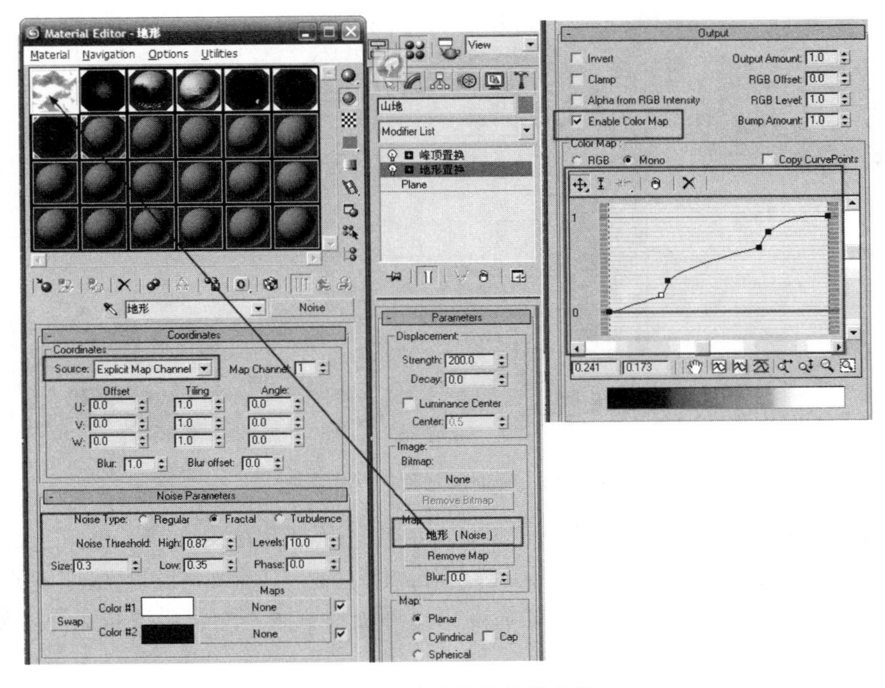

图 7-41　地形置换材质参数

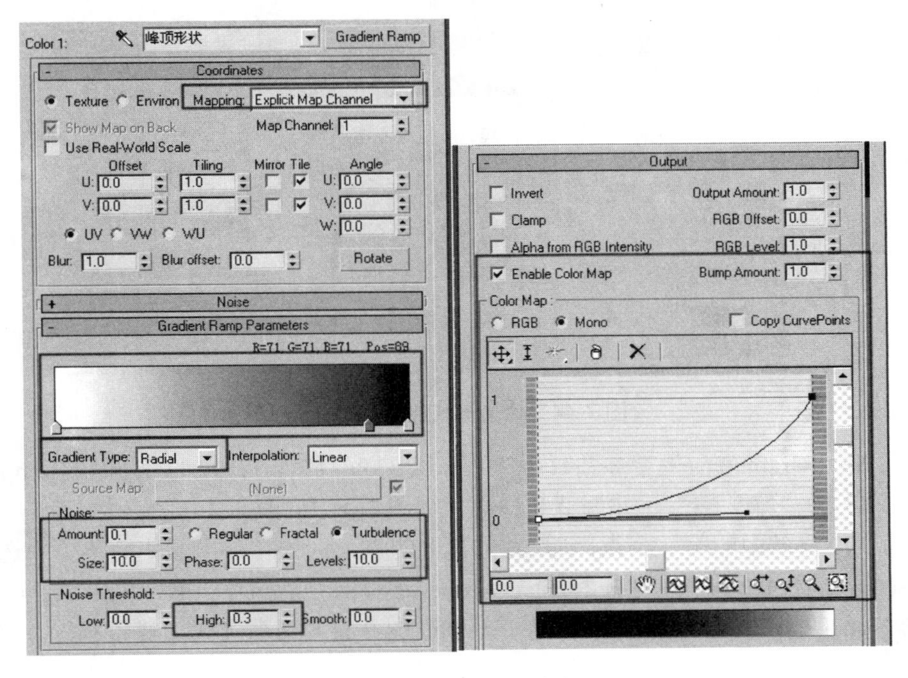

图 7-42　峰顶材质参数

(5) 在 Gradient Ramp Parameters(渐变坡度参数)卷展栏中的渐变条上右击第一个点，在弹出的快捷菜单中选择 Edit Properties(编辑属性)命令，打开 Flag Properties(标记属性)对话框，单击 Texture(纹理)选项下的 None(无)按钮，添加一个 Noise(噪波)贴图并将其命名为“峰顶形状顶部”，修改其参数，如图 7-43 所示。

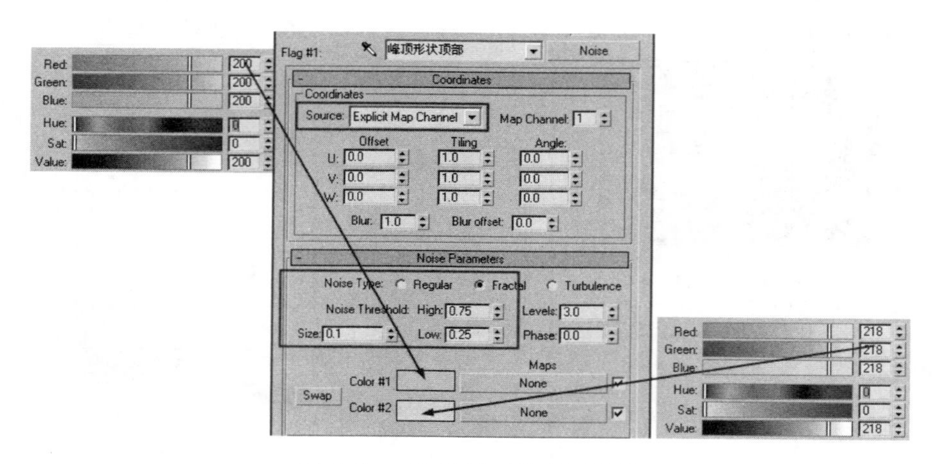

图 7-43　峰顶形状顶部材质参数

(6) 在渐变条中的第二个点上右击，同样在弹出的快捷菜单中选择 Edit Properties(编辑属性)命令，在打开的 Flag Properties(标记属性)对话框中单击 Texture(纹理)选项下的 None(无)按钮，添加一个 Noise(噪波)贴图并将其命名为“峰顶形状底部”，修改其参数，如图 7-44 所示。

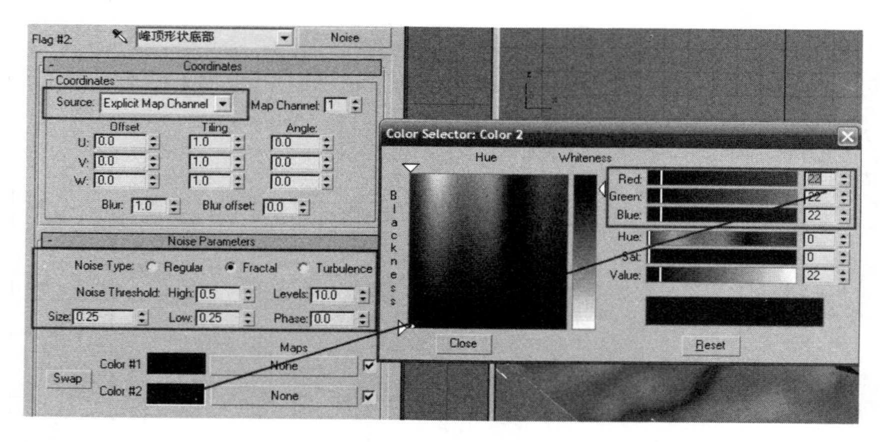

图 7-44　峰顶形状底部材质参数

(7) 在 Mix Parameters(混合参数)卷展栏中，为 Color #2 同样添加 Gradient Ramp(渐变坡度)贴图，命名为“峰顶帽”，并调节其参数，如图 7-45 所示。

(8) 右击渐变条中的第二个点，即 9 位置上的点，同样在弹出的快捷菜单中选择 Edit Properties(编辑属性)命令，在打开的 Flag Properties(标记属性)对话框中单击 Texture(纹理)选项下的 None(无)按钮，添加一个 Noise(噪波)贴图并将其命名为“山峰粗糙”，修改其参数，如图 7-46 所示。

(9) 在 Mix Parameters(混合参数)卷展栏中，为 Mix Amount(混合数量)添加 Gradient Ramp(渐变坡度)贴图，命名为“顶峰混合控制”，并调节参数，如图 7-47 所示。

(10) 选择一个新的材质球并命名为“雪山”，单击材质编辑器中的 Standard(标准)按钮，弹出 Material/Map Browser(材质/贴图浏览器)对话框，选择 Blend(混合)选项，单击 OK 按钮，将材质赋予场景中的“山地”。

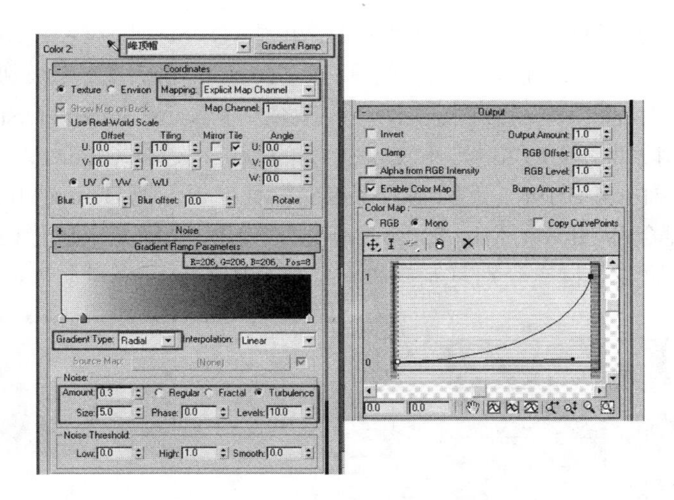

图 7-45　峰顶帽材质参数

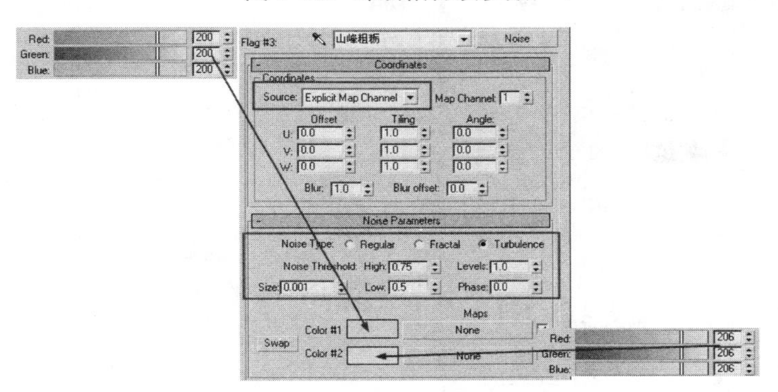

图 7-46　山峰粗糙材质参数

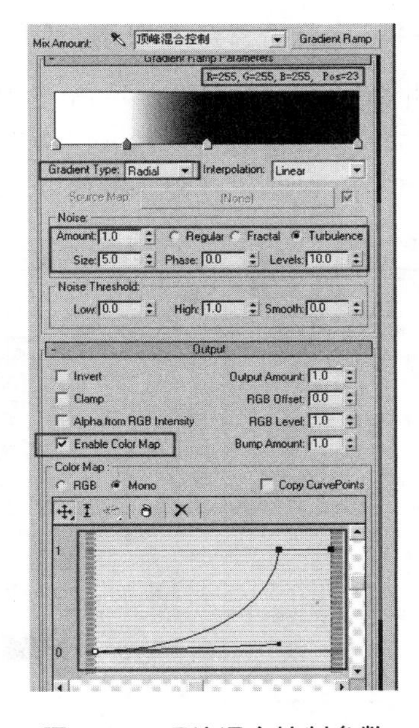

图 7-47　顶峰混合控制参数

(11) 选择一个新的材质球并命名为“雪”，单击 Diffuse(固有色)选项右侧的色块，将其颜色设置为白色。选择 Maps(贴图)卷展栏中的 Specular Level(高光级别)选项，单击对应的 None(无)按钮，为其添加一个 Speckle(斑点)贴图。在 Noise Parameters(噪波参数)卷展栏中单击 Swap(交换)按钮交换 Color #1 和 Color #2 的颜色，选择 Color #2 右侧的色块，将其颜色设为 R:196；G:196；B:196。返回到上一级的参数面板，把 Bump(凹凸)的数值设为 20，并添加一个 Mix(混合)贴图。在 Mix Parameters(混合参数)卷展栏中进行设置，如图 7-48 所示，即把“顶峰”的混合材质分别复制到“雪”材质的各个混合材质上，参数不变。

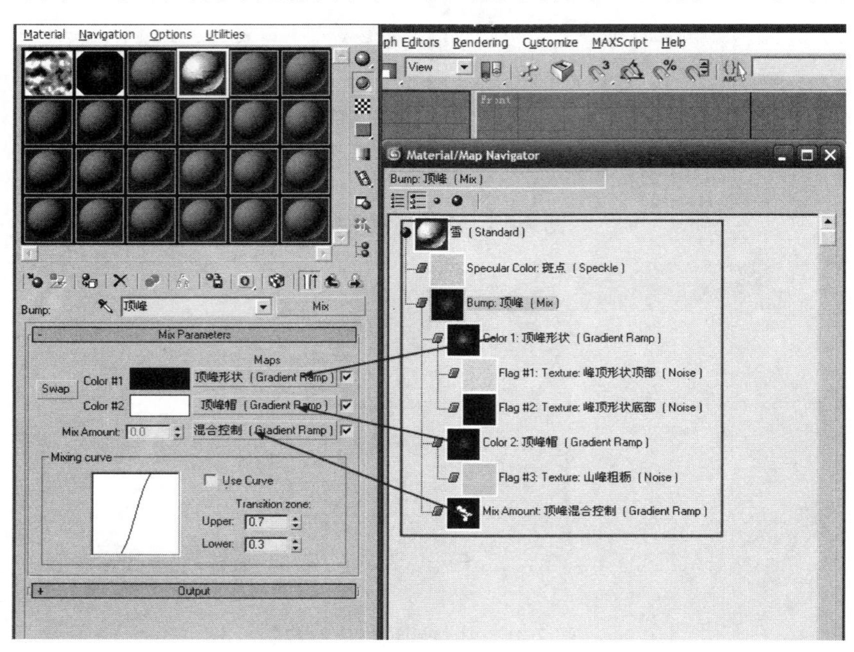

图 7-48 “顶峰”材质贴图分解展示效果

(12) 重新选择一个材质球并命名为“岩石”，单击 Diffuse(固有色)选项右侧的色块，设置其颜色为 R:35；G:35；B:35，在 Maps(贴图)卷展栏中设置 Bump(凹凸)数值为 300，并添加 Noise(噪波)贴图，命名为“小岩石”，设置参数如图 7-49 所示。

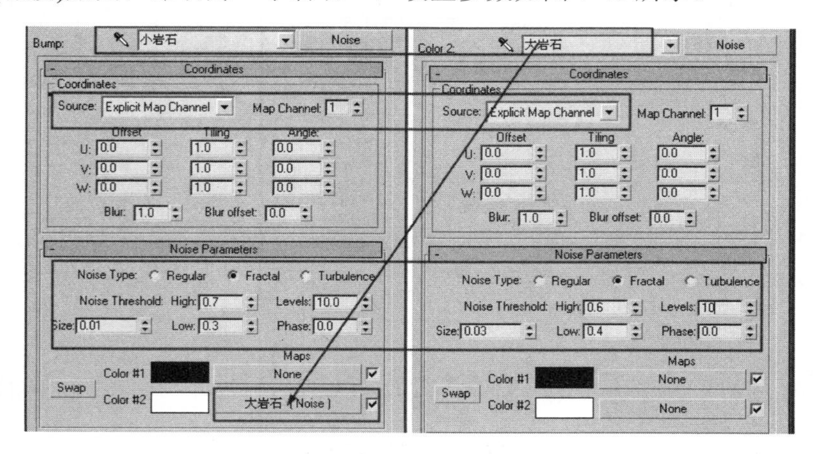

图 7-49 大岩石和小岩石材质参数

(13) 选择一个新的材质球并命名为“森林草地”，单击 Diffuse(固有色)选项右侧色块旁的空白按钮，设置一个 Noise(噪波)贴图并命名为“森林草地颜色”，再在 Noise Parameters(噪波参数)卷展栏中将参数设置为如图 7-50 所示。关联复制“地形置换”修改器的贴图到这个材质 Maps(贴图)卷展栏中的 Bump(凹凸)贴图上，并设置数值为 150。

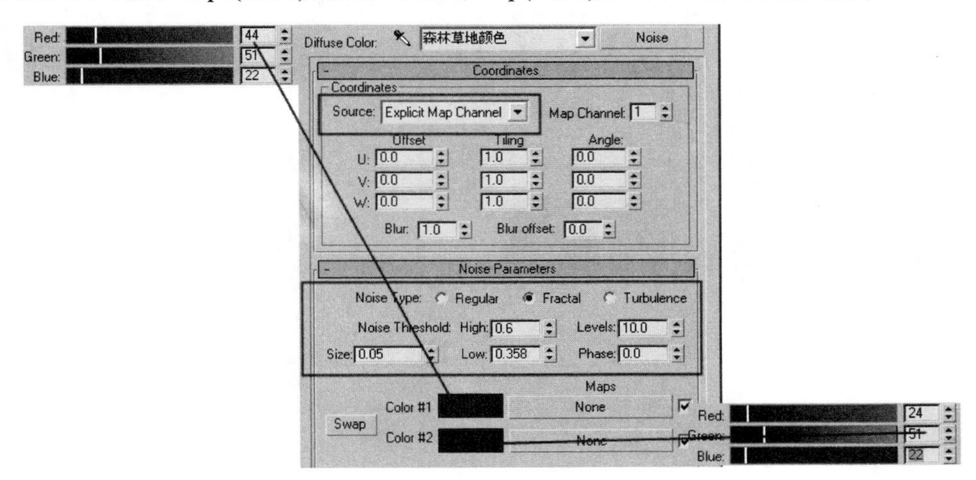

图 7-50　森林草地颜色材质参数

(14) 回到“雪山”材质球并将其赋予场景中的“山地”物体。单击 Material #1(材质 1)右侧的 None 按钮，将弹出的材质面板命名为“雪帽”，选择材质类型为 Blend(混合)，把“雪”材质关联复制到 Material #1(材质 1)上，如图 7-51 所示。单击 Material #2(材质 2)右侧的 None 按钮，选择一个 Top/Bottom(顶/底)贴图，命名为“雪和岩石”。再次关联复制“雪”材质到 Top Material(顶材质)上，关联复制“岩石”材质到 Bottom Material(底材质)上，将 Blend(混合)设为 5、Position(位置)设为 85，如图 7-52 所示。回到“雪帽”的 Blend(混合)层级，为 Mask(蒙版)添加一个 Gradient Ramp(渐变坡度)贴图，修改参数如图 7-53 所示。

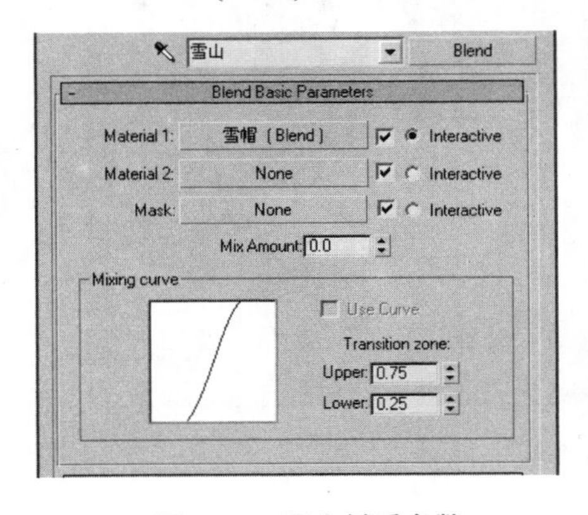

图 7-51　雪山材质参数

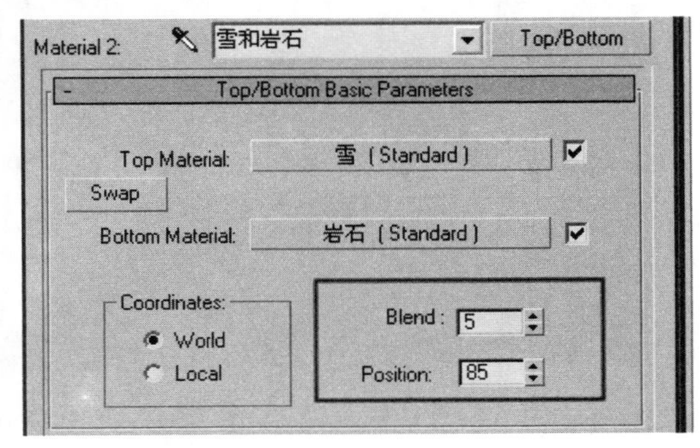

图 7-52　雪和岩石材质参数

(15) 在修改器列表中添加 UVW Map(贴图坐标)修改器，参数设置如图 7-54 所示。进入其 Gizmo(线框)子级别，右击“缩放”工具，弹出 Scale Transform Type-In(缩放变换输入)对话框，在 Offset(偏移): World(世界)下输入 110。

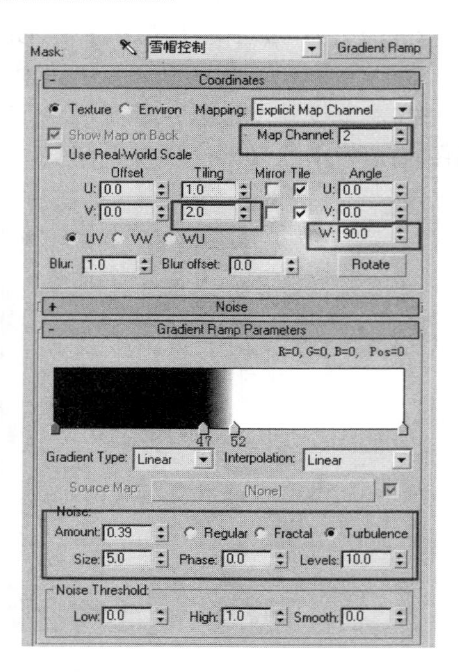

图 7-53　雪帽控制材质参数

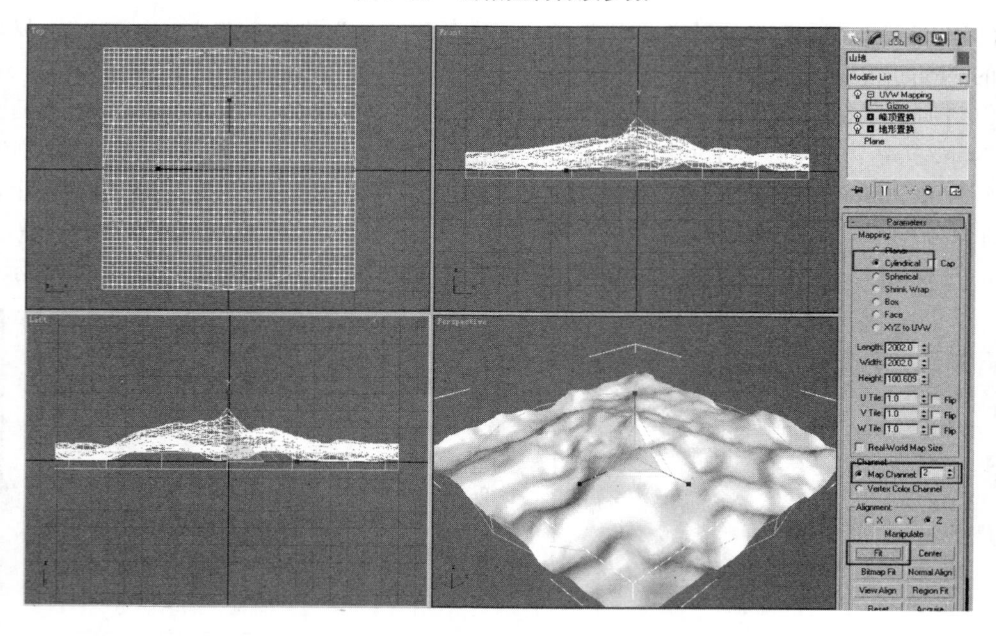

图 7-54　UVW Map 参数

(16) 复制“雪帽”材质的 Mask(蒙版)上的 Gradient Ramp(渐变坡度)贴图到“雪山”层的 Mask(蒙版)材质上，改名为“控制雪山岩石”。展开 Coordinator(坐标)卷展栏，将 V 参数的 Tilling(种子数)设为 4。展开 Gradient Ramp Parameters(渐变坡度参数)卷展栏，移动渐变条上的标记点 52～80 的位置、标记点 43～70 的位置，将 Amount(数量)设为 0.2、Size(大小)设为 1，如图 7-55 所示。

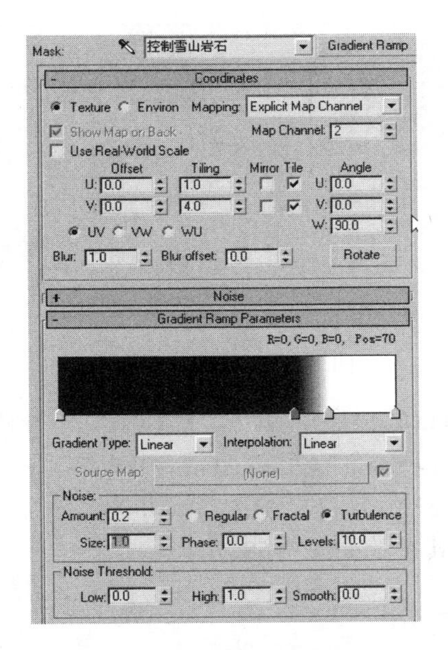

图 7-55　控制雪山岩石材质参数

(17) 为“雪”的 Material #2(材质 2)添加一个 Blend(混合)贴图，改名为“基部”。拖曳复制“岩石控制”到“基部”的 Mask(蒙版)贴图框中，并改名为“基部控制”，参数设置如图 7-56 所示。

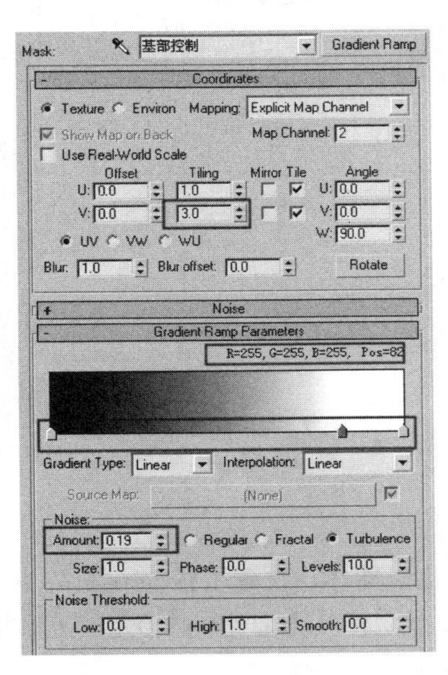

图 7-56　基部控制材质参数

(18) 关联复制“岩石”材质到“基部”材质的 Material #1(材质 1)上。单击 Material #2(材质 2)右侧的 None 按钮，选择 Top/Bottom(顶/底)材质，命名为“岩石和森林草地”。关联复制“森林草地”材质到 Top Material(顶材质)上，再关联复制“岩石”材质到 Bottom Material(底材质)上，将 Blend(混合)设为 10，Position(位置)设为 80，如图 7-57 所示。

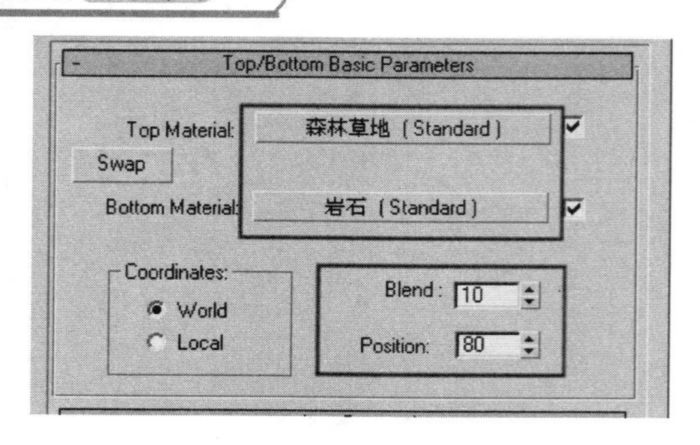

图 7-57　顶/底材质参数

(19) 进入 Bottom Material(底材质)，单击“材质关联”按钮，将材质重命名为“岩石上的雪”。为 Diffuse(固有色)选项添加一个 Mix(混合)材质，并命名为“岩石和雪的混合”。设置 Color #1 的颜色为 R：27；G：27；B：27，并为其添加一个 Falloff(衰减)贴图，命名为“控制岩石和雪”，设置其参数如图 7-58 所示。

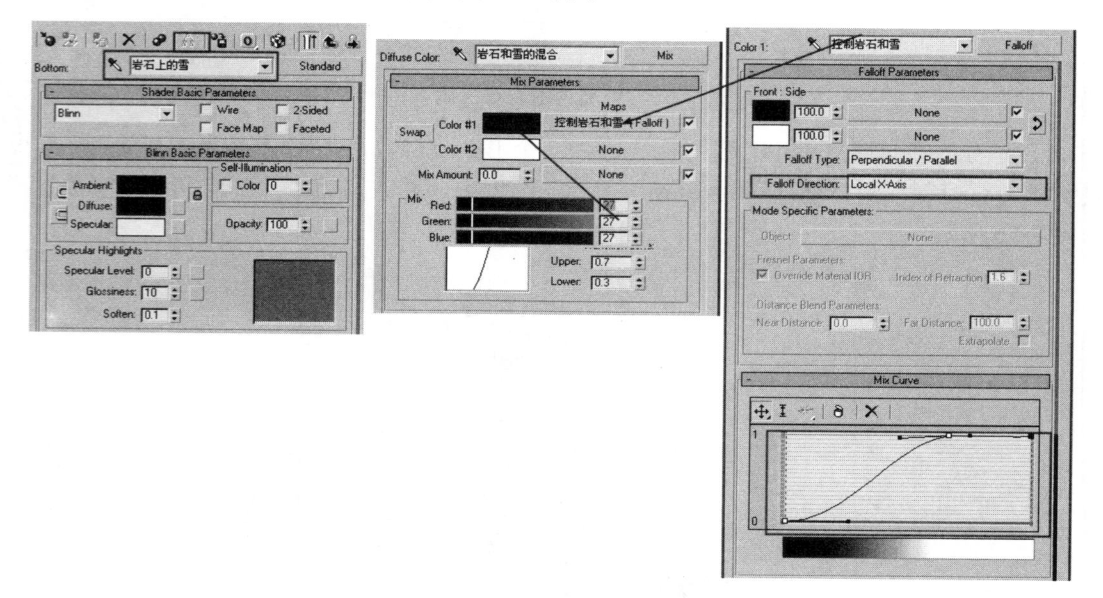

图 7-58　底材质参数

7.2.2　天空的制作

(1) 在顶视图中新建一个几何球体，设置半径为 6000，并将其命名为“天空”。在左视图中用“缩放”工具缩放其大小，使其为原来的 20%左右。将“天空”物体向下移动 400 单位，使其能罩住雪山，如图 7-59 所示。

(2) 添加 Normal(法线)修改器和 UVW Map(贴图坐标)修改器，设置 Alignment(对齐方向)为“X”轴，单击 Fit(适配)按钮调整 Gizmo(线框)，这样就可以从内部看见贴图，如图 7-60 所示。

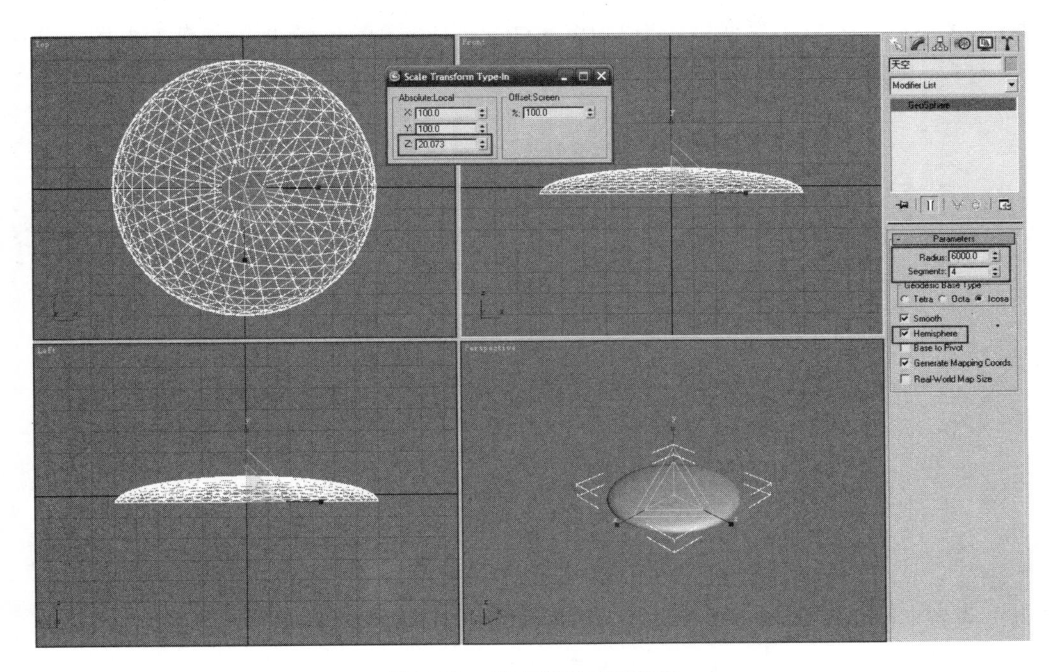

图 7-59　天空的形状和参数

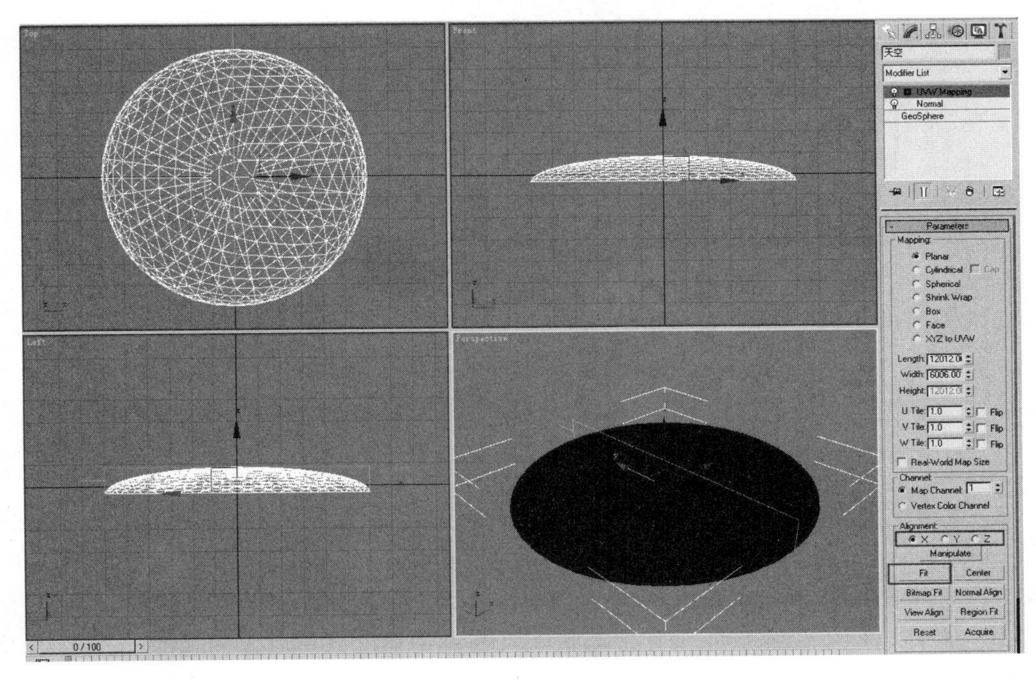

图 7-60　UVW Map 参数

7.2.3　天空材质的调节

(1) 新建一个空白材质球，将其命名为“天空”，赋予“天空”物体。展开 Blinn Basic Parameters(Blinn 材质基本参数)卷展栏，设 Self-Illumination(自发光)选项组中的 Color(颜色)

为 100。展开 Maps(贴图)卷展栏，为 Diffuse Color(固有色颜色)选项添加渐变贴图，并命名为“天空”，如图 7-61 所示。

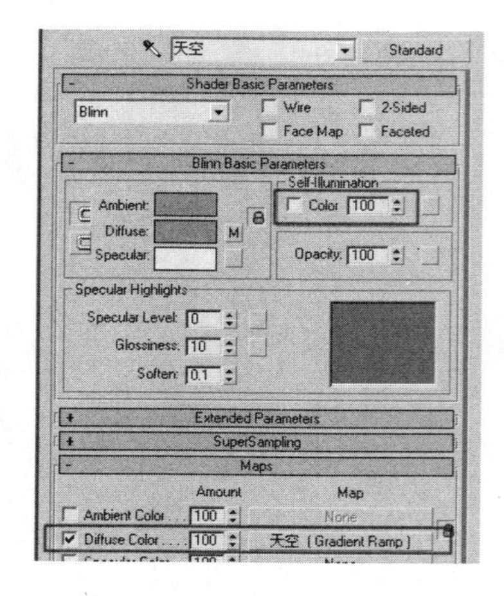

图 7-61　天空材质参数

(2) 设置 Gradient Ramp(渐变坡度)参数，如图 7-62 所示。

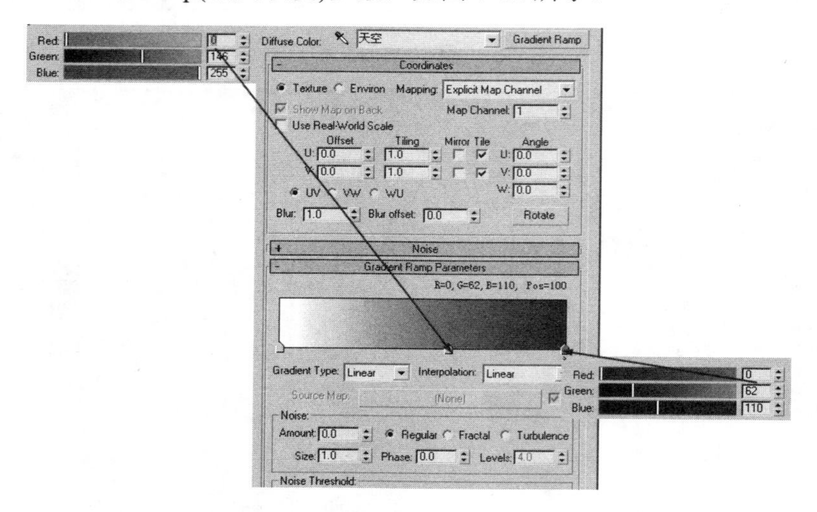

图 7-62　渐变参数

(3) 依次单击“创建面板”按钮和“辅助物体”按钮，并在下方的下拉列表框中选择 Atmospheric Apparatus(大气装置)选项，利用 Sphere Gizmo(球状大气线框物体)工具创建 4 个巨大的 Sphere Gizmo(球状大气线框物体)，半径约为 500～1000。调整位置使其围绕“雪山”物体，使用“缩放”工具把球状大气线框物体缩放为原来的 20%～50%。选择 Rendering(渲染)→Environment(环境)命令，打开 Environment and Effects(环境与效果)窗口，切换到 Environment(环境)选项卡，单击 Atmosphere(大气)卷展栏中的 Add(增加)按钮，选择 Volume Fog(体积雾)选项，将其加到 Effects(效果)列表框中。在 Volume Fog Parameters(体积雾参数)卷展栏中单击 Pick Gizmo(拾取线框)按钮，添加所有的球状线框物体。修改参数，将 Soften Gizmo Edges(线框边缘柔化)设为 1、Max Steps(最大步数)设为 50、噪波类型为 Fractal (分形噪波)、Levels(等级)设为 6、Size(大小)设为 1000、Uniformity(不平均)设为-0.25，如图 7-63 所示。

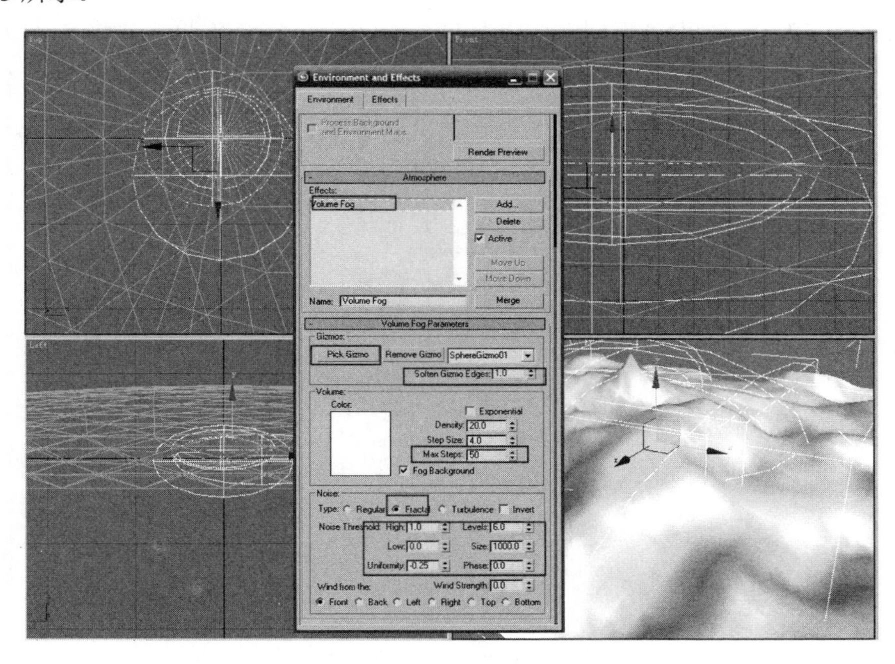

图 7-63　Volume Fog 效果参数

(4) 依次单击“创建面板”按钮和“创建摄像机”按钮，利用 Target (目标摄像机)工具，在顶视图中创建一个摄像机，并且把它定位在山的基部，调整为仰视的角度。在 Parameters(参数)卷展栏下设 Lens(镜头)为 28mm，选中 Show(大气范围显示框)复选框，设置 Far Range(远切范围)为 8000，如图 7-64 所示。

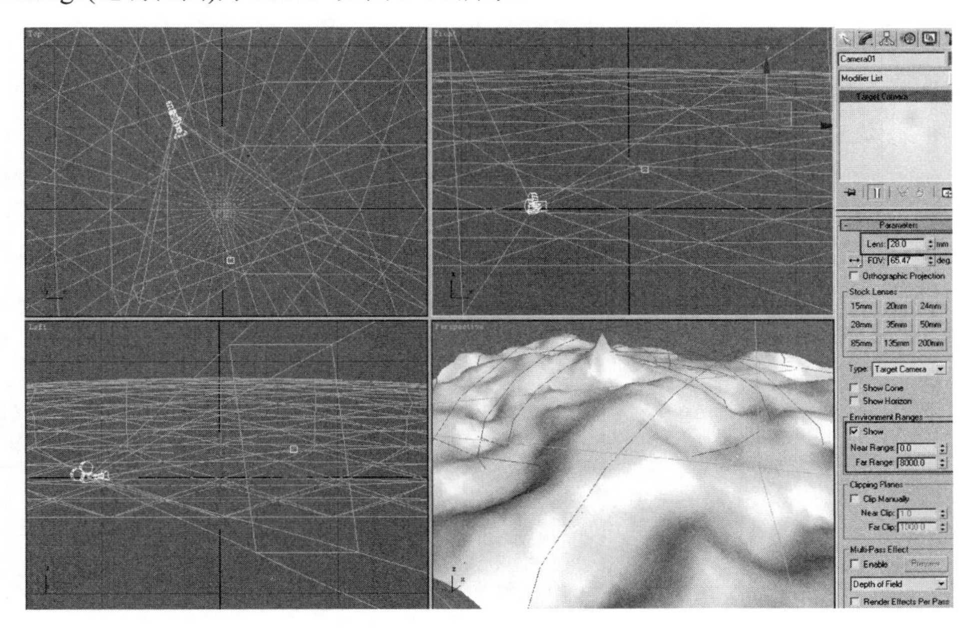

图 7-64　摄像机的位置和参数

(5) 在 Environment and Effects(环境和效果)窗口的“Enviroment(环境)”选项卡中增加 Fog(雾)效果到 Effects(效果)列表框中，选中 Exponential(指数)复选框，并将 Far %(远距 %)设为 95，如图 7-65 所示。

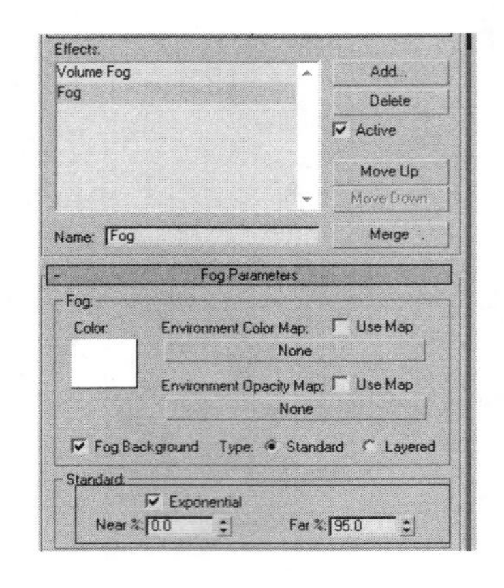

图 7-65　Fog 效果参数

7.2.4　创建灯光系统

(1) 依次单击“创建面板”按钮和“创建灯光”按钮，利用 Target Direct(目标平行光灯)工具，在顶视图中创建一盏目标平行光灯，定位在山的右侧，目标点放在山的中央处。打开“修改”面板，在 General Parameters(普通参数)卷展栏下的 Shadows(阴影)选项组中选中 On(打开)复选框，在下方的下拉列表框中选择 VRayShadow(VRay 阴影贴图)选项。单击 Intensity/Color/Attenuation(强度/颜色/衰减)卷展栏中的色块，设置灯光的颜色为 R:255；G:245；B:23，如图 7-66 所示。

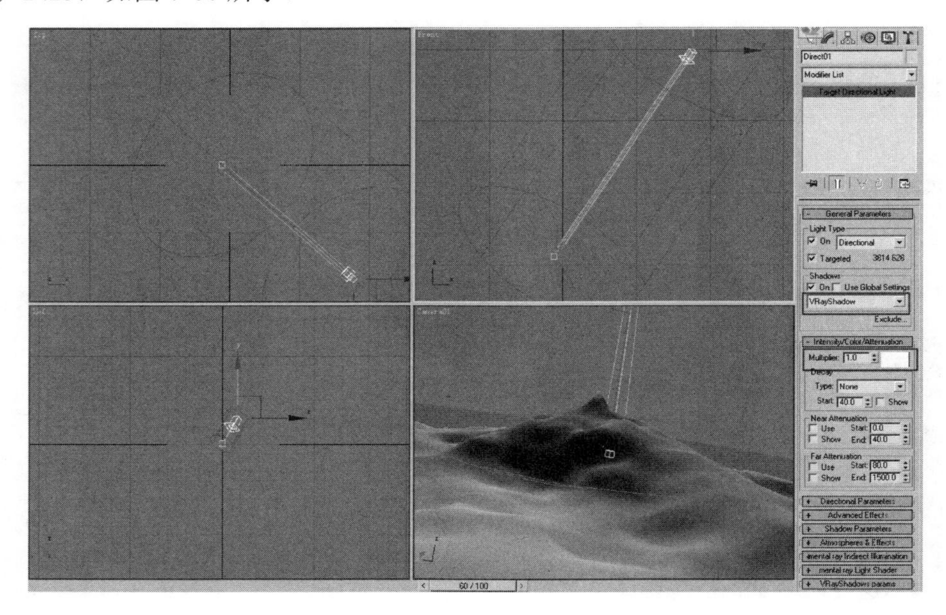

图 7-66　灯光的位置和参数

(2) 这里使用 3ds Max 插件 V-Ray 作为渲染器，渲染最后效果。前面章节已经对 V-Ray 做过表述，这里不再赘述。下面介绍一下 V-Ray 渲染器的重要参数，如图 7-67 所示。

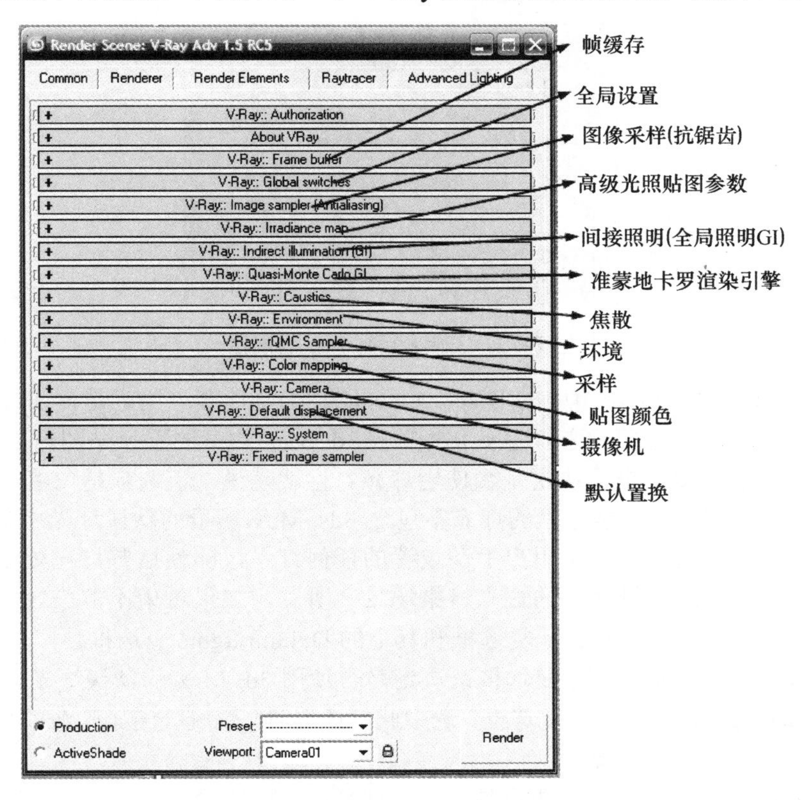

图 7-67　V-Ray 渲染器的重要参数

(3) 下面介绍 V-Ray 的常用参数，读者可结合雪山的渲染掌握 V-Ray 渲染器。

① Frame buffer(帧缓存)卷展栏，如图 7-68 所示。

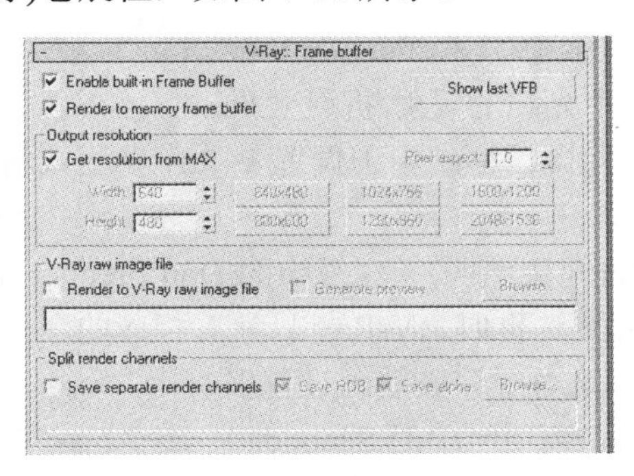

图 7-68　Frame buffer 卷展栏

Enable built-in Frame Buffer(使用内建的帧缓存)复选框：选中该复选框将使用 V-Ray 渲染器内置的帧缓存。当然，3ds Max 本身的帧缓存仍然存在，也可以被创建，不过，在选中 Enable built-in Frame Buffer(使用内建的帧缓存)复选框后，V-Ray 渲染器不会渲染任何数据到 3ds Max 自身的帧缓存窗口。为了防止内存占用过多，V-Ray 推荐把 3ds Max 自身的分辨率设为一个较小的值，并且关闭虚拟缓存。

② Global switches(全局设置)卷展栏，如图 7-69 所示。

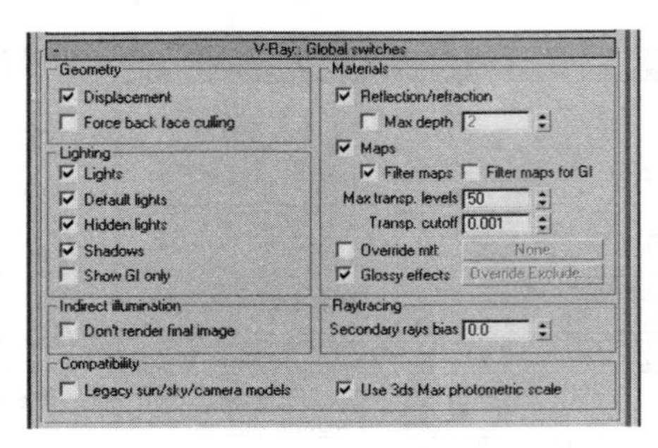

图 7-69　Global switches 卷展栏

- Geometry(物体)选项组中的 Displacement(置换)复选框：决定是否使用 V-Ray 自己的置换贴图。注意，这个选项不会影响 3ds Max 自身的置换贴图。
- Lights(灯光)复选框：决定是否使用灯光。也就是说，该选项是 V-Ray 场景中直接灯光的总开关，当然这里的灯光不包含 3ds Max 场景的默认灯光。若不选中此复选框，则系统不会渲染用户手动设置的任何灯光，即使这些灯光处于选中状态，而是自动使用场景默认的灯光渲染场景。所以，如果希望不渲染场景中的直接灯光，只需取消选中 Lights 复选框和其下的 Default lights 复选框。
- Default lights(默认灯光)复选框：决定是否使用 3ds Max 的默认灯光。
- Hidden lights(隐藏灯光)复选框：选中此复选框时，系统会渲染隐藏的灯光效果而不考虑灯光是否被隐藏。
- Shadows(阴影)复选框：决定是否渲染灯光产生的阴影。
- Show GI only(仅显示全局光)复选框：选中此复选框时，直接照明将不包含在最终渲染的图像中，但是在计算全局光的时候直接光照仍然会被考虑，只是最后只显示间接光照的效果。
- Materials(材质)选项组中的 Reflection/refraction(反射/折射)复选框：决定是否计算 V-Ray 贴图或材质中光线的反射/折射效果。
- Max depth(最大深度)微调框：用于设置 V-Ray 贴图或材质中反射/折射的最大反弹次数。
- Indirect illumination(间接照明)选项组中的 Don't render final image(不渲染最终的图像)复选框：选中此复选框时，V-Ray 只计算相应的全局光照贴图(光子贴图、灯光贴图和发光贴图)。这对于渲染动画过程很有用。
- Raytracing(光线追踪)选项组中的 Secondary rays bias(二次光线偏移距离)微调框：设置光线发生二次反弹时的偏移距离。

③ Image sampler(Antialiasing)(图像采样(抗锯齿))卷展栏，如图 7-70 所示。

Image sampler(图像采样率)选项组的 Type(类型)下拉列表框中有如下选项。

- Fixed(固定比率采样器)：这是 V-Ray 中最简单的采样器，对于每一个像素使用一个固定数量的样本。它只有一个参数 Subdivs(细分)，这个值确定每一个像素使用的样本数量。当取值为 1 时，意味着在每一个像素的中心使用一个样本；当取值大于 1 时，按照低差异的蒙特卡罗序列来产生样本。

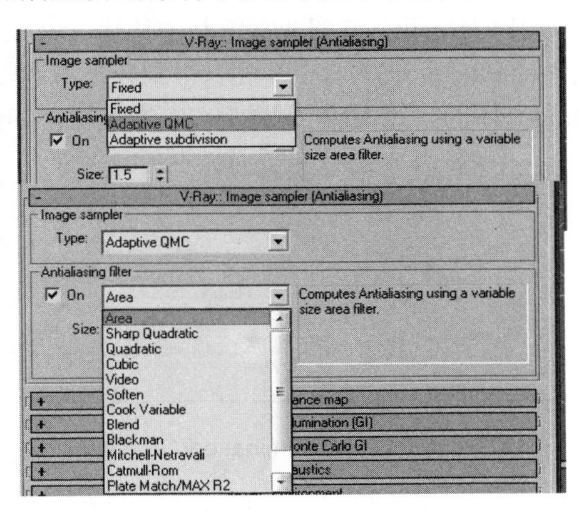

图 7-70　Image sampler(Antialiasing)卷展栏

- Adaptive QMC(自适应 QMC 采样器)：这个采样器根据每个像素和它相临近像素的亮度差异产生不同数量的样本。对于那些具有大量细节的场景或物体来说，这个采样值是首选。它的参数有：Min subdivs(最小细分)，定义每个像素使用的样本的最小数量，一般情况下很少设置超过 1 的值，除非有一些细小的线条无法正确表现；Max subdivs(最大细分)，定义每个像素使用的样本的最大数量。
- Adaptive subdivision(自适应细分采样器)：这是具有 Undersampling(底层采样值)功能的高级采样器。在没有 V-Ray 模糊特效的场景中，它是最好的首选。与其他采样器相比，它使用较少的样本就可以达到其他采样器使用较多样本才能达到的品质。但它在有大量细节或模糊特效的情况下比其他采样器慢，图像效果也差，这是值得注意的一点。其参数有：Min. rate(最小比率)，定义每个像素使用的样本的最小数量，数值为 0 意味着一个像素使用一个样本，数值为-1 意味着每两个像素使用一个样本，数值为-2 意味着每四个像素使用一个样本，依次类推；Max. rate(最大比率)，定义每个像素使用的样本的最大数量，数值为 0 意味着每一个像素使用一个样本，数值为 1 意味着每一个像素使用四个样本，数值为 2 意味着每一个像素使用八个样本，依次类推；Threshold(极限值)，用于确定采样器在像素亮度改变方面的灵敏性，较低的值会产生较好的效果，但会花费较多的渲染时间。

注意

上述采样器不好说谁好谁不好，根据情况而定。对于仅有一点模糊效果的场景和纹理贴图，选择自适应细分采样器最好；当一个场景具有高细节的纹理贴图和大量几何学细节而只有少量的模糊特效时，自适应 QMC 采样器是不错的选择，特别是在这种场景中渲染动画时，如果使用自适应细分采样器可能导致动画抖动；对于大量的模糊特效或高细节贴图的场景，使用固定比率采样器是兼顾图像质量和渲染时间的最好选择。

Antialiasing filter(抗锯齿过滤器)选项组的 On 下拉列表框中的选项很多，下面介绍几个常用的选项。

- Mitchell-Netravali(马歇尔)：可以得到较平滑的边缘。
- Catmull-Rom(卡斯特罗)：可以得到非常锐利的边缘，常被用于最终渲染。
- Soften(软化)：设置 Size(尺寸)为 2.5 时可以得到较平滑和较快的渲染速度。

④ Indirect illumination(GI)(间接照明(全局照明 GI))卷展栏，如图 7-71 所示。

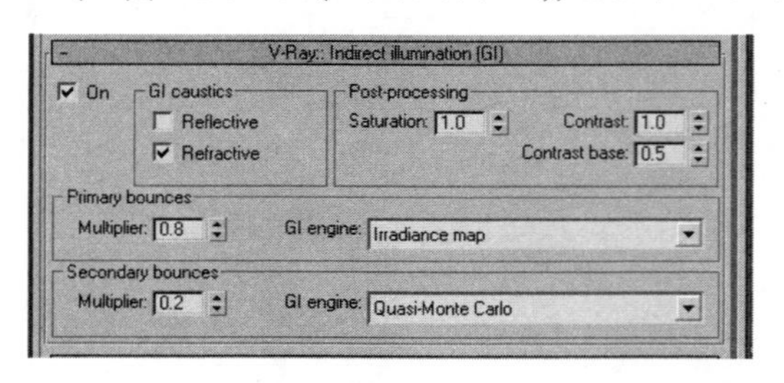

图 7-71　Indirect illumination(GI)卷展栏

V-Ray 采用两种方法进行全局照明计算——直接计算和光照贴图。直接计算是一种简单的计算方式，它对所有用于全局照明的光线进行追踪计算，能产生最准确的照明结果，但是需要花费较长的渲染时间。光照贴图是一种使用起来较为复杂的技术，能够以较短的渲染时间获得准确度较低的图像。

- On(打开)复选框：决定是否计算场景中的间接照明。
- GI caustics(全局光焦散)选项组：全局光焦散描述的是 GI 产生的焦散这种光学现象。它可以由天光、自发光物体等产生。但是由直接照明产生的焦散不受这里的参数控制，而是由单独的 Caustics(焦散)卷展栏中的参数进行控制。不过，GI 焦散需要更多的样本，否则在 GI 计算中会产生噪波。
  - ◆ Reflective(折射焦散)复选框：间接光穿过透明物体时产生折射焦散。
  - ◆ Refractive(反射焦散)复选框：间接光照射到镜射表面的时候会产生反射焦散。默认情况下，它是未选中的。
- Post-processing(后加工)选项组：主要用于对间接光照在增加到最终渲染图像前进行一些额外的修正。一般使用默认值。
- Primary bounces(初级漫射反弹)选项组。
  - ◆ Multiplier(倍增值)微调框：决定为最终渲染图像贡献多少初级漫射反弹。默认为 1.0 时即可得到较好的效果，其他值均不如默认值准确。
  - ◆ GI engine(初级 GI 引擎)下拉列表框：V-Ray 允许用户为初级漫射反弹选择一种 GI 渲染引擎。
- Secondary bounces(次级漫射反弹)选项组。

  Multiplier(倍增值)微调框：确定在场景照明计算中次级漫射反弹的效果。默认为 1.0 时可得到最好、最精确的效果。

⑤ Irradiance map(高级光照贴图)卷展栏，如图 7-72 所示。

- Built-in presets(当前预设模式)选项组：系统提供 8 种模式供选择，预览时可以用 Very low(非常低)或 Low(低)；如果场景细节不多可以用 Medium(中级)；Medium animation(中级动画)是动画模式，可以减少动画中的闪烁，在动画中常用；High(高)

是品质最高的模式，大多数情况下是最终渲染的选择，即使是具有大量细节的动画；High animation(高品质动画)主要用于解决动画渲染闪烁的问题；Very High(非常高)是一种极高的模式，一般用于大量细小或极复杂的场景；Custom(自定义)是自定义模式，可以根据需要设定。

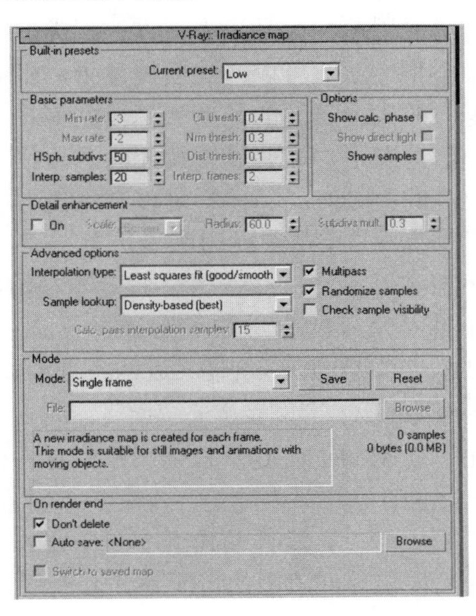

图 7-72　Irradiance map 卷展栏

- Basic parameters(基本参数)选项组。
  - ◆ Min. rate(最小比率)微调框：该参数确定 GI 首次传递的分辨率。
  - ◆ Max.rate(最大比率)微调框：该参数确定 GI 传递的最终分辨率，类似于自适应细分图像采样器的最大比率参数。
  - ◆ Clr. thresh(Color threshold，颜色极限值)微调框：该参数确定发光贴图算法对间接照明变化的敏感程度。较大的值意味着较小的敏感度，较小的值意味着较大的敏感度。
  - ◆ Nrm. thresh(Normal threshold，法线极限值)微调框：该参数确定发光贴图算法对表面法线变化的敏感程度。
  - ◆ HSph. subdivs(Hemispheric subdivs，半球细分)微调框：该参数确定单独的 GI 样本的品质。较小的值可以获得较快的速度，但可能产生黑斑；较高的值可以获得平滑的图像。
  - ◆ Dist. thresh(Dsitance threshold，距离极限值)微调框：该参数确定发光贴图算法对两个表面距离变化的敏感程度。
  - ◆ Interp. samples(Interpolation samples，插值的样本)微调框：该参数确定被用于插值计算的 GI 样本的数量。较大的值会趋向于模糊 GI 的细节，虽然最终的效果很光滑；较小的值会产生更光滑的细节，但是也可能产生黑斑。
- Options 选项组：其中包括三个复选框，分别为 Show calc. phase(显示计算相位)、Show direct light(显示直接照明)和 Show samples(显示样本)。

- Advanced Options(高级选项)选项组。
  - ◆ Interpolation type(插补类型)下拉列表框：系统提供了四种类型，包括 Weighted average(加权平均值)、Least squares fit(最小平方适配)、Delone triangulation(三角测量法)和 Least squares with voronoi weights(最小平方加权法)。虽然各种插补类型都有自己的用途，但是最小平方适配类型和三角测量法类型是最有意义的类型。最小平方适配可以产生模糊效果，隐藏噪波，得到光滑的效果，使用它对具有大的光滑表面的场景来说很完美。三角测量法是一种更精确的插补方法，一般情况下，需要设置较大的半球细分值和较高的最大比率值，因而也需要更多的渲染时间，但它可以产生没有模糊的更精确的效果，尤其在具有大量细节的场景中显得尤为明显。
  - ◆ Sample lookup(样本查找)下拉列表框：该选项在渲染过程中使用，它决定发光贴图中被用于插补基础的合适的点的选择方法。系统提供四种方法，包括 Nearest(最近的)、Quad-balanced(最靠近四方平衡)、Overlapping(预先计算的重叠)和 Density-based(基于密度)。
- Mode(模式)选项组中的 Mode(模式)下拉列表框：有六种模式可供选择，选择哪一种模式根据具体场景的渲染任务来确定，没有一个固定的模式适合任何场景。
  - ◆ Bucket mode(块模式)：在这种模式下，一个分散的发光贴图被运用在每一个渲染区域。这在使用分部渲染的情况下尤其有用，因为它允许发光贴图在几部电脑之间进行计算。
  - ◆ Single frame(单帧模式)：此为默认模式，在这种模式下对于整个图像计算一个单一的发光贴图，每一帧都计算新的发光贴图。这是渲染移动物体动画的时候采用的模式，但使用时要确保自发光贴图有较高的品质以避免闪烁。
  - ◆ Multiframe incremental(多重帧增加模式)：这种模式在渲染仅摄像机移动的帧序列时很有用。
  - ◆ From file(从文件模式)：使用这种模式，在渲染序列的开始帧，V-Ray 简单地导入一个提供的发光贴图，并在动画的所有帧中都使用这个发光贴图。在这个渲染过程中不会计算新的发光贴图。
  - ◆ Add to current map(增加到当前贴图模式)：在这种模式下，V-Ray 将计算全新的发光贴图，并把它增加到内存中已经存在的贴图中。
  - ◆ Incremental add to current map(叠增到当前贴图模式)：在这种情况下，V-Ray 基于前一帧的图像来计算当前帧的光照贴图。V-Ray 会估计哪些地方需要新的全局照明采样，然后将它们加到前一幅光照贴图中。

⑥ Caustics(焦散)卷展栏，如图 7-73 所示。

- On(打开焦散)复选框：选中此复选框后打开焦散。
- Multiplier(倍增值)微调框：控制焦散的强度，它是一个全局控制参数，对场景中所有产生焦散特效的光源都有效。如果希望不同的光源产生不同的焦散，请使用局部参数设置。

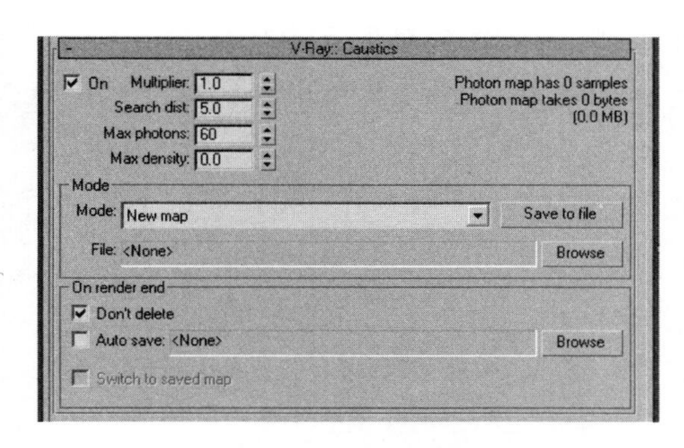

图 7-73　Caustics 卷展栏

注意

这个参数与局部参数的效果是叠加的。

- Search dist(搜索距离)微调框：当 V-Ray 追踪撞击在物体表面的某些点的某一个光子的时候，会自动搜寻位于周围区域同一平面的其他光子，实际上这个搜索区域是一个中心位于初始光子位置的圆形区域，其半径就是由这个搜索距离确定的。
- Max photons(最大光子数)微调框：当 V-Ray 追踪撞击在物体表面的某些点的某一个光子的时候，也会将周围区域的光子计算在内，然后根据这个区域内的光子数量来均分照明。如果光子的实际数量超过最大光子的设置，V-Ray 也只会按照最大光子数来计算。
- Mode(模式)选项组。
    - Mode(模式)下拉列表框：控制发光贴图的模式。当选择 New map(新的贴图)选项时，光子贴图会被重新计算，其结果将会覆盖先前渲染过程中使用的焦散光子贴图。
    - Save to file(保存到文件)按钮：可以将当前使用的焦散光子贴图保存在指定文件夹中。
    - File(从文件)文本框：允许导入先前保存的焦散光子贴图计算。
- On render end(保存结果)选项组。
    - Don’t delete(不删除)复选框：选中此复选框时，在渲染场景完成后，V-Ray 会将当前使用的光子贴图保存在内存中，否则这个贴图会被删除，内存被清空。
    - Auto save(自动保存)复选框：选中此复选框时，在渲染完成后，V-Ray 会自动保存使用的焦散光子贴图到指定的目录。使用它可以避免总是重复计算光子贴图的数量，从而加快速度。
    - Switch to saved map(转换到保存的贴图)复选框：在选中 Auto save 复选框后，软件系统会自动促使 V-Ray 渲染器转换到 From file 模式，并使用最后保存的光子贴图来计算焦散。

⑦ Camera(摄像机)卷展栏，如图 7-74 所示。

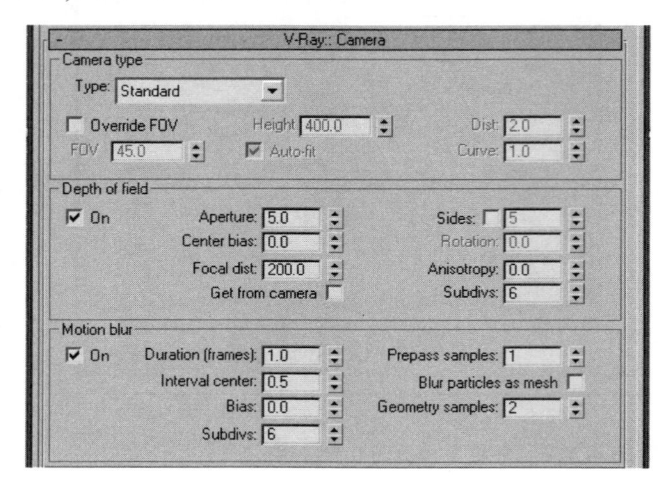

图 7-74　Camera 卷展栏

- Camera type(摄像机类型)选项组：一般情况下，V-Ray 中的摄像机是定义发射到场景中的光线，从本质上来说是确定场景是如何投射到屏幕上的。
  - Type(类型)下拉列表框：V-Ray 支持以下几种摄像机类型，包括 Standard(标准)、Spherical(球形)、Cylindrical point(点状圆柱)、Cylindrical ortho(正交圆柱)、Box(方形)、Fish eye(鱼眼)和 Warped spherical(扭曲球状)。
  - Override FOV(替代视场)复选框：使用该选项可以替代 3ds Max 的视角，这是因为 V-Ray 中有些摄像机类型可以将视角扩展，范围从 0～360 度，而 3ds Max 默认的摄像机类型则被限制在 180 度。
  - FOV(视角)微调框：在选中 Override FOV 复选框，且当前选择的摄像机类型支持视角设置时，该选项才被激活，用于设置摄像机的视角。
  - Height(高度)微调框：该选项只有在正交圆柱类型的摄像机中有效，用于设置摄像机的高度。
- Depth of field(景深)选项组。
  - Aperture(光圈)微调框：使用世界单位定义虚拟摄像机的光圈尺寸，较小的光圈值会减小景深效果，较大的光圈值将产生更多的模糊效果。
  - Center bias(中心偏移)微调框：该参数决定景深效果的一致性，值为 0 意味着光线均匀地通过光圈，正值意味着光线趋向光圈边缘集中，负值则意味着光线趋向光圈中心集中。
  - Focal distance(焦距)微调框：确定从摄像机到物体被完全聚焦的距离。靠近或远离这个距离的物体都将被模糊。
  - Get from camera(从摄像机获取)复选框：选中该复选框时，如果渲染的是摄像机视图，则焦距由摄像机的目标点确定。
- Motion blur(运动模糊)选项组。
  - Duration(持续时间)微调框：在摄像机快门打开的时候指定在帧中持续的时间。
  - Interval center(间隔中心点)微调框：指定关于 3ds Max 动画帧的运动模糊的时

间间隔中心。值为 0.5 表示运动模糊的时间间隔中心位于动画帧的中部，值为 0 表示运动模糊的时间间隔中心位于精确的动画帧位置。

- Bias(偏移)微调框：控制运动模糊效果的偏移，值为 0 表示光线均匀通过全部运动模糊间隔，正值表示光线趋向于间隔末端，负值则表示光线趋向于间隔起始端。

注意

只有标准摄像机才支持产生景深特效，其他类型的摄像机是无法产生景深特效的；在景深和运动模糊效果同时产生的时候，使用的样本数量是由两个细分参数合起来产生的。

(4) 使用 V-Ray 渲染器渲染雪山场景。为了先粗略地看下效果，先不要调到最后的渲染值，这样可以节省渲染的时间。按 F10 键，打开 Render Scene(渲染场景)窗口，切换到 Common(一般参数)选项卡，展开 Assign Renderer(指定渲染器)卷展栏，单击 Prodiction(产品)右侧的按钮，找到 V-Ray Adv1.5RPC5。再切换到 Renderer(渲染)选项卡，在其下修改相应参数，如图 7-75 所示。

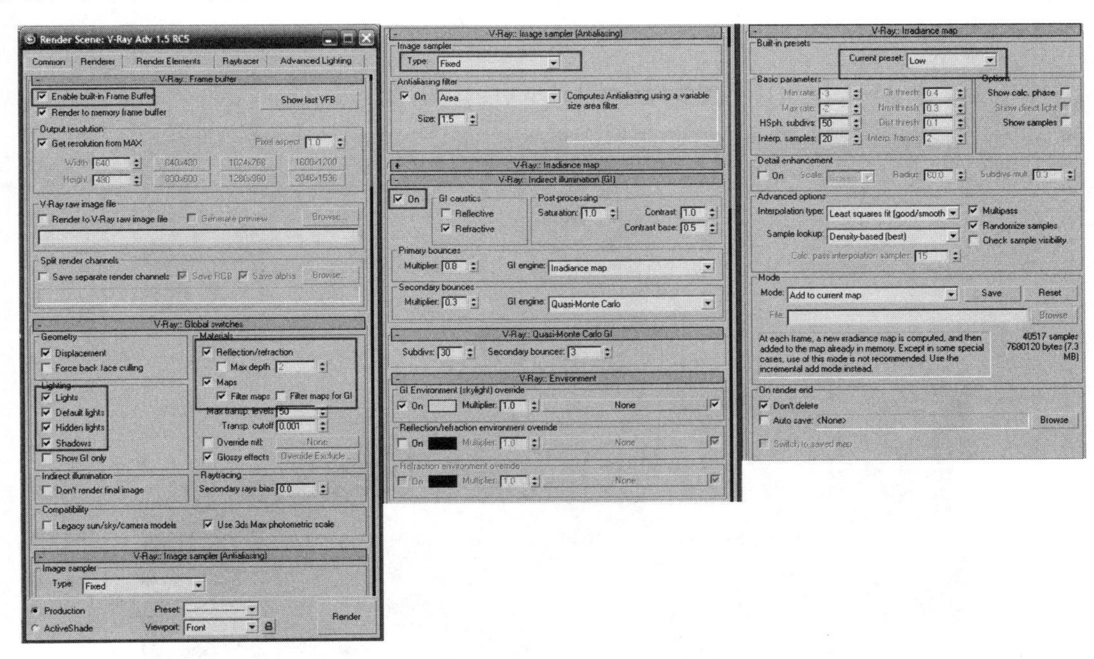

图 7-75　粗渲染 VR 参数设置

(5) 最终渲染时的参数设置如图 7-76 所示。

(6) 最终效果如图 7-77 所示。这里的效果是经过反复调试的，如果读者觉得自己的效果不太理想，可以通过不断调整雪山的材质来改变雪山的形状，或者通过调整天空的贴图等参数来不断寻找满意的效果。

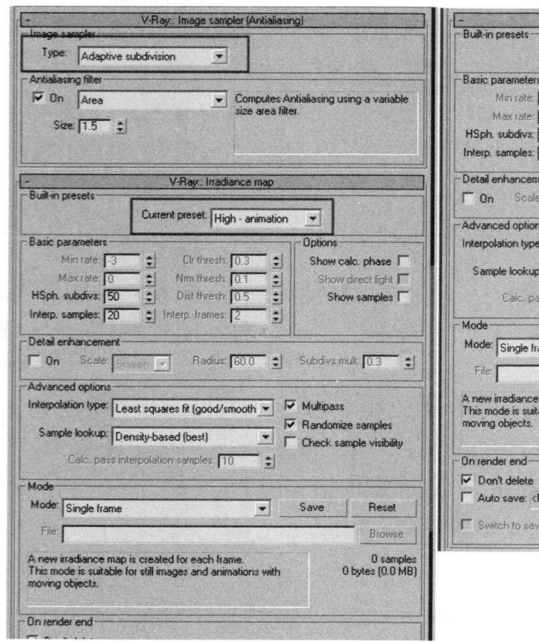

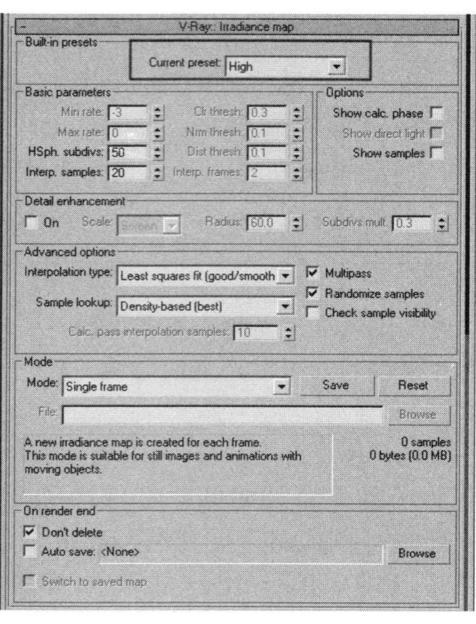

图 7-76　最终渲染 VR 参数设置

图 7-77　最后效果

第 8 章　房地产综合类项目——新安花苑

8.1　项 目 概 述

本章介绍的项目为一住宅类小区，主要以居住为主，要表现小区的休闲和舒适感。在制作手法上，重点表现建筑在光线变化中的空间关系、阴影变化所产生的美妙效果。在此案例中将重点表现白天和夜晚的效果。

8.2　重点镜头制作

8.2.1　日景新安花苑儿童乐园镜头(以摄像机摇镜头的角度来观察)

打开已经制作完毕的模型(位置：光盘\CH8\新安华苑儿童乐园\新安花苑儿童乐园\新安华苑儿童乐园无材质.max)，下面介绍几种重点材质的调节方法。

(1) 砖地材质的调节。在光盘中找到“光盘\CH8\新安花苑儿童乐园\新安花苑儿童乐园\新安花苑儿童乐园.MAX”文件打开材质编辑器，选择第一个材质球，单击 Standard(标准)按钮，弹出 Material/ Map Browser(材质/贴图浏览器)对话框，选中左侧 Browse From(从浏览器中)选项组中的 Mtl Editor (多重编辑场景)单选按钮，在右侧列表中选择“砖地”材质并单击 OK 按钮，在弹出的对话框中选择 Instance(参考实例)类型产生关联，如图 8-1 所示。

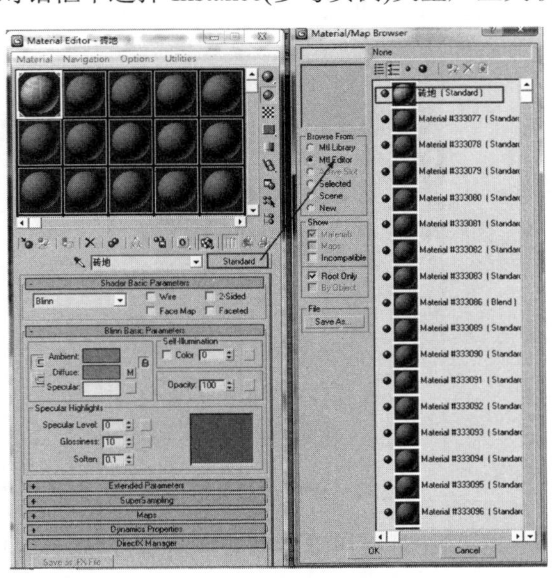

图 8-1　关联产生砖地材质

砖地的材质调节方法如下：在材质编辑器中的 Maps(贴图)卷展栏下的 Diffuse(固有色)选项和 Bump(凹凸)选项上贴图，如图 8-2 和图 8-3 所示。在材质编辑器的 Blinn Basic Parameters(Blinn 基本参数)卷展栏中适当调节 Specular Level(高光级别)和 Glossiness(光泽度)。

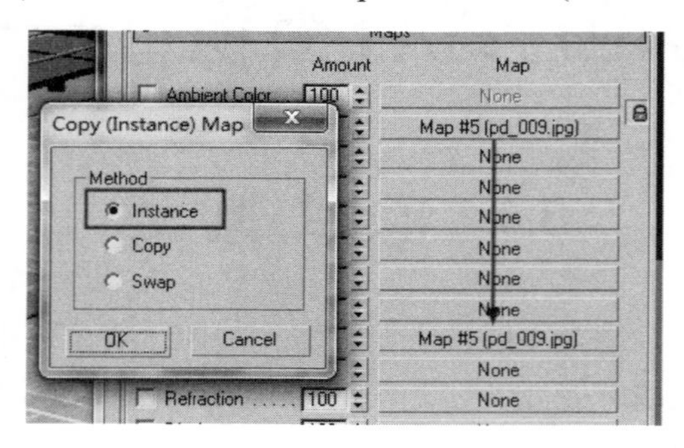

图 8-2 砖地材质的调节

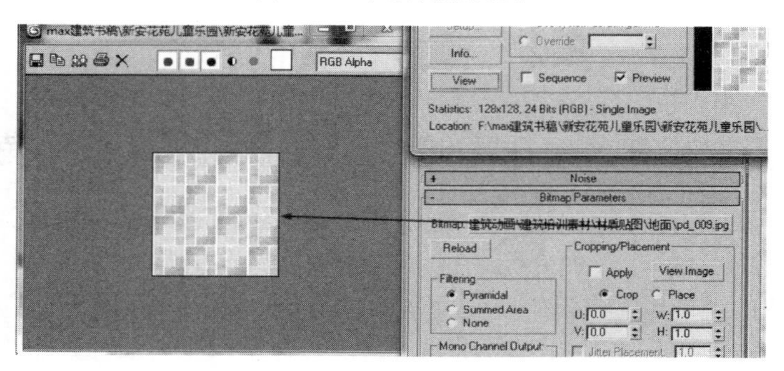

图 8-3 砖地贴图

(2) 水材质的调节。选择一个空白材质球，使用“砖地”材质的调节方法提取“山水”材质球。在水材质的调节上选择 Blend(混合材质)，使水更具真实感，如图 8-4 所示。

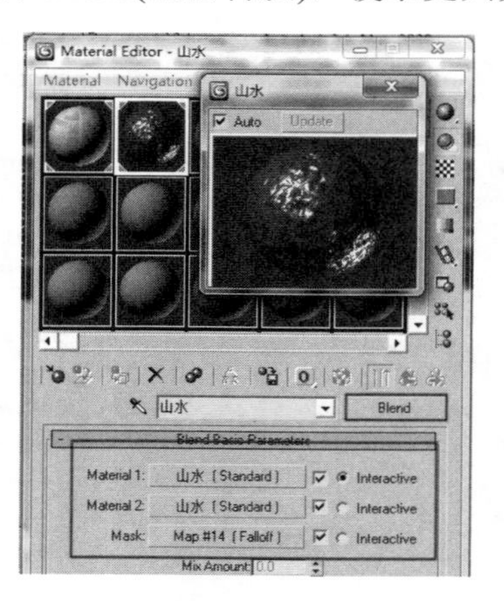

图 8-4 水材质的关联复制

展开 Blend Basic Parameters(混合基础参数)卷展栏，Material 1(材质 1)的参数设置如图 8-5～图 8-7 所示。

Material 2(材质 2)的参数设置如图 8-8～图 8-10 所示。

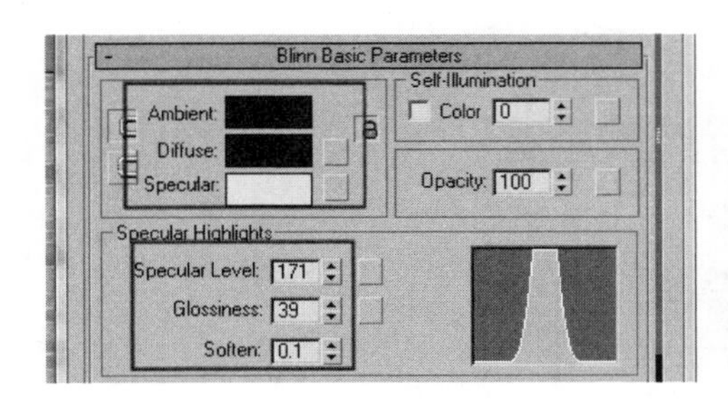

图 8-5　混合材质 1 的基本参数

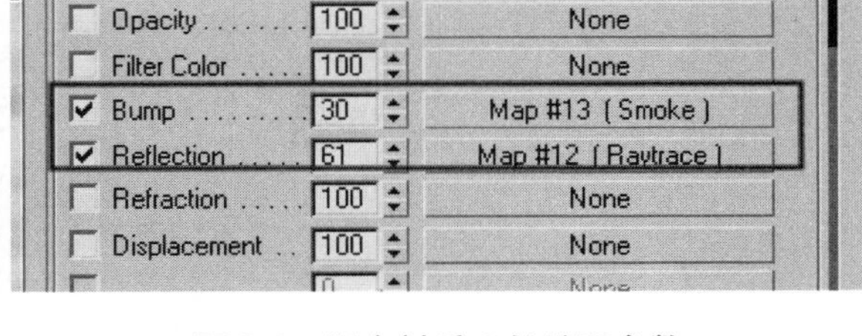

图 8-6　混合材质 1 的贴图参数

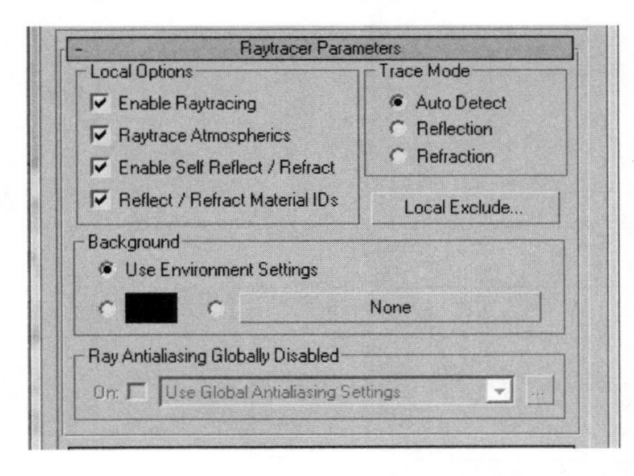

图 8-7　混合材质 1 的光线追踪参数

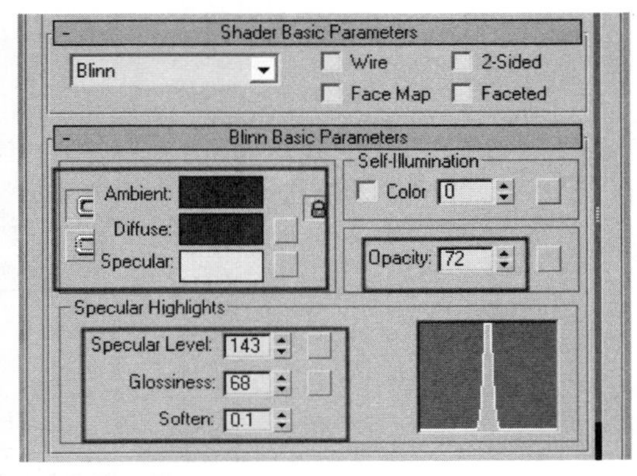

图 8-8　混合材质 2 的基本参数

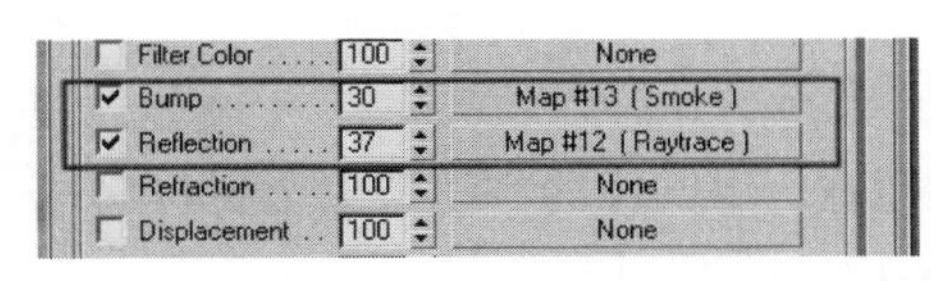

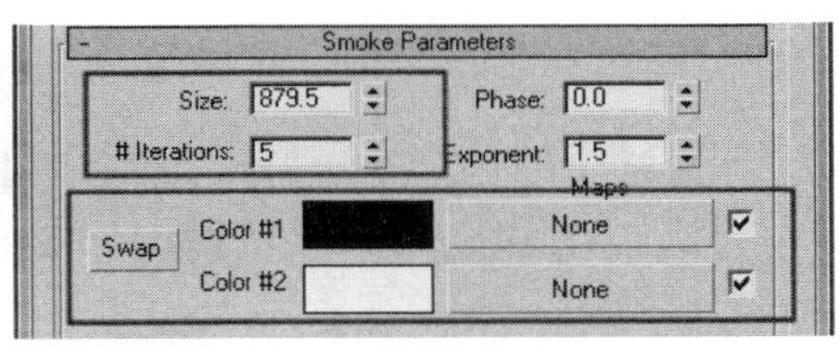

图 8-9　混合材质 2 的贴图参数

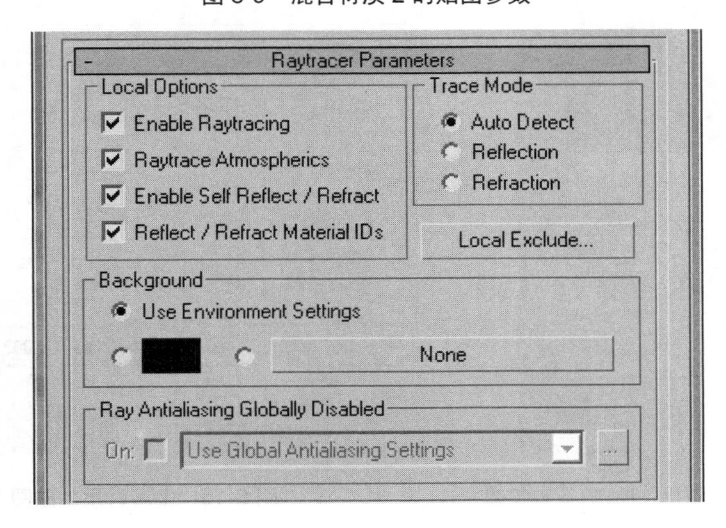

图 8-10　混合材质 2 的光线追踪参数

Mask(蒙版)中使用 Falloff(衰减)贴图方式，参数设置如图 8-11 所示。

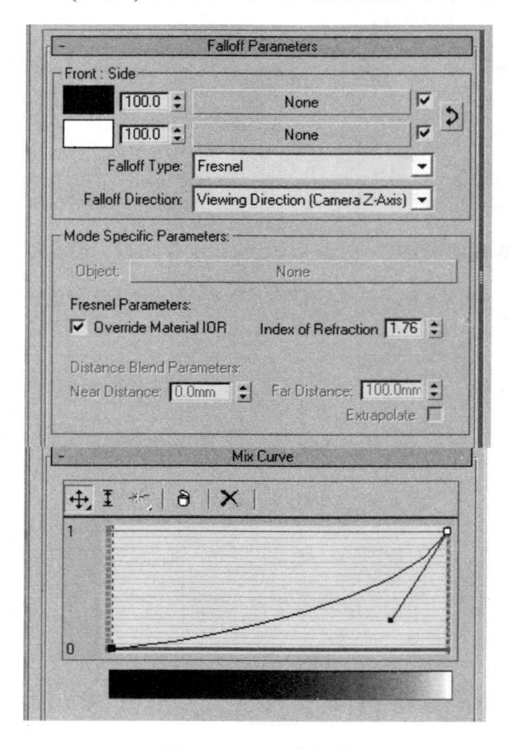

图 8-11　衰减参数

(3) 拉丝金属材质的调节。选择一个空白材质球，用同样的方法调出金属材质球。金属最重要的特征是有反射和高光，参数设置如图 8-12～图 8-14 所示。

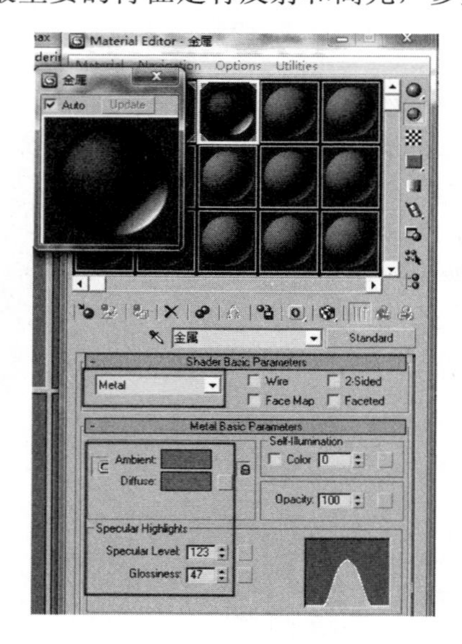

图 8-12　金属材质的基本参数

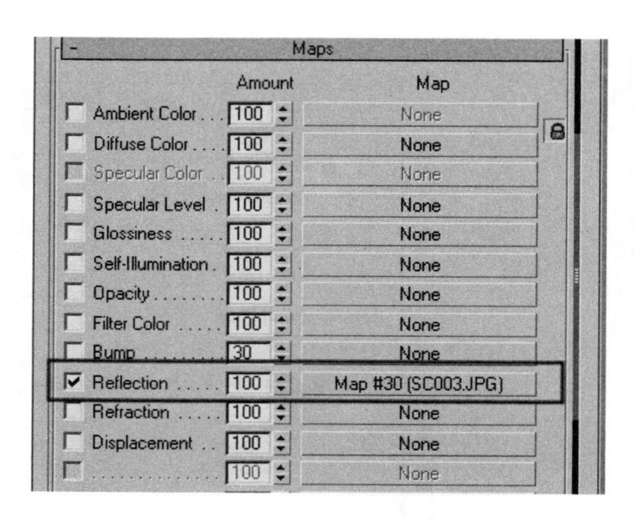

图 8-13　金属材质的贴图参数

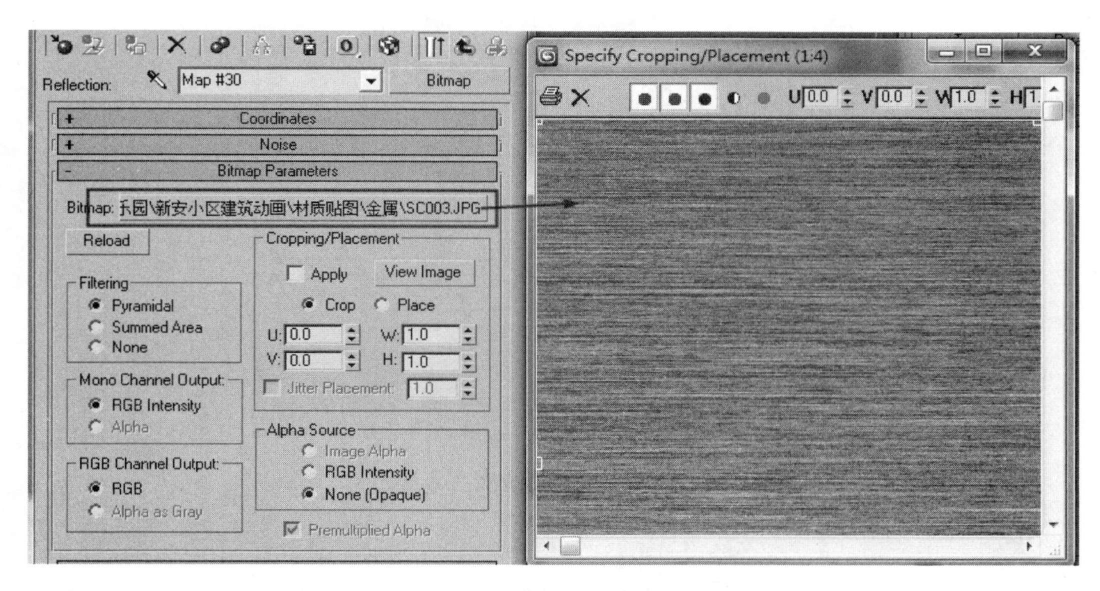

图 8-14　金属材质贴图文件参数

(4) 住宅楼玻璃的调节。使用同样方法在材质库中调出玻璃材质球，参数设置如图 8-15～图 8-18 所示。

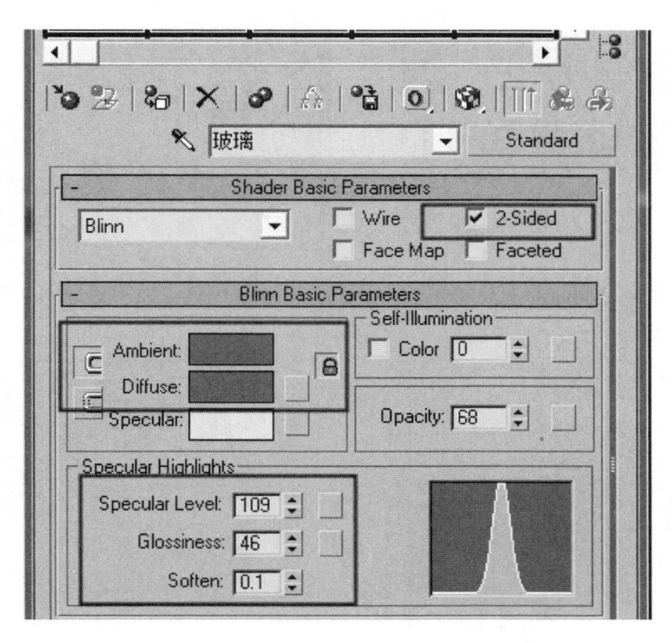

图 8-15　玻璃材质的基本参数

(5) 玻璃线楼材质的调节。使用同样方法模拟玻璃幕墙的块状结构，参数设置如图 8-19～图 8-21 所示。

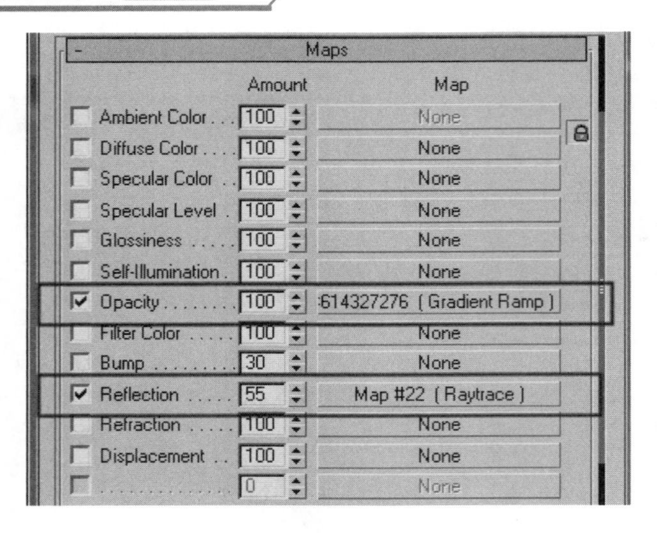

图 8-16　玻璃材质的贴图参数

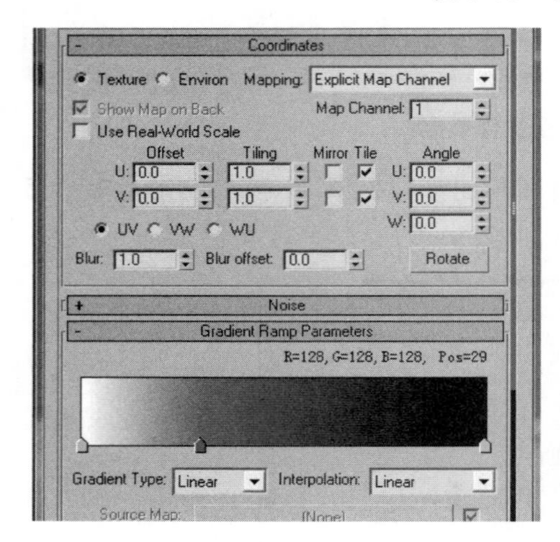

图 8-17　玻璃材质的渐变参数

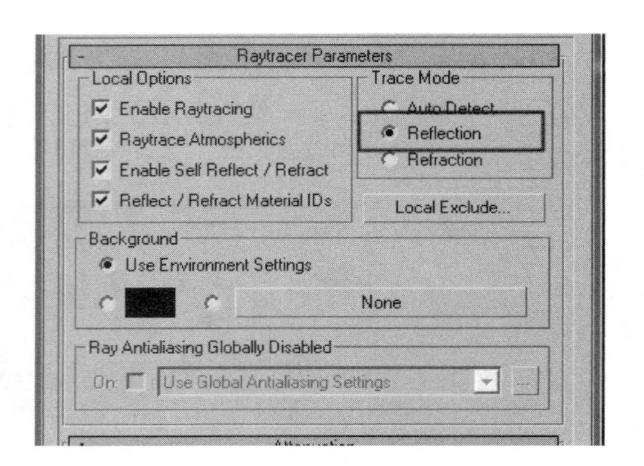

图 8-18　玻璃材质的光线追踪参数

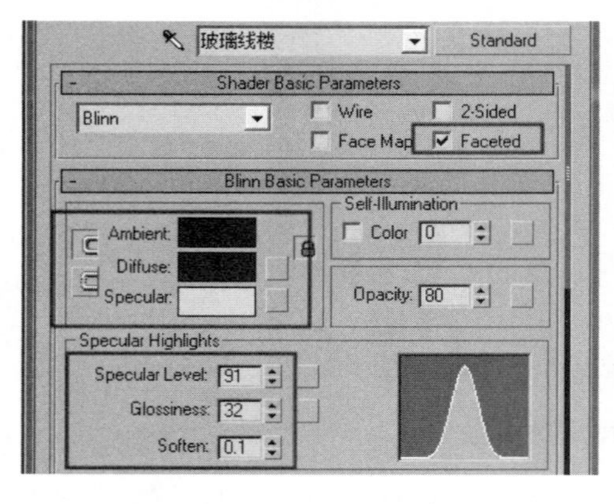

图 8-19　玻璃线楼材质的基本参数

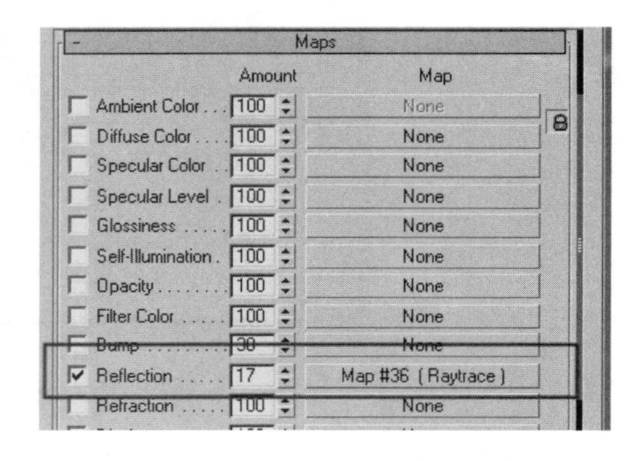

图 8-20　玻璃线楼材质的贴图参数

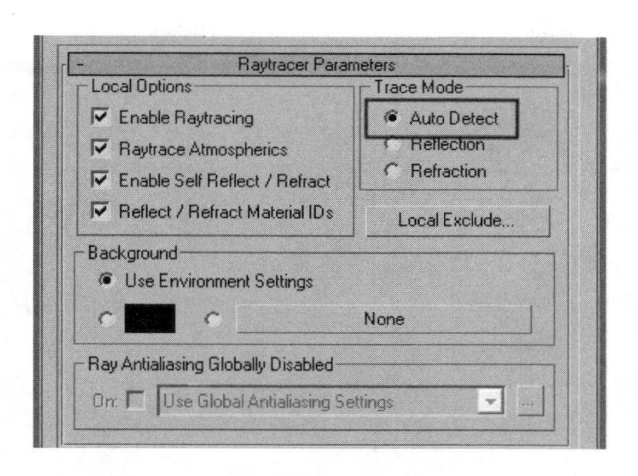

图 8-21　玻璃线楼材质的光线追踪参数

8.2.2　球天的建立

(1) 依次单击“创建面板”按钮和“创建几何体”按钮，并在下方的下拉列表框中选择 Standard Primitives 选项，利用 Sphere(球)工具新建一个球体，调整到合适的大小并把建筑物罩在里面，再调整球体位置到上半球覆盖建筑物，下半球为空。在前视图中选中球体并右击，在弹出的快捷菜单中选择 Convert To(转换成)→Convert To Editable Poly(转换成可编辑多边形)命令，把球体转换成可编辑多边形，进入“修改”面板选择 Editable Poly(编辑多边形)修改器，在 Selection(选择)卷展栏中选择 Polygon(多边形)子级别，在前视图中选中球体下半部分，如图 8-22 所示。

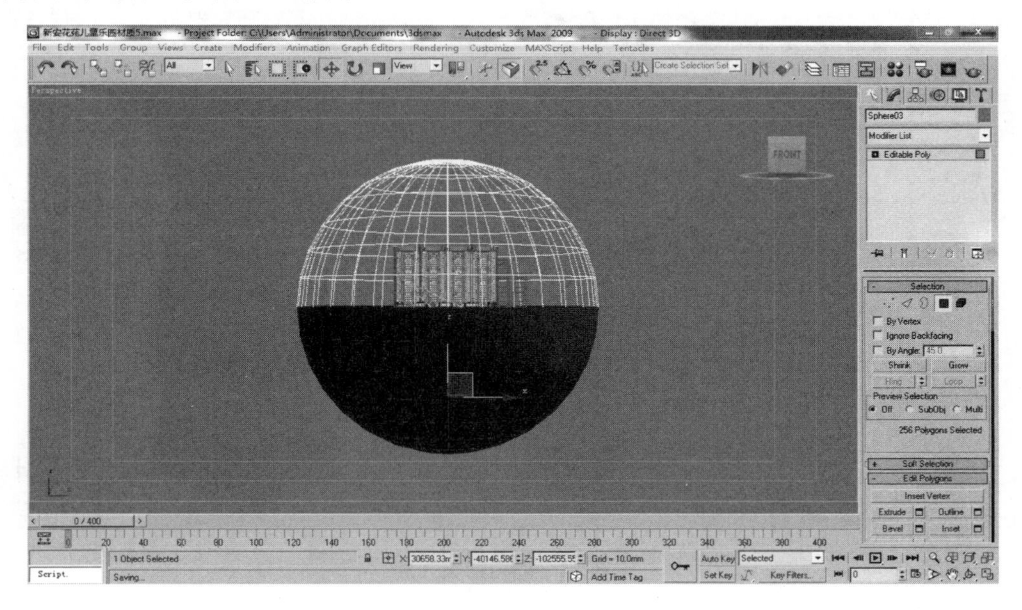

图 8-22　球天的建立

(2) 进入 Vertex(点)子级别，选择半球上除最底排以外的所有点，用“移动”工具调整球天的形状，如图 8-23 所示。

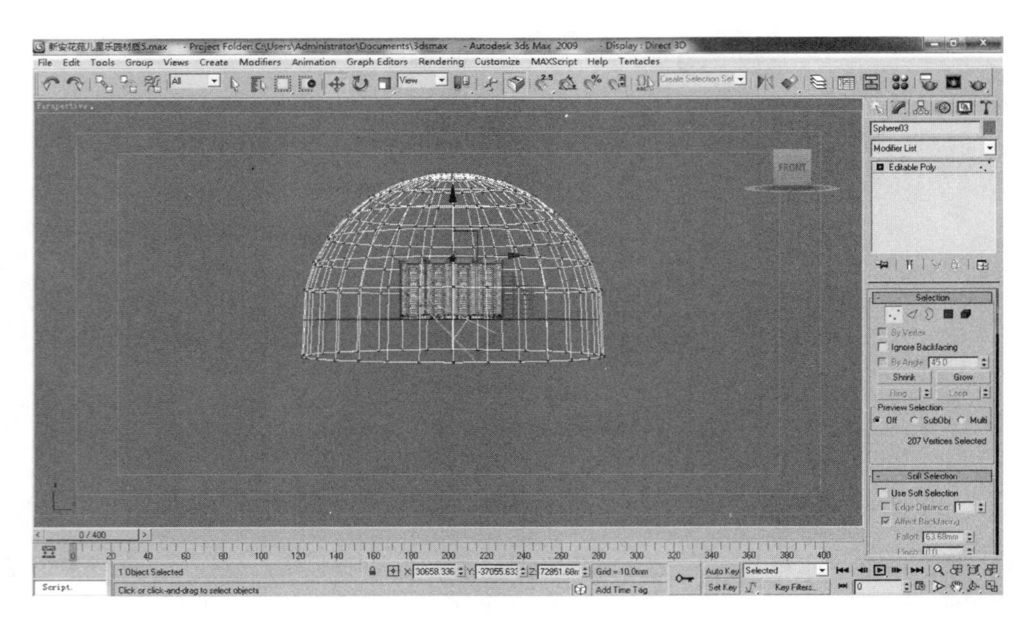

图 8-23　调整球天的形状

(3) 孤立选择半球天，并进入 Polygon(多边形)子级别，在 Edit Polygons(编辑多边形)卷展栏中单击 Flip(翻转)按钮，如图 8-24 所示。

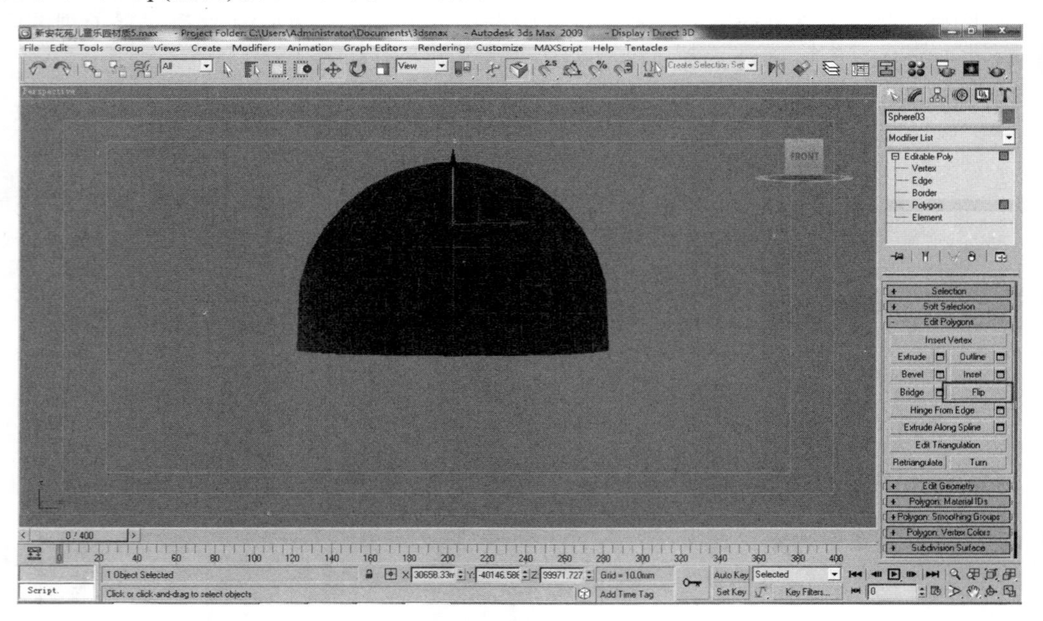

图 8-24　翻转球天法线

(4) 选择一个空白材质球，赋予球体材质，调整球体材质参数，如图 8-25 和图 8-26 所示。在 Diffuse Color(固有色)和 Self-Illumination(自发光)选项中自行选择一张天空的图片当作球天的贴图，如图 8-27 所示。

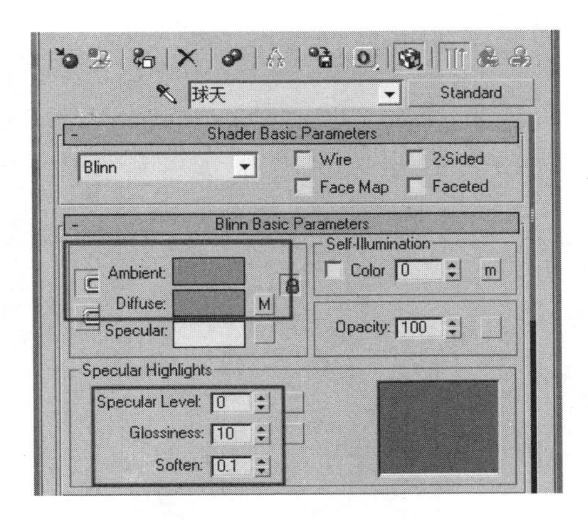

图 8-25　球天材质的基本参数

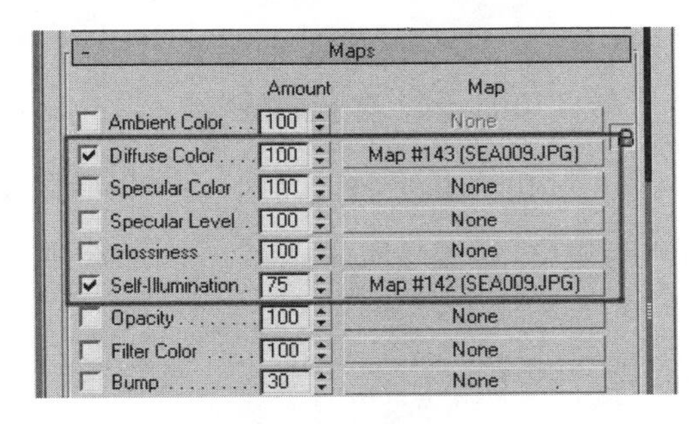

图 8-26　球天材质的贴图参数

图 8-27　球天的贴图文件

(5) 切换到顶视图，依次单击“创建面板”按钮和“创建摄像机”按钮，利用 Target(目标点摄像机)工具创建摄像机，位置如图 8-28 所示。

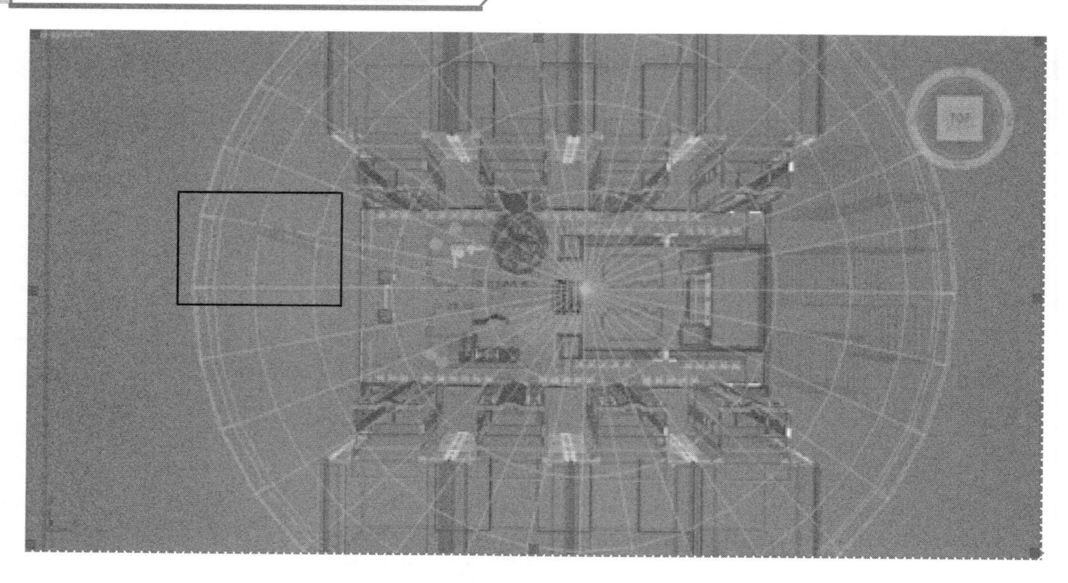

图 8-28　摄像机的位置

(6) 切换到透视图，左击视图左上角的Perspective，在弹出的快捷菜单中选择Cameras(摄像机)→Camera001(摄像机001)命令，通过导航操作器来调整摄像机的角度，如图8-29所示。

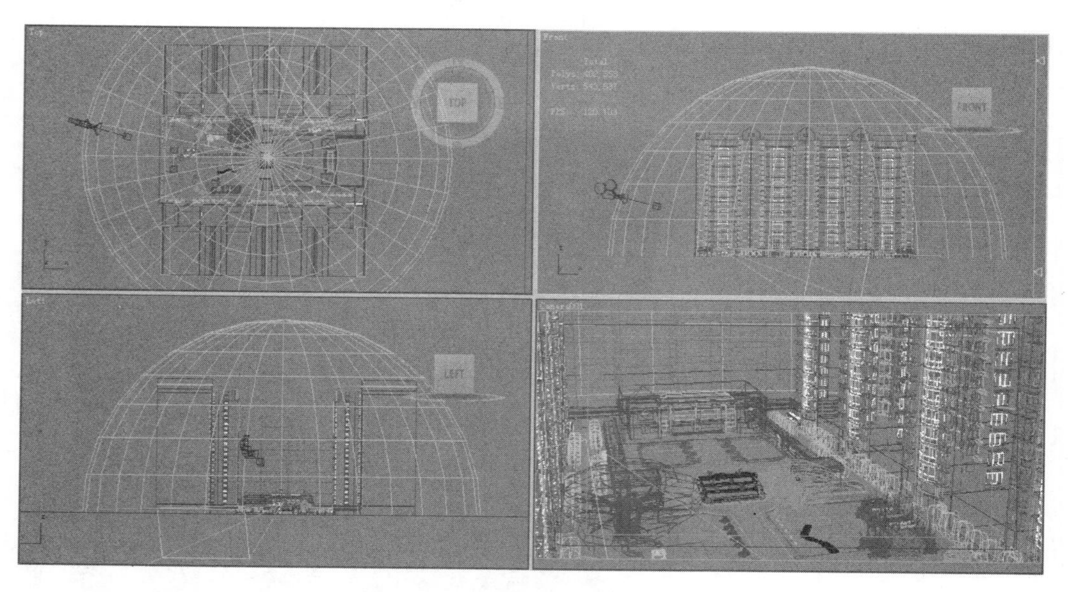

图 8-29　调节摄像机的位置最终视角

(7) 依次单击“创建面板”按钮和“创建灯光”按钮，并在下方的下拉列表框中选择Standard(标准)选项，利用Target Spot(目标聚光灯)工具创建一盏灯光，位置如图8-30所示。

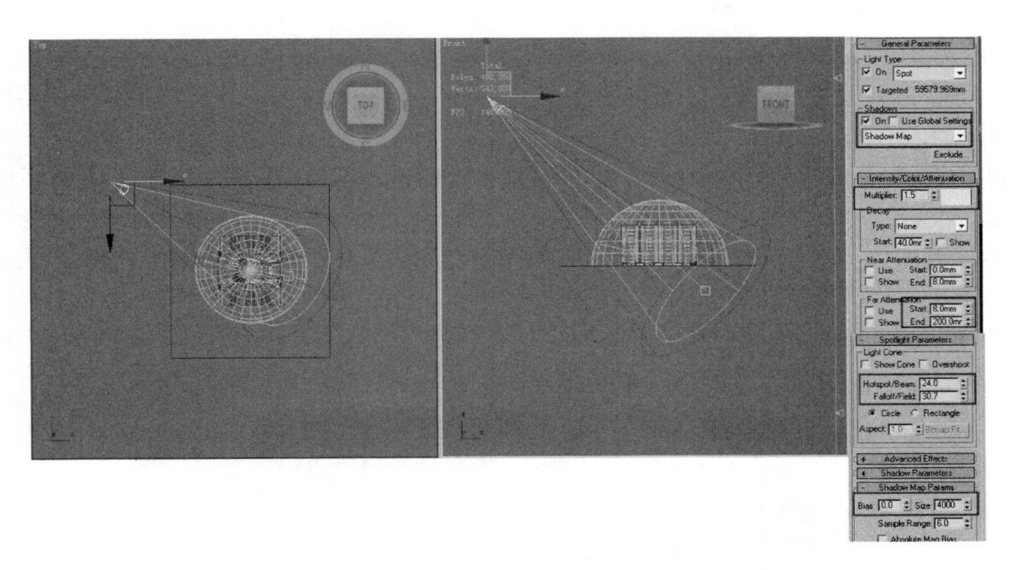

图 8-30　目标聚光灯的位置和参数

(8) 选中 Target Spot(目标聚光灯)物体，切换到顶视图中按 Shift+4 组合键，将视窗切换到 Spot01(聚光灯 01)，可以使用屏幕右下方的聚光区和衰减区操纵器来调整灯光照射范围，或者通过修改参数来调整聚光区角度和衰减区的参数，如图 8-31 所示。

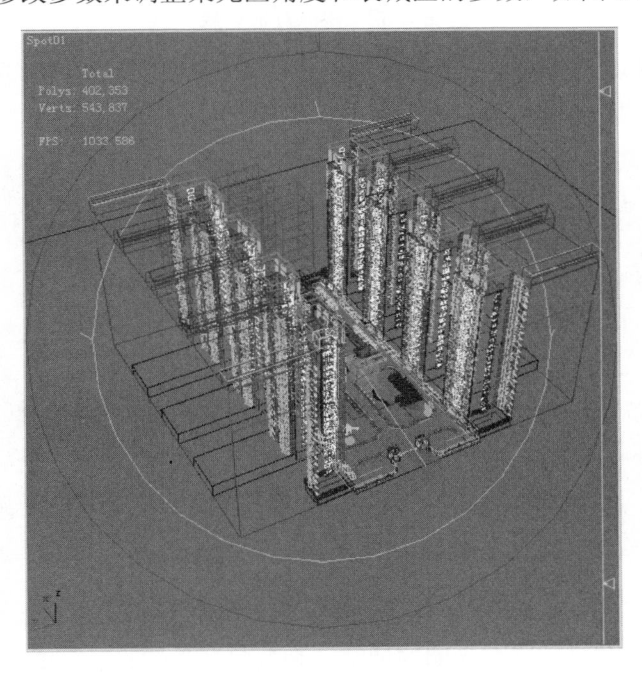

图 8-31　通过灯光视角调节灯光的位置和衰减

- 聚光区，此区域直接受到光线的照射，通过点击可以直接在视图中控制聚光区的范围。
- 散光区，此区域外的物体不受光线的照射。

聚光区和散光区之间的距离表现为光线由强到弱的衰减的变化，越远衰减越大。

(9) 在其他任一视图中选择Spot01(聚光灯 01)，展开Shadow Map Params(阴影贴图参数)卷展栏，将Size(贴图大小)设为2042。贴图大小会影响阴影的清晰度，值越高，贴图精度越高，阴影越清晰。

(10) 选择 Spot01(聚光灯 01)，调整 Shadow Map Params(阴影贴图参数)卷展栏中的Bias(偏移)参数。偏移值决定阴影与投射物之间的距离。增加偏移值将使阴影远离对象，而减少偏移值则会使阴影向对象靠近。调整Sample Range(采样范围)值。采样范围决定阴影边缘区域的柔和程度。值越高，边缘越模糊；值越低，边缘越清晰。

(11) 调整Intensity/Color/Attenuation(饱和度/颜色/衰减)卷展栏中的Mulitiplier(灯光倍增值)参数，将Spot01(聚光灯 01)的Mulitiplier(灯光倍增值)设为1.5，如图8-32所示。

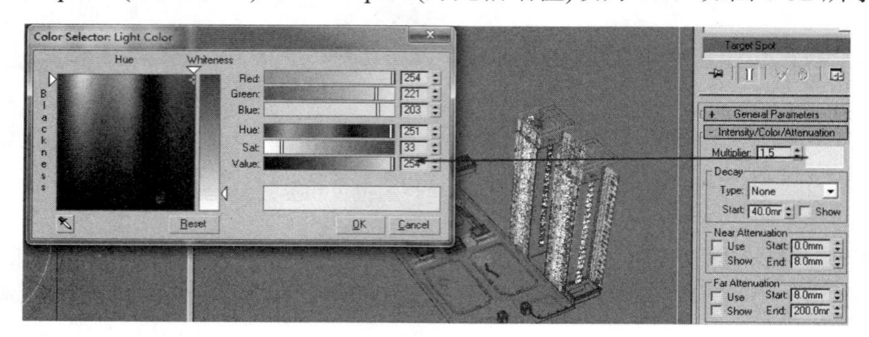

图 8-32 聚光灯的参数

(12) 接下来模拟天光效果，天光属于天空散射光。创建8盏目标聚光灯，位置如图8-33所示。

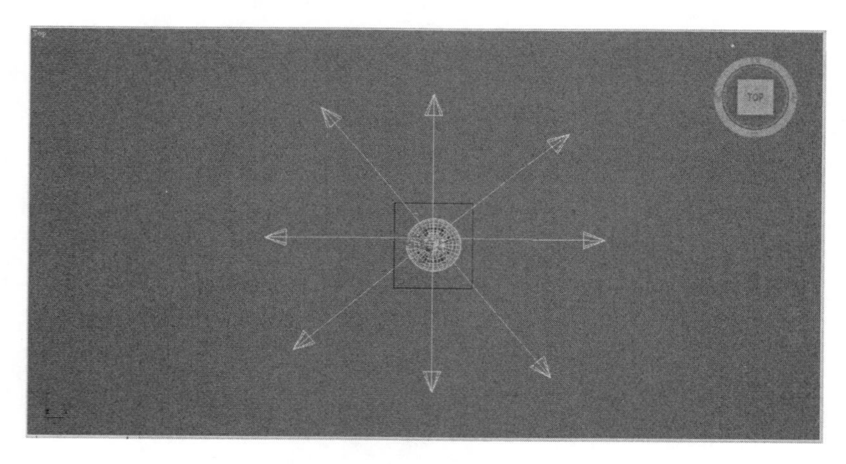

图 8-33 模拟天光的 8 盏灯的位置

(13) 通过聚光区和衰减区两光圈的调节，来调整灯光的照射范围。由于灯光都是以参考实例的方式复制而来的，所以可通过灯光列表来做参数的统一调节，如图8-34所示。

(14) 选择所有灯光，在前视图中再复制两次，最终形成全局光照的灯光分布。为了造成大气的透视和楼体的光影变化，可以在每一层灯光阵列设置少许颜色的变化，这样会形成光影的微妙变化。渲染不同的角度，如发现物体没有直接受到光线照射的部位出现死黑现象时，需补光来增加光照的效果。

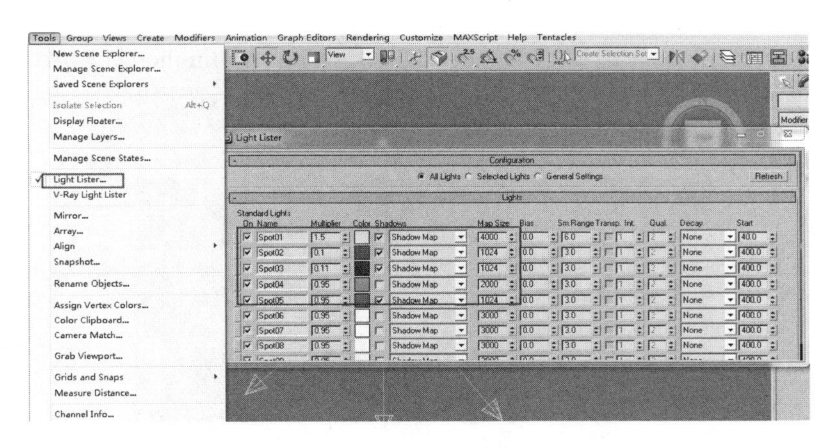

图 8-34　灯光列表

(15) 依次单击“创建面板”按钮和“创建灯光”按钮，并在下方的下拉列表框中选择 Standard(标准)选项，利用 Omni(泛光灯)工具创建一盏灯光，将其放在主光源的角度，位置如图 8-35 所示。

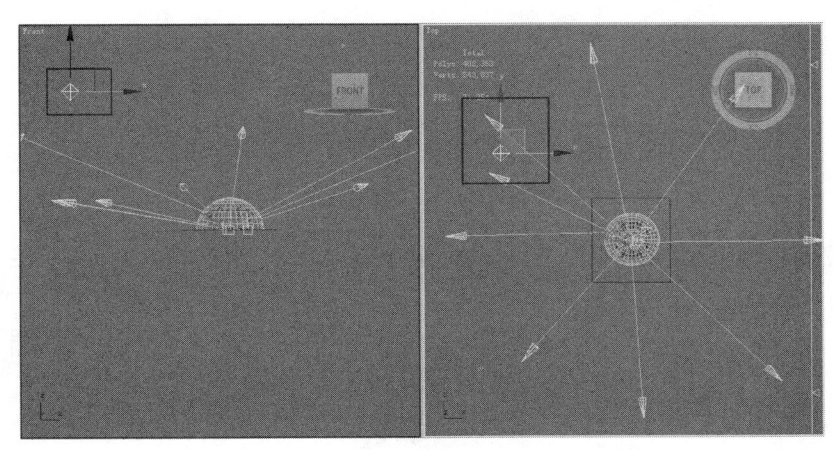

图 8-35　主光源的位置

(16) 选择 Omni01(泛光灯)，将 Intensity/Color/Attenuation(饱和度/颜色/衰减)卷展栏下的 Mulitiplier(灯光倍增值)设为 0.62，取消选中 General Parameters(普通参数)卷展栏下 Shadow(阴影)选项组中的 On(开)复选框。再设置 Shadow Map Params(阴影贴图参数)卷展栏中的参数，如图 8-36 所示。

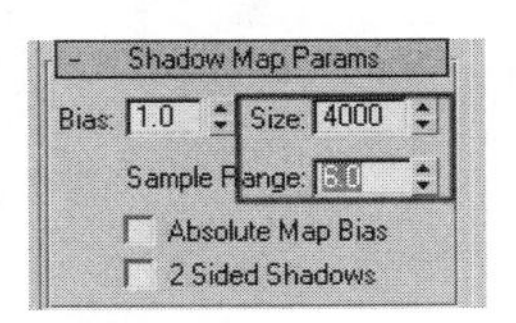

图 8-36　主光源的阴影参数

(17) 增加底部补光效果。再创建一盏 Omni(泛光灯)，步骤同上。位置放在场景底部，取消选中 General Parameters(普通参数)卷展栏下 Shadow(阴影)选项组中的 On(开)复选框，将Intensity/Color/Attenuation(饱和度/颜色/衰减)卷展栏下的Mulitiplier(灯光倍增值)设为0.4，调整灯光位置如图8-37所示。泛光灯的颜色设置如图8-38所示，阴影贴图参数设置如图8-39所示。

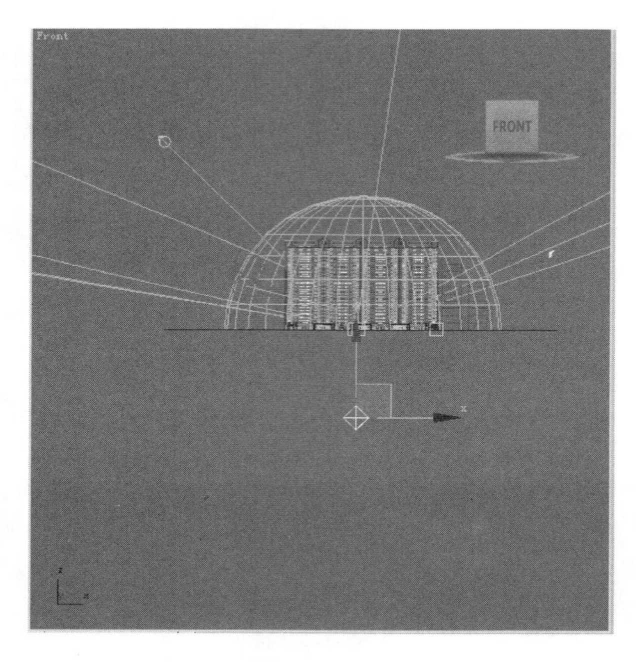

图 8-37　补光的位置

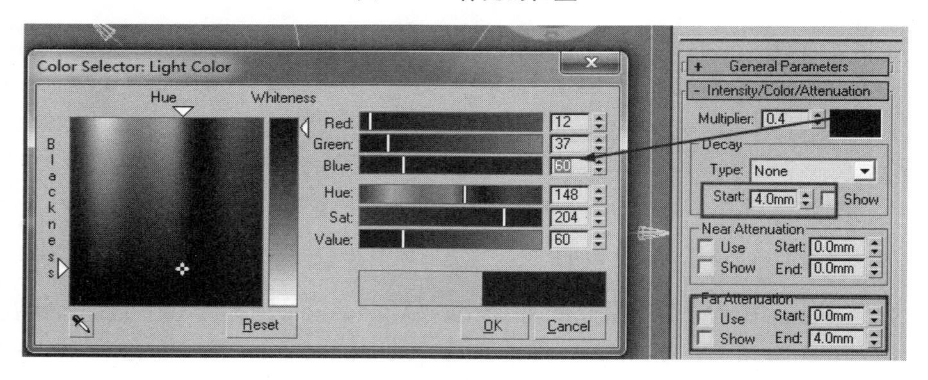

图 8-38　补光的颜色设置

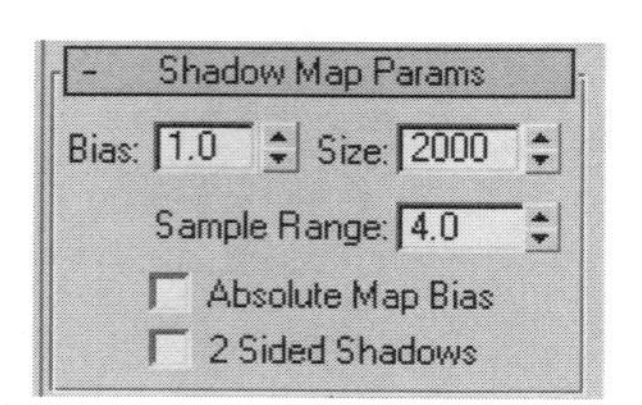

图 8-39　补光的阴影贴图参数设置

(18) 为了再次增加画面亮度，可以再次补光。再创建一盏 Omni(泛光灯)，步骤同上，放在如图8-40所示的位置。设Mulitiplier(灯光倍增值)为0.45，再调整阴影贴图的相关参数。

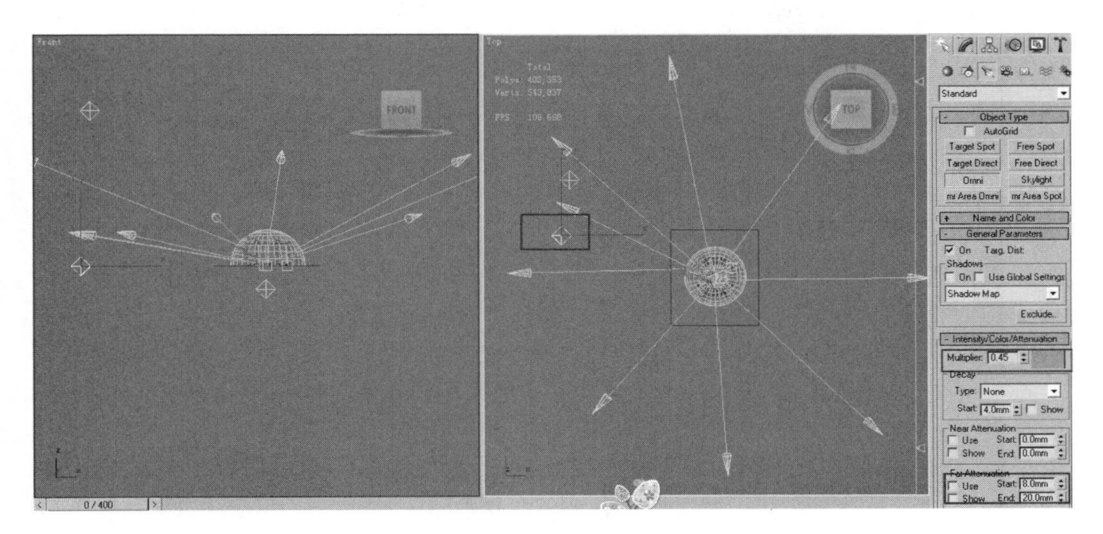

图 8-40　次补光的位置

(19) 渲染效果如图 8-41 所示。

图 8-41　渲染效果图

(20) 创建摄像机动画。单击“时间配置”按钮，打开 Time Configuration(时间配置)对话框，将摄像机动画设置为 PAL 制式，长度为 150 帧，如图 8-42 所示。

(21) 单击 Auto Key 按钮，右击摄像机，在弹出的快捷菜单中选择 Object Properties(物体属性)命令，在弹出的 Object Properties(物体属性)对话框中选中 Trajectory(轨迹显示)复选框，如图 8-43 所示，设置完毕后单击 OK 按钮。

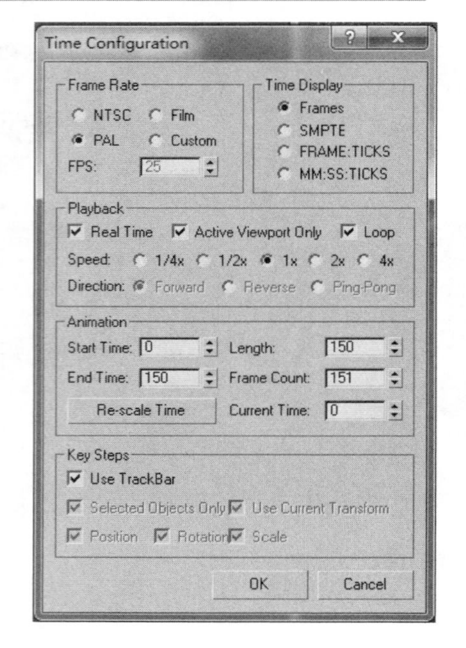

图 8-42 Time Configuration 对话框

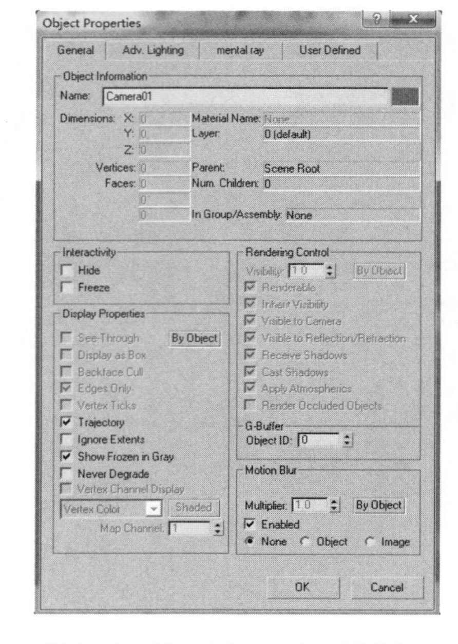

图 8-43 Object Properties 对话框

(22) 单击 Auto Key 按钮，在第 1 帧处调整摄像机位置和角度，在尾帧处再次调整摄像机位置和角度，如图 8-44 所示。

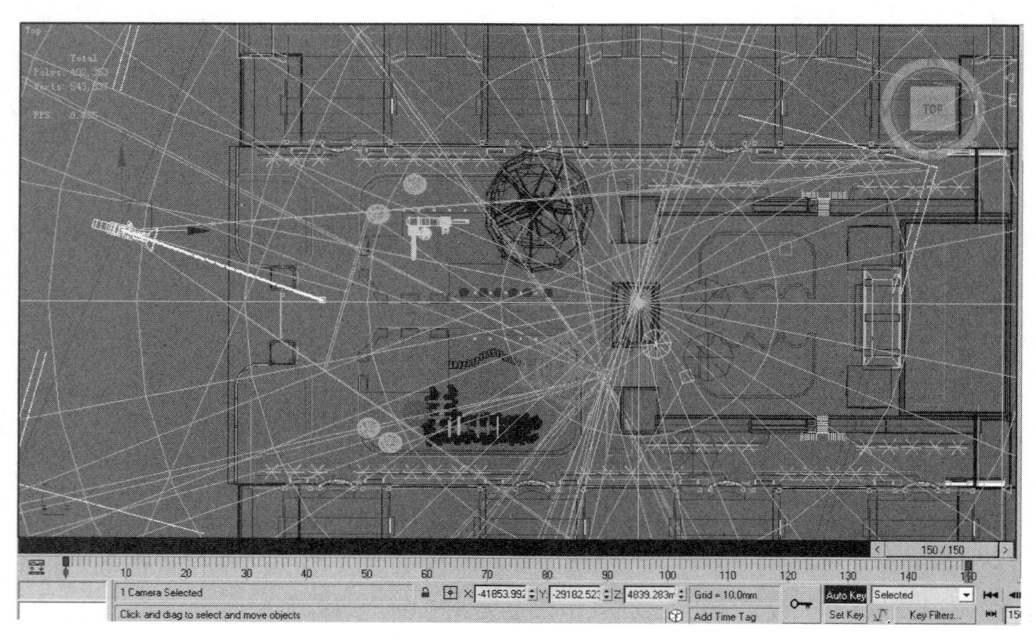

图 8-44 记录摄像机动画

(23) 将时间滑块拖动到第 75 帧处，再次调整摄像机位置和角度，如图 8-45 所示，这样摄像机过渡会变平滑些。

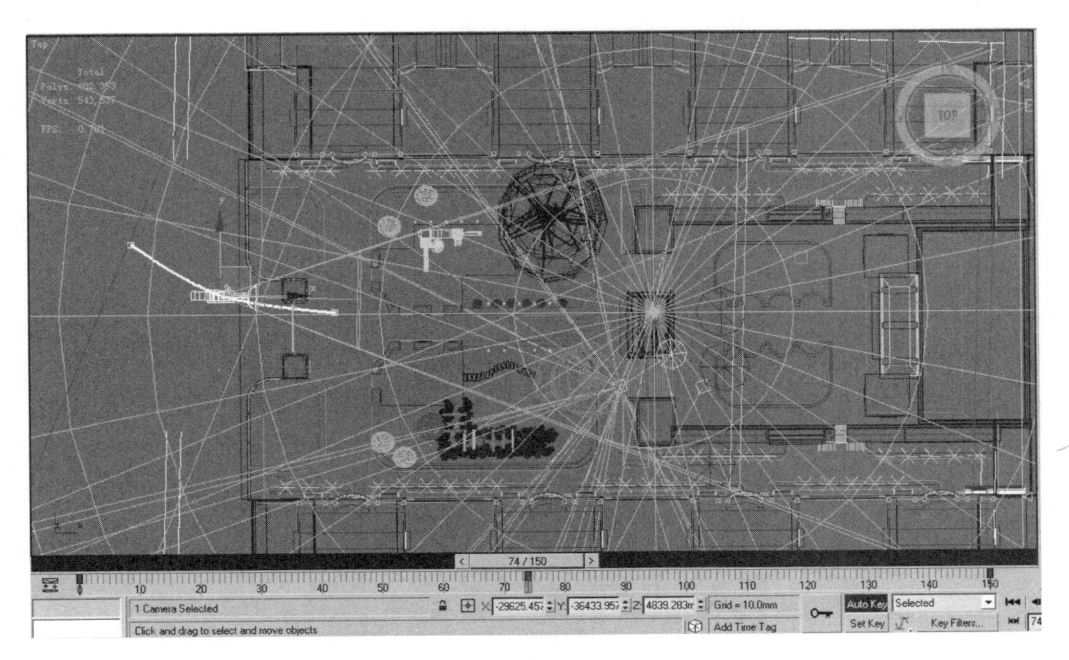

图 8-45 平滑摄像机动画

(24) 调整摄像机后可能会出现画面变形的情况，如出现此情况，可选中摄像机，选择 Modifiers(修改器)→Cameras(摄像机)→CameraCorrection(摄像机校正)命令，如图 8-46 所示。

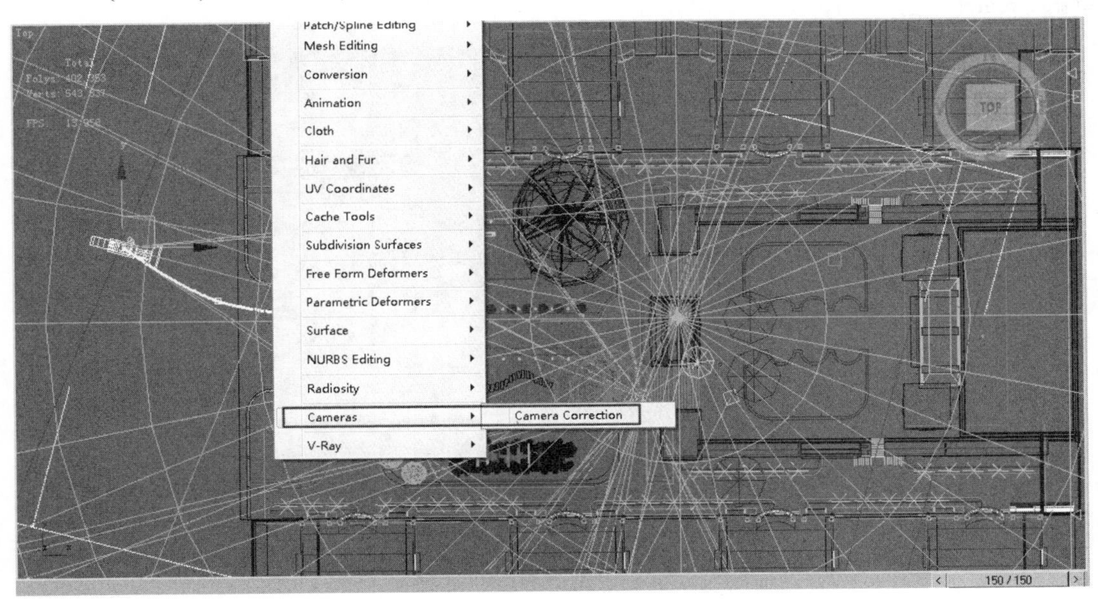

图 8-46 摄像机校正

(25) 预览线框动画。选择 Animation(动画)→Make Preview(生成预览)命令，打开 Make Preview(生成预览)对话框，如图 8-47 所示。

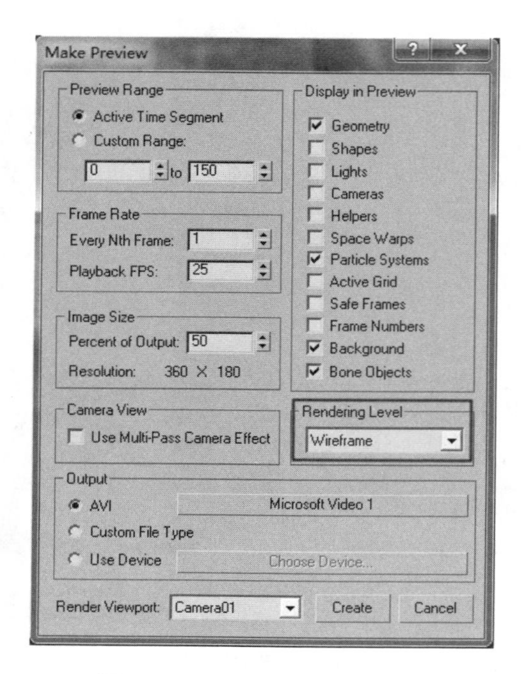

图 8-47　Make Preview 对话框

(26) 在 Rendering Level(渲染级别)选项组中的下拉列表框中选择 Wireframe(线框)选项，单击 Create(创建)按钮，如图 8-48 所示。

图 8-48　创建预览

(27) 调整最后的渲染输出设置。单击主工具栏中的“渲染设置”按钮，打开 Render Setup(渲染设置)窗口，切换到 Common(通用)选项卡中设置渲染参数，如图 8-49 所示。再设置 Default Scanline Renderer(线性扫描线渲染器)卷展栏下的参数，如图 8-50 所示。

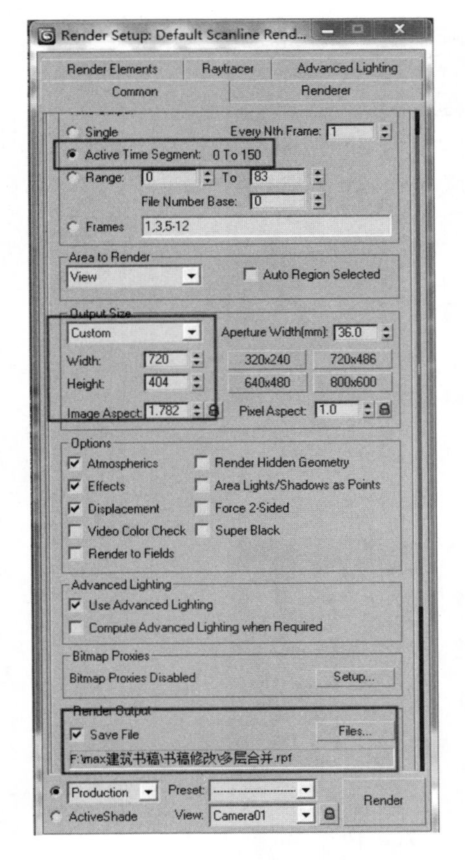

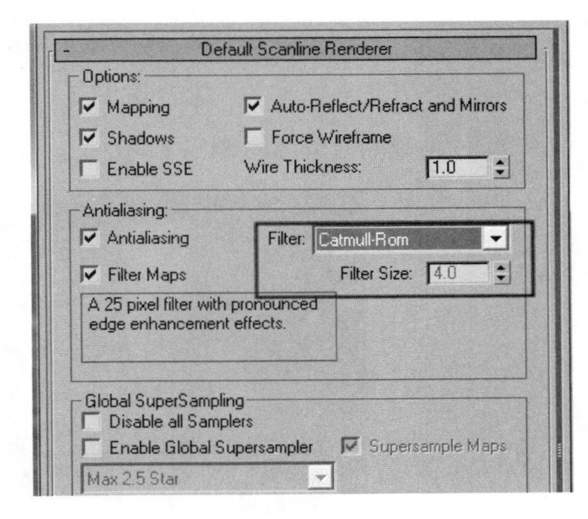

图 8-49　Render Setup 窗口　　　　图 8-50　线性渲染器参数

(28) 对于渲染输出的格式，为了后期动画的特效处理，可选择 RPF 文件格式，RPF 文件可以输出 Z 深度和其他合成常用的格式。RPF 图片文件格式的设置如图 8-51 所示。

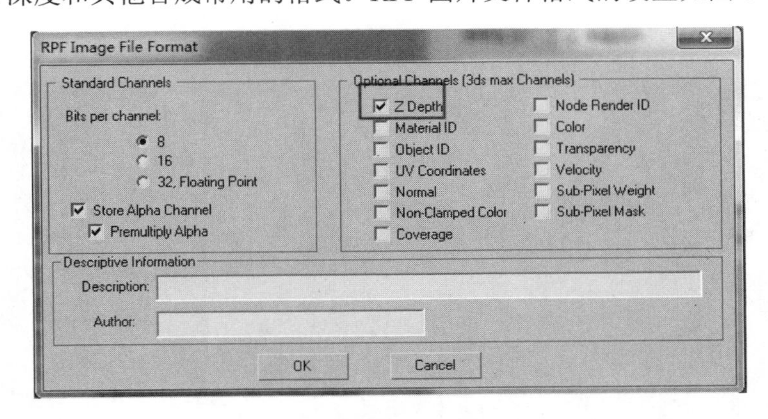

图 8-51　RPF 图片文件格式设置

(29) 开始渲染。观察渲染的过程图，建筑动画中的材质和灯光需要不断地测试和调节，要多尝试积累经验。

第 10 帧处的效果如图 8-52 所示。

图 8-52　第 10 帧处的效果

第 75 帧处的效果如图 8-53 所示。

图 8-53 第 75 帧处的效果

第 110 帧处的效果如图 8-54 所示。

图 8-54　第 110 帧处的效果

第 150 帧处的效果如图 8-55 所示。

图 8-55　第 150 帧处的效果

8.3　夜景新安花苑

夜景灯光的设置较之日景灯光更复杂，场景中不仅有自然光，还有大量的人工光源存在，使得灯光效果更多样化。

(1) 打开配套光盘中的“CH8\新安夜景\新安花苑儿童乐园夜景.max”文件。首先创建一盏 Target Spot(目标聚光灯)作为夜晚主光源，把 Perspective(透视图)改变为 Spot01(灯光视图 01)并调整灯光照射范围，如图 8-56 和图 8-57 所示。

图 8-56　主光源的视角

(2) 创建天光辅助系统，建立方法和日景同理。色彩偏冷，光的强度非常微弱，如图 8-58 所示。

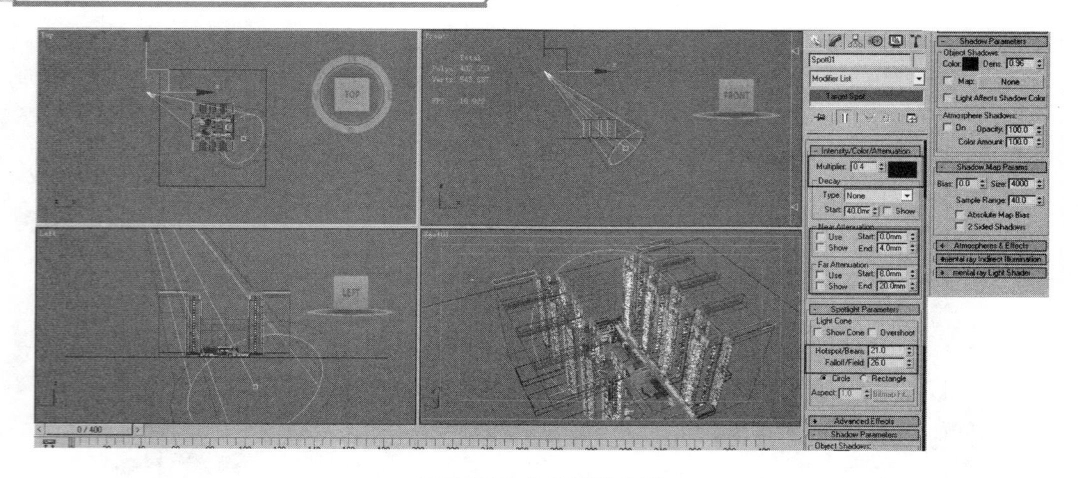

图 8-57 主光源的位置

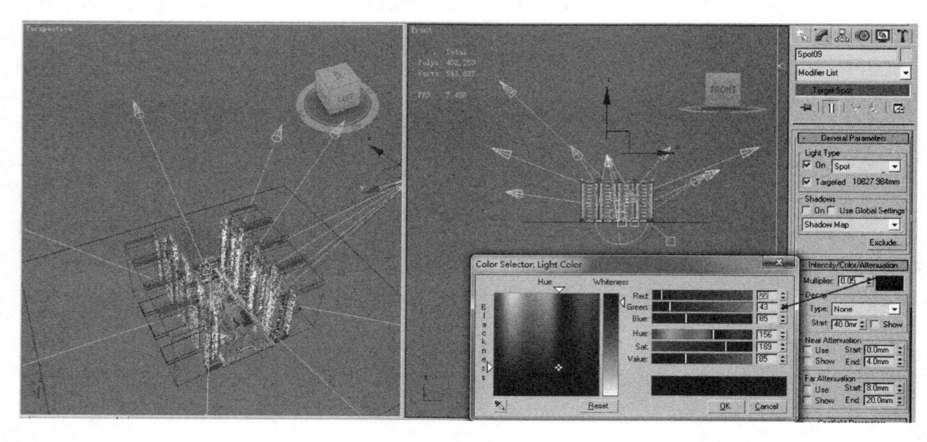

图 8-58 天光的位置和参数

(3) 创建多个 Omni(泛光灯)，并打开衰减，在相应的地方模拟人工光源，如图 8-59 和图 8-60 所示。

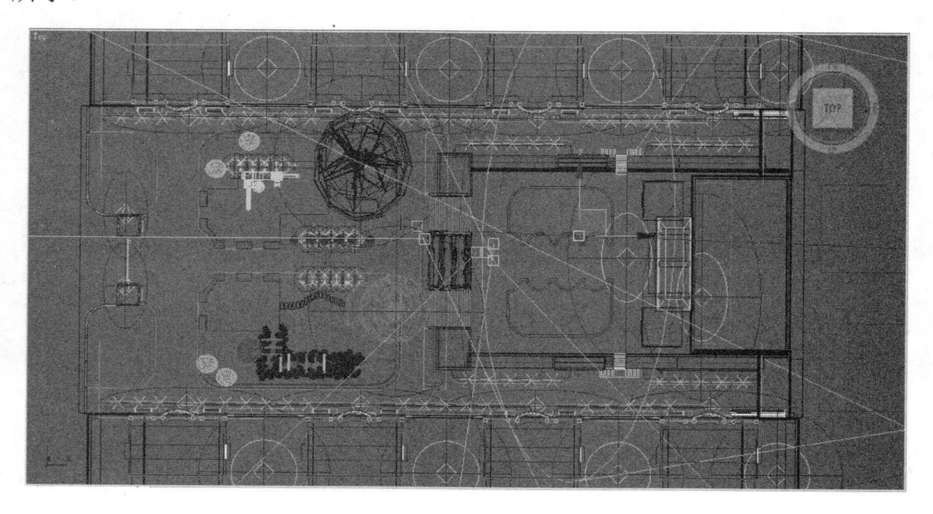

图 8-59 模拟人工光源的位置

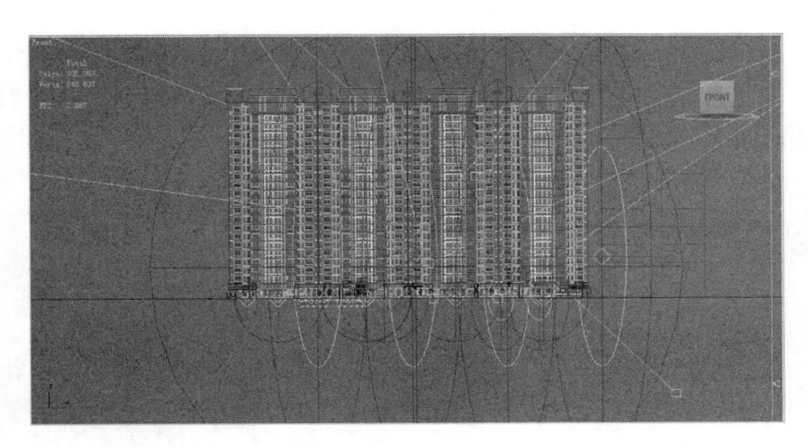

图 8-60　模拟人工光源的衰减

(4) 创建 Free Direction(自由平行光)，目的是照出楼体的退晕效果，如图 8-61 所示。

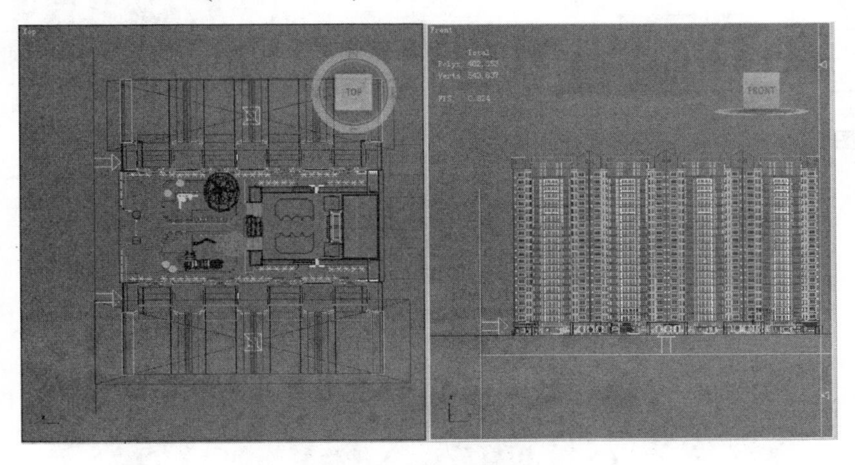

图 8-61　退晕灯光的位置

(5) 在楼体内部再创建一组 Omni(泛光灯)，利用其衰减范围来表现局部光的退晕效果，如图 8-62 所示。

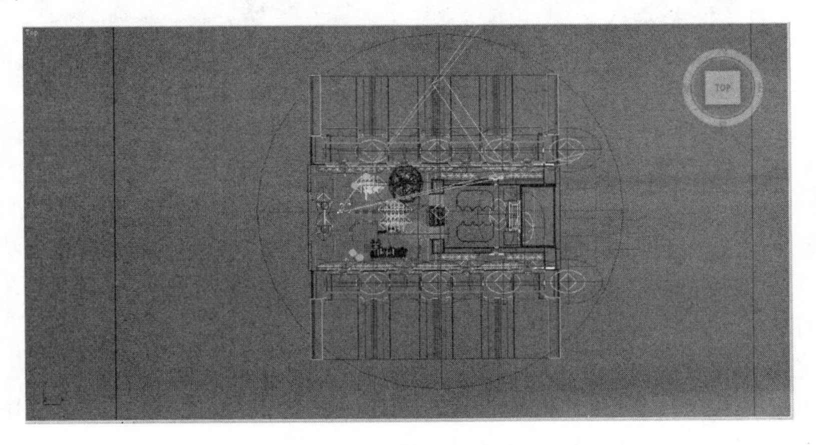

图 8-62　局部光的退晕效果控制

(6) 最后在需要灯光表现的地方增加 Omni(泛光灯)即可，颜色可以有变化，参考一些实景拍摄的照片来作为打光的依据。夜景的制作除了需要灯光表现外，还需要材质贴图的配合才能有预期的效果。设置天空的贴图如图 8-63 和图 8-64 所示。最终效果如图 8-65 所示。

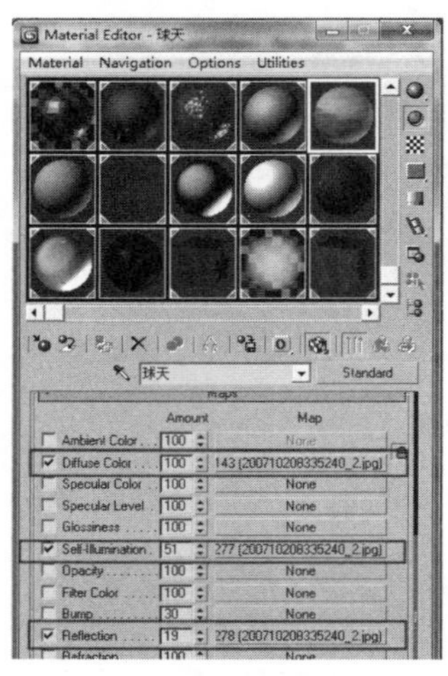

图 8-63　天空的贴图参数

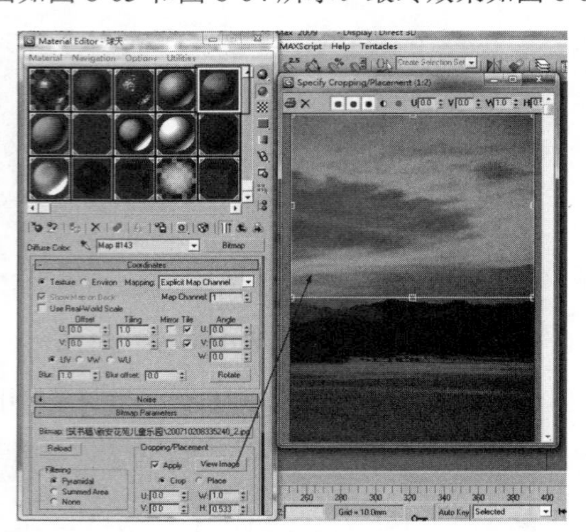

图 8-64　天空的贴图文件

图 8-65　最终效果图

8.4　建筑动画灯光技巧原理介绍

在建筑动画中，材质和渲染灯光是最不容易被初学者掌握的。灯光的打法多种多样，那依据是什么？如何掌握？是始终在我们心中的一个谜团。艺术来源于生活，依据就是现实中的物质存在。

(1) 就光线的性质而言，光线主要分为直射光与散射光两种。

直射光又称为硬光，散射光又称为软光。直射光具有很硬、很鲜明的投影光线，例如太阳。在直射光照射下，物体形象表现得比较鲜明，受光面和背光面有明显的分界，亮部和阴影部分亮度的差别较明显，有利于表现物体的立体感。散射光不产生硬而鲜明的投影，物体的受光面与背光面之间没有很明显的分界，并且两个面的亮度差别也较小。例如天空全阴时，在散射光照明条件下，造型效果不如直射光鲜明，但是物体的亮面和阴影面的细部层次却能很好地保留，使画面产生柔和的照明效果。

(2) 光的方向性。

因摄像机和灯光所处位置的不同，可以产生顺光照明、侧光照明、逆光照明等不同的效果。顺光照明的光线来自摄像机的方向，被摄物体缺乏明显的投影，不能明显地区分出亮面和阴影面，立体感不强，大气透视比较弱，空间深度感表现也较差；侧光照明的光源处在摄像机的一侧，被摄物体一部分受光，一部分处在阴影中，可以明显区分出被摄物体的亮面和阴影面，所以立体感加强，整个画面的明暗反差比顺光照明时大，被摄物体的轮廓也表现得比较鲜明；逆光照明的光源与摄像机处于相对的方向上，被摄物体面向摄像机的一面，只有轮廓部分能很清晰地表现出来，在这种情况下，被摄物体的轮廓表现得更为突出而鲜明。

(3) 一天中不同时段的光线有所不同，所呈现出的氛围也不尽相同。

黎明时分只有天空反射出比较微弱的光线，显出一些亮度，地面的景物均处于暗调中；清晨日出时在太阳露出地面之前，天空呈现偏蓝的色彩，如果天空有彩霞可以增加一些红橙的颜色；中午时段明暗的反差最强，有利于表现被摄物体的立体形态，通常阴影较深，并可以反射出天光照明所带来的偏蓝的色彩，同时大气透视现象弱，远处景物的能见度较高；黄昏一般采用逆光拍摄，画面偏金黄色暖调；夜幕降临时的日落景色呈现偏暖的红橙色调，明暗对比强，日落的天空接近地平线的地方受阳光的照射呈粉红色，天空上半部呈蓝色，画面呈现较强的色彩对比，再配合人工光会使夜景表现出五彩缤纷的美丽色彩。

第 9 章　后期合成与特效处理

想要完美地制成一部影片，后期的处理是必不可缺的。影视后期特效主要是通过创立视觉元素、处理画面、创立特效效果、连接镜头等环节来增加整体影片的美感及信息传播的准确性。后期处理的得当可以使影片的制作周期缩短，大大提高了影片生产的效率。

我们以合成软件 After Effects 和剪辑软件 Edius 作为后期处理的“利器”。

9.1　尚城花园项目特效处理

9.1.1　色彩调整

(1) 对 After Effects 软件环境进行内部调整。选择 File(文件)→Project Settings(项目设置)命令，在弹出的对话框中，选中 Timecode Base(识码方式)单选按钮，并在其后的下拉列表框中选择 25 fps 选项，即每秒 25 帧。设置完成后单击 OK 按钮关闭对话框，如图 9-1 所示。

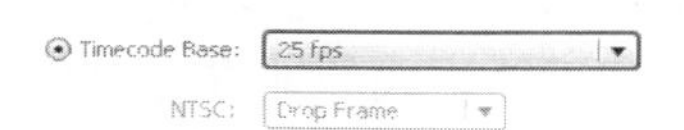

图 9-1　识码设置

(2) 选择 Composition(合成)→New Composition(新建合成窗口)命令，或按快捷键 Ctrl+N 新建一个合成项目，弹出 Composition Settings(合成项目设置)对话框，参数设置如图 9-2 所示。

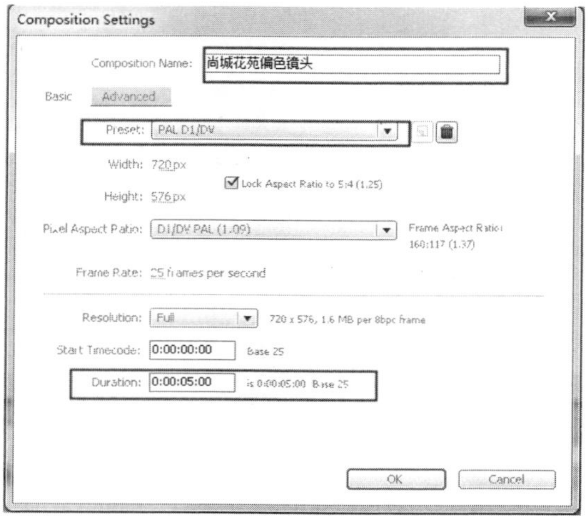

图 9-2　合成项目设置对话框

(3) 在 Project(项目)面板的空白处双击，或右击空白处，在弹出的快捷菜单中选择 Import(导入)→File(文件)命令，弹出 Import File(导入文件)对话框，导入“尚城花园项目”需要的素材(位置：光盘\CH9\第 9 章后期第一案例 folder\(Footage)\后期校色篇\)，将其拖曳到时间线中进行接下来的操作，如图 9-3 所示：

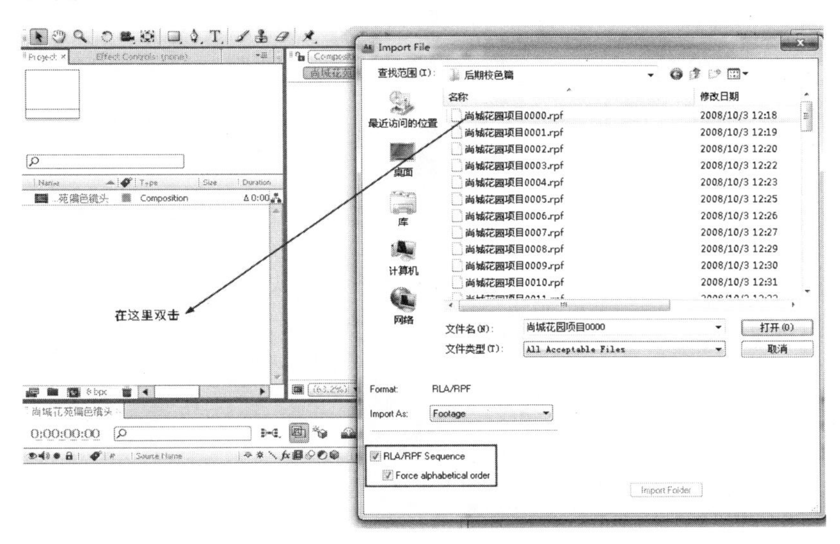

图 9-3　导入尚城花园项目素材

导入动画序列素材时，要选中 Import File(导入文件)对话框中的 RLA/RPF Sequence (PLA/RPF 序列)和 Force alphabetical order(强迫顺序排列)复选框，这样就可以保障只选择最开始的图片就可以把所有的动画图片都导入软件中来。经过以上的操作就可以将导入的素材拖入到时间线进行后期处理了。

注意

我们有时会遇到一些问题，例如导入到时间线上的序列长度变短了，在 Composition(合成)面板的显示大小也有问题。如果遇到这样的问题，可在 Project(项目)面板中选择源素材，右击，在弹出的快捷菜单中选择 Interpret Footage(解释素材)→Main(主要)命令，在弹出的对话框中，在 Frame Rate(帧速率)选项组中改变帧速率为 25 帧，在 Other Options(其他选项)选项组的 Pixel Aspect Ratio(图像分辨率)中选择 D1/DV PAL(1.09)选项，这样画面就正常了，如图 9-4 所示。或者选择 Edit(编辑)→Preference(参数设置)→Import(导入)命令，弹出如图 9-5 所示的 Preferences(参数设置)对话框，将 Sequence Footage(序列素材)选项组中的 30 frame per second 改为 25 frames per second。

(4) 在 After Effects 中我们对于色彩的调整常用到三种滤镜效果：Levels(色阶)、Curves(曲线)、Hue/Saturation(色相/饱和度)，如图 9-6 所示。

(5) 选择时间线上的素材层，选择 Effect(滤镜)→Color Correction(颜色校正)→Hue/Saturation(色相/饱和度)命令，在 Effect Controls(效果控制)面板中选中 Colorize(染色)复选框，改变 Colorize Hue 和 Colorize Saturation 的数值。画面效果和参数设置如图 9-7 所示。

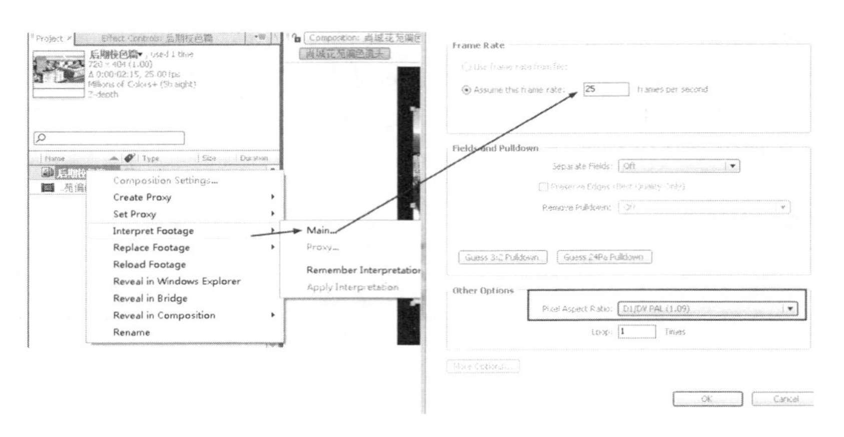

图 9-4　已导入素材帧速率的设置

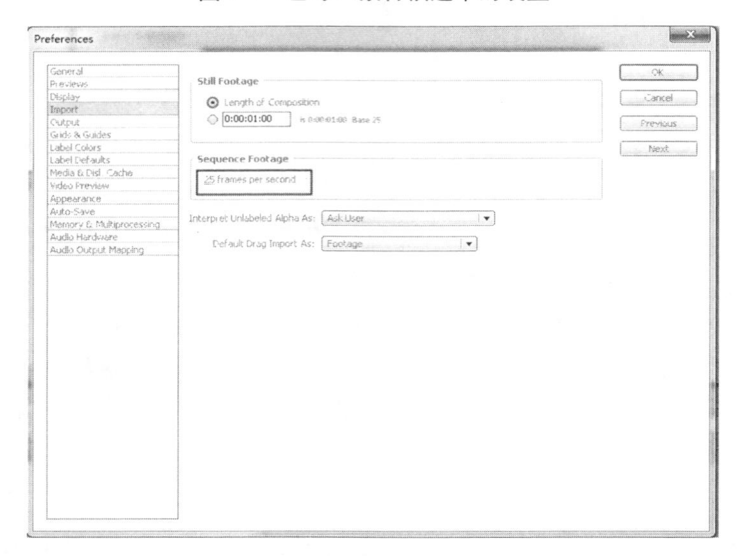

图 9-5　项目参数中帧速率的设置

图 9-6　After Effects 常用调色滤镜

图 9-7　色相/饱和度滤镜参数设置

(6) 选择 Effect(滤镜)→Color Correction(颜色校正)→Curves(曲线)命令来增加画面亮度。Curves(曲线)滤镜能更好地保留画面的中间色调。其参数和画面效果如图 9-8 所示。

图 9-8　曲线滤镜形状设置

(7) 可以在画面上添加一些仿电影胶片的颗粒效果。选择 Effect(滤镜)→Noise(噪声)→Add Grain(增加杂点)命令，参数设置和画面效果如图 9-9 所示。

图 9-9　增加杂点滤镜参数设置

(8) 选择当前序列层，按 Ctrl+D 组合键，复制此层为新的一层。在新层上右击，在弹出的快捷菜单中选择 Effect(滤镜)→Blur&sSharpen(模糊&锐化)→Fast Blur(快速模糊)命令，参数和画面效果如图 9-10 所示。

(9) 在时间线上展开层属性，将层的 Opacity(不透明度)设为 40%，在层的 Mode(层叠加模式)下拉列表框中选择 Screen(屏幕模式)选项。如图 9-11 所示。

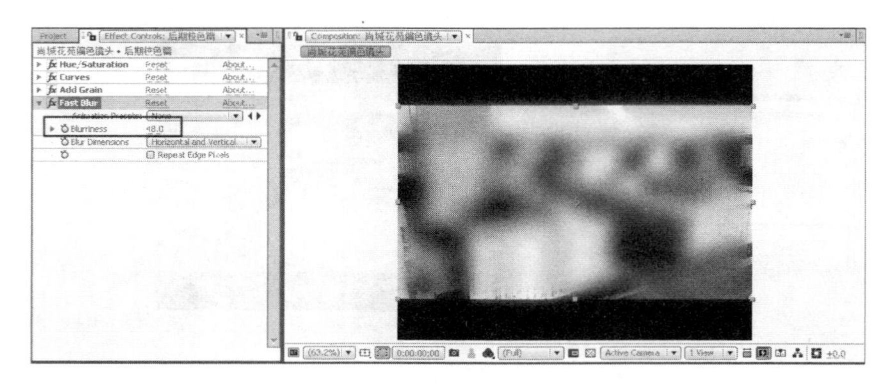

图 9-10　快速模糊滤镜参数设置

1　后期校色篇　Screen　None
Effects
Transform　Reset
Anchor Point　360.0, 202.0
Position　360.0, 288.0
Scale　100.0, 100.0%
Rotation　0x +0.0°
Opacity　40%
2　后期校色篇　Normal　None　None

图 9-11　改变不透明度

注意

层的叠加模式决定两个层之间是以怎样的方法进行颜色混合。层的叠加模式有很多种，大致分为 8 大类。这些叠加模式中除了 Normal(正常)外其他对叠加前的图像都有影响，有的使之变暗，有的则使之变亮。具体改变方式请参考有关书籍。

(10) 按空格键预览最终效果，如图 9-12 和图 9-13 所示。

图 9-12　校色效果图一

图 9-13　校色效果图二

9.1.2　RPF 雾效与摄像机景深的处理

(1) 打开 After Effects，选择 File(文件)→New(新建)→New Project(新建项目)命令，新建山城的合成项目，设置像素比为 720×576、Duration(镜头长度)为 2 秒(光盘中只提供 50 帧的素材)。

(2) 在 Project(项目)面板中导入配套光盘中的“山城项目”RPF 渲染动画序列(位置：光

盘\CH9\第 9 章后期第二案例景深与雾 folder\(Footage)\后期景深篇\)，将其拖曳到时间线上，如图 9-14 所示。

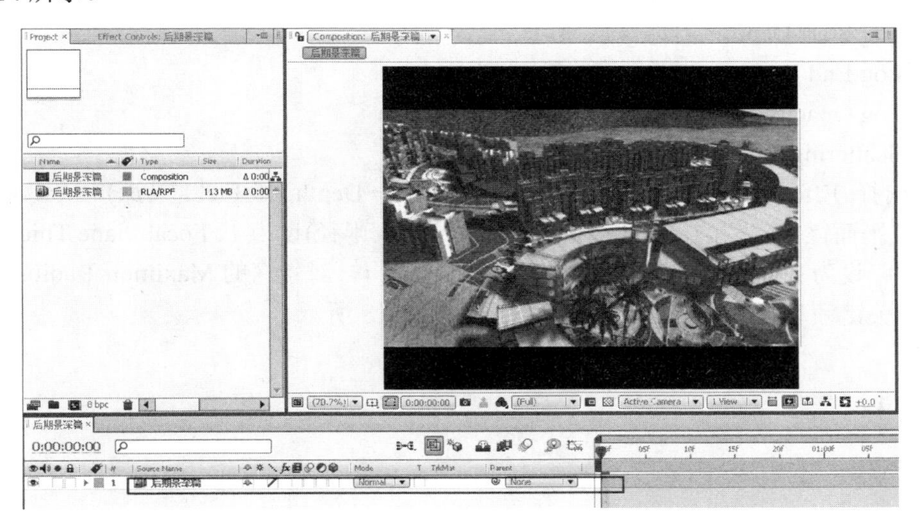

图 9-14　导入后期景深篇素材

(3) 右击时间线上的序列层，选择 Effect(滤镜)→Curves(曲线)命令，调节形状如图 9-15 所示使画面变亮。继续选择 Effect(滤镜)→Levels(色阶)命令，参数调节如图 9-16 所示，画面产生更强的明暗对比。选择 Effect(滤镜)→3D Channel(3D 通道)→Fog 3D(3D 雾)命令，添加雾的效果，参数设置如图 9-17 所示。

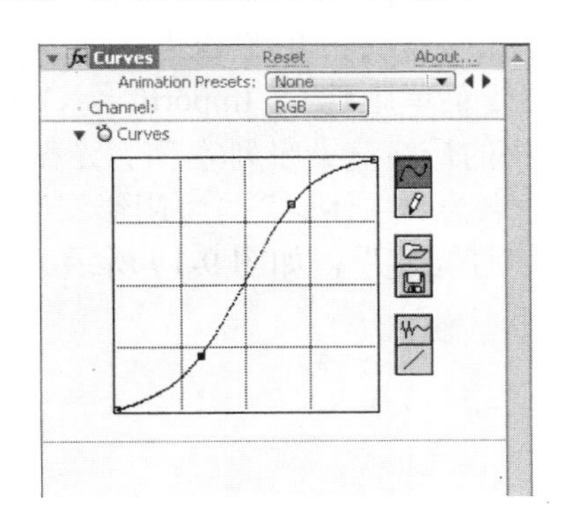

图 9-15　曲线滤镜形状

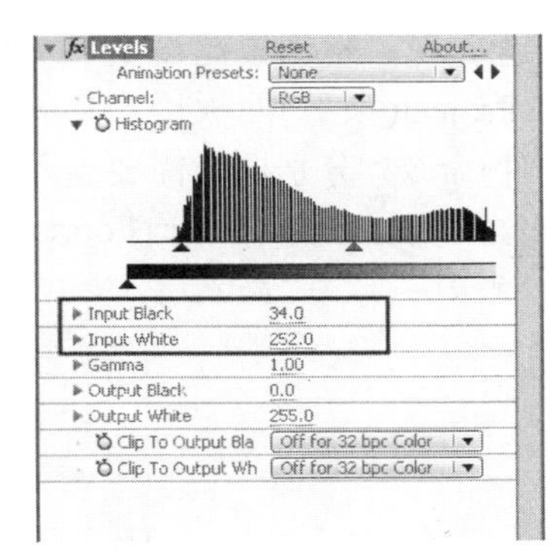

图 9-16　色阶滤镜参数设置

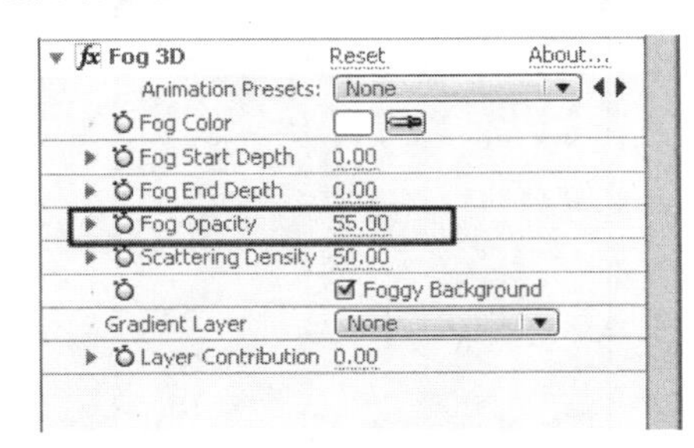

图 9-17　3D 雾滤镜参数设置

Fog 3D 滤镜的重要参数如下。

① Fog Color：雾的颜色。

② Fog Start Depth：开始深度值。

③ Fog End Depth：结束深度值。

④ Fog Opacity：雾的透明度。

⑤ Scattering Density：离散强度。

(4) 选择 Effect(滤镜)→3D Channel(3D 通道)→Depth of Field(景深)命令。将 Focal Plane(聚焦平面)参数设为 1800、Maximun Radius(最大半径)设为 1、Focal Plane Thickness (聚焦平面厚度)设为 2360、Focal Bias(聚焦基数)设置为 1，对景深的 Maximun Radius (最大半径)值制作关键帧动画，来产生景深的变化，如图 9-18 所示。

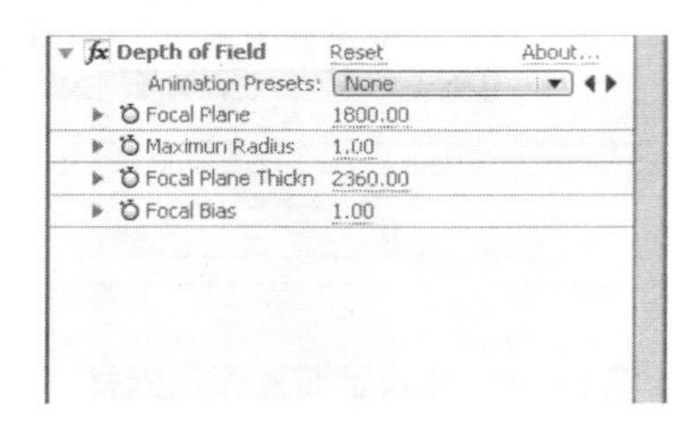

图 9-18　景深滤镜参数

9.1.3　多图层合并特效处理

(1) 选择 File(文件)→New(新建)→New Project(新建项目)命令，新建一个合成项目，命名为“多层合并”，将像素比设置为 720×576、Duration(镜头长度)设定为 2 秒。

(2) 在 Project(项目)面板中右击，在弹出的快捷菜单中选择 Import(导入)→Multiple File(多个文件)命令，分别选择需要导入的配套光盘中的最终渲染序列(位置：光盘\CH9\第 9 章后期第三案例多层合并 folder\(Foortage)\)，分别命名为“主体层”、“阴影层”、“漫反射层”、“景深层”、“高光层”、“反射层”、“灯光层”，如图 9-19 所示。

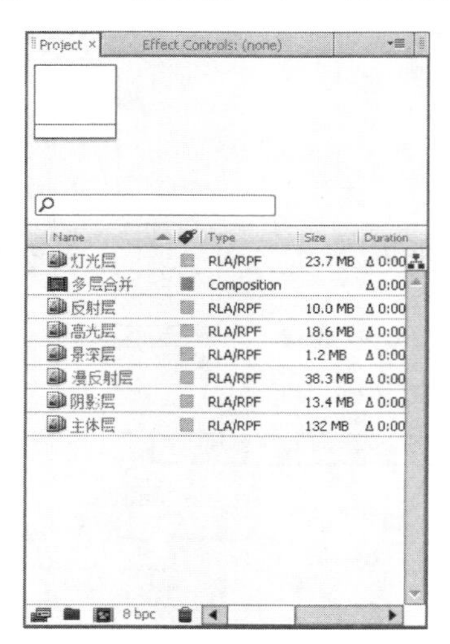

图 9-19　导入需要的素材文件

注意

在 Project(项目)面板给导入的素材改名的方法是，选择素材名称后按 Enter 键即可修改，修改完毕再按 Enter 键则修改完成。在时间线上给层改名的方法也同样是选择层名称后按 Enter 键，修改完成后再按 Enter 键。

(3) 首先把主体层拖入到时间线上，再把漫反射层拖到主体层之上。并改变其层叠加模式为 Overlay(覆盖模式)，不透明度为 40%，如图 9-20 所示。

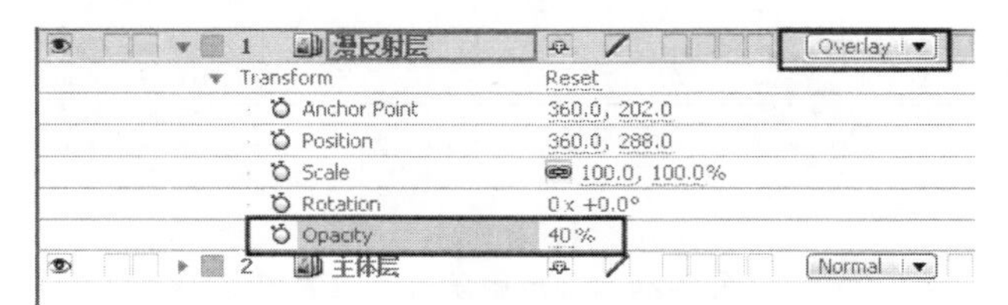

图 9-20　漫反射层的设置

(4) 把阴影层拖入到时间线上，改变层叠加模式为 Multiply(正片叠底)，不透明度为 14%，如图 9-21 所示。

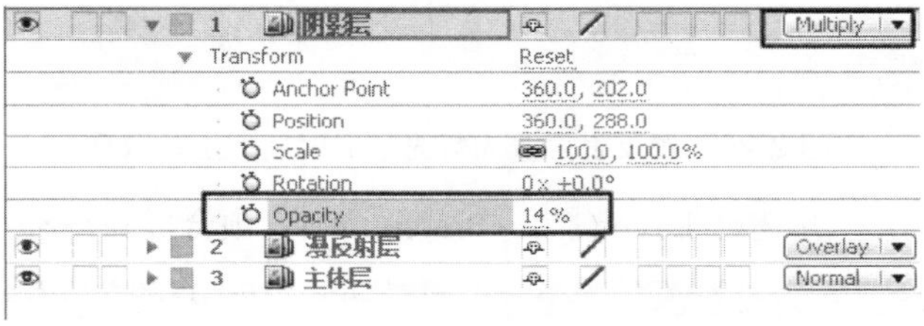

图 9-21　阴影层的设置

(5) 把高光层拖入到时间线上，改变层叠加模式为 Screen(屏幕模式)，不透明度为 75%，如图 9-22 所示。

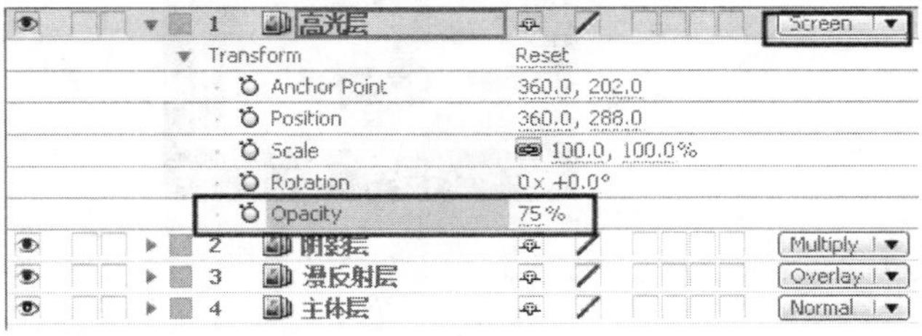

图 9-22　高光层的设置

(6) 把反射层拖入到时间线上，改变层的叠加模式为 Add(增加)，不透明度为 37%，如图 9-23 所示。

(7) 复制漫反射层，同时把灯光层拖曳到新复制的漫反射层之上，设置 TrkMat(追踪蒙版)的选项，如图 9-24 和图 9-25 所示。

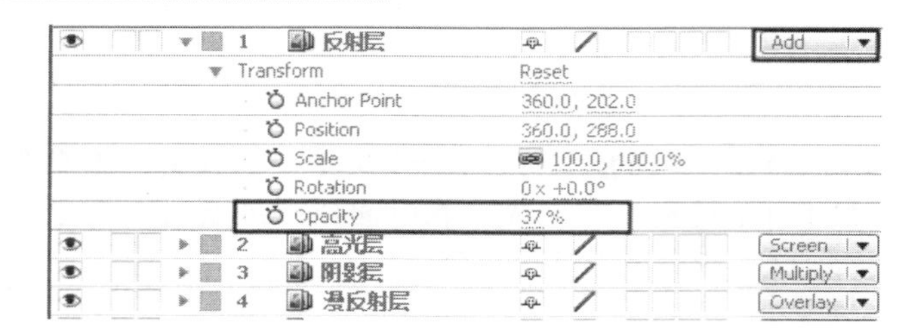

图 9-23 反射层的设置

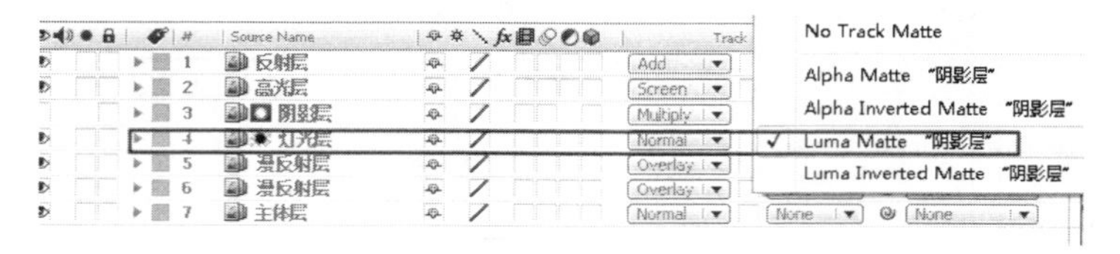

图 9-24 漫反射层改为灯光层

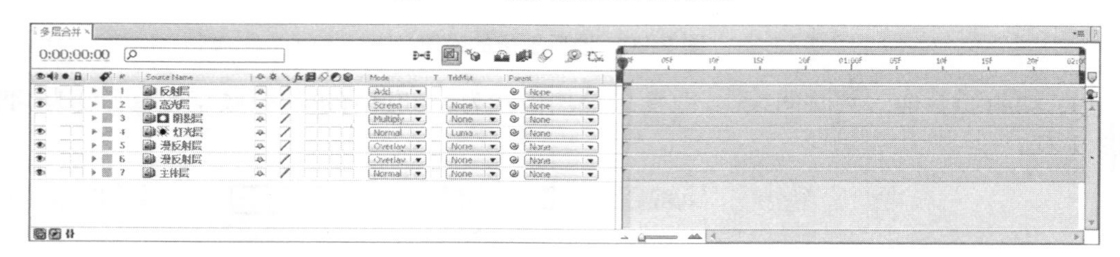

图 9-25 漫反射层改为灯光层后时间线上的改变

(8) 选择所有图层，并选择 Layer(层)→Pre-compose(预合成)命令，如图 9-26 所示。

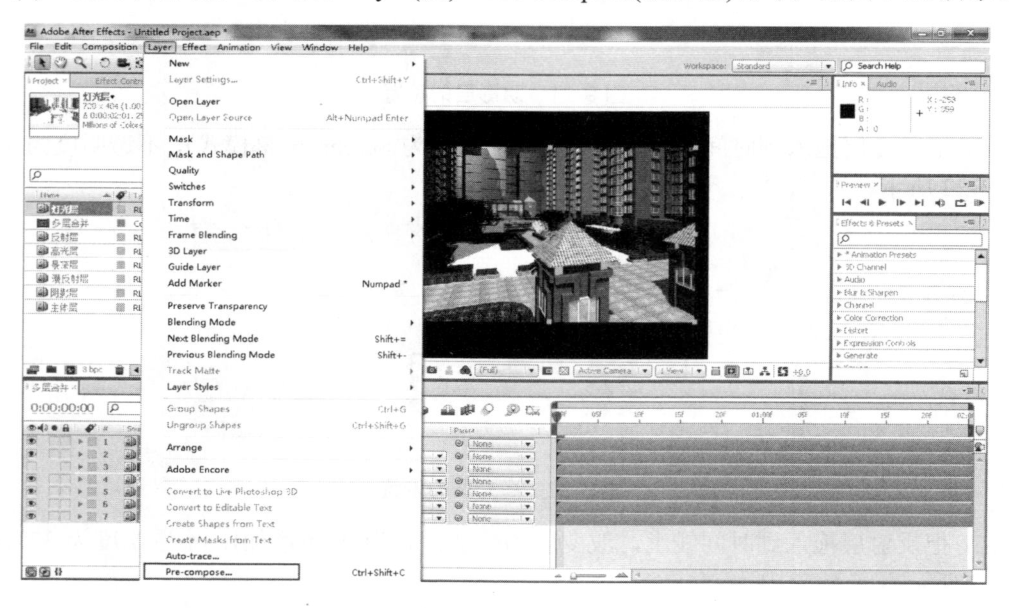

图 9-26 预合成的选择

(9) 弹出 Pre-compose(预合成)对话框，设置如图 9-27 所示。

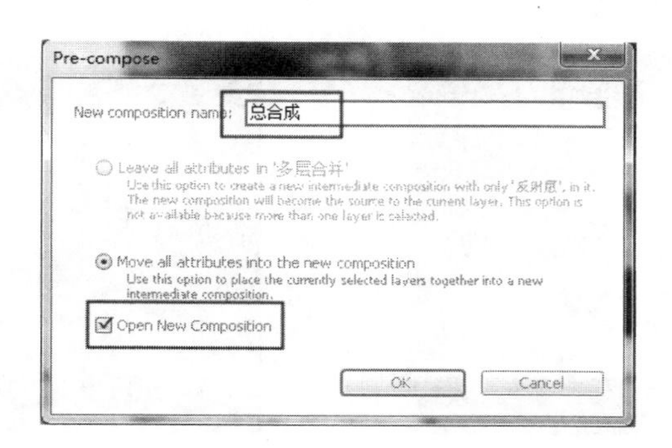

图 9-27　Pre-compose 对话框

注意

预合成又叫复合嵌套，是把多个层拼合为一个合成层的过程，在拼合过程中原来层的属性不会发生变化，拼合后原来的层会作为一个整体发生改变，在新层上的任何改变都是整体性的。

(10) 复制时间线上的“总合成”图层，并修改其合成模式为 Screen(屏幕)，选择新的“总合成”图层，按 Enter 键把新的“总合成”图层改名为“总合成 1”，如图 9-28 所示。

图 9-28　复制和改名

(11) 在“总合成 1”上选择 Effect(滤镜)→Blur&Sharpen(模糊&锐化)→Fast Blur(快速模糊)命令，参数设置如图 9-29 所示，并设置此层的不透明度为 72%。

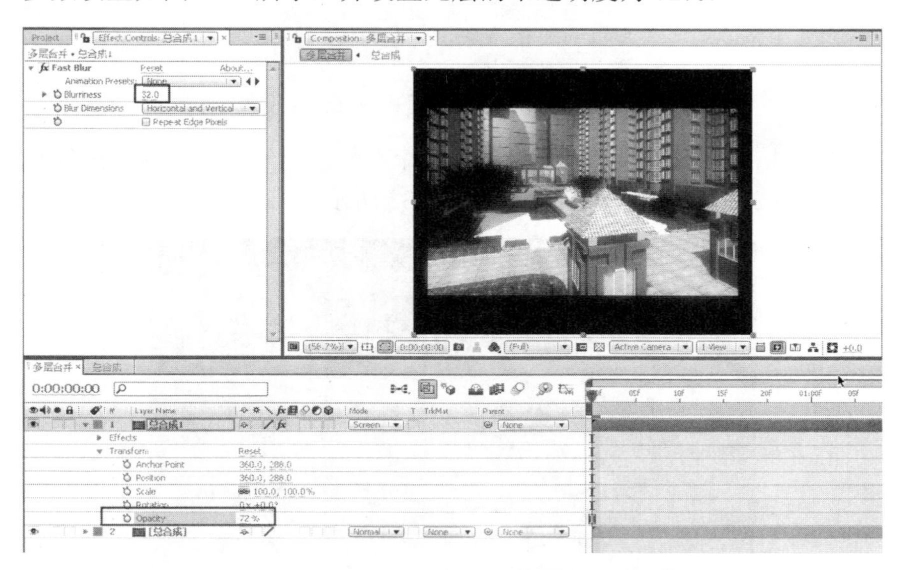

图 9-29　快速模糊滤镜参数设置

(12) 按空格键预览最终效果，如图 9-30 和图 9-31 所示。

图 9-30　最终效果一

图 9-31　最终效果二

9.2　最终剪辑和成片的输出

在这里我们使用 Edius 进行剪辑，因为 Edius 作为专业的影视剪辑软件，影片输出的速度快，质量高。

9.2.1　Edius

1. Edius 界面

(1) 启动软件。第一次启动 Edius 时，界面如图 9-32 所示。

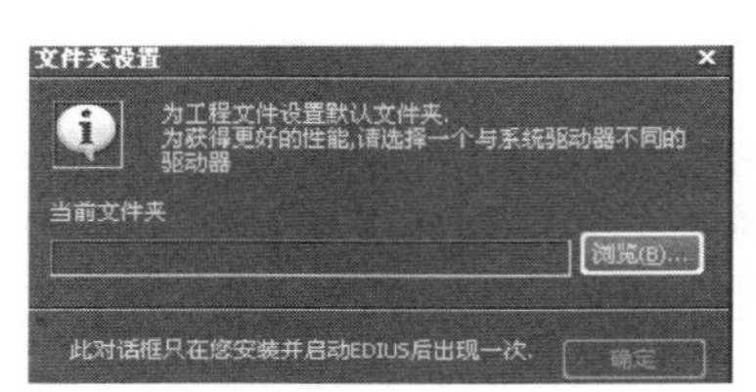

图 9-32　Edius 启动界面——文件夹设置

单击“浏览”按钮，在系统的硬盘中选择一个存储盘，建立以项目名称命名的文件夹，最后单击“确定”按钮。出现新对话框，如图 9-33 所示。

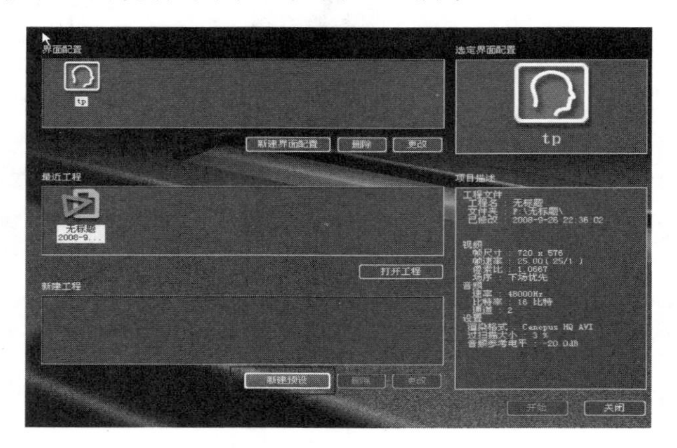

图 9-33　Edius 启动界面——工作环境设置

(2) 单击“新建预设”按钮出现“工程设置”对话框，选择参数如图 9-34 所示，再单击“确定”按钮，进入如图 9-35 所示的界面。

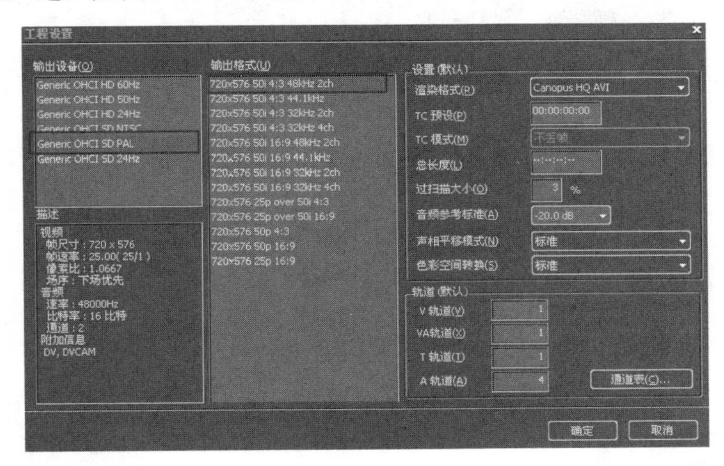

图 9-34　输出设置

图 9-35　Edius 工作界面和布局

2. 常用窗口

1)　监视窗口

监视窗口可以分为两种，即双屏模式和单屏模式，如图 9-36 和图 9-37 所示。设置单双屏模式的方法是，选择“视图”→“单屏模式/双屏模式”命令。

图 9-36　双屏模式

图 9-37　单屏模式

2)　时间线窗口

时间线窗口可以放置素材并对素材进行剪辑，还可以进行添加特效和字幕等操作，如图 9-38 所示。

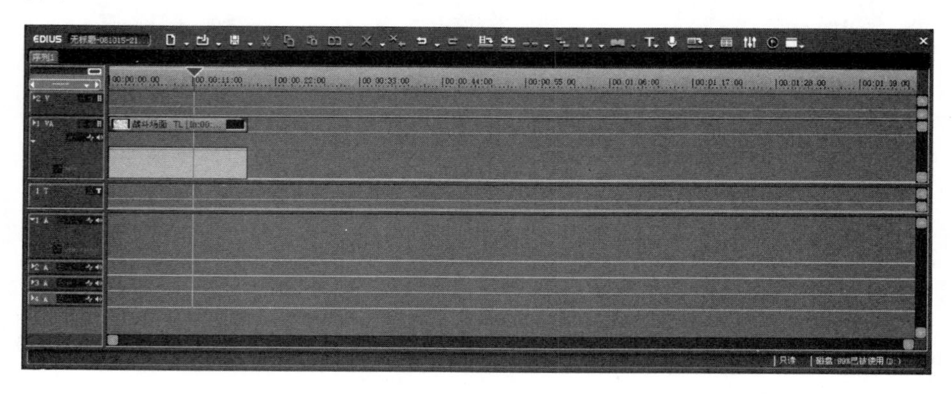

图 9-38　时间线窗口

3)　素材窗口

素材窗口用来放置和管理视频素材。如图 9-39 所示。

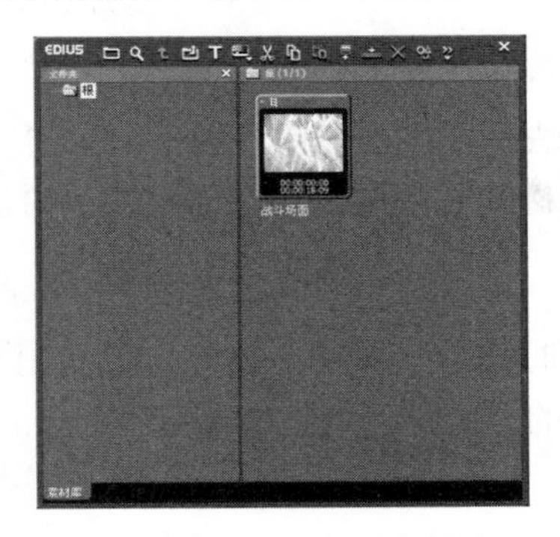

图 9-39　素材窗口

4)　信息窗口

在信息窗口中可以查看放置在时间线上的素材的具体信息，如图 9-40 所示。

5)　特效窗口

特效窗口提供一个特技效果类别，用来给素材快速添加特效或转场效果，如图 9-41 所示。

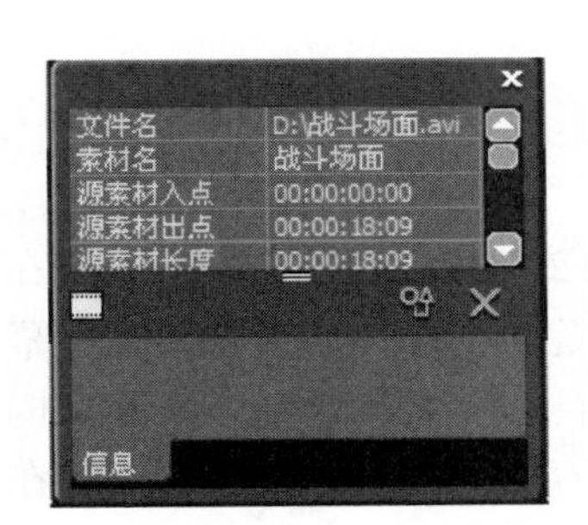

图 9-40　信息窗口

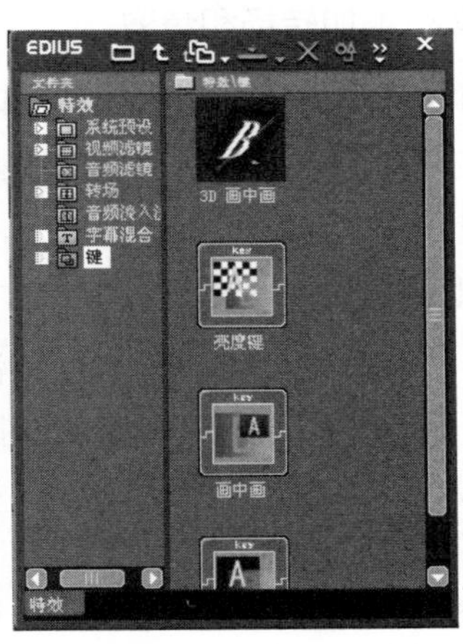

图 9-41　特效窗口

6)　标记窗口

在时间线窗口的素材上设置标记后可以在标记窗口中看见标记及对标记进行设置，如图 9-42 所示。

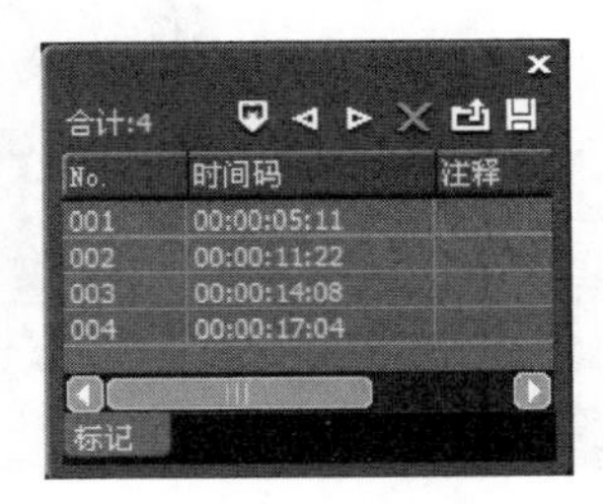

图 9-42　标记窗口

9.2.2 常用操作

1. 导入素材

在 Edius 中导入素材的方法是，在素材窗口的上部单击“添加文件”按钮或者按快捷键 Ctrl+O，会出现“导入素材”对话框，选择需要的素材，单击打开即可。

2. 剪辑素材

把素材窗口的素材拖曳到时间线上，当需要把一段素材剪切开时，在时间线上选中素材并把时间指示器拖到要剪开的时间点，通过单击时间线上的“添加剪切点”按钮来剪开素材，如图 9-43 所示。

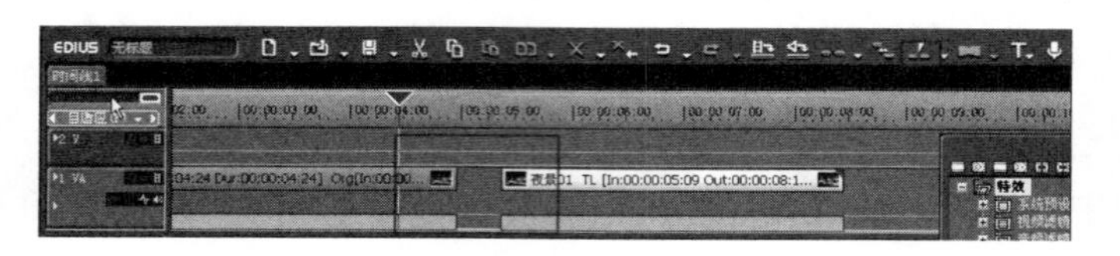

图 9-43 剪辑素材

3. 为素材添加转场和特效

在时间线两段素材之间添加转场的方法与 Premiere 相同，在特效窗口中选定需要的转场效果后，直接把转场拖到选定的时间线素材之间即可，替换也一样。添加特效和添加转场的方法相同。

4. 添加字幕和字幕特效

在时间线上单击“添加字幕”按钮，可以选择“在当前轨道创建字幕”，这样就会在已选择的轨道上添加字幕；如果选择“在 T1 或者 T2 轨道创建字幕”，则是在时间线的字幕轨道上创建字幕；如果选择“在新的字幕轨道创建字幕”，则会在新建字幕轨道的同时添加字幕。选择完毕后会出现“字幕属性”对话框，如图 9-44 所示。在相应的位置输入需要的字幕，并在右侧修改字体属性，最后单击“保存”按钮，字幕就会出现在素材窗口和相应的时间线窗口位置。

图 9-44 “字幕属性”对话框

把字幕的时间拉长，在特效窗口中选择任意字幕特效，拖到时间线窗口的字幕上，在时间线的字幕上把特效的开始时间也拉长，这样更容易看到字幕特效。把时间指示器拖到字幕特效的开始部分，在监视窗口即可看到该字幕的特效，如图 9-45 所示。

图 9-45　预览字幕

注意

在时间线拉长字幕和字幕特效的方法是，把鼠标放到字幕的一段，鼠标会自动变成，按住鼠标拖动即可改变字幕和字幕的特效时间长度。改变其他特效的时间长度的方法也相同。

5. 保存项目和渲染输出影片

在时间线窗口中单击“保存工程”按钮即可保存工程文件。当所有的剪辑完成后要进行渲染输出，在菜单栏中选择“文件”→“输出”→“输出到文件”命令，出现“选择输出插件”对话框，在其中选择需要的视频压缩格式，单击“确定”按钮，出现“保存路径”对话框，给文件命名并单击“保存”按钮即可进行输出。

当需要直接把输出的文件进行光盘刻录时，可以在“选择输出插件”对话框中选择“Canopus ProCoder Express For 渲染插件”，如图 9-46 所示。

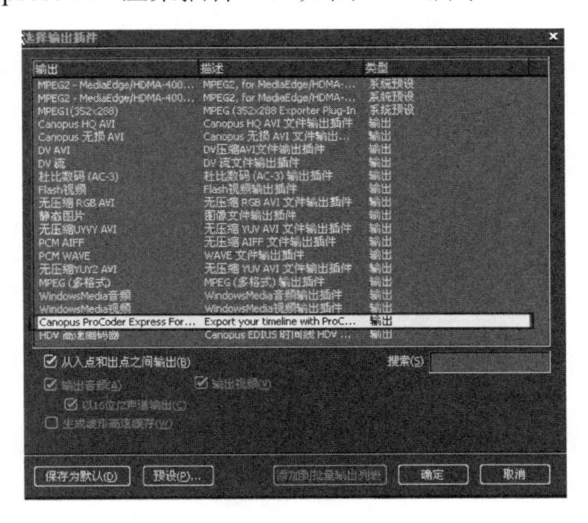

图 9-46　“选择输出插件”对话框

单击“确定”按钮，在打开的对话框中选中 Use the ProCoder Express for EDIUS Wizard to select a tar 单选按钮，单击 Next(下一步)按钮，在随后的对话框中根据不同项目客户的要求进行选择，如图 9-47 所示。

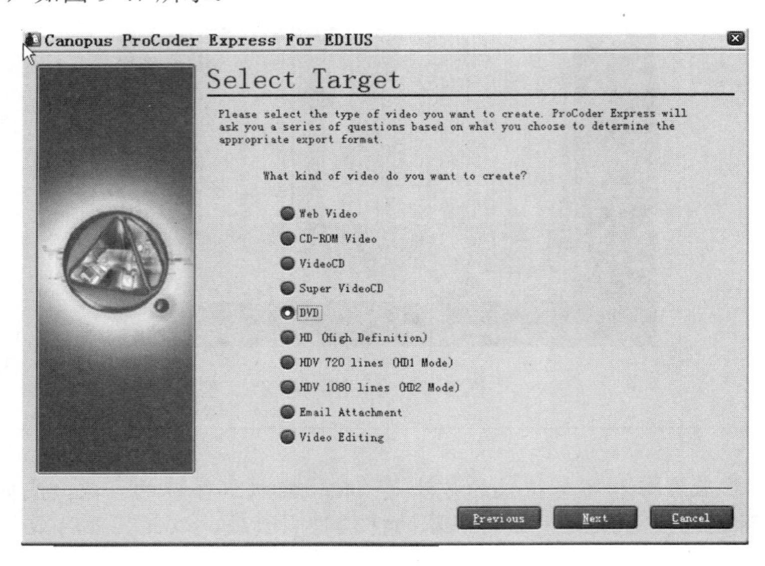

图 9-47　选择输出格式

第 10 章　建筑互动式虚拟现实技术的展望

不可否认，建筑动画是建筑动态表现的主要形式，已被广泛应用。但随着时代的发展，人们的自主意识不断增强。在建筑表现领域也是一样，人们逐渐希望能够摆脱动画固定模式的束缚，而是自由地在场景中游览，于是与游戏行业相结合，互动式虚拟现实技术应运而生。

与动画相比，互动式虚拟现实有更强的操纵性、可控性与随意性，可以由使用者自行操控，任意浏览场景并可实现场景材质、配景及昼夜时间等的时时切换。互动式虚拟现实将游戏中鼠标、键盘、游戏手柄的控制手段与建筑表现完美地结合到一起，拥有极高的市场价值。

虚拟现实技术被誉为 21 世纪最神奇的计算机图像技术，也是 CG 产业的发展趋势之一，近年来已广泛应用于建筑设计、城市规划、地产家装、医疗器械、化工仿真、教育科研、军事文物等多方领域，也越来越多地出现在人们的视野中。

虚拟化工区如图 10-1 和图 10-2 所示。

图 10-1　虚拟化工区全景 A

图 10-2　虚拟化工区全景 B

目前常用的互动式虚拟现实软件有 Virtools、VR-Platform、3DVRI 等，其中 VR-Platform、3DVRI 为中文版，以 3ds Max 为基础，可从 3ds Max 直接切换入软件界面，容易入手。而 Virtools 为英文版，虽然也以 3ds Max 为基础建模，但形成独立的软件，功能的实现依靠程序编辑，相对难入手，但也由于程序编辑的多样性使其能够更自由地实现更多功能。Virtools 软件制作环境如图 10-3 所示。

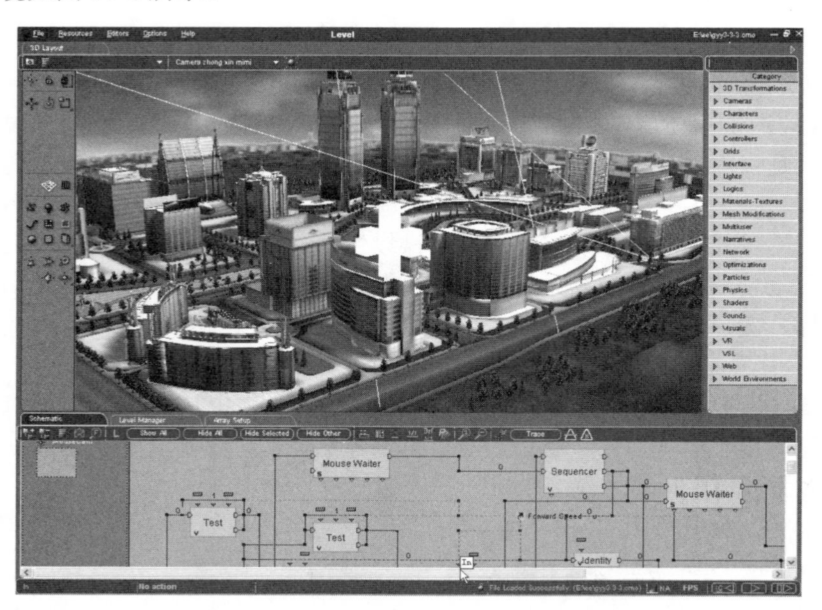

图 10-3　软件制作环境

昼夜景切换如图 10-4 和图 10-5 所示。

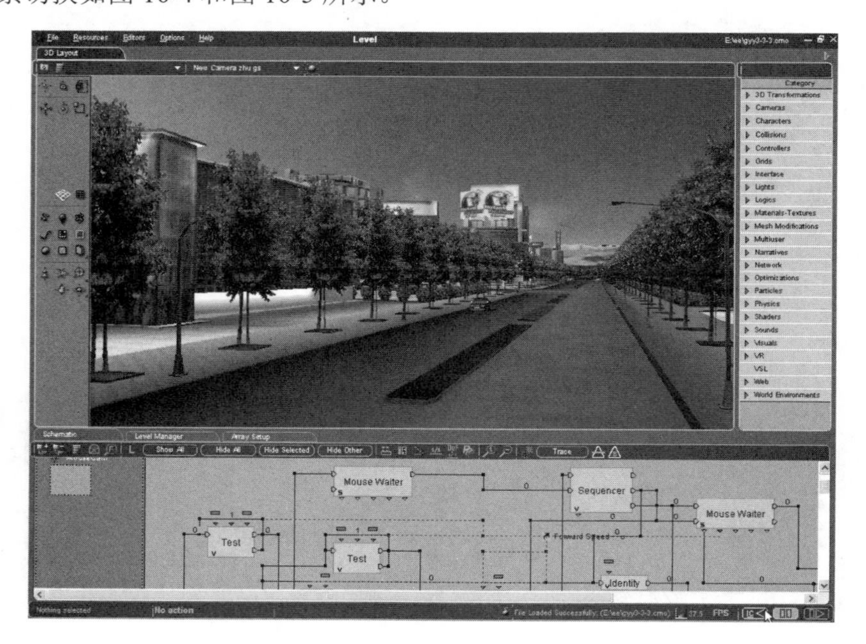

图 10-4　日景

图 10-5　夜景

地图、信息显示如图 10-6 和图 10-7 所示。

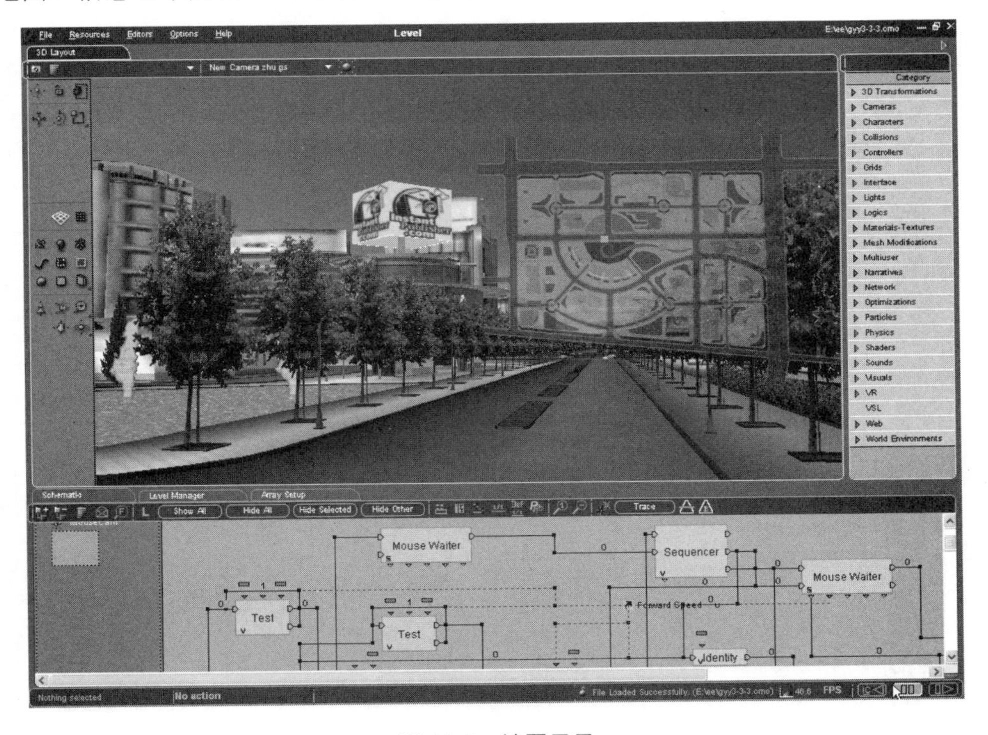

图 10-6　地图显示

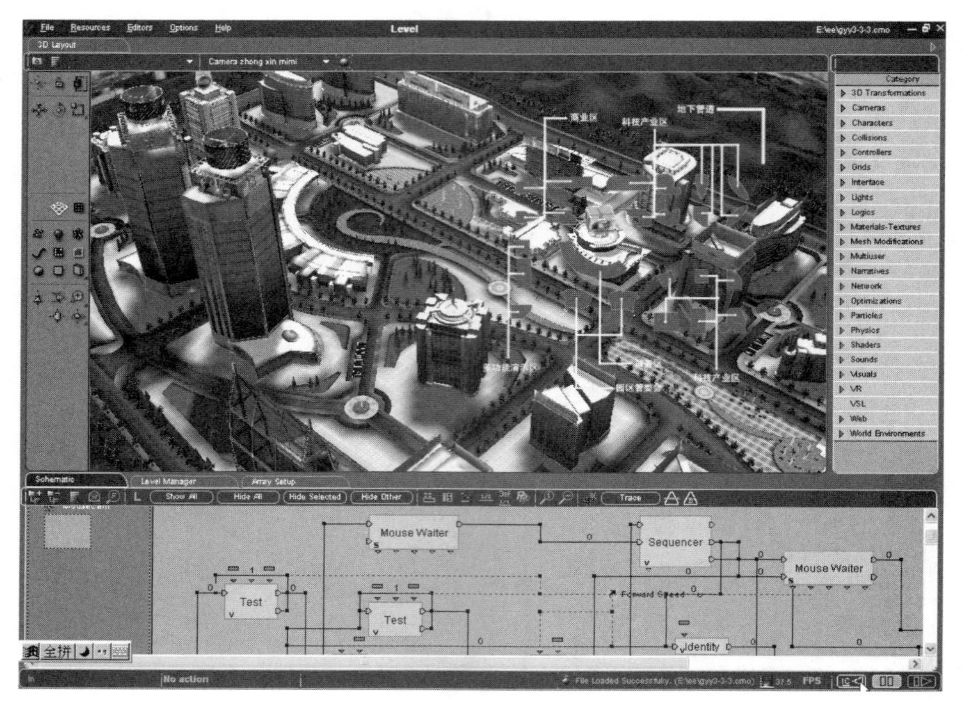

图 10-7　信息显示

虚拟别墅区如图 10-8 所示。

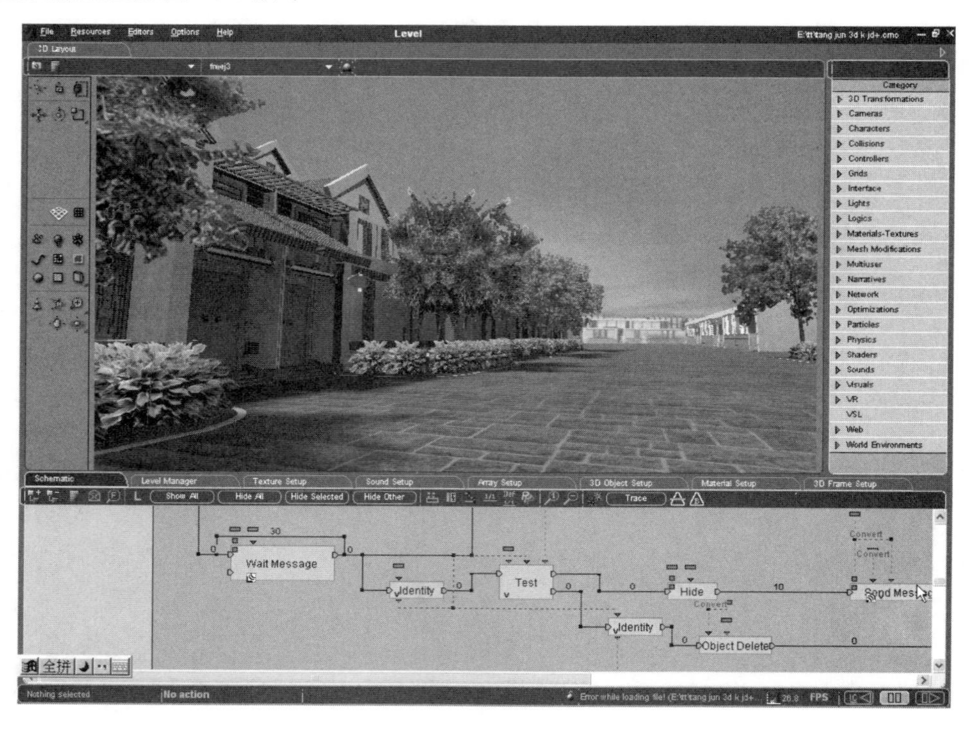

图 10-8　虚拟别墅区

虚拟室内如图 10-9～图 10-11 所示。

图 10-9　虚拟室内 A

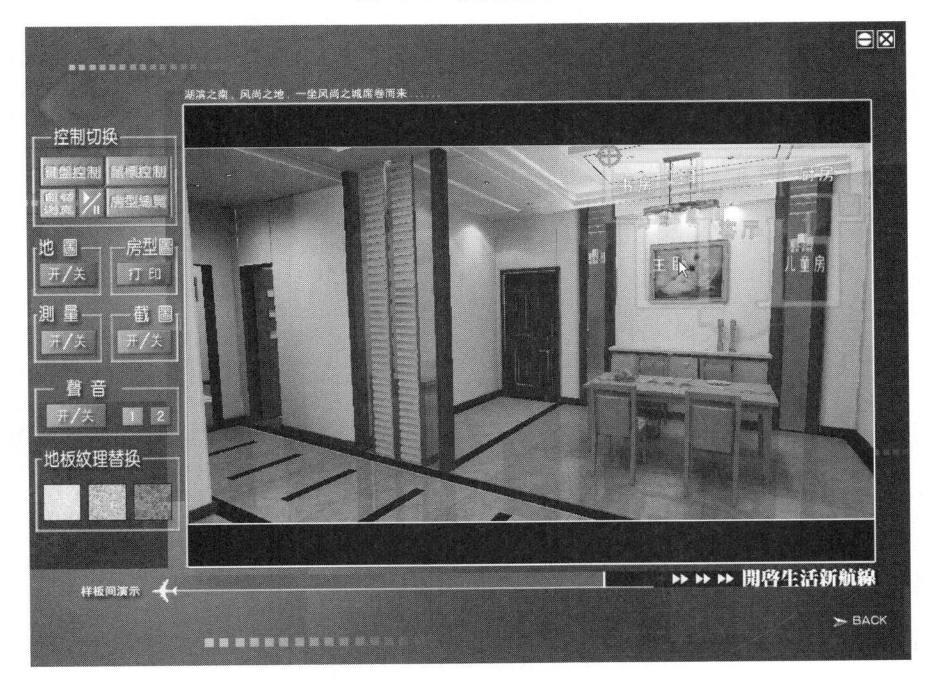

图 10-10　虚拟室内 B

图 10-11　虚拟室内 C

当然，由于互动式虚拟现实的时时操控性，对演示硬件的要求会比动画稍高。但随着计算机硬件设备的不断快速升级，相信互动式虚拟现实技术将成为建筑动画的延续，拥有更大的发展空间。